INDUSTRY AND INFORMATION TECHNOLOGY TRAINING PLANNING MATERIALS

TECHNICAL AND VOCATIONAL EDUCATION

普通高等教育"十一五"国家级规划教材

工业和信息化人才培养规划教材　高职高专计算机系列

大学计算机基础（第4版）

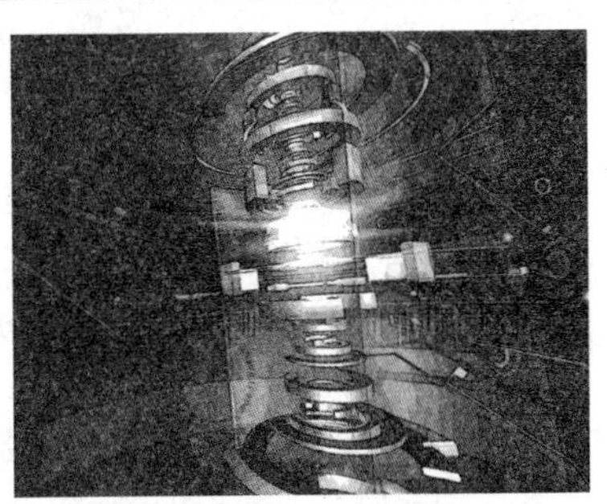

Introduction to Computer

吕新平 ◎ 主编
王丽彬 廖小华 李爱华 ◎ 副主编

人民邮电出版社
北京

图书在版编目（CIP）数据

大学计算机基础 / 吕新平主编. -- 4版. -- 北京 : 人民邮电出版社, 2013.8（2014.9 重印）.
工业和信息化人才培养规划教材. 高职高专计算机系列
ISBN 978-7-115-30173-4

Ⅰ. ①大… Ⅱ. ①吕… Ⅲ. ①电子计算机－高等职业教育－教材 Ⅳ. ①TP3

中国版本图书馆CIP数据核字(2013)第015986号

内容提要

本书主要讲述了计算机基础知识和应用。它以目前常用的 Windows XP、Office 2003 为基础，向读者介绍了计算机概论、计算机基础知识、Windows XP 操作系统、文字处理软件 Word 2003、电子表格软件 Excel 2003、文稿演示软件 PowerPoint 2003 及计算机网络基础等内容。本书还针对计算机等级考试的特点做了专门有针对性的介绍。

本书适合作为高职高专非计算机专业的“大学计算机基础”课程的教材，也可作为计算机等级考试的辅导教材。

◆ 主　　编　吕新平
副 主 编　王丽彬　廖小华　李爱华
责任编辑　王　威
责任印制　沈　蓉　杨林杰

◆ 人民邮电出版社出版发行　　北京市丰台区成寿寺路 11 号
邮编　100164　　电子邮件　315@ptpress. com. cn
网址　http://www.ptpress.com.cn
中国铁道出版社印刷厂印刷

◆ 开本：787×1092　1/16
印张：17.75　　　　2013 年 8 月第 4 版
字数：454 千字　　　2014 年 9 月北京第 5 次印刷

定价：38.00 元

读者服务热线：(010)81055256　印装质量热线：(010)81055316
反盗版热线：(010)81055315

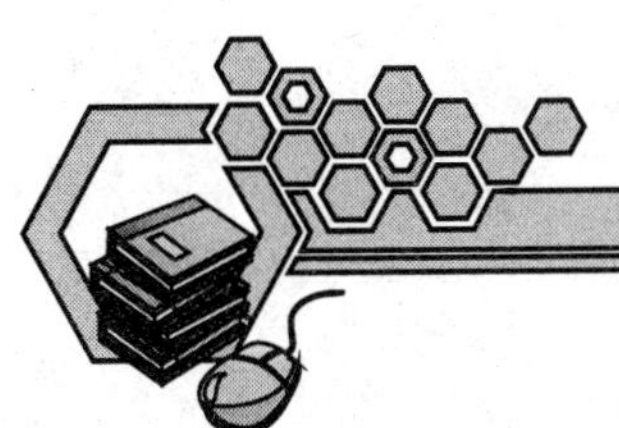

第 4 版前言

近几年来，计算机技术的飞速发展、Internet 的广泛应用，极大地影响了人们日常的工作、学习、交往、娱乐等各种活动。因此，计算机教育在各国备受重视，计算机知识与能力已经成为 21 世纪人才素质的基本要素之一。为了适应高职高专院校计算机基础教学和各行各业人员学习计算机技术的需要，我们在多年教学研究的基础上，编写了本教材。

本教材第 3 版自 2009 年 5 月出版以来，在各高职院校中得到了广泛使用，受到了许多师生的欢迎。为了更好地满足高校非计算机专业对“大学计算机基础”课程教学的要求，作者结合近几年的课程教学改革实践和广大读者的反馈意见，在保留原书特色的基础上，对教材进行了全面的修订，这次修订的主要工作如下。

- 更新了教材中的实例。
- 在网络部分更新了最新的技术和产品。

修订后，本教材知识体系更加完整，紧跟技术发展潮流，内容涉及计算机概论、计算机基础知识、Windows XP 操作系统、文字处理软件 Word 2003、电子表格处理软件 Excel 2003、演示文稿软件 PowerPoint 2003、计算机网络基础知识及 Internet 应用等。

本教材对基本知识讲述概念清晰，并配有大量详细的操作过程和实例。为了使学生更好地掌握大学计算机基础这门课，本书配套出版了《大学计算机基础上机指导与习题集（第 4 版）》一书，可作为辅助教材使用。

本教材针对的是高职高专的学生。对于要参加等级考试的学生，建议教师把《大学计算机基础上机指导与习题集（第 4 版）》中的习题和模拟试题加以必要的讲解，这样可有效提高等级考试成绩；而其中的上机指导，可作为上机操作练习，这将有助于学生理解书中的内容。

本教材的参考学时为 72 学时，授课为 36 学时，上机为 36 学时。

由于编者水平有限，书中难免存在缺点和错误，恳请广大读者批评指正。

编　者

2013 年 2 月

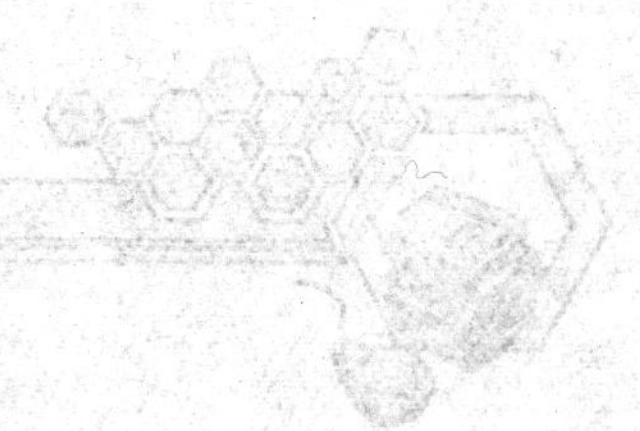

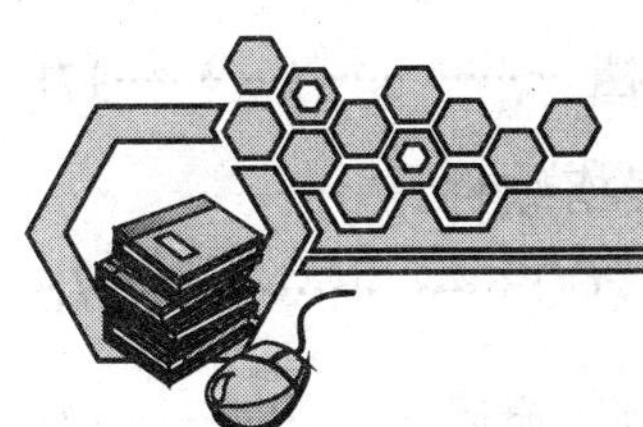

目 录

第1章 计算机概论

20 世纪 40 年代计算机的出现极大地推动了科学技术的发展，80 年代微型计算机的出现，尤其是 90 年代因特网（Internet）的迅速发展，使计算机的应用扩展到了人类生活的各个方面。因此，学习必要的计算机基础知识，掌握一定的计算机操作技能，是现代人知识结构中重要的组成部分。

1.1 计算机的发展与分类

要了解计算机文化，首先要了解计算机的发展历史。本节首先讲述计算机的发展史和计算机技术的发展动向，然后介绍计算机的分类。

1. 计算机的发展史

计算机也称“电脑”。第一台计算机于 1946 年 2 月诞生于美国宾夕法尼亚大学，它的名字叫“ENIAC”（Electronic Numerical Integrator And Calculator），是宾州大学莫克利（John Mauchly）教授和他的学生埃克特（J.P.Eckert）博士为军事目的而研制的。该计算机以电子管为主要元件，其内存为磁鼓（存储容量小），外存为磁带，操作由中央处理器控制，使用机器语言编程，运算速度为 5 000 次/秒，主要应用领域为数值计算。

ENIAC 虽是一台计算机，但它还不具备现代计算机“在机内存储程序”的主要特征。1946 年 6 月，曾担任 ENIAC 小组顾问的美籍匈牙利科学家冯·诺依曼（John Von Neumman）教授发表了《电子计算机逻辑结构初探》的论文，并为美国军方设计了第一台存储程序式的计算机 EDVAC（the Electronic Discrete Variable Automatic Computer，电子离散变量计算机）。与 ENIAC 相比，EDVAC 有两点重要的改进：一是采用二进制，提高了运行效率；二是把指令存入计算机内部。但世界上第一台真正实现存储程序式的计算机是 EDSAC（the Electronic Delay Storage Automatic Calculator），于 1949 年 5 月制成并投入运行。

1959年，第二代计算机出现，其特征是以晶体管为主，内存为磁芯存储器，外存为磁盘或磁带，运算速度为每秒几万到几十万次，使用高级语言（如FORTRAN、COBOL等）编程，主要应用领域为数值计算、数据处理及工业过程控制。

1965年，第三代计算机出现，其特征是以集成电路为主（集成电路就是由晶体管、电阻、电容等电子元件集成的一个小硅片），内存为半导体存储器，外存为磁盘，运算速度为每秒几十万次到几百万次，机种成系列，采用积木式结构及标准输入/输出接口，用高级语言编程，以操作系统来管理硬件资源，主要应用领域为信息处理（处理数据、文字、图像）。

1970年左右，第四代计算机出现，其特征是以大规模及超大规模集成电路为主（一个芯片上可集成数十个到上百万个晶体管），内存为半导体存储器，外存为磁盘，运算速度为每秒几百万次到上亿次，应用领域扩展到各个方面。此时微型计算机也开始出现，并在20世纪80年代得到了迅速推广。

20世纪80年代，日本首先提出了第五代计算机的研制计划，其主要目标是使计算机具有人类的某些智能，如听、说、识别对象，并且具有一定的学习和推理能力。目前科学家正在研究的新一代计算机有神经网络计算机和生物计算机等。

2. 计算机技术发展动向

计算机未来的发展方向是巨型化、微型化、网络化、智能化及多媒体化。

“巨型化”是指发展高速度、存储容量大和功能更强的巨型计算机。巨型计算机代表了一个国家科学技术和工业发展的水平。目前每秒几百亿次的巨型计算机已经投入使用，每秒上千亿次的巨型计算机也正在研制当中。巨型计算机主要应用在天文、气象、地质、航空、航天等尖端的科学技术领域。

“微型化”是指体积更小、价格更低、功能更强的微型计算机。各种便携式和手掌式计算机已大量投入使用。

“网络化”是指把计算机组成更广泛的网络，以实现资源共享及信息交换。网络化是当今计算机的发展趋势，Internet的迅速发展就充分地说明了这一点。计算机网络是信息社会的重要技术基础。网络化可以充分利用计算机的宝贵资源并扩大计算机的使用范围，为用户提供方便、及时、可靠和灵活的信息服务。

“智能化”是指使计算机可模拟人的感觉并具有类似人类的思维能力，如推理、判断、感觉等，从而使计算机成为智能计算机。对智能化的研究包括模式识别、自然语言的生成与理解、定理自动证明、自动程序设计、学习系统和智能机器人等内容。

“多媒体化”是指计算机可处理数字、文字、图像、图形、视频及音频等多种信息。多媒体技术使多种信息建立了有机的联系，集成为一个具有交互性的系统。多媒体计算机将真正改善人机界面，可使计算机向人类接受和处理信息的最自然方式发展。

3. 计算机的分类

我国将计算机分为巨型机、大型机、中型机、小型机和微型机。第一、第二代计算机主要是大型机；第三代计算机有大、中、小三类，第四代计算机则包括了所有类别。

1989年11月，美国电气电子工程师学会（IEEE）将计算机分为主机、小型机、个人计算机、巨型机、小巨型机和工作站6类。

（1）主机（Mainframe）。

主机就是我们所说的主干机、大型机，这类机器通常都安装在机架（Frame）上，如IBM 360/

370/4300/390 等系列机。这些计算机具有大容量的内存和外存，可进行并行处理，具有速度高、容量大、处理和管理能力强的特点。主机主要使用在大银行、大公司、高等学校和科研院所当中。

（2）小型机（Minicomputer 或 Minis）。

小型机具有结构简单、成本较低、不需要长期培训就可以维护和使用的特点，受到了中小用户的欢迎，如美国 DEC 公司的 PDP 系列计算机、VAX 系列计算机。

（3）个人计算机（Personal Computer）。

现在使用的计算机通常都是个人计算机，也称微型计算机，简称微机。个人计算机具有轻、小、（价）廉、易（用）的特点。

（4）巨型机（Super Computer）。

巨型机是计算机中价格最贵、功能最强的计算机，主要使用在尖端科学领域，如战略武器的设计、空间技术、石油勘探、中长期天气预报等，如美国 CDC 公司的 Cray 系列机、我国研制的银河系列机等均属此类。

（5）小巨型机（Minisupers）。

小巨型机是指力求保持或略为降低巨型机性能的前提下，较大幅度降低其价格后生产的计算机，如美国 Convex 公司的 C 系列计算机等。

（6）工作站（Workstation）。

工作站是介于个人计算机和小型机之间的一种高档微机，具有较强的数据处理能力、高性能的图形功能和内置的网络功能，如 HP、SUN 公司生产的工作站。这里所说的工作站与网络中所说的工作站含义不同，后者很可能是指一台普通的个人计算机。

1.2 计算机的特点与应用

计算机刚出现时，主要使用在数值计算中。随着计算机的迅速发展，它的应用范围已扩展到数据处理、自动控制、计算机辅助系统、人工智能等各个方面。计算机可处理的信息包括数字、文字、表格、图形、图像、音频和视频等各种多媒体信息。

1. 计算机的特点

计算机的主要特点有以下几个方面。

（1）运算速度快、计算精度高。

计算机的运算速度是以每秒钟可执行多少百万条指令（MIPS）来衡量的。现代计算机的运算速度为几或数万 MIPS，因此计算速度是相当快的。如在天气预报中，求解一个包含几百个未知数的代数方程若用人工计算的话，需要几十年的时间，而使用计算机（即便是 486 微机）只需要几秒钟的时间，并且使用计算机计算可以得到很高的计算精度。

（2）记忆能力强。

计算机的存储器类似于人的大脑，可以“记忆”（存储）大量的数据，以备随时调用。存储器不但能存储大量的信息，而且可以快速、准确地存入和取出这些信息。如一本 750 万字的图书可以保存在 U 盘中，并且可以快速地进行查找、排序、编辑等操作。

（3）可靠的逻辑判断能力。

计算机可以对字母、符号、汉字和数字的大小和异同进行判断、比较，从而确定如何处理这些信息。另外，计算机还可以根据已知的条件进行判断和分析，确定要进行的工作。因此，计算机可以广泛地应用到非数值数据处理领域，如信息检索、图形识别及各种多媒体应用领域。

（4）工作自动化。

计算机的内部操作是根据人们事先编制好的程序自动执行的，不需人工干涉。只要将程序设计好，并输入到计算机中，计算机就会依次取出指令、执行指令规定的动作，直到得出需要的结果为止。

另外，计算机还具有可靠性高、通用性强的特点。

2. 计算机的性能指标

计算机的性能指标可以从主频、字长、内存容量、存取周期和运算速度等方面来衡量。

（1）主频。

主频是指时钟频率，其单位是兆赫兹（MHz）。计算机的运算速度主要是由主频确定的，如购买计算机时提到的酷睿 2.33G 中的 2.33G 说的就是计算机的主频（2 330MHz）。主频越高，其运算速度也就越快。

（2）字长。

字长是指计算机的运算器能同时处理的二进制数据的位数，它确定了计算机的运算精度，字长越长，计算机的运算精度就越高，其运算速度也越快。另外，字长也决定了计算机指令的直接寻址能力。计算机的字长一般都是字节的 1、2、4、8 倍，如 286 微机为 16 位，386、486、奔腾系列微机为 32 位，酷睿微机为 64 位。

（3）内存容量。

内存储器中可以存储的信息总字节数称为内存容量。目前，酷睿微机的内存容量一般都在 1GB 以上。内存容量越大，处理数据的范围就越广，运算速度一般也越快。

（4）存取周期。

把信息存入存储器的过程称为“写”，把信息从存储器取出的过程称为“读”。存储器的访问时间（读写时间）是指存储器进行一次读或写操作所需的时间；存取周期是指连续启动两次独立的读或写操作所需的最短时间。目前，微机的存取周期约为几十纳秒（ns）到一百纳秒。

（5）运算速度。

运算速度是一项综合的性能指标，用 MIPS（Million Instructions Per Second，每秒执行百万指令）表示，计算机的主频和存取周期对运算速度的影响最大。

除上面提到的这些因素外，衡量一台计算机的性能指标还要考虑机器的兼容性、系统的可靠性、系统的可维护性、机器可以配置的外部设备的最大数目、计算机系统处理汉字的能力、数据库管理系统及网络功能等。性能/价格比可以作为一项综合性评价计算机的性能指标。

3. 计算机的应用

目前，计算机已广泛应用于人类社会的各个领域，不仅在自然科学领域得到了广泛的应用，而且已经进入社会科学的各个领域及人们的日常生活中。计算机的应用可以分为以下几个方面。

（1）科学计算。

科学计算即是通常所说的数值计算，是计算机最早且最重要的应用领域，这从最初计算机的名称“Calculator”就可以看出。该领域对计算机的要求是速度快、精度高、存储容量大。

在科学研究和工程设计中，对于复杂的数学计算问题，如核反应方程式、卫星轨道、材料的受力分析、天气预报等的计算，航天飞机、汽车、桥梁等的设计，使用计算机可以快速、及时、准确地获得计算结果。

（2）自动控制系统。

计算机除了能高速运算外，还具有一定的逻辑判断能力。从 20 世纪 60 年代起，人们就在机械、电力、石油化工及军事等行业中使用计算机进行自动控制，从而提高了生产的安全性和自动化水平以及产品的质量，降低了成本，缩短了生产周期。

（3）数据处理与信息加工。

数据处理是指非科技工程方面的所有计算、管理和任何形式数据资料的处理，包括办公自动化（Office Automation，OA）和管理信息系统（Management Information System，MIS），如企业管理、进销存管理、情报检索、公文函件处理、报表统计、飞机票订票系统等。数据处理与信息加工已深入到社会的各个方面，它是计算机特别是微型计算机的主要应用领域。

（4）计算机辅助系统。

计算机辅助系统包括计算机辅助设计（Computer-Aided Design，CAD）、计算机辅助制造（Computer-Aided Manufacturing，CAM）、计算机集成制造系统（Computer Integrated Manufacturing System，CIMS）、计算机辅助教学（Computer-Aided Instruction，CAI）和计算机辅助测试（Computer-Aided Test，CAT）等。

计算机辅助设计是指利用计算机来辅助设计人员进行设计工作，如机械设计、工程设计、电路设计等。利用 CAD 技术可以提高设计质量、缩短设计周期、提高设计自动化水平。

计算机辅助制造是指利用计算机进行生产设备的管理、控制和操作，从而提高产品质量，降低成本，缩短生产周期，并且能够大大改善制造人员的工作条件。

计算机集成制造系统是集设计、制造和管理三大功能为一体的现代化生产系统。

计算机辅助教学是指利用计算机帮助学习的自学系统，将教学内容、教学方法和学生的学习情况等存储在计算机中，使学生在轻松自如的环境中完成课程的学习。

计算机辅助测试是指利用计算机来进行复杂、大量的测试工作。

（5）人工智能。

人工智能（Artificial Intelligence，AI）的主要目的是用计算机来模拟人的智能，其主要任务是建立智能信息处理理论，进而设计出可以展现某些近似人类智能行为的计算机系统。目前的主要应用方向有：机器人（Robots）、专家系统（Expert System，ES）、模式识别（Pattern Recognition）和智能检索（Intelligent Retrieval）等。

1.3 计算机文化与社会信息化

蒸汽机的出现实现了人类社会从农业社会向工业社会的过渡，而计算机的出现实现了人类社会从工业社会向信息社会的过渡。

1. 计算机文化的概念

计算机文化是在 1981 年召开的第三次世界计算机教育会议上提出的。在这次大会上，科学家们提出了要树立“计算机教育是文化教育”的观念，呼吁人们高度重视计算机文化的教育。这种文化是以计算机为中心，以计算机技术与通信技术相结合为标志而产生的。计算机文化可以理解为计算机应用知识和应用能力。

现在，计算机的迅速发展和普及，尤其是微型计算机的普及和 Internet 的迅猛发展，不断地冲击着人们以往的生活习惯和工作方式，计算机已经渗透到人们生活的各个方面，如工作、学习、医疗、购物和娱乐等。因此，不了解、不掌握计算机文化，就不能适应未来的信息社会。

2. 计算机文化的主要特征

计算机文化与传统文化不同，它具有自己的特征，这些特征主要表现在以下几个方面：

- 信息处理是计算机文化的核心；
- 信息可以有多种不同的表现形式，包括文本（Text）、语音（Voice）、音乐（Music）、图形（Graph）和图像（Image）等；
- 所有的信息处理都要受到程序的控制；
- 计算机网络化，从根本上改变了人们使用计算机的方式。

3. 信息社会的主要特征

信息社会的主要特征表现在以下几个方面。

（1）信息成为重要的战略资源。

与工业社会中的能源和材料是资源一样，在信息社会中，信息也是一种重要的战略资源。一个国家只有拥有足够的信息资源，并充分利用这些资源，才能成为一个强大的国家。

（2）信息业成为重要的支柱产业之一。

信息、技术和知识的大量生产、传输和服务，已经可以和工业社会的物质产品的生产、运输及服务产业相比拟。信息业虽然不能代替工业社会和农业社会的生产，但它是发展国民经济的“倍增器”，因此，信息业将成为国民经济重要的支柱产业之一。

（3）信息网络成为社会的基础设施。

随着 Internet 的迅速普及，信息网络设施就像供电网、交通网和通信网一样，成为人类社会中不可缺少的基础设施。因此，信息网络的覆盖率和利用率也就成为衡量信息社会是否成功的标志。

1.4 计算机内的信息表示

在计算机中，各种信息都是以二进制数的形式表示的，这是由计算机电路所采用的元器件决定的。计算机中采用了具有两个稳定状态的二值电路：用“0”表示低电位，“1”表示高电位。采用这种进位制具有运算简单、电路实现方便、成本低的特点。

1.4.1 数制及其特点

各种进位计数值都可统一表示为下面的形式：

$$\sum_{i=n}^{m} a_i R^i$$

其中，R 表示进位计数制的基数，在十进制、二进制、八进制、十六进制中 R 的值分别为 10、2、8、16；

i 表示位序号，个位为 0，向高位（左边）依次加 1，向低位（右边）依次减 1；

a_i 表示第 i 位上的一个数符，其取值范围为 0～$R-1$；

R^i 表示第 i 位上的权；

m 和 n 表示最低位和最高位的位序号。

一切进位计数制都有两个基本特点：按基数进、借位，用位权值来计数。

所谓按基数进、借位，就是在执行加法或减法时，要遵循“逢 R 进一，借一当 R”的规则。因此，R 进制的最大数符为 $R-1$，而不是 R，每个数符只能用一个字符表示。

1. 十进制（Decimal System）

十进制的基数为 10，它有 10 个数符：0，1，2，…，8，9。逢十进一，各位的权是以 10 为底的幂，书写时数字用括号扩起来，再加上下标 10。对十进制，下标通常省略不写。也可以在数字后加字母 D 表示（通常省略不写）。

【例】 $345.56 = (345.56)_{10} = 3 \times 10^2 + 4 \times 10^1 + 5 \times 10^0 + 5 \times 10^{-1} + 6 \times 10^{-2}$。

2. 二进制（Binary System）

二进制的基数为 2，只有 2 个数符：0，1。二进制数逢二进一，各位的权是以 2 为底的幂，书写时数字用括号扩起来，再加上下标 2。也可以在数字后加字母 B 表示。

【例】 $(11101.101)_2 = 1 \times 2^4 + 1 \times 2^3 + 1 \times 2^2 + 0 \times 2^1 + 1 \times 2^0 + 1 \times 2^{-1} + 0 \times 2^{-2} + 1 \times 2^{-3}$。

在计算机内数据一律采用二进制。这是由于二进制具有容易表示、运算简单、方便和运行可靠的特点。

3. 八进制（Octare System）

八进制的基数为 8，它有 8 个数符：0，1，2，…，6，7。八进制数逢八进一，各位的权是以 8 为底的幂，书写时数字用括号扩起来，再加上下标 8。也可以在数字后加字母 O 表示。

【例】 $(753.65)_8 = 7 \times 8^2 + 5 \times 8^1 + 3 \times 8^0 + 6 \times 8^{-1} + 5 \times 8^{-2}$。

4. 十六进制（Hexadecimal System）

十六进制的基数为 16，它有 16 个数符：0，1，2，…，8，9，A，B，C，D，E，F。十六进制数逢十六进一，各位的权是以 16 为底的幂，书写时数字用括号扩起来，再加上下标 16。也可以在数字后加字母 H 表示。

遵循每个数符只能用一个字符表示的原则，在十六进制中对值大于 9 的 6 个数（即 10～15）分别借用 A～F 6 个字母来表示。

【例】 $(A85.76)_{16} = 10 \times 16^2 + 8 \times 16^1 + 5 \times 16^0 + 7 \times 16^{-1} + 6 \times 16^{-2}$。

八进制或十六进制经常用在汇编语言程序或显示存储单元的内容显示中。

1.4.2 不同数制之间的转换

1. 二进制、八进制、十六进制转换为十进制

若要将二进制、八进制、十六进制数转换为十进制数，可以按照求和的形式容易地计算出相应的十进制数。

【例】 $(11101.101)_2 = 1 \times 2^4 + 1 \times 2^3 + 1 \times 2^2 + 0 \times 2^1 + 1 \times 2^0 + 1 \times 2^{-1} + 0 \times 2^{-2} + 1 \times 2^{-3} = 29.625$

$$(753.65)_8 = 7\times 8^2 + 5\times 8^1 + 3\times 8^0 + 6\times 8^{-1} + 5\times 8^{-2} = 491.828\,125$$

$$(A85.76)_{16} = 10\times 16^2 + 8\times 16^1 + 5\times 16^0 + 7\times 16^{-1} + 6\times 16^{-2} = 2\,693.460\,937\,5。$$

2. 十进制转换为二进制、八进制、十六进制

将十进制数转换为二进制、八进制、十六进制数，其整数部分和小数部分的转换规则如下。

整数部分：用除 *R*（基数）取余法则（规则：先余为低，后余为高）。

小数部分：用乘 *R*（基数）取整法则（规则：先整为高，后整为低）。

例：将（29.625）$_{10}$ 转换为二进制表示。

（1）用“除 2 取余”法先求出整数 29 对应的二进制数。

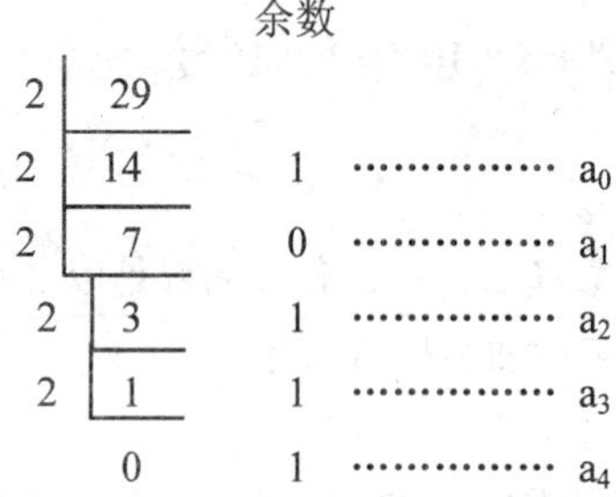

（2）用“乘 2 取整”法求出小数 0.625 对应的二进制数。

```
 0.625
×    2
──────
  1.25
  •    0.25
  •  ×    2
  ─────────
  •     0.5
  •      •  0.5
  •      •  ×2
         ─────
  •      •   1
  •      •   •
  •      •   •
  1      0   1      取整数部分
 a-1    a-2 a-3
```

由此可得$(29.625)_{10} = (11101.101)_2$

3. 二进制与八进制、十六进制之间的转换

从 $2^3 = 8$、$2^4 = 16$ 可以看出，每位八进制数可用 3 位二进制数表示，每位十六进制数可用 4 位二进制数表示，如表 1-1 和表 1-2 所示。

表 1-1　　二进制与八进制之间的转换

八进制数	0	1	2	3	4	5	6	7
二进制数	000	001	010	011	100	101	110	111

表 1-2　　二进制与十六进制之间的转换

十六进制	0	1	2	3	4	5	6	7
二进制	0000	0001	0010	0011	0100	0101	0110	0111
十六进制	8	9	A	B	C	D	E	F
二进制	1000	1001	1010	1011	1100	1101	1110	1111

（1）八进制、十六进制转换为二进制。

只要把每位的八进制数或十六进制数展开为 3 位或 4 位二进制数，最后去掉整数首部的 0 或小数尾部的 0 即可。

【例】$(753.65)_8$ = 111 101 011.110 101　　将每位展开为 3 位二进制数

= $(111101011.110101)_2$　　转换后的二进制数

$(A85.76)_{16}$ = 1010 1000 0101.0111 0110　　将每位展开为 4 位二进制数

= $(101010000101.0111011)_2$　　去掉尾部的“0”

（2）二进制转换为八进制、十六进制。

以小数点为中心，分别向左、右每 3 位或 4 位分成一组，不足 3 位或 4 位的则以“0”补足，然后将每个分组用一位对应的八进制数或十六进制数代替即可，这就是转换为八进制或十六进制的结果。

【例】$(11101.101)_2$ = 011 101.101　　每 3 位分成一组

= $(35.5)_8$　　转换后的结果

$(11101.101)_2$ = 0001 1101.1010　　每 4 位分成一组

= $(1D.A)_{16}$　　转换后的结果

1.4.3　计算机中字符的表示方法

在计算机中，字符又称为符号数据，包括各种文字、数字与符号等信息。在使用计算机时，一方面是通过按键盘上的字符键向计算机输入各种操作命令和数据；另一方面计算机又把处理的结果以字符的形式输出到显示器或打印设备上，供操作者查看。

1. ASCII 码

ASCII（American Standard Code for Information Interchange，美国标准信息交换码）是被国际标准化组织所采用的计算机在相互通信时共同遵守的标准。ASCII 有两种：7 位 ASCII 码和 8 位 ASCII 码，后者称为扩充 ASCII 码。7 位 ASCII 码如表 1-3 所示。

表 1-3　　7 位 ASCII 编码表

$B_7B_6B_5$ / $B_4B_3B_2B_1$	000	001	010	011	100	101	110	111
0000	NUL	DLE	空格	0	@	P	`	p
0001	SOH	DC1	!	1	A	Q	a	q
0010	STX	DC2	”	2	B	R	b	r
0011	ETX	DC3	#	3	C	S	c	s
0100	EOT	DC4	$	4	D	T	d	t
0101	ENQ	NAK	%	5	E	U	e	u
0110	ACK	SYN	&	6	F	V	f	v
0111	BEL	ETB	’	7	G	W	g	w

续表

<table>
<tr><td>$B_7B_6B_5$ $B_4B_3B_2B_1$</td><td>000</td><td>001</td><td>010</td><td>011</td><td>100</td><td>101</td><td>110</td><td>111</td></tr>
<tr><td>1000</td><td>BS</td><td>CAN</td><td>(</td><td>8</td><td>H</td><td>X</td><td>h</td><td>x</td></tr>
<tr><td>1001</td><td>HT</td><td>EM</td><td>)</td><td>9</td><td>I</td><td>Y</td><td>i</td><td>y</td></tr>
<tr><td>1010</td><td>LF</td><td>SUB</td><td>*</td><td>:</td><td>J</td><td>Z</td><td>j</td><td>z</td></tr>
<tr><td>1011</td><td>VT</td><td>ESC</td><td>+</td><td>;</td><td>K</td><td>[</td><td>k</td><td>{</td></tr>
<tr><td>1100</td><td>FF</td><td>FS</td><td>,</td><td><</td><td>L</td><td>\</td><td>l</td><td>|</td></tr>
<tr><td>1101</td><td>CR</td><td>GS</td><td>−</td><td>=</td><td>M</td><td>]</td><td>m</td><td>}</td></tr>
<tr><td>1110</td><td>SO</td><td>RS</td><td>.</td><td>></td><td>N</td><td>^</td><td>n</td><td>~</td></tr>
<tr><td>1111</td><td>SI</td><td>US</td><td>/</td><td>?</td><td>O</td><td>_</td><td>o</td><td>DEL</td></tr>
</table>

从表 1-3 可以看出，ASCII 码共包含 $2^7 = 128$ 个不同的编码，也就是 128 个不同的字符。其中，前 32 个和最后一个为控制码，是不可显示或打印的，主要用于控制计算机某些外围设备的工作特性和某些计算机软件的运行情况。比如，CR（Carriage Return）称为回车字符，是换行控制符；BEL（Bell Character）称为报警字符，是通信用的控制字符，可以作为报警装置或类似的装置发出报警的信号。其余 95 个为可打印/显示字符（但空格也是看不见的，因此实际可打印/显示的字符为 94 个），包括英文大小写字母 52 个，0～9 共 10 个数字，标点符号、运算符号和其他符号共 33 个。

ASCII 码表中的可打印字符在键盘上都可以找到。在按键时，一方面，显示器上显示出相应的字符；另一方面，该字符的 ASCII 码将输入存储器中等待用户的处理。

计算机中字符的处理实际上是对字符 ASCII 码进行的处理。例如，比较字符“B”和“G”的大小实际上是对“B”和“G”的 ASCII 码 66 和 71 进行比较。输入字符时，该键所对应的 ASCII 码即存入计算机。将一篇文章输入完成后，计算机中实际存放的是一串 ASCII 码。

2. 汉字的编码

汉字为非拼音文字，不可能像英文那样一字一码，显然汉字编码比英文编码要复杂得多。

（1）汉字交换码。

1981 年我国颁布实施了 GB2312—80《信息交换用汉字编码字符集基本集》。它是汉字交换码的国家标准，所以又称为“国标码”。该标准收录了 6 763 个常用汉字（其中一级汉字 3 755 个，按汉语拼音排序；二级汉字 3 008 个，按偏旁部首排序），以及英、俄、日文字母与其他符号 682 个，共计 7 445 个符号。

每个汉字或符号都用两个字节表示，其中每个字节的编码从 20H～7EH，即十进制的 33～126，这与 ASCII 码中的可打印字符的取值范围是相同的，都是 94 个。这样两个字节可以表示的字符数为 94 × 94 = 8 836 个。

国标码字符集的划分如表 1-4 所示。

表 1-4　国标码字符集的划分

00…………20		21	22	23	…	7C	7D	7E
00～20	区　位	1	2	3	…	92	93	94
21～2F	01～15	非汉字图形符号（常用符号，数字序号，俄、法、希腊字母，日文假名等）						
30～57	16～55	一级汉字（3755 个）						
58～77	56～87	二级汉字（3008 个）						
78～7E	88～94	空白区						
7F								

实际上在 GB2312—80 中，所有的国标汉字与符号组成一个 94 × 94 的矩阵，该矩阵中每一行

称为"区"，每一列称为"位"。汉字的区位码是汉字所在区号和位号相连得到的。在连续的两个字节中，高位字节为区号，低位字节为位号。

随着 Internet 的发展，国家信息标准化委员会于 2000 年 3 月 17 日公布了 GB18030—2000《信息技术、信息交换用汉字编码字符集 基本基的扩充》。该标准共收录了 27 000 多个汉字，可以满足人们对信息处理的需要。

（2）汉字机内码。

计算机既要处理中文，又要处理西文，因此通常利用字节的最高位区分某个码值代表汉字（最高位为 1）还是代表 ASCII 码（最高位为 0）。汉字的机内码在国标码的基础上，把两个字节的最高位一律由"0"改为"1"，也就是汉字机内码与国标码的关系为：

汉字机内码高位字节=国标区位码高位字节+80H；

汉字机内码低位字节=国标区位码低位字节+80H。

（3）汉字输入码。

英文的输入码与机内码是一致的，而汉字输入码是指直接从键盘输入的各种汉字输入法的编码，如区位码、拼音码、五笔字型码等，它与机内码是不同的。不同的汉字输入方法其输入编码是不同的，但存入计算中的必须是它的机内码，与采用的输入法无关。各种输入法的编码称为外码。

（4）汉字字形码。

汉字字型码又称字模，用于汉字在显示器显示或打印机输出。汉字字型码通常有两种表示方式：点阵和矢量表示方法。

用点阵表示字型时，汉字字型码指的是这个汉字字型点阵的代码。根据输出汉字的要求不同，点阵的多少也不同。简易型汉字为 16 × 16 点阵，提高型汉字为 24 × 24 点阵，32 × 32 点阵，48 × 48 点阵等。点阵规模愈大，字型愈清晰美观，所占存储空间也愈大。例如，一个 16 × 16 点阵占用的存储空间为 32 字节（2 × 16 × 8 = 32 × 8），一个 24 × 24 点阵占用的存储空间为 72 字节（3 × 24 × 8 = 72 × 8）。

矢量表示方式存储的是描述汉字字型的轮廓特征，当要输出汉字时，通过计算机的计算，由汉字字型描述生成所需大小和形状的汉字点阵。矢量化字型描述与最终文字显示的大小以及分辨率无关，因此可以产生高质量的汉字输出。Windows 中使用的 TrueType 技术就是汉字的矢量表示方式。

1.4.4　二进制数的运算

二进制数在计算机中可进行算术运算和逻辑运算。

1. 算术运算

下面是二进制数算术运算的规则。

加法：0 + 0 = 0　　1 + 0 = 0 + 1 = 1　　1 + 1 = 10

减法：0 − 0 = 0　　10 − 1 = 1　　1 − 0 = 1　　1 − 1 = 0

乘法：0 × 0 = 0　　0 × 1 = 1 × 0 = 0　　1 × 1 = 1

除法：0/1 = 0　1/1 = 1

2. 逻辑运算

（1）或运算："∨"、"+"。

规则：$0 \vee 0 = 0$　　$0 \vee 1 = 1$　　$1 \vee 0 = 1$　　$1 \vee 1 = 1$

在或运算中，当两个逻辑值有一个为 1 时，结果就为 1，否则为 0。

【例】要得到成绩 *X* 不及格（小于 60 分）或者 *Y* 优秀（大于 90 分）的分数段人数，可用或运算表示为：

$(X<60) \vee (Y>90)$

（2）与运算："∧"、"·"。

规则：$0 \wedge 0 = 0$　　$0 \wedge 1 = 0$　　$1 \wedge 0 = 0$　　$1 \wedge 1 = 1$

在与运算中，当两个逻辑值都为 1 时，结果才为 1，否则为 0。

【例】若合格产品的标准需控制在 200～300，要判断某一产品质量参数 *X* 是否合格，可用与运算表示为：

$(X>200) \wedge (X<300)$

（3）非运算："¯"。

在非运算中，对每位的逻辑值取反。

规则：$\bar{0} = 1$　$\bar{1} = 0$

【例】$\overline{1011} = 0100$

（4）异或运算："⊕"。

规则：$0 \oplus 0 = 0$　$0 \oplus 1 = 1$　$1 \oplus 0 = 1$　$1 \oplus 1 = 0$

在异或运算中，当两个逻辑值不相同时，结果为 1，否则为 0。

1.4.5　数值在计算机中的表示及运算

1. 二进制数的原码、补码和反码表示

计算机中使用二进制数，所有的符号、数的正负号都是用二进制数值代码表示的。在数值的最高位用"0"和"1"分别表示数的正、负号。一个数（包括符号）在计算机中的表示形式称为机器数，机器数有 3 种表示法：原码、补码和反码。机器数将符号位和数值位一起编码，机器数对应的原来数值称为真值。

（1）原码表示法。

在原码表示方法中，数值用绝对值表示，在数值的最左边用"0"和"1"分别表示正数和负数，写作$[X]_{原}$。

【例】在 8 位二进制数中，十进制数+22 和−22 的原码表示为：

$[+22]_{原} = 00010110$

$[-22]_{原} = 10010110$

应注意，0 的原码有两种表示，分别是"00……0"和"10……0"，都作 0 处理。

（2）补码表示法。

一般在做两个异号的原码加法时，实际上是做减法，然后根据两数的绝对值的大小来决定符号。能否统一用加法来实现呢？如对一个钟表，将指针从 6 拨到 2，可以顺拨 8，也可以倒拨 4，用数学式子表示就是：$6 + 8 - 12 = 2$ 和 $6 - 4 = 2$。

这里的 12 称为钟表的"模"。8 与−4 对于模 12 来说互为补数。计算机中是以 2 为模对数值

做加法运算的，因此可以引入补码，把减法运算转换为加法运算。

求一个二进制数补码的方法：正数的补码与其原码相同；负数的补码是把其原码除符号位外的各位先求其反码，然后在最低位加 1。通常用$[X]_{补}$表示 X 的补码，+4 和−4 的补码表示为：

$[+4]_{补} = 00000100$

$[-4]_{补} = 11111100$

（3）反码表示法。

正数的反码等于这个数本身，负数的反码等于其绝对值各位求反（符号位除外）。

【例】 $[+12]_{反} = 00001100$　　　　$[-12]_{反} = 11110011$

总结以上规律，可得到如下公式：$X-Y=X+$（Y 的补码）$=X+$（Y 的反码+1）

2. 定点数和浮点数

在计算机中，一个数如果小数点的位置是固定的，则称为定点数，否则称为浮点数。

（1）定点数。

定点数一般把小数点固定在数值部分的最高位之前，即在符号位与数值部分之间，或把小数点固定在数值部分的最后面。前者将数表示成纯小数，后者把数表示成整数。

（2）浮点数。

浮点数是指在数的表示中，其小数点的位置是浮动的。任意一个二进制数 N 可以表示为

$$N = M \times 2^e$$

其中，e 是一个二进制整数，M 是二进制小数，这里称 e 为数 N 的阶码，M 称为数 N 的尾数，M 表示了数 N 的全部有效数字，阶码 e 指明了小数点的位置。

在计算机中，一个浮点数的表示分为阶码和尾数两个部分，格式如下：

Ms	*Es*	*E*	*M*
尾符	阶符	阶码	尾数

其中，阶码确定了小数点的位置，表示数的范围；尾数则表示数的精度；尾符也称数符。浮点数的表示范围比定点数大得多，精度也高。

从以上介绍中可知，计算机是采用二进制数存储数据和进行计算的，引入补码可以把减法转换为加法，简化了运算；使用浮点数扩大了数的表示范围，提高了数的精度。

1.5 如何学好大学计算机基础

计算机是一门实用技术，我们学习的目的就是要掌握尽可能多的计算机知识和使用技能。要学好计算机技术，必须经常使用计算机，掌握操作方法。另外，还必须通过认真看书或听课来学习必要的计算机基础知识。在学习中要注意下面几点。

- 循序渐进

在学习时遇到难以理解的概念或难以掌握的操作过程不要着急，可以先和同学、老师讨论一下，有一个基本了解，接着在计算机上操作体验一下，然后返回来继续看书，这样对所学的内容会有一个深入的理解。这是学习计算机技术与其他文化课不同的一点。

- 注重上机操作

这门课除了理论教学外，将安排大量的上机操作。只有将书中讲的大量操作在计算机上完整

地操作一遍，才能加深理解。另外，在各种等级考试中，上机考试都占 50%以上的比例，可见上机操作的重要性。

- 注意总结解决问题的多种方法

在计算机中解决一个问题，往往有多种方法。在平时要不断地总结积累，这样在以后的工作中，就可以根据不同的情况，对要解决的问题采用不同的解决方法。

第2章 计算机基础知识

本章主要讲解计算机的基础知识，即硬件基础知识和软件基础知识，另外还要介绍计算机安全知识和多媒体计算机的常识。

一个完整的计算机系统是由硬件系统和软件系统两部分组成的。硬件系统是计算机系统的物质基础，软件系统是计算机发挥功能的必要保证。

计算机系统的组成如图 2-1 所示。

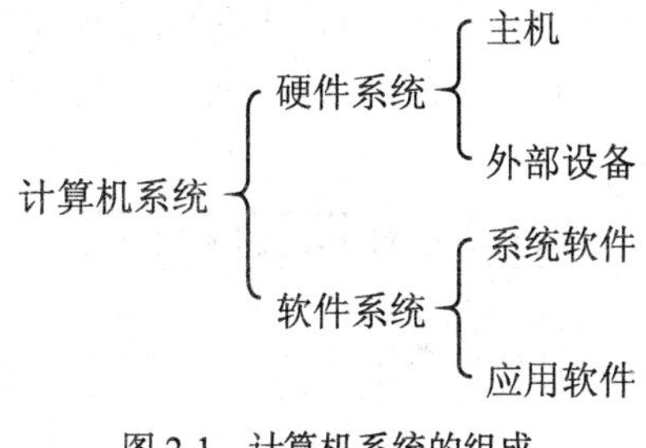

图 2-1　计算机系统的组成

2.1 计算机硬件基础知识

硬件是计算机物理设备的总称，也称为硬设备，是计算机进行工作的物质基础。

2.1.1 指令和程序

1. 指令

计算机完成一项工作，是按照人们编制好的程序进行的。如两个数相加的计算机解题过程，可分解为下面的步骤（假定要运算的数据已存在存储器中）。

第 1 步：把第 1 个数从它的存储单元中取出来，送到运算器中。

第 2 步：把第 2 个数从它的存储单元中取出来，送到运算器中。

第 3 步：两数相加。

第 4 步：将计算结果送到存储器指定的单元中。

第 5 步：停机。

上面的取数、相加、存数等操作都是计算机中的基本操作，将这些基本操作用命令的形式写下来就是计算机的指令（Instruction）。也就是说，指令是人们对计算机发出的工作命令，告诉计算机要进行的操作。通常一条指令对应一种基本操作。

指令通常由一串二进制数组成，也称为机器指令。一条指令通常包括操作码和地址码两部分。

操作码：指出机器要执行的操作。

地址码：指出要操作的数据（操作对象）在存储器中的存放地址以及操作结果要存放的地址。

一台计算机可以有许多指令，所有指令的集合称为它的指令集（Instruction Set），又称为指令系统。各种类型的计算机的指令系统都不尽相同，不同的指令系统中的指令数目和功能存在着很大的差异。指令系统的内核是硬件，随着硬件成本的下降，人们为提高计算机的适用范围，不断地增加指令系统中的指令，以求尽可能缩小指令系统与高级语言的语义差异，而在增加新的指令系统时仍然保留了老机器指令系统中的所有指令，使用这些指令的计算机称为"复杂指令计算机"（CISC）。测试结果表明，计算机常用的是仅占 20%的一些简单指令。因此，1975 年 IBM 公司提出精简指令系统的设想，选择使用频率较高、长度固定、格式种类和指令寻址方式少的指令构造了"精简指令计算机"（RISC）。

2. 程序

程序（Program）是一系列指令组成的，为解决某一具体问题而设计的一系列排列有序的指令的集合。设计及书写程序的过程称为程序设计。

程序存入计算机，计算机就能按照程序进行工作。

2.1.2 存储程序原理

计算机要执行程序中每一条指令才能完成任务。计算机要完成自动连续运算，必须在开始工作后自动地按程序中规定的顺序取出要执行的指令，然后执行其操作。

计算机可以自动完成运算或处理过程的基础是存储程序原理，它是由冯·诺依曼于 1946 年提出来的，因此称为冯·诺依曼原理，现在的计算机仍然遵循着这个原理。

存储程序原理的要点有：为解决某个问题，要事先编制程序（可以用高级语言或机器语言编写）；程序输入到计算机中，存储在内存储器中（存储原理）；运行时，控制器按地址顺序取出存放在内存储器中的指令，然后分析指令、执行指令，若遇到转移指令，则转移到指定的地址，再按地址顺序访问指令（程序控制）。

计算机的工作都是在控制器的控制下进行工作的。计算机的工作过程由以下几步组成。

第 1 步：控制器控制输入设备将数据和程序输入到内存中。

第 2 步：在控制器的指挥下，从存储器中取出指令到控制器。

第 3 步：控制器分析指令，指挥运算器、存储器执行规定的操作。

第 4 步：运算结果由控制器控制送到存储器保存或送到输出设备输出。

第 5 步：返回第 2 步，继续取下一条指令，然后执行，直到程序结束。

2.1.3 计算机系统的硬件组成

到目前为止的 4 代计算机都基于同样的基本原理：以二进制数和程序存储控制为基础。这种结构的计算机主要由运算器、控制器、存储器、输入及输出设备 5 个部分组成，如图 2-2 所示。

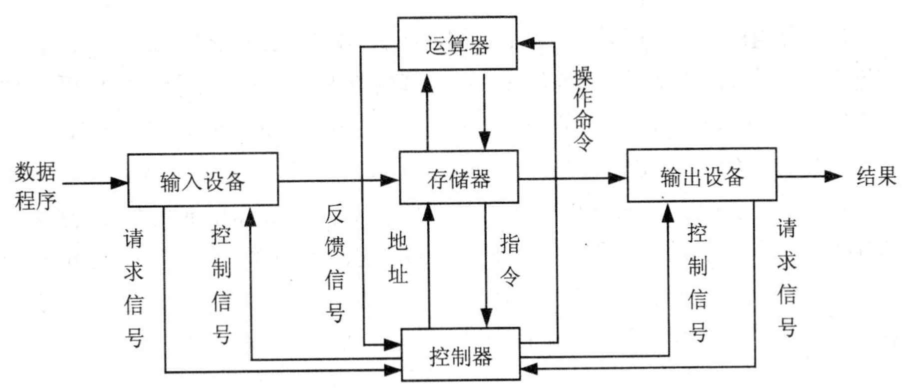

图 2-2 计算机系统的硬件组成

在讲解计算机的 5 大组成部分之前，我们首先了解一下总线的概念。

为了节省计算机硬件连接的信号线，简化电路结构，计算机各部件之间采用公共通道进行信息传送和控制。计算机部件之间分时地占用着公共通道进行数据的控制和传送，这样的通道简称为总线。计算机中有下列 3 类总线。

- 数据总线（DB）

数据总线用来传输数据信息，它是双向传输的总线，CPU 既可以通过数据总线从内存或输入设备读入数据，又可以通过数据总线将内部数据送至内存或输出设备。

- 地址总线（AB）

地址总线用来传送 CPU 发出的地址信号，是一条单向传输线，目的是指明与 CPU 交换信息的内存单元或输入/输出设备的地址。

- 控制总线（CB）

控制总线用来传送控制信号、时序信号和状态信息等。其中有的是 CPU 向内存和外部设备发出的控制信号，有的则是内存或外部设备向 CPU 传送的状态信息。

1. 运算器

运算器是执行算术运算和逻辑运算的部件，其任务是对信息进行加工处理。运算器由算术逻辑单元（Arithmetic Logical Unit，ALU）、累加器、状态寄存器和通用寄存器等组成。

ALU 是对数据进行加、减、乘、除算术运算，与、或、非逻辑运算及移位、求补等操作的部件。累加器用来暂存操作数和运算结果。状态寄存器（或称标志寄存器）用来存放算术逻辑单元在工作中产生的状态信息。通用寄存器用来暂存操作数或数据地址。运算器的性能主要由 MIPS（Million Instructions Per Second，每秒执行百万指令）来衡量。

ALU、累加器和通用寄存器的位数决定了 CPU 的字长。比如在 64 位字长的 CPU 中，ALU、累加器和通用寄存器都是 32 位的。

2. 控制器

根据程序的指令，控制器向各个部件发出控制信息，以达到控制整个计算机运行的目的，因此，控制器是计算机的神经中枢。

控制器在主频时钟的协调下，使计算机各部件按照指令的要求有条不紊地工作。它不断地从存储器中取出指令，分析指令的含义，根据指令的要求发出控制信号，进而使计算机各部件协调地工作。

运算器与控制器组成中央处理器，中央处理器简称为 CPU（Central Processing Unit）。CPU 负责解释计算机指令，执行各种控制操作与运算，是计算机的核心部件。从某种意义上说，CPU 的性能决定了计算机的性能。目前市场上计算机的 CPU 芯片主要由 Intel、AMD 及 CYRIX 公司提供。Intel 公司的系列芯片有 8086、80286、80386、80486、Pentium（也叫"奔腾"）、Pentium Ⅱ、Pentium Ⅲ、Pentium Ⅳ、Celeron、Core 2 等。衡量 CPU 性能的主要指标是主频，即由时钟发生与控制器产生的时钟脉冲的频率，其单位为 MHz（兆赫兹）。目前 Core 2 芯片的主频已达到了数 GMHz。

除此之外，衡量 CPU 性能的另一指标为数据宽度，数据宽度有 8 位、16 位、32 位及 64 位等。80286 是 16 位的，80386、80486 及 Pentium 是 32 位的，Core 2 是 64 位的。

3. 存储器

存储器是用来存储程序和数据的记忆部件，是计算机中各种信息的存储和交流中心。Memory 是指内存储器。通常把控制器、运算器和内存储器称作主机。

存储器的主要功能是保存信息。它的功能与录音机类似，使用时可以取出原记录的内容而不破坏其信息（存储器的"读"操作）；也可以将原来保存的内容抹去，重新记录新的内容（存储器的"写"操作）。

存储器分为内部存储器和外部存储器。

（1）内部存储器。

内部存储器也称内存，由大规模集成电路存储器芯片组成，用来存储计算机运行中的各种数据。内存分为 RAM、ROM 及 Cache。

RAM 为 Random Access Memory 的缩写，中文名为"随机读写存储器"，既可从其中读取信息，也可向其中写入信息。在开机之前 RAM 中没有信息，开机后操作系统对其使用进行管理，关机后其中存储的信息都会消失。RAM 中的信息可随时改变。

ROM 为 Read Only Memory 的缩写，中文名为"只读存储器"，即只能从其中读取信息，不可向其中写入信息。在开机之前 ROM 中已经存有信息，关机后其中的信息不会消失，ROM 中的信息一成不变。

Cache 中文名叫做"高速缓冲存储器"，在不同速度的设备之间交换信息时起缓冲作用。相比 RAM 和 ROM，其读取速度最快。

内存中可存储信息的多少称为存储器的容量，其基本单位为字节（Byte，记作 B）。一个字节由 8 个二进制位组成，是存放一个英文字符的空间。"位"是计算机中最小的信息单位。

比字节更大的单位是"千字节"（Kilobyte，记作 KB），比"千字节"更大的单位是"兆字节"（Megabyte，记作 MB），比"兆字节"更大的单位是"千兆字节"（Gigabyte，记作 GB）。它们之间的关系如下：

1 B = 8 bit

1 KB = 1 024 B

1 MB = 1 024 KB

1 GB = 1 024 MB

1 TB = 1024 GB

① 计算机中的存储地址。

所有的存储单元都按顺序排列，每个单元都有一个编号，单元的编号称为"单元地址"。通过

地址编号寻找在存储器中数据单元的过程称为“寻址”。显然，存储器地址的范围多少决定了二进制数的位数。若存储器有 1 024 个（1KB）单元，那么它的地址编码为 0～1 023，对应的二进制数为 0000000000～1111111111，这表明需要用 10 位二进制数来表示，也就是需要 10 根地址线，或者说 10 位地址码可寻址 1KB 的存储空间。存储器中的所有存储单元的总和称为这个存储器的存储容量，其单位是 KB、MB 或 GB。图 2-3 所示为存储单元的地址和存储内容的示意图。

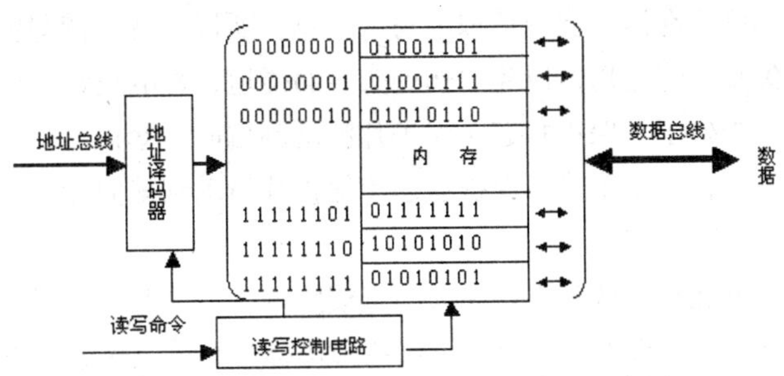

图 2-3　存储单元的地址和存储内容的示意图

② 地址和容量的计算。

- 根据地址总线的数量，计算寻址空间

若地址总线有 n 根，则其寻址空间为：2^n。

如 $n = 32$，则其寻址空间为：$2^{32} = 4GB$

- 根据起始地址和末地址计算存储空间

计算方法为：末地址−起始地址+1

若地址范围为 4000H～4FFFH，则存储空间为：

$4FFFH - 4000H + 1 = 1000H = 2^{12}B = 4KB$

根据存储器的容量和起始地址，计算末地址

计算方法为：起始地址+存储容量−1

若存储器的容量为 32KB，用十六进制对它的地址进行编码，起始编号为 0000H，则末地址为：

$$0000H + 32KB - 1 = 32KB - 1 = 32 \times 2^{10} - 1 = 2^5 \times 2^{10} - 1 = 2^{15} - 1$$
$$= 1000\ 0000\ 0000\ 0000B - 1 = 8000H - 1 = 7FFFH$$

（2）外部存储器。

外部存储器也叫辅助存储器或外存，用做内存的后备与补充。其特点是容量大、价格低、可长期保存信息。常用的外存有软磁盘、硬盘、U 盘及光盘等。

外存储器是计算机中的外部设备，用来存放大量的暂时不参加运算或处理的数据和程序，计算机若要运行存储在外存中的某个程序，须将它从外存读到内存中才能执行。

外存按存储介质分为磁存储器、光存储器和半导体集成电路存储器。

① 软磁盘。

软磁盘（简称软盘）与音响系统的录音带相似，用来记录计算机要处理的或已经处理过的信息。软盘驱动器与音响系统的录音带盒相似，可以把软磁盘上的信息读入计算机中，或把计算机中的信息写到磁盘上。软盘的外形如图 2-4 所示。

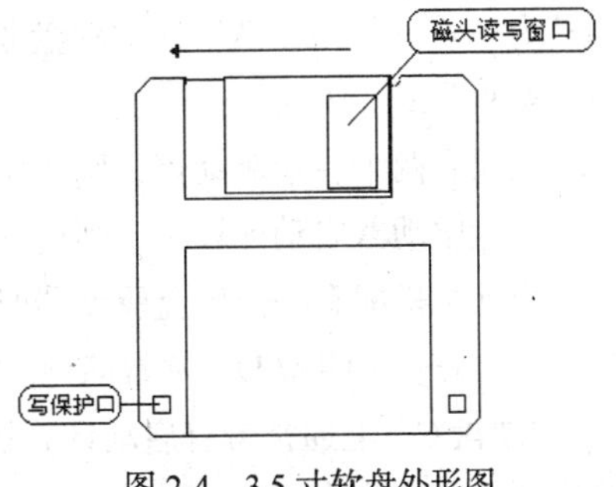

图 2-4　3.5 寸软盘外形图

软盘片的形状与普通薄膜唱片类似，盘片装在硬质塑料套内。

每盒磁盘（通常一盒装有 10 张软盘）都提供一些不干胶标签，可以用它来填写用户标签。用户在这些标签上写上表示磁盘内容的文字，然后再贴到磁盘上。

磁头读写窗口（又叫读写孔）用于确定磁盘工作时驱动器磁头的位置。它在保护罩内，当把磁盘放入驱动器中，驱动器会自动移开保护罩，露出盘片，从而进行读写操作。

磁盘工作时驱动器磁头在读写窗口读取或写入信息，所以不要让读写窗口落上灰尘，更不要用手摸读写窗口或用尖硬物体碰划，以免损伤磁头表面磁道，影响正常的读写。

写保护口的作用是当处于写保护状态（保护片滑动到偏向盘套边沿位置）时，只能从盘片读出信息，而不能写入信息；当处于非写保护状态（保护片滑动到偏向盘套中心位置）时，不但能从盘片读出信息，而且能写入信息。

使用磁盘应特别注意远离磁铁，不要让太阳直接照晒，不要弯曲，不要落上灰尘。

软盘片由外向里划分成许多的同心圆槽，这些圆槽称为磁道。软盘的磁道数通常为 80，编号为 0～79，最外面的磁道为 0。各种信息都放在磁道上。

磁道被划分为多组圆弧区域，称为扇区。一个扇区含有 512byte，因此，3.5 英寸软盘划分为 18 个扇区后，它的容量为：

2 面 × 80 道/面 × 18 扇区/道×512 字节/扇区 = 1 474 560byte = 1.44MB

② 软盘驱动器。

软盘驱动器是读写软盘的工具。其作用是把软盘中的信息读到电脑中或把电脑中的信息存储到软盘上（称为“写”信息）。软盘驱动器通常也简称为“软驱”。

读写信息时，软盘驱动器上的读写头朝着软盘片读写槽半径方向依次从一个磁道到另一个磁道，而盘片在转动。这样磁头可寻找某些信息并将其读出或寻找一些空间去写入某些信息。

③ 硬盘驱动器。

硬盘驱动器（简称硬盘）比软盘的容量大得多（数百甚至数千倍），通常硬盘容量为 40GB、60GB、80GB、120GB、160GB，甚至更大的 200GB、400GB。硬盘不能像软盘那样能从主机中方便地取出来，而是一直在主机中。所以，硬盘也叫“不可移动的磁盘”。

在使用电脑时，一般把常用的软件存储在硬盘上，以便一开机就可以使用。有许多软件系统，其容量远远超过一张高密软盘的容量。要运行这些软件，就必须把它们装入硬盘中。也就是说，硬盘用来存储我们日常使用的软件及其所需的信息，软盘用来保存一些重要的信息（或叫做备份）。

④ 驱动器的名字。

通常，计算机会配备 1～2 个软盘驱动器。如果有两个软盘驱动器，则给其中一个起名为 A，另一个起名为 B。如果只有一个软盘驱动器，则就是 A。那么，我们说到某一个驱动器时，可以称其为“软盘驱动器 A”或“软盘驱动器 B”，也可简称为“软驱 A”或“软驱 B”。更简单地叫做“A 驱”或“B 驱”。

如果有两个软盘驱动器，则其中的“A 驱”与“B 驱”通常由主机内部的连线决定。注意，要从软盘驱动器启动计算机，则启动盘一定要放在“A 驱”中。

当计算机配有一个硬盘驱动器时，给它起名为 C。当计算机配有两个硬盘驱动器时，则一个叫做 C，另一个叫做 D。常常简称为“硬盘 C”或“硬盘 D”，也可以叫做“C 驱”、“D 驱”。

“硬盘 C”上通常带有启动计算机所必须的信息（这就是常说的硬盘上“带有系统”），以便可以从硬盘启动计算机。

⑤ 光盘存储器。

光盘存储器简称光盘，是一种新型的信息存储设备，目前已经成为微型计算机的标准配置设备。光盘具有存储容量大、可长期保存等优点。

光盘有只读型光盘（Compact Disk-Read Only Memory，CD-ROM），用户只能读出光盘上录制好的信息，而不能写入信息；只写一次型光盘（Write Once Only，WORM），用户只能向光盘中写入一次信息，且只能读取光盘上的内容；可重写型光盘（Rewriteable），简称 CD-RW，与一般的软盘、硬盘一样可以不断地读写光盘上的内容。

世界上第一种光驱的速度为 150KB/s，后来光驱就以这个速度为计数来衡量，如倍速光驱的速度为 300KB/s。现在光驱已从开始的 4 倍速、8 倍速，发展到目前的 40 倍速、50 倍速光驱。

新一代数字多功能光盘（Digital Versatile Disc，DVD），它的大小与 CD-ROM 光盘的大小相同，但这种光盘容量更大，单面单层的 DVD 可存储 4.7GB 的信息，双面双层的 DVD 最高可存储 17.8GB 的信息。DVD 有 3 种格式，即只读数字光盘、一次写入光盘和可重复写入的光盘。

⑥ U 盘。

U 盘（OnlyDisk）是一种基于 USB 接口的无需驱动器的微型高容量活动盘，与传统的存储设备相比，U 盘的主要特点如下。

- 体积仅大拇指般大小，重量仅约 20g。
- 容量大（1～2GB，以至数百 GB）。
- 不需要驱动器，无外接电源。
- 使用简便，即插即用，带电插拔。
- 存取速度快。
- 可靠性好，可擦写达 100 万次，数据可保存 10 年。
- 抗震，防潮，携带十分方便。
- USB 接口，带写保护功能。

4. 输入/输出设备

输入/输出（Input/Output，I/O）设备用来交换计算机与其外部的信息。常见的输入/输出设备有显示器、键盘、鼠标、打印机、扫描仪和绘图机等。

输入/输出设备统称 I/O 设备，键盘、鼠标和显示器是每一台计算机必备的 I/O 设备，其他的可以根据需要有选择地配置。

输入/输出设备属于外部设备，除 I/O 设备外，外部设备还包括存储器设备、通信设备和外部设备处理机等。

下面简要介绍常见的 I/O 设备。

（1）显示器。

显示器属于输出设备，用于显示主机的运行结果。它以可见光的形式传递和处理信息。

显示器按所采用的显示器件可分为阴极射线管（Cathode Ray Tube，CRT）显示器、液晶显示器（Liquid Crystal Display，LCD）和等离子显示器等。目前微型计算机上所配备的显示器大多数为 CRT 和 LCD 显示器，液晶显示器和等离子显示器主要用在笔记本电脑上。

显示器按所显示的信息内容可分为字符显示器、图形显示器和图像显示器等。

目前常用的 CRT 显示器类型有：球面、柱面、平面直角和纯平面等，尺寸有 14 英寸、15 英寸、17 英寸和 20 英寸等。

显示器的分辨率表示为水平分辨率（一个扫描行中像素的数目）和垂直分辨率（扫描行的数目）的乘积，如 1024 × 768。分辨率越高，图像就越清晰。

点距是 CRT 彩色显示器的另一项重要的技术指标，它指的是屏幕上相邻两个颜色相同的荧光点之间的最小距离。点距越小，显示器的分辨率就越高。点距的单位为 mm。目前显示器的点距为 0.20mm～0.28mm。

（2）打印机。

打印机属于输出设备，用于打印主机发送的信息。打印机分为两大类：击打式与非击打式。击打式的有针式打印机；非击打式的有激光打印机、喷墨打印机、热敏打印机及静电打印机。

针式打印机靠打印头上的打印针撞击色带而在纸上留下字迹。其优点是造价低，耐用，可以打蜡纸和多层压感纸等。其缺点是精度低，噪声大，体积也较大而不易携带。LQ-1600K 是目前常用的针式打印机。

喷墨打印机的打印头没有打印针，而是一些打印孔。从这些孔中喷出墨水到纸上从而印上字迹。喷墨打印机的优点是宁静无噪声，精度比针式打印机高（一般为 360dpi、720dpi、1 200dpi 等），有些型号的喷墨打印机的体积很小，便于携带，价格介于针式打印机与激光打印机之间。其缺点是不能打印蜡纸和压感纸。常见的喷墨打印机有 HP Desk Jet Plus、Canon BJ10e 等。

激光打印机把电信号转换成光信号，然后把字迹印在复印纸上。其工作原理与复印机相似。不同之处在于：复印机从原稿上用感光来获得信息，而激光打印机从计算机接收信息。激光打印机的优点是印字精度很高。现在的许多报纸、图书的出版稿都是由激光打印机打印的。另一个优点是安静，打印时只发出一点点声音。激光打印机的缺点是造价高，是一般打印机的 2～3 倍，并且不能打蜡纸。激光打印机属于高档打印机。常见的激光打印机有 HP Laser Jet 4/5/6 系列，OKI 800 系列等。

（3）键盘。

键盘属于输入设备，专门用于向主机发送信息。按其结构可分为机械式、薄膜式及电容式。目前常用的键盘有 3 种：标准键盘（有 83 个按键）、增强键盘（有 101 个按键）和微软自然键盘（有 104 个按键）。

键盘按键包括数字键、字母键、符号键、功能键和控制键。

（4）鼠标。

鼠标是一种光标移动及定位设备。从外形上看，鼠标是一个可以握在手掌中的小盒子，通过一条电缆线与计算机连接，就像老鼠拖着一条长尾巴。在某些软件中，使用鼠标比键盘更方便。

鼠标可以分为机械式、光电式、半机械半光电和网络式等。

鼠标上的按键有两键的，也有三键的，网络鼠标上带有一个滚轮或按键，通过它们可以直接拖动浏览网页。

（5）扫描仪。

扫描仪可以把图形图像信息输入到计算机中，形成数据文件。

（6）绘图机。

绘图机可以绘制计算机处理好的图纸。其绘制速度快、绘制质量高，因而常使用在计算机辅助设计（CAD）等领域中。

5. 接口

接口是 CPU（或主机）与外部设备交换信息的部件，起“桥梁”作用。常用接口有以下几种。

（1）显示适配卡。

显示适配卡也叫“显示卡”，用于主机与显示器之间的连接。

显示卡的存储容量与显示质量有密切的关系，存储量越大，显示的图形质量就越高。微型计算机中所采用的显示卡主要有彩色图像显示控制卡（Color Graphics Adapter，CGA）、增强型图形显示控制卡（Enhanced Graphics Adapter，EGA）和视频图形显示控制卡（Video Graphics Array，VGA）等。目前流行的全是增强型的 VGA 显示卡，如 SVGA（Super VGA）和 TVGA，其分辨率可以达到 1 024 × 768 像素、1 024 × 1024 像素和 1 280 × 1 024 像素。

（2）硬盘适配器接口。

硬盘适配器接口用于硬盘与主机之间的数据交换。

（3）软盘适配器接口。

软盘适配器接口用于软盘与主机之间的数据交换。

（4）并行接口。

并行接口拥有多条并行线路，一次可以传送多个二进制位，适用于近距离传送。打印机使用这种接口与主机通信。

（5）串行接口。

串行接口一次只能传送一个二进制位，只要一条通信线路，适合远距离传送。鼠标、调制解调器（Modem）可用此接口与主机通信。

（6）USB 接口。

USB 是 Universal Serial Bus 的简写，USB 支持热插拔，有即插即用等优点，所以 USB 接口已经成为目前大多数外部设备的接口方式。USB 有 3 个规范，即 USB 1.1、USB 2.0 和 USB 3.0。

2.2 计算机软件基础知识

软件是计算机系统重要的组成部分，没有软件计算机就无法工作。有人把硬件比做钢琴，把软件比做钢琴家。没有钢琴家，再好的钢琴也产生不了悦耳的音乐。

2.2.1 计算机软件的分类

通常把不装配任何软件的计算机称为裸机。计算机系统是在裸机之上配置若干软件后形成的。

1. 计算机软件的定义

计算机软件是指在计算机硬件上运行的各种程序和有关的文档资料。这里所说的程序是指用某种特定的符号系统（语言）对被处理的数据和实现算法的过程进行的描述，也就是用于指挥计算机执行各种动作以便完成指定任务的指令的集合。在程序的编制和维护中，必须对程序做必要的说明，整理出有关的资料。在运行程序时，有时需要输入必要的数据。因此，计算机软件就是可以指挥计算机进行工作的程序和程序运行时所需要的数据，以及与这些程序和数据有关的文字说明和图表资料，其中的文字说明和图表资料就是文档。

在计算机技术的发展过程中，计算机软件随硬件技术的发展而发展，反过来，软件的不断发展与完善，又促进了硬件的发展。实际上，计算机某些硬件的功能可以由软件来实现（如内置 Modem），而某些软件的功能也可以由硬件来实现（如 DOS 时代的各种汉卡）。

计算机软件系统分为系统软件和应用软件两大类，如图 2-5 所示。

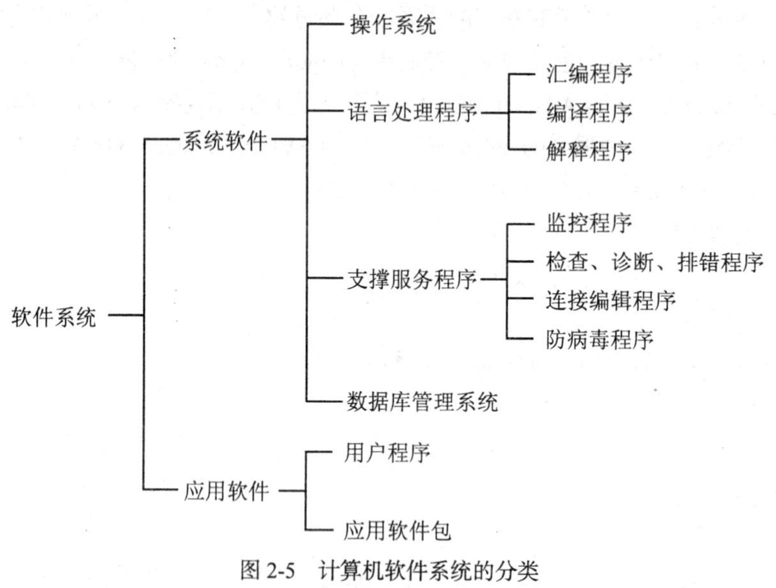

图 2-5　计算机软件系统的分类

2. 系统软件

系统软件是计算机系统必备的软件，它的主要功能是管理、监控和维护计算机资源（包括硬件资源和软件资源）以及开发应用软件。系统软件可以看做是用户与硬件系统的接口，为用户和应用软件提供了控制和访问硬件的手段。系统软件包括操作系统、语言处理程序、系统支撑服务程序和数据库管理系统。

（1）操作系统（Operating System）。

操作系统是用户使用计算机的界面，是位于底层的系统软件，其他系统软件和应用软件都是在操作系统上运行的。操作系统主要用来对计算机系统中的各种软硬件资源进行统一的管理和调度。因此，可以说操作系统是计算机软件系统中最重要、最基本的系统软件。计算机的操作系统在 20 世纪 80 年代是字符界面的 MS-DOS，在 20 世纪 90 年代起逐渐成为图形界面的 Windows。

计算机系统的系统资源包括 CPU、内存、输入/输出设备及存储在外存中的信息。因此，操作系统由以下 4 部分组成：

- 对 CPU 的使用进行管理的进程调度程序；
- 对内存分配进行管理的内存管理程序；
- 对输入/输出设备进行管理的设备驱动程序；
- 对外存中信息进行管理的文件系统。

操作系统的主要功能有如下 5 个部分。

- 处理机管理

由于 CPU 的工作速度要比其他硬件快得多，而且任何程序只有占有了 CPU 才能运行，因此，

CPU 是计算机系统中最重要、最宝贵、竞争最激烈的硬件资源。处理机管理就是对处理机的“时间”进行动态管理，以便能将 CPU 真正合理地分配给每个需要占用 CPU 的任务。

为了提高 CPU 的利用率，采用多道程序设计技术（Multiprogramming）。当多道程序并发运行时，引入进程的概念（将一个程序分为多个处理模块，进程是程序运行的动态过程）。通过对进程进行管理，协调多道程序之间的 CPU 分配调度、冲突处理及资源回收等关系。

- 存储管理

存储管理是对存储“空间”的管理，主要指对内存的管理。只有被装入主存储器的程序才有可能去竞争中央处理机。因此，有效地利用主存储器可保证多道程序设计技术的实现，也就保证了中央处理机的使用效率。

存储管理就是要根据用户程序的要求为其分配主存储区域。当多个程序共享有限的内存资源时，操作系统就按某种分配原则，为每个程序分配内存空间，使各用户的程序和数据彼此隔离，互不干扰及破坏；当某个用户程序工作结束时，要及时收回它所占的主存区域，以便再装入其他程序。另外，当前的操作系统能够利用虚拟内存技术，把内、外存结合起来，以达到“扩大”内存的目的。

- 设备管理

设备管理是对硬件设备的管理，主要是指对输入/输出设备的分配、启动、完成和回收。

设备管理负责管理计算机系统中除了中央处理机和主存储器以外的其他硬件资源，因此是系统中最具有多样性和变化性的部分。

操作系统对设备的管理主要体现在两个方面：一方面它提供了用户和外设的接口，用户只需通过键盘命令或程序向操作系统提出使用设备的申请，操作系统中的设备管理程序就能实现外部设备的分配、启动、回收和故障处理；另一方面，为了提高设备的效率和利用率，操作系统还采取了缓冲技术和虚拟设备技术，尽可能使外设与处理器并行工作，以解决快速 CPU 与慢速外设的矛盾。

- 文件管理

将逻辑上有完整意义的信息资源（程序和数据）存放在外存储器（磁盘、磁带）上，赋予一个名字，就成为一个文件。

文件管理是操作系统对计算机系统中软件资源的管理，通常由操作系统中的文件系统来完成这一功能。文件系统由文件、管理文件的软件和相应的数据结构及有关的文档组成。

文件管理能有效地支持文件的存储、检索和修改等操作，解决文件的共享、保密和保护问题，并提供方便的用户使用界面，使用户能实现按名存取，而且完全不必考虑文件如何保存及存放的位置。

- 作业管理

作业管理包括任务管理、界面管理、人机交互、图形界面、语音控制和虚拟现实等。

前述 4 种管理功能建立起了操作系统与计算机系统的联系。为了能使用户通过操作系统来使用计算机系统，完成自己的任务，操作系统还必须提供自身与用户间的接口，这部分工作就由作业管理来承担。

作业管理的任务是为用户提供一个使用系统的良好环境，使用户能有效地组织自己的工作流程。用户要求计算机处理某项工作称为一个作业，一个作业包括程序、数据及解题的控制步骤。用户一方面使用作业管理提供的“作业控制语言”来书写控制作业执行的操作说明书；另一方面使用作业管理提供的“命令语言”与计算机资源进行交互活动，请求系统服务。

操作系统有多种分类方法，如表 2-1 所示。

表 2-1 操作系统的分类

分类方法	操作系统类型	
系统功能	批处理操作系统	单道（程序）批处理
		多道（程序）批处理
	分时操作系统	
	实时操作系统	
计算机配置	单机配置	大型机操作系统
		小型机操作系统
		微型机操作系统
	多机配置	网络操作系统
		分布式操作系统
用户数目	单用户操作系统	
	多用户操作系统	
任务数量	单任务操作系统	
	多任务操作系统	

微型计算机的操作系统具有微型化、简单化、以磁盘管理和文件管理为主等特点。下面对计算机中常用的操作系统进行简单的说明。

① UNIX 操作系统。UNIX 操作系统是多用户、多任务、交互式的分时操作系统，具有结构紧凑、功能强、效率高、使用方便及移植性好的特点，因此它可广泛地使用在微型机、工作站、中小型机、大型机和巨型机上。

② MS-DOS 操作系统。MS-DOS 操作系统是美国 Microsoft 公司在 1981 年为 IBM-PC 微型机所设计的操作系统。它是单用户、单任务的操作系统，非常适合作为个人计算机的操作系统，为用户提供了良好的接口，具有交互的字符界面，有很强的文件和磁盘管理功能。

③ Windows 操作系统。Windows 操作系统是 Microsoft 公司开发的图形用户界面操作系统，具有多任务处理、大内存管理、统一的用户界面和一致的操作方式等特点。Windows 操作系统具有 9x 和 NT 两种版本，前者适用于个人，后者适用于网络。Windows 2000、Windows XP、Windows Server 2003 和 Windows Vista 将这两种版本合二为一，具有更强大的功能。

（2）语言处理程序。

使用各种高级语言（如汇编语言、FORTRAN、PASCAL、C、C++、C#、Java 等）开发的程序，计算机是不能直接执行的，必须经过翻译（对汇编语言源程序是汇编，对高级语言源程序则是编译或解释），将它们翻译成机器可执行的二进制语言程序（也就是机器语言程序）。这些完成翻译工作的翻译程序就是语言处理程序，包括汇编程序（Assembler）、翻译程序和解释程序。

（3）系统支撑服务程序。

系统支撑服务程序又称为实用程序，如系统诊断程序、调试程序、排错程序、编辑程序及查杀病毒程序等。这些程序都是用来维护计算机系统的正常运行或进行系统开发的。

（4）数据库管理系统。

数据库管理系统用来建立存储各种数据资料的数据库，并对其进行操作和维护。在微型计算机上使用的关系型数据库管理系统有 Access、SQL Server 和 Oracle 等。

3. 应用软件

为解决各种计算机应用问题而编制的应用程序称为应用软件，它具有很强的实用性。如工资管理程序、图书资料检索程序、办公自动化软件等。应用软件又分为用户程序和应用软件包两种。

（1）用户程序。

用户为解决自己的问题而开发的软件称为用户程序，如各种计算程序、数据处理程序、工程设计程序、自动控制程序、企业管理程序和情报检索程序等。

（2）应用软件包。

应用软件包是为实现某种特殊功能或特殊计算而设计的软件系统，可以满足同类应用的许多用户。一般来讲，各种行业都有适合自己使用的应用软件包。如用于办公自动化的 Office，它包含有字处理软件 Word、电子表格软件 Excel、文稿演示软件 PowerPoint、数据库软件 Access 和电子邮件管理程序 Outlook 等。

2.2.2　计算机语言知识

1. 程序设计语言

使用计算机解决问题就需要编写程序，编写计算机程序就必须掌握计算机的程序设计语言。程序设计语言分为 3 类：机器语言、汇编语言和高级语言。

（1）机器语言。

一台计算机中所有指令的集合称为该计算机的指令系统，这些指令就是机器语言，它是一种二进制语言。

由于计算机的机器指令和计算机的硬件密切相关，所以用机器语言编写的程序不仅能直接在计算机上运行，而且具有能充分发挥硬件功能的特点，程序简洁，运行速度快。但用机器语言编写的程序不直观、难懂、难记、难写、难以修改和维护。另外，机器语言是每一种计算机所固有的，不同类型的计算机其指令系统和指令格式不同，因此机器语言程序没有通用性，是“面向机器”的语言。

（2）汇编语言。

鉴于机器语言的难记缺点，人们用符号（称为助记符）来代替机器语言中的二进制代码，设计了“汇编语言”。汇编语言与机器语言基本上是一一对应的，由于它采用助记符来代替操作码，用符号来表示操作数地址（地址码），因此便于记忆。如用 ADD 表示加法、MOVE 表示传送等。

用汇编语言编写的程序具有质量高、执行速度快、占用内存少的特点，因此目前常用来编写系统软件、实时控制程序等。

汇编语言同样是“面向机器”的语言，机器语言所具有的缺点，汇编语言也都有，只不过程度上不同而已。

（3）高级语言。

高级语言与汇编语言相比，具有以下优点：接近于自然语言（一般采用英语单词表达语句），便于理解、记忆和掌握；语句与机器指令不存在一一对应的关系，一条语句通常对应多个机器指令；通用性强，基本上与具体的计算机无关，编程者无须了解具体的机器指令。

高级语言的种类非常多，如结构化程序设计语言FORTRAN、ALGOL、COBOL、C、PASCAL、Basic、LISP、LOGO、PROLOG、FoxBASE等，面向对象的程序设计语言Visual Basic、Visual C++、Visual FoxPro、Delphi、PowerBuild、C#、Java等。

2. 语言处理程序

计算机只能执行机器语言程序，因此用汇编或高级语言编写的程序（称为源程序）必须使用语言处理程序将其翻译成计算机可以执行的机器语言后，程序才能得以执行。语言处理程序包括汇编程序、解释程序和编译程序。

（1）汇编程序（Assemble）。

把汇编语言编写的源程序翻译成机器可执行的目标程序，是由汇编程序来完成翻译的，这种翻译过程称为汇编。

汇编语言源程序的执行过程如图2-6所示。

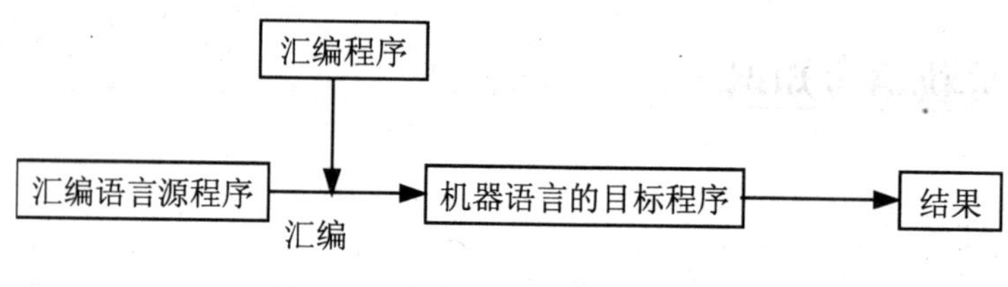

图2-6 汇编语言源程序的执行过程

（2）解释程序（Interpreter）。

解释程序接收到源程序后对源程序的每条语句逐句进行解释并执行，最后得出结果。也就是说，解释程序对源程序一边翻译一边执行，因此不产生目标程序。与编译程序相比，解释程序的速度要慢得多，但它占用的内存少，对源程序的修改比较方便。

高级语言源程序的解释执行方式如图2-7（a）所示。

（3）编译程序（Compiler）。

编译程序将高级语言源程序全部翻译成与之等价的用机器指令表示的目标程序，然后执行目标程序，得出运算结果。

高级语言源程序的编译执行方式如图2-7（b）所示。

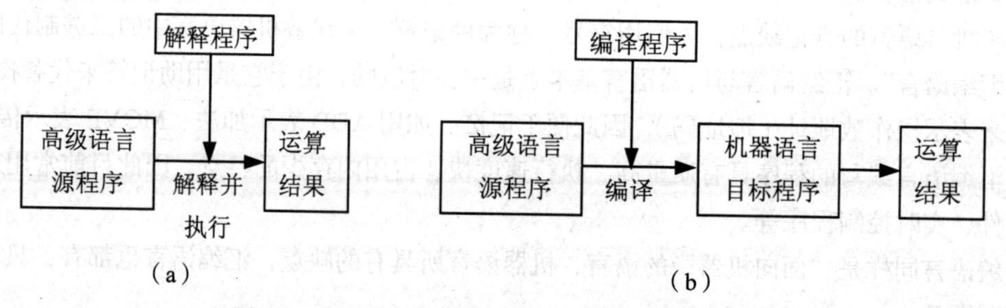

图2-7 高级语言源程序的解释执行和编译执行方式

解释方式和编译方式各有优缺点。解释方式的优点是占用内存少、灵活，但与编译方式相比要占用更多的机器时间，并且执行过程也离不开翻译程序。编译方式的优点是执行速度快，但占用较多的内存，并且不灵活，若源程序有错的话，必须修改后重新编译，从头执行。

2.3 计算机信息安全基础知识

随着全球信息化的飞速发展，计算机信息安全的重要性日益突出。信息安全是保障综合国力、经济竞争实力和生存能力的主要组成部分。

2.3.1 计算机病毒及其防治

1. 什么是计算机病毒

“病毒”（Virus）一词来源于生物学，而计算机病毒是指一段隐藏在计算机系统中，并可加以繁殖、传染，进而影响计算机系统正常运行的程序。由于当今世界上 IBM-PC 及其兼容机有数千万台之多，所以攻击该机型的计算机病毒最多，传染也最为广泛。这些病毒中，有的病毒可以破坏磁盘上的文件分配表、改变硬磁盘的分区，有的则破坏文件本身等，从而给计算机系统造成了严重的危害。

计算机病毒是计算机犯罪的一种形式。病毒制造者的动机多种多样，有的源于恶作剧，有的源于故意破坏，也有的源于对软件产品的保护，更有源于为了向别人“露一手”。

2. 计算机病毒的特征

计算机病毒具有下列几个特征。

（1）繁殖。

计算机病毒可以像生物病毒一样进行繁殖，当正常程序运行时，它也进行自身复制。是否具有繁殖、感染的特性是判断某段程序为计算机病毒的首要条件。

（2）触发。

病毒不是在任何情况下都能发作的，只是在具备一定条件时，一些病毒才会造成感染或攻击其他程序。触发计算机病毒的条件可以是某个特定的文件类型或数据，或者为某个特定的日期或时间等。

（3）破坏。

计算机病毒能够破坏系统中的部分或全部数据，也可窜改一些数据而扰乱系统的正常工作，破坏力更强的病毒可以彻底破坏整个计算机系统。病毒设计者的意愿和技术水平，决定了病毒破坏性的程度。计算机病毒的破坏性表现为：侵占系统资源，降低运行效率，使系统无法正常运行。

（4）依附、隐藏与潜伏性。

计算机病毒具有依附在别的可执行程序上的能力，并能以各种复杂的方法将自己隐藏起来。正常程序一旦被病毒感染，病毒就可以长期潜伏于这些程序中而不被发现。

3. 计算机病毒的症状

当计算机出现以下现象时，很可能感染了计算机病毒。

- 出现莫名其妙的死机。
- 程序运行速度明显变慢。
- 可执行文件（COM 及 EXE 文件）的长度增加。
- 屏幕显示异常（雪花、色块、斑点等）。

- 引导时间变长。
- 引导扇区、文件分配表被破坏。
- 在有引导扇区保护功能的计算机上，不必要地询问写引导扇区。
- 文件被不明删除。
- 喇叭响声异常或奏音乐。
- 与往常情况相同的执行步骤，却报告内存不够。
- 不能正常打印。

4. 计算机病毒的分类

计算机病毒可以按照下面 4 种方式进行分类。

（1）按照计算机病毒存在的媒体进行分类。

根据病毒存在的媒体，病毒可以分为网络病毒、文件病毒和引导型病毒。网络病毒通过计算机网络传播并感染网络中的可执行文件，文件病毒感染计算机中的文件（如 COM、EXE、DOC 文件等），引导型病毒感染启动扇区（Boot）和硬盘的系统引导扇区（MBR）。另外，还有这 3 种情况的混合型，例如多型病毒（文件和引导型）感染文件和引导扇区。

（2）按照计算机病毒传染的方法进行分类。

根据病毒传染的方法可分为驻留型病毒和非驻留型病毒。驻留型病毒感染计算机后，把自身的内存驻留部分放在内存（RAM）中，这一部分程序挂接系统调用并合并到操作系统中去，处于激活状态，一直到关机或重新启动。非驻留型病毒在得到机会激活时并不感染计算机内存。一些病毒在内存中留有小部分，但是并不通过这一部分进行传染，这类病毒也被划分为非驻留型病毒。

（3）根据病毒破坏的能力进行分类。

根据病毒破坏的能力可分为无害型病毒、无危险型病毒、危险型病毒和非常危险型病毒。无害型病毒除了传染时减少磁盘的可用空间外，对系统没有其他影响。无危险型病毒仅仅是减少内存、显示图像、发出声音及同类音响。危险型病毒在计算机系统操作中将造成严重的错误。非常危险型病毒会删除程序、破坏数据、清除系统内存区和操作系统中重要的信息。

（4）根据病毒特有的算法分类。

根据病毒特有的算法可分为伴随型病毒、“蠕虫”型病毒和寄生型病毒。

伴随型病毒，这一类病毒并不改变文件本身，它们根据算法产生 EXE 文件的伴随体，具有同样的名字和不同的扩展名（COM）。例如，XCOPY.EXE 的伴随体是 XCOPY.COM。病毒把自身写入 COM 文件，并不改变 EXE 文件，当 DOS 加载文件时，伴随体优先被执行，再由伴随体加载执行原来的 EXE 文件。

“蠕虫”型病毒通过计算机网络传播，不改变文件和资料信息，利用网络从一台机器的内存传播到其他机器的内存，将自身的病毒通过网络发送。有时它们在系统中存在，一般除了占用内存外不占用其他资源。

除了伴随型和“蠕虫”型病毒，其他病毒均可称为寄生型病毒，它们依附在系统的引导扇区或文件中，通过系统的功能进行传播。

5. 计算机病毒的传染途径

计算机病毒的传染是通过传染媒介进行的，传染媒介有下列两种。

（1）计算机网络。

病毒可以通过网络从一个站点传染到另一个站点，由一个网络传染到另一个网络。网络传染的速度是所有传染媒介中最快的，严重时可导致整个网络中所有计算机系统的瘫痪。

（2）磁盘传染。

磁盘传染包括软盘、光盘、U 盘的传染，在用户交流的过程中，病毒也就传染了。

6. 防范计算机病毒的主要措施

防范计算机病毒的主要措施有以下几种。

- 安装防病毒软件或设置防火墙。
- 在系统配置文件或启动过程文件中设置防病毒程序。
- 对外来 U 盘一律进行杀毒处理。

2.3.2 计算机软件的知识产权保护

计算机软件的知识产权保护，关系到软件产业和软件企业的生存和发展。我国政府从 1990 年开始陆续出台了有关计算机软件知识产权保护的一系列政策法规。

1990 年 9 月 7 日，七届人大第十五次会议通过了《中华人民共和国著作权法》，并于 1991 年 6 月 1 日开始实施。该法第 2 条规定，计算机软件作为作品，其著作权及其相关权益受该法的保护。

1991 年 5 月 24 日，国务院第八十三次常务会议通过了《计算机软件保护条例》，同年 6 月 4 日发布，10 月 1 日开始实施。该条例对计算机软件和程序、文档做了严格的定义，对软件著作权人的权益及侵权人的法律责任也有详细的规定。该条例对保护计算机软件著作权人的权益，调整计算机软件开发、传播及使用中发生的利益关系，鼓励计算机软件的开发和传播，促进计算机应用的发展起到了重要的作用。

在《计算机软件保护条例》中，对计算机软件、著作权及其相关的法律责任规定如下。

1. 计算机软件

计算机软件是指计算机程序和有关的文档。计算机程序是指为了得到某种结果，由计算机等具有信息处理能力的装置执行的代码化指令序列，或可被自动转换成代码化指令序列的符号化语句序列。计算机程序包括源程序和目标程序。文档是指用自然语言或形式化语言所编写的文字资料和图表，用于描述程序的内容、组成、设计、功能规格、开发情况、测试结果及使用方法，文档包括程序使用说明书、程序流程图、用户手册等。

2. 计算机软件的著作权

凡中国公民和单位对所开发的软件，不论是否发表、在何地发表均享有著作权。但对著作权的保护范围不包括开发软件所用的思想、概念、算法、处理过程和运行方法等。

3. 法律责任

《计算机软件保护条例》中明确规定：凡未经软件著作权人的同意发表他人的软件作品，或将他人开发的软件产品当做自己的产品发表，或未经合作者同意，将与他人合作的软件当作自己单独完成的作品发表，或在他人开发的软件上署名及涂改他人开发的软件上的署名，或未经软件著作权人或其合法受让者的同意修改、翻译、注释其软件产品，或者复制、部分复制其软件作品，或者向公众发行、展示其软件作品，或者向任何第三方办理其软件的许可使用及转让，均属于侵权行为。

因课堂教学、科学实验、国家机关执行公务等非商业性目的的需要对软件进行少量的复制，可以不经软件著作权人或其合法受让者的同意，不向其支付报酬。但使用时应当说明该软件的名称、开发者，并且不得侵犯著作权人或其合法受让者依据《计算机软件保护条例》所享有的其他各项权利。该复制品使用完后应当妥善保管、收回或者销毁，不得用于其他目的或者向他人提供。

犯有侵权行为的，应当根据情况承担停止侵权、消除影响、公开赔礼道歉、赔偿损失等民事责任，并可以由国家软件著作权行政管理部门给予没收非法所得、罚款等行政处罚。

2.4 多媒体技术和多媒体计算机

多媒体技术是在 20 世纪 80 年代中后期发展起来的一门高新技术，现在已成为世界性的技术研究和产品开发的热点。多媒体技术的发展和应用，大大地推动了各行各业的相互渗透和飞速发展，对人类社会产生的影响和作用越来越明显，越来越重要。

2.4.1 多媒体的基本概念

1. 媒体（Media）

人类在信息交流中要使用各种媒体。媒体有两种含义：存储信息的物理实体，如磁带、磁盘、光盘、打印纸等；信息的表现形式（表示）和传播的载体，如文字、声音、图形和图像等。计算机中的媒体是指后者，也就是说媒体是指信息表示和传播的载体。在计算机中使用 5 种媒体：感觉媒体、表示媒体、表现媒体、存储媒体和传输媒体。

（1）感觉媒体。

感觉媒体是指直接作用于人的感官，使人可以产生感觉的信息载体，如人类的各种语言、音乐、自然界的各种声音、静止或运动的各种声音，以及在计算机系统中的文件、数据和文字等。

（2）表示媒体。

表示媒体是指各种编码，这是为了加工、处理和传输感觉媒体而人为地进行研究、构造出来的一种媒体，如语言的文字编码、文本编码、图像编码等。

（3）表现媒体。

表现媒体是感觉媒体与计算机之间的界面，如键盘、摄像机、光笔、显示器、打印机等。

（4）存储媒体。

存储媒体用来存放表示媒体，也就是存放感觉媒体数字化后的代码，是存储信息的实体，如 U 盘、硬盘、光盘等。

（5）传输媒体。

传输媒体是用来将媒体从一处传送到另一处的物理载体，如同轴电缆、光纤、电话线等。

2. 多媒体和多媒体技术

多媒体（Multimedia）是指多种媒体的综合，也就是把文字、声音、图形、图像、动画等多种媒体组合起来的有机整体。使用多媒体后，人机交互的信息就从单纯的视觉信息（包括文字和图像信息）扩大到视觉和听觉两个以上的媒体信息。

多媒体计算机与一般家用电器（如电视机、录像机等）的区别在于多媒体计算机对信息采取转换、集成、管理、控制、传输和交互技术。

- 转换技术

转换包括负责采集感觉媒体的信息，并将它转换成计算机能够识别的数字信号，即转换成表示媒体；将表示媒体中的各种数字编码还原，转换成人们所能接受的感觉媒体形式。

- 集成技术

集成包括对各种表示媒体（即各种编码）进行组合，供转换处理；对感觉媒体中的各种信息进行组合处理，即对声音和图像信息的综合组合。

- 管理和控制技术

在使用媒体信息过程中对各种媒体素材进行编辑、剪裁和重组等操作。

- 传输技术

将处理后的媒体信息通过传输介质，以各种方式传递给其他用户。

- 交互技术

在多媒体计算机上利用计算机的各种查询技术对各种媒体信息进行查找，实现人机交互的使用方法称为交互技术。

多媒体计算机主要要实现的有声音媒体的数字化技术、在采样过程中使用模拟到数字的硬件转换技术（A/D 转换器）、在音频还原过程中使用数字到模拟的转换技术（D/A 转换器）和视频信息的数字化技术。

数据的压缩和解压缩技术是多媒体技术中的关键。多媒体信息中主要处理的是视频和音频数据，而视频和音频数据经过数字化后，数据量就非常庞大。例如，一帧分辨率为 800 × 600 像素真彩色 16MB 的图像，数字视频图像的数据量可按前面介绍的计算方法得出约占 1.4MB 的存储空间，以 NTSC（National Television Systems Committee）的播放制式每秒播放 30 幅的速度计算，每秒钟的数据将达 42MB，一张 650MB 的光盘也就可放 15 秒时间。解决的方法是在存放时把这些信息压缩，在使用时再把数据解压缩还原。

需要说明的是，压缩和解压缩算法都有一定的不对称性，这种不对称性分为两种。第一种是压缩时间的不对称，即压缩以软件方法完成，要花费大量的时间，解压缩则可用硬件解码器实施完成，速度较快；第二种不对称属于压缩和解压缩过程的不可逆性。例如，将一个视频信号经过压缩后，再解压还原，解压缩结果与压缩前信号稍有不同，一般来说是可以接受的，人们称此为有损压缩。处理前后完全一致的压缩与解压缩系统，称为无损压缩。实际上有损压缩十分重要，因为它可以用少量的数据损失换取更大的压缩。

无损压缩的图像格式有 BMP、TIFF、PCX、GIF 等，有损压缩常用的图像格式有 JPEG，压缩可获得 10:1 到 80:1 的压缩比；视频压缩有 NPEG，压缩可获得 50:1 到 100:1 的压缩比。

3. 多媒体计算机

人们把具有高质量的视频、音频（包括语言、音乐、声音效果等）和图像（包括图形、静态图像、视频动态图像、动画等）等多种媒体的信息处理为一体，具有大容量存储器的个人计算机系统称为多媒体计算机（简称MPC）。MPC是一个综合的系统，它利用计算机的交互性，使人机之间具有更好的交互能力，给用户提供的人机界面更多、更方便。

2.4.2 多媒体计算机

1. 多媒体计算机的系统组成

1991年Microsoft公司联合主要的PC厂商组成了MPC市场委员会制订了MPC标准，如表2-2所示。

表2-2 多媒体计算机的标准

基本要求	MPC 1	MPC 2	MPC 3
CPU	386 SX/16 MHz	486 SX/25 MHz	Pentium/75 MHz
内存	2 MB	4 MB	8 MB
硬盘	30 MB	160 MB	540 MB
光驱	150 kbit/s	300 kbit/s	600 kbit/s
音频卡	8 bit	16 bit	16 bit
显示卡	640 × 480 16色	640 × 480 256色	640 × 480 256色
连接口	MIDI I/O	MIDI I/O	MIDI I/O

按照这个标准，MPC应当包含个人计算机、CD-ROM驱动器、音频卡、操作系统及音响5个部分。对个人计算机来说，其CPU、内存、硬盘等都有相应的要求，以满足处理多媒体信息的需要。

2. 常见的多媒体部件

现代MPC的主要硬件配置必须包含CD-ROM、音频卡和视频卡，这3项是衡量一台MPC功能强弱的基本标志。

（1）只读光盘（CD-ROM）和驱动器。

光盘存储器是在20世纪90年代出现的大容量存储器。CD-ROM光盘驱动器有单速、倍速、8速、50倍速。

（2）音频卡。

音频卡从硬件上实施声音信号的数字化、压缩、存储、解压和回放等功能，并提供各种音乐设备（收录机、录放机、CD、合成器等）的接口（MIDI）与集成能力。

（3）视频卡。

视频卡（在MPC规格中没有规定）也是一种采用硬件的方式快速、有效地解决活动图像的数字化、压缩、存储、解压和回放等功能，并提供各种视频设备的接口（摄像机、录像机、影碟机、电视等）与集成功能。

2.5 阅读材料——键盘和鼠标

本节的内容是为没有接触过计算机的学生编写的。

2.5.1 键盘及其操作

下面以 Microsoft 自然键盘（104 键）为例，介绍键盘的分区、操作规范和打字要领。

1. 键盘分区

Microsoft 自然键盘如图 2-8 所示。

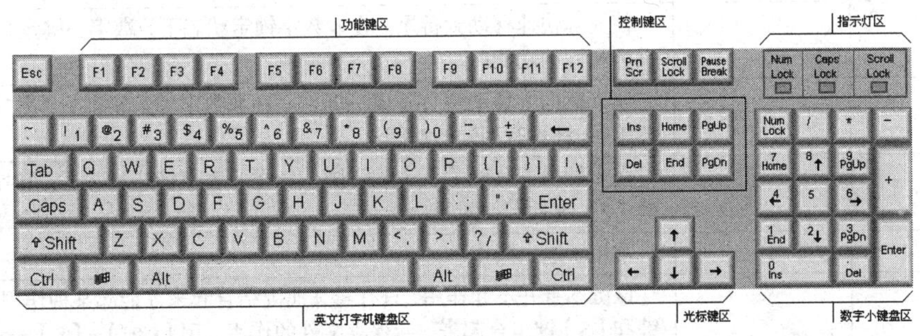

图 2-8　键盘及其分区图

键盘的左下方是标准的英文打字机的键盘，其中包含最常用的键盘按键，它们是英文字母、数字和符号。键盘上方的中间是功能键区（从 F1 键到 F12 键），这些功能键在不同的软件中有不同的作用。键盘右侧的数字小键盘可以用来十分方便地输入数字。键盘中的光标键和控制键用来进行编辑。

2. 常用键及其功能

键盘中的常用键及其功能如表 2-3 所示。

表 2-3　常用键及其功能

键 名 称	中 文 名 称	功 能
【Enter】	回车	在一行的输入结束时使用
【←Backspace】	退格	每按一下退格键，就删除光标左边的一个字符，并且光标向左移动一格
【CapsLock】	大写锁定	按下该键后相应的 CapsLock 灯就会变亮。此时，就实行大写锁定，或称为“大写锁定状态”。在这种状态下，输入的每一个英文字母都是大写字母。再按一次【CapsLock】键，就解除了“大写锁定状态”，相应的 Caps Lock（大写锁定）灯会灭，这时就又回到小写状态了
【Shift】	上挡	该键在键盘上有左右两个。键盘上有些键帽上标有两个符号，如回车键左上方的一个键，其上半部分标为【 | 】，而下半部分标为【] 】。这样的键就像有两个挡位一样，直接按这个键，输入的是【] 】；若按住【Shift】键不放，再按这个键时，则输入的是【 } 】

续表

键 名 称	中 文 名 称	功 能
【NumLock】	数字锁定	按下该键，相应的 NumLock 灯会变亮。此时，就实行数字锁定，也可叫做“数字锁定状态”。在这种状态下，数字小键盘就起作用了。此时，按下【Delete】键，输入的是小数点“.”；按下【Home】键，输入的是数字“7”。【NumLock】键在数字小键盘上
【Insert】	插入	按下该键，就会在“插入”与“改写”状态之间切换一次。数字小键盘上的【Ins】键在非数字锁定状态下也是插入键
【Delete】	删除	按下该键，就会删除光标所在位置的一个字符。数字小键盘上的【Del】键在非数字锁定状态下也是删除键
【→】、【←】、【↑】、【↓】	光标	移动光标。在非数字锁定状态下，数字小键盘上的【4】、【6】、【8】、【2】四个键也起到移动光标的作用
【Home】		使光标快速移动到行首。在非数字锁定状态下，数字小键盘上的【7】键具有相同的功能
【End】		使光标快速移动到行尾。在非数字锁定状态下，数字小键盘上的【1】键具有相同的功能
【PageUp】		使光标向上移动一页（或一屏）。在非数字锁定状态下，数字小键盘上的【9】键具有相同的功能
【PageDown】		使光标向下移动一页（或一屏）。在非数字锁定状态下，数字小键盘上的【3】键具有相同的功能
【Esc】	脱离	常用于退出操作
【Ctrl】	控制	该键本身并不起作用，只有与其他键结合起来才能起某种作用。如【Ctrl】键和【S】键组合起来，起保存文件的作用，用【Ctrl】+【S】表示。【Ctrl】键与其他键组合使用时的按键方法为：先按下【Ctr】键不放，再按其他键，然后把这两键同时放开
【Alt】	转换	该键本身不起作用，只有与其他键结合起来才可起某种作用
	空格	键盘下方最长的键，其作用是在当前光标位置产生一个空格，光标向右移动一个字符的位置
【Tab】	制表	常用于制表定位

3. 键盘操作规范

打字的基本姿势有以下的要领（请参考图 2-9）。

（1）选择适当的桌椅。

桌子的高度应在 65～70cm，应该选择可调节高度的转椅，并把椅子的高度调整到 45～50cm。

图 2-9 打字的基本姿势

（2）坐姿。

上身挺直，肩膀放平，全身自然放松，两脚平放在地面上，切勿交叉单脚立地（也就是翘起二郎腿）。

（3）屏幕的位置。

将屏幕调整到适当的位置，视线要放在屏幕上，不要常常查看键盘，以免视线的来回往返，增加眼睛的疲劳。

（4）两手手指放在基本键位上。

手腕及肘部成一条直线，两肘悬空，手指自然弯曲、下垂，轻放在基本键位上，手臂不要张开。前臂与后臂间略小于 90°。

（5）击键要领。

击键要轻，放开要快。击键之后，手指要立刻返回到基本键位上。不能同时击两个键。击键的速度要均匀，听起来有节奏，手及手指要有弹性。

4. 操作指法

（1）手指应放在基本键位上。

基本键位图如图 2-10 所示。

基本键位是为了给操作整个键盘定一个基准。具体讲，就是左手的小姆指应放在字母【A】键上（但不要压住键，应适当悬空），左手的无名指应放在字母【S】键上，左手的中指应放在字母【D】键上，左手的食指应放在字母【F】键上。右手食指到小姆指的基本键位依次是【J】、【K】、【L】、【;】。

（2）键位分配。

键位分配如图 2-11 所示（以不同的灰度来表示）。

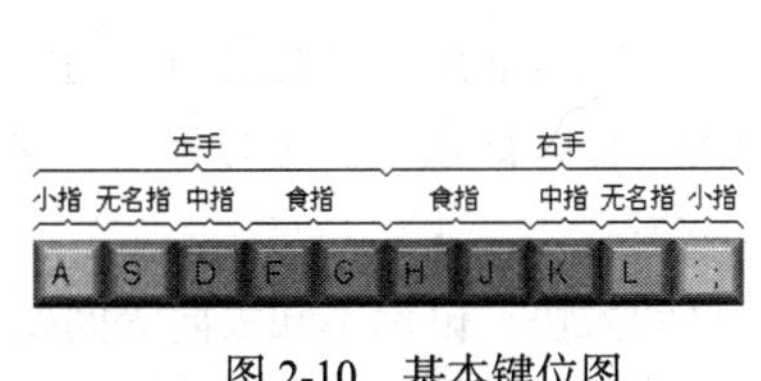

图 2-10　基本键位图

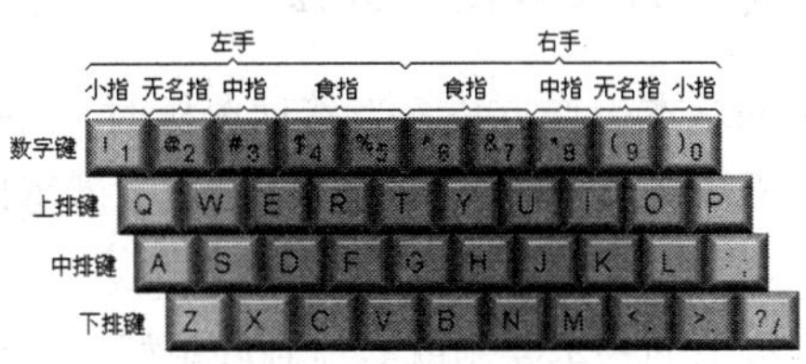

图 2-11　键位分配图

（3）斜向移动，快速返回。

通常，手指应悬空放在基本键位的上方。当要按不在此排的键时，应按照从左上到右下的方向移动。

（4）手指自然弯曲，手指的末关节应与键面垂直，应弹击键。

（5）悬腕，坐直。

手腕应自然地悬起来，不能放在桌子上，否则当需要移动手指时，就会感到很不方便。

2.5.2　鼠标及其操作

鼠标是 Windows 操作中的基本输入设备，许多操作使用鼠标比使用键盘更加直接和容易。

1. 鼠标的组成

鼠标有 3 个按钮，按照从左到右进行排列，它们分别称为左键、中间键和右键，如图 2-12 所示。

2. 手持鼠标的方法

使用鼠标时，倒持鼠标，以免碰到电缆线。

手持鼠标的基本方法为：

- 拿稳鼠标，靠近操作人员最近的部分要正好在掌心下；
- 食指和中指分别放在鼠标的左、右按钮上；
- 拇指和无名指轻轻夹住鼠标的两侧。

手持鼠标的样子如图 2-13 所示。

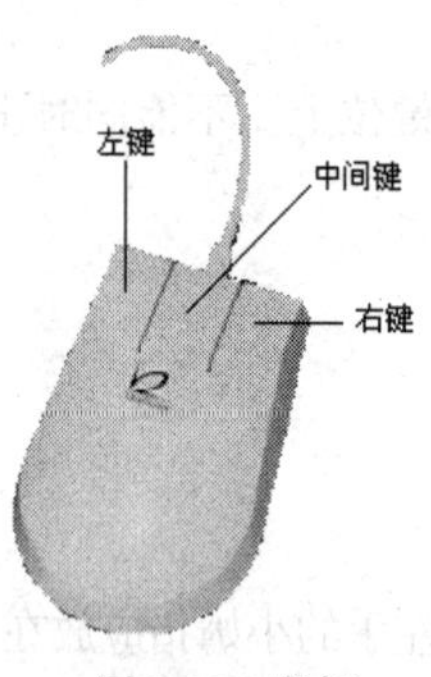

图 2-12　鼠标

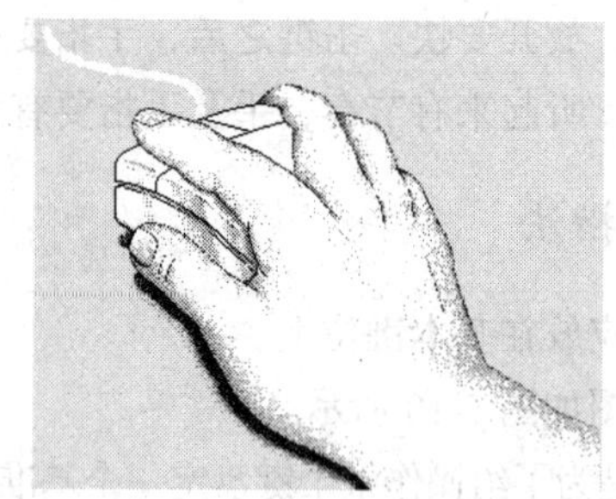

图 2-13　手持鼠标的样子

鼠标一般放在鼠标垫或桌子面上慢慢移动。移动鼠标时，眼睛一定要注意屏幕上鼠标指针，鼠标指针的移动方向与鼠标的移动方向是一致的。

3. 鼠标的基本操作方法

鼠标的基本操作方法：当移动鼠标时，一个小的箭头（鼠标指针）将在桌面上随之移动，当移动到需要的地方时，按下鼠标按钮，就可以完成相应的工作，如选定、运行程序、移动窗口位置等。

掌握以下的基本要领就会控制好鼠标，避免出现鼠标移动太快、鼠标不知去向等问题。

- 轻握鼠标，不要将其抓得太紧。
- 鼠标指针移动的距离与鼠标移动的速度成正比。因此，移动得太快，鼠标指针可能移出屏幕或移动到桌面边沿，这时只要拿起鼠标，将其放到鼠标垫中间，重新移动就可以了。

鼠标的操作有下面几种方法。

（1）指向。

指向一个对象就是将鼠标指针移动到屏幕上的特定位置（对象所在的位置）。如指向“开始”按钮，就是将鼠标指针移动到屏幕的左下角，直到定位到“开始”按钮上。

（2）单击（Click）。

单击就是先将鼠标指针指向要操作的对象，然后按下鼠标左键，再迅速地放开该键。单击一般指的是用鼠标左键，若是使用右键单击，则应明确标为右键单击。

（3）双击（Double Click）。

双击就是先将鼠标指针指向要操作的对象，然后快速地连续按下鼠标左键两次，也就是快速地单击两次。两次按下按钮的间隔必须很短，否则电脑就会认为是单击两次。

（4）右单击。

用鼠标右键进行单击的操作称为右单击。右单击通常会弹出一个快捷菜单。

（5）拖曳（Drag and Drop）。

拖曳就是先将鼠标指针指向要操作的对象上，随之按下鼠标左键不松开，然后移动鼠标，在将对象移动到指定位置后，释放鼠标按钮。拖动操作经常用来将对象从一个位置拖曳到另一个位置。

（6）滚动。

在鼠标左键和右键的中间有一个小轮按键。在各种应用程序中，滚动该小轮就可以实现文档的上下滚动，这在网上浏览时是非常有用的。

第3章 Windows XP 操作系统

Microsoft 公司 1995 年推出 Windows 95 后，立即风靡全球。1998 年推出了 Windows 98，1999 年推出了 Windows 2000 Server，2001 年推出了 Windows XP，2003 年推出了 Windows Server 2003，2006 年推出了 Windows Vista。

3.1 Windows 的特点及发展历程

Windows 是一个图形用户界面（Graphic User Interface，GUI）的操作系统。Microsoft 公司在推出 MS-DOS 操作系统之后，吸取了 Apple（苹果）公司图形用户界面的特点而开发。Windows 是电脑操作系统发展史上的一个里程碑，它的诞生使操作电脑的方法和软件开发技术发生了巨大的变化。它采用图形化操作命令，意形结合、界面一致、使用简便，它支持多任务、多道作业，并且可在各种应用程序之间传送信息，大大提高了电脑系统的使用效率。对于操作者来说，Windows 提供了一个基于图形界面的多任务、多窗口的环境，在此环境下可以运行为 Windows 设计的应用程序及大部分为 DOS 设计的应用程序。表 3-1 列出了 Windows 的发展历程。

表 3-1　　Windows 的发展历程

版　本	推出时间	主要特点
1.0	1983.11	针对 256KB 内存、双软驱的 8088 电脑设计，支持拼接式应用程序窗口及弹出式窗口
1.1	1985.11	
2.0	1987.11	对 1.0 版本改进的部分有：窗口的外部特征、用户界面、键盘及鼠标接口、增强了对话框的功能、支持重叠式窗口、改进了对扩充内存的使用。但可使用的内存仍在 1MB 之内，并且只能在实模式下运行
3.0	1990.5	这是一个划时代的产品，是计算机发展史上的里程碑，标志着 Windows 时代的到来。从此，Windows 开始支持菜单、列表框、按钮等功能，使用图标使操作和概念更加形象化，同时全面支持 80286、80386 保护模式下的运行，并且在 Windows 3.0 中已包含了大量的应用程序

续表

版　本	推出时间	主要特点
3.1	1992.4	对 Windows 3.0 做了许多改进，并增加了许多特性和功能，包括含有“拖动与放置”功能的文件管理器、支持对象连接和嵌入（OLE）、引入了 TrueType 字体、增加了多媒体的功能，以及改变了桌面办公的软环境等，使 Windows 逐步成为微机的主流操作系统
3.1 中文版	1993.10	增加对中文的支持
3.2 中文版	1994	该版本只在中文版中有，在其他版本中是没有的
3.1for Workgroup	1992.10	3.1 的网络版本，在 3.1 的基础上增加了许多的网络功能，它适用于工作组的用户，可以进行电子邮件传递和文件数据共享等
3.11	1994	是对 Windows 3.1 的改进版
3.11 for Workgroup		是 Windows 3.11 的网络版本
NT	1993.7	网络操作系统，充分发挥了高性能电脑的硬件优势，不再依附于 DOS 操作系统，支持在其他操作系统上开发的应用程序，如 DOS、Windows、OS/2 等，是一个独立的网络操作系统
95	1995.8.24	是一个多任务、多进程、全 32 位的操作系统，支持 32 位及 16 位的应用程序和设备驱动程序。它提供了所有主要系统的网络连接
98	1998.4.26	用户界面，用户使用起来更方便，支持即插即用（Plug and Play），更充分地发挥了计算机的性能，支持高性能的多媒体操作，具有强大的网络功能与通信功能，并提供对 Internet 的访问功能
2000 Server	1999	32 位的多任务操作系统，是 Windows 9x 与 Windows NT 的集合体，它集 Windows 9x 操作容易、方便和 Windows NT 性能可靠、安全的特点为一体，是一个适用于多任务、多环境、网络的桌面操作系统
XP	2001	Windows XP 是 Microsoft 公司把所有用户要求合成一个操作系统的尝试，和以前的 Windows 桌面系统相比稳定性有所提高，并把很多以前是由第三方提供的软件整合到操作系统中
Server 2003	2003	Windows Server 2003 系列沿用了 Windows 2000 Server 的先进技术并且使之更易于部署、管理和使用。高效结构有助于使用户的网络成为单位的战略性资产
Vista	2007	在安全性、可靠性及互动体验等 3 大功能上更为突出和完善
Windows 7	2009	易用、简单、快速、安全

Microsoft 公司的操作系统自从 Windows 2000 Server 以后，一般一种产品都具有多个版本，Windows XP 也不例外，自它推出以来，相继有了 Windows XP Professional、Windows XP Home Edition、Windows XP Tablet PC Edition、Windows XP 64-Bit Edition 和 Windows XP Media Center Edition 等多个版本。

其中，Windows XP Professional 和 Windows XP Home Edition 针对企业和家庭用户，一般常见于台式机和笔记本中；Windows XP Tablet PC Edition 的推出是配合 Microsoft 公司的 Tablet PC 平台，是一个便携式的一体机平台，具有许多先进的特性；Windows XP 64-Bit Edition 基于 Intel Itanium 处理器系列，提高了内存存取速度，并具有超级浮点运算能力；Windows XP Media Center Edition 将软、硬件集成在一起，构建一个家庭影音中心，包括遥控、影音获取、影音编辑等全套功能，这也可以从其名字中的“Media Center”中看出。

不过相对于 Windows 2000 Server 来说，Windows XP 没有 Server 版本，这是由于 Microsoft 公司将他们的.NET 战略转到了专门的 Server 版——Windows .Net Server 上了。

对于个人用户来说，一般使用的是 Windows XP Professional 和 Windows XP Home Edition 这

两个版本。

Windows XP 的特点如下。

1. Windows XP 兼容性好，对新技术、新产品的支持良好

自 Microsoft 公司 2001 年发布了 Windows XP 操作系统后，11 年的时间过去了，无论现在流行的是 64 位技术还是双核技术，Windows XP 操作系统都能很好地支持。

Windows XP 操作系统根本不需要用户为升级新硬件而重新配置系统，无论用户是更换显卡，还是主板，Windows XP 操作系统都能完好无损地运行。并且，它还在第一时间为用户所要升级的硬件提供相关的程序下载。

2. Windows XP 较之前版本有更安全、更人性化的保障

Windows XP 操作系统采用较之 Microsoft 公司以前的操作系统的新技术，使用户的使用与计算机的交互更加友好，因而避免了操作系统死机的频繁性。

另外，全新的 Windows XP 操作系统也集成了 Microsoft 公司的防火墙技术，即使用户在没有安装任何防病毒软件的情况下，Windows XP 操作系统也能保障用户的电脑使用安全。

3. Windows XP 拥有更加华丽的界面与更加丰富多彩的娱乐功能

Windows XP 操作系统不仅仅只是在发布的时候受人欢迎，11 年的时间过去了，它的魅力在当今 Vista 风行天下的今天仍然受很多人欢迎，这与它华丽的界面和丰富多彩的娱乐功能是分不开的。

在娱乐功能方面，Windows XP 操作系统第一次集成了 Windows Movie Maker，这让那些对制作视频文件有很大兴趣的朋友找到了福音。另外，它随身自带的 Windows Media Player 也是一款相当不错的影音播放软件。

其次，它随身自带的小游戏多年来一直没有让用户感到厌倦，时至今日，有很多人在空闲之余还会玩一玩“纸牌”游戏。

4. Windows XP 开创了操作系统不同对象版本的先例

Microsoft 公司之前发行的操作系统，大多都只是一个单一的版本，而在发布 Windows XP 操作系统时则破了这个先例。Windows XP 操作系统首发两个版本：Windows XP Professional 和 Windows XP Home Edition。

这就给 Windows 以后的操作系统，包括现在很流行的多版本的 Vista 系统做了示范，也让更多的用户能根据自己的情况选择适合自己的系统软件，从而节省了相关的费用，也给自己的生活和学习带来意想不到的收获。

5. Windows XP 操作系统对各种各样的程序的完美演绎

如果你用过 Apple 公司的 Mac 系统或是 Linux 系统，就会体会到对着一堆自己感兴趣的软件、游戏而因为系统不支持而无可奈何的感觉了。直到现在，我们都不得不承认，Windows 操作系统是当今支持应用软件最多、最丰富的系统软件。

6. Windows XP 系统的管理更方便和快捷

在 Windows XP 操作系统下，无论是想要安装硬件还是软件，或更改配置，即使要重新安装

操作系统，在 Windows XP 系统下都易如反掌。

可视化的界面、亲切的向导过程、自动化的模式，让用户在不知不觉中就已经完成了自己想要做的事情。在系统管理中，只要轻轻地点击鼠标，所要做的工作即可在瞬间完成。

无论是安装软件还是重新配置系统，都不需要用户人为干预。在资源的管理方面，所有的资源文件用户可以一目了然，再也用不着满世界地去搜寻了，用户所要做的就是在最后进行一遍检查。

7. Windows XP 运行速度得到快速的提高，工作效率得到良好的改进

Microsoft 公司在总结之前的操作系统的经验上，更加优化了 Windows XP 的性能，使 Windows XP 系统在运行过程中速度得到了明显的提高，即使用户是在多任务情况下，系统的运行速度也较之以前的系统得到了较大的提高。

3.2 Windows 的用户界面

Windows XP 采用与 Windows 9x/2000 Server 相同风格的界面，并引入了许多新的功能与操作，其目的就是改进易用性，提高工作效率。

3.2.1 桌面

进入 Windows XP 后，最先看到的就是桌面（如图 3-1 所示）。

图 3-1 桌面

1. 桌面图标的组成

桌面的左边放置了一些图标和文件夹。每个文件夹作为一个存储区，保存一些相关的内容。由于安装内容的不同，其桌面上文件夹的数量是不同的，但一般都有下列几个图标和文件夹。

（1）“我的电脑”图标。

“我的电脑”是系统预先设置的一个系统文件夹，在该文件夹中包含有电脑中所有资源（各个部件）的可视标志，如软盘驱动器、硬盘驱动器、光盘驱动器、控制面板等。利用它可以实现对计算机磁盘的内容浏览、对磁盘进行格式化以及进行文件管理等。

（2）“回收站”图标。

“回收站”是系统预先设置的一个系统文件夹，该文件夹为 Windows XP 的垃圾桶。工作过程

中删除的硬盘中的文件、文件夹等内容，Windows XP 先将其放在“回收站”里临时存放，就像办公室中的纸篓一样。若要恢复删除的东西，只要从“回收站”中“拣回来”就可以了（但从软盘、U 盘或网络驱动器中删除的文件或文件夹将被直接彻底删除，不会放到“回收站”中）。

“回收站”实际上是系统在硬盘中开辟的专门存放被删除文件和文件夹的区域，它的容量一般占磁盘空间的 10%左右。如果“回收站”满了，则最先放入“回收站”的文件将被永久删除。若要更改“回收站”的容量，可用右键单击“回收站”图标，在弹出的快捷菜单中选择“属性”菜单命令，出现“回收站属性”对话框，如图 3-2 所示。该对话框可用于更改回收站的容量。

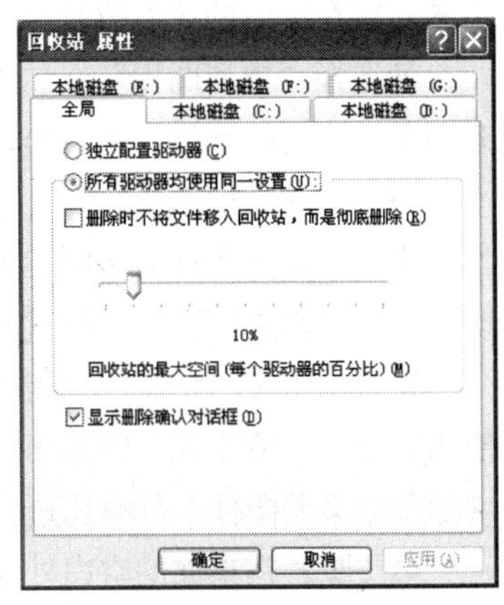

图 3-2　“回收站属性”对话框

（3）“我的文档”图标。

“我的文档”是系统预先设置的一个系统文件夹，是用户自己保存各种文档的文件夹，可方便地存取经常使用的文件。默认情况下，大部分的应用程序（如记事本、画图、Word 等）都将“我的文档”文件夹作为默认的存储位置。为了便于对各种多媒体文件的分类管理，Windows XP 在“我的文档”文件夹中增加了“图片收藏”和“我的音乐”两个子文件夹，而且系统将根据用户的使用情况动态地增加新的文件夹。为了提高个人文件的安全性和保密性，Windows XP 分别为使用同一台计算机的每一位用户创建了自己的“我的文档”文件夹，不同的用户登录到计算机后只能看到自己的文件。

默认情况下，“我的文档”文件夹的路径为“C:\Documents and Settings\用户名\My Documents”。可以根据自己的需要改变这个路径，方法是用右键单击“我的文档”图标，在弹出的快捷菜单中选择“属性”菜单命令，在打开的“我的文档属性”对话框的“目标文件夹”中输入新的路径或单击“移动”按钮找到新的路径。

（4）“Internet Explorer”图标。

双击该图标，可快速地打开 Microsoft Internet Explorer 浏览器，登录 Internet。

（5）“网上邻居”图标。

对于连入网络的电脑，“网上邻居”图标会出现在桌面上。在“网上邻居”窗口中，可以查看与操作网络上的资源，如创建和设置网络连接以及共享数据、设备和打印机等各种网络资源。

2. 管理桌面图标

（1）增加桌面图标。

除了系统自动创建的图标外，用户可以根据自己的需要，为常用的文件夹或应用程序创建桌面图标，以便快速打开。

增加桌面图标有两种方法：在“我的文档”或“我的电脑”中找到要创建桌面图标的对象，按住【Ctrl】键，将图标拖动到桌面上的适当位置；用右键单击要创建桌面图标的对象，在弹出的快捷菜单中选择“发送到”→“桌面快捷方式”菜单命令。

（2）排列桌面图标。

当桌面上创建了很多图标以后，为了保持桌面的整齐，并且能够快速找到某个桌面图标，可以利用 Windows XP 的管理工具组织排列这些图标。其操作步骤如下。

第 1 步：在桌面的空白处单击右键，打开桌面快捷菜单。

第 2 步：选择快捷菜单中的“排列图标”→“名称”、“大小”、“类型”或“修改时间”菜单命令，则桌面图标将按照不同的顺序排列在桌面上。

若选择“排列图标”→“自动排列”菜单命令，则会出现选定标记“√”，这时系统将会把桌面上的所有图标按照系统内部规定的网格结构纵向依次排列在桌面的左侧，用户可以通过选择“名称”、“大小”、“类型”或“修改时间”菜单命令改变图标的前后顺序，但不能通过鼠标拖动把图标放在桌面的任意位置。

若选择“排列图标”→“对齐到网格”菜单命令，系统将会把分布在桌面各处的图标自动对齐到图标附近的网格，并且允许通过鼠标拖动分布图标。

（3）删除桌面图标。

当感觉桌面图标太多时，可以选定图标，按【Delete】键或右单击，选择“删除”快捷菜单，即可删除桌面上的图标，但这并不会影响图标所对应的文件、文件夹或应用程序。

Windows XP 增加了一种清理桌面图标的方法，可以将较少使用的图标集中放在一个叫做“未使用的桌面快捷方式”的桌面文件夹中，使桌面图标的管理变得智能化，并且可以很方便地再次增加某个桌面图标。其操作过程如下。

第 1 步：在桌面的空白处单击右键，在弹出的快捷菜单中选择“排列图标”→“运行桌面清理向导”菜单命令，打开“清理桌面向导”对话框，单击“下一步”按钮，这时的对话框如图 3-3 所示。

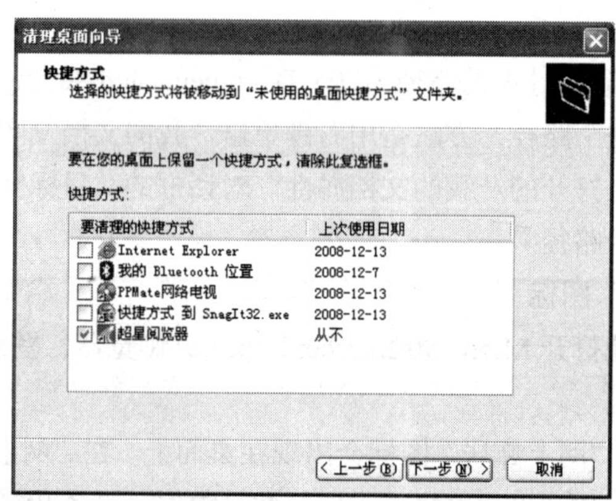

图 3-3　“清理桌面向导”对话框

第 2 步：默认时，所有从未使用过的图标将标有“√”，表示将要被删除。用户可以参考对话框中系统统计的“上次使用日期”，选定要删除的项目，然后单击“下一步”按钮。

第 3 步：单击“完成”按钮。

操作完成后，在桌面上会出现一个“未使用的桌面快捷方式”图标，打开它将会看到刚刚清理的桌面图标。

3.2.2　任务栏

桌面底部有一条深蓝色横带，就是任务栏（如图 3-4 所示）。任务栏中包含左边的“开始”按钮和快速启动工具栏，以及右边的语言栏、系统时间等系统提示信息，其中间的区域为应用程序图标。

图 3-4 任务栏

1. "开始"按钮

"开始"按钮是使用 Windows XP 进行工作的起点，控制着通往 Windows XP 几乎所有部件的各个通路，在这里不仅可以使用 Windows XP 提供的附件程序及各种实用程序，而且可用来安装各种应用程序。

2. 快速启动工具栏

快速启动工具栏显示的是 Internet Explorer 浏览器图标、Outlook Express 图标和显示桌面图标等。

单击任务栏中的快速启动图标，即可运行对应的应用程序。

对于快速启动工具栏，可以删除快速启动按钮，也可以添加新的快速启动按钮。删除的方法是用右键单击要删除的按钮，选择"删除"菜单命令即可。添加新的快速启动按钮的方法是在桌面上或文件夹中找到要创建快速启动按钮的程序，拖动该程序的图标到快速启动工具栏，当在要放置的位置出现黑色指示线时释放鼠标即可。

任务栏中除了放置快速启动工具栏外，还可以放置"地址"工具栏、"链接"工具栏和"桌面"工具栏，也可以定制工具栏。

在任务栏上放置或取消各工具栏的操作方法：用鼠标右键单击任务栏空白处，在弹出的快捷菜单中选择"工具栏"相应的子菜单，即可在任务栏上放置或取消相应的工具栏。

3. 语言栏

语言栏是 Microsoft 拼音输入法的工具栏。

4. 系统提示区

系统提示区通过显示图标来表示电脑目前正在进行的工作。如当电脑中装有声卡时，显示音量调节图标；执行打印时，打印机图标显示出来。若要了解当前的日期，将鼠标指针移动到显示系统时间的时钟上，就会显示出当前的日期。

5. 应用程序图标

任务栏中的空白区并不会总空闲着，当运行一个应用程序时，Windows XP 就在任务栏上为该程序设立一个按钮。单击这些按钮，就可以在各个应用程序之间切换，就像在电视机遥控器上更换频道一样简单。

Windows XP 的任务栏新增了"任务栏按钮分组"功能，使用户对任务栏的操作更加方便。如打开了多个文件夹、使用 Word 打开多个文档、使用 IE 浏览器打开的多个网页等会自动分组显示在任务栏上。

3.2.3 窗口

应用程序启动后的矩形区域称为窗口，窗口是 Windows XP 的各种应用程序操作（工作）的地方。每个窗口的组成是类似的。

1. 窗口的类型

Windows 的窗口有 3 种类型：应用程序窗口、文档窗口和对话框窗口。

（1）应用程序窗口。

应用程序窗口表示一个正在运行的应用程序，它可以放在桌面上的任意位置。

（2）文档窗口。

在应用程序窗口中出现的窗口称为文档窗口，用来显示文档或数据文件。文档窗口的顶部有自己的名字，但没有自己的菜单栏，它共享应用程序窗口的菜单栏。文档窗口只能在它的应用程序窗口内任意放置，因此当文档窗口最大化后，文档窗口的名字就不再存在，而共享使用应用程序的名字。

（3）对话框窗口。

对话框窗口是供人机对话时使用的窗口。

2. 窗口的组成

下面以在“我的电脑”中打开的 C 盘的窗口（如图 3-5 所示）为例，对窗口的组成元素进行说明。

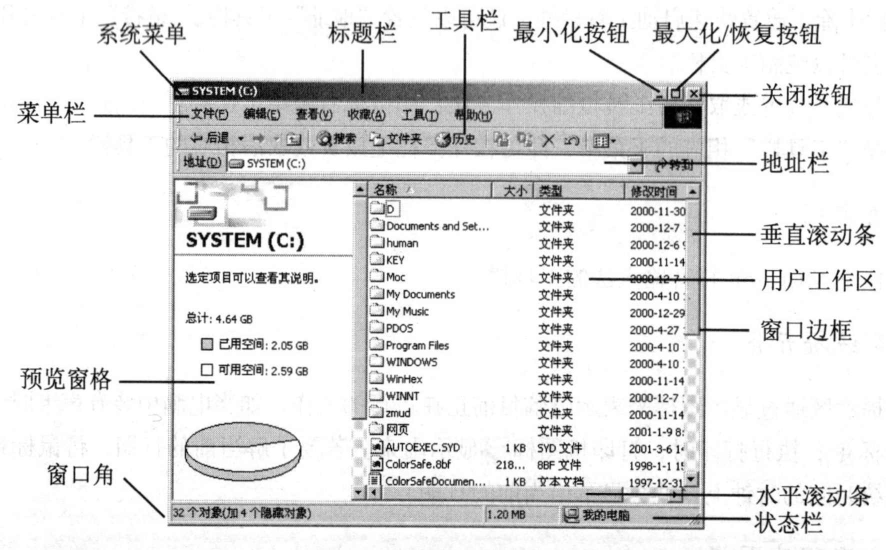

图 3-5 “我的电脑”窗口

（1）系统菜单。

系统菜单位于每一个窗口的左上角，其图标为该应用程序的图标。系统菜单用于控制窗口的缩放、移动和退出等。这对使用键盘操作的用户来说是非常方便的。

（2）标题栏。

标题栏位于窗口的顶部，单独占一行，其中显示的是当前文档和/或应用程序的名称。图 3-5 所示窗口的标题栏显示的是当前文档的名称；若在应用程序中打开文档，则标题栏显示的是当前

文档和应用程序的名称，两者之间用短横线分开。

（3）菜单栏。

菜单栏位于标题栏的下面，列出了该应用程序可用的菜单。每个菜单项都包含一系列的菜单命令，通过这些菜单命令，用户可完成各种操作。

（4）工具栏。

工具栏位于菜单栏的下面，其上有一系列的小图标，单击它们可以完成一些常用的操作。工具栏的功能与菜单栏中的菜单命令的功能是相同的，工具栏只是为用户提供更为快速的操作。

工具栏右端有时会出现按钮»，表示当前有项目被隐藏没有显示出来，单击该按钮会弹出工具栏中的其余项目。

（5）滚动条。

当窗口内无法显示出所有的内容时，在窗口的右边框或下边框处就会出现垂直的或水平的滚动条，以便查看窗口中未显示的其他内容。垂直滚动条使窗口中的内容上下滚动，水平滚动条使窗口中的内容左右滚动。

（6）最小化按钮。

最小化按钮位于标题栏的右边，其含义是将本窗口缩小成图标，放在任务栏上。

（7）最大化按钮/恢复按钮。

最大化按钮/恢复按钮位于标题栏的右边。对应用程序窗口来说，最大化会使窗口充满整个屏幕；对文档窗口来说，会使窗口充满应用程序的整个工作空间。在窗口最大化后，最大化按钮就会变成恢复按钮，其作用是将窗口还原成原来的大小。

（8）关闭按钮。

关闭按钮位于标题栏的右边，可用来关闭窗口。

（9）窗口边框和窗口角。

窗口边框指窗口的四周边界，使用窗口边框可以改变窗口边框所在方向窗口的大小。

窗口角指窗口的 4 个角，在窗口上具有明显的分界标志。使用窗口角可以改变这个角所在的两个边框的大小，从而改变窗口的大小。

（10）用户工作区。

窗口内部的区域称为用户工作区，是用来进行工作的地方。对不同的应用程序，工作区中的显示也有较大的差别。

（11）状态栏。

状态栏位于窗口的底部，它显示当前文档和应用程序目前状态的信息。

3. 窗口的操作

（1）打开窗口。

在桌面上使用鼠标打开窗口有两种方法：第一种方法是双击要打开的图标，就可直接打开相应的窗口，这是最常用的方法；第二种方法是用右键单击要打开的窗口的图标，从弹出的快捷菜单中选择“打开”命令，这种方法多用于查看带有自动运行功能的光盘上的内容，因为使用第一种方法将启动自动运行程序。

（2）活动窗口。

虽然桌面上有许多的窗口，但每个时刻，只能在一个窗口上工作。这个正在进行工作的窗口

就是活动窗口，其他窗口都为非活动窗口。也就是说，无论桌面上当前打开多少个窗口，用户使用的只有一个，它不受其他窗口的影响。

在桌面上同时打开多个窗口，则活动窗口是排列在最前面的，且标题栏高亮显示（颜色是深蓝色，而非活动窗口的标题栏是浅蓝色），对应的任务栏上的按钮显示为较深的蓝色，光标的插入点在活动的窗口中闪烁。从这几个方面就可以判断哪一个窗口为活动窗口。

要对窗口进行操作，必须先激活它，可使用下列方法之一激活窗口。

- 在任务栏上单击相应的应用程序按钮。
- 单击该程序窗口中任意可见的地方。
- 按【Alt】+【Tab】快捷键，正在运行的应用程序图标会循环显示（如图3-6所示），出现所需的程序后，放开【Alt】键。
- 按【Alt】+【Esc】快捷键，打开的应用程序窗口会循环显示，出现所需的窗口后，放开【Alt】键。

图3-6 切换窗口

对文档窗口来说，激活是在其菜单栏上的“窗口”菜单里选择相应的文档名就可以了。

（3）窗口的移动。

首先激活要移动的窗口，然后拖动标题栏到所需的位置。不能移动最大化或最小化的窗口。

（4）改变窗口的大小。

首先激活要改变大小的窗口，将鼠标指针移动到窗口的一边或一角，这时鼠标指针变为水平改变大小状态↔（对窗口的左右边框来说）、垂直改变大小状态↕（对窗口的上下边框来说）或对角线方向改变大小状态⤢⤡（对窗口的角来说），然后单击并拖动鼠标到需要的大小位置松开即可。

（5）最小化。

用鼠标单击窗口标题栏上的最小化按钮即可。

（6）最大化/恢复。

单击窗口的最大化按钮，窗口最大化后，窗口上的最大化按钮变为恢复按钮，单击它可以还原到窗口的原来大小。

（7）关闭窗口。

退出应用程序的方法之一就是关闭应用程序窗口，同样，关闭文档窗口就是关闭文档。单击关闭按钮、双击系统菜单或按【Alt】+【F4】快捷键均可关闭窗口。

（8）排列窗口。

窗口排列有层叠、横向平铺和纵向平铺3种方式。操作方法为用右键单击任务栏的空白区域，在弹出的快捷菜单中进行选择。

层叠是指各窗口层层相叠，叠在后面的窗口基本上只显示标题栏；平铺是指各窗口不相叠（以横向或纵向的方式排列所有窗口），且铺满整个桌面。

层叠窗口便于多窗口之间频繁切换，横向和纵向平铺窗口便于多窗口之间交换数据时进行拖放操作。

要将窗口恢复到原来状态，可用右键单击任务栏上的空白区域，在弹出的快捷菜单中选择“撤销层叠”或“撤销平铺”菜单命令即可。

（9）复制窗口或整个桌面图像。

复制当前活动窗口的图像到剪贴板可按【Alt】+【PrintScreen】快捷键，复制整个屏幕的图

像到剪贴板可按【PrintScreen】键。

3.2.4 菜单操作

菜单栏中的菜单都是下拉式菜单，其中的菜单命令代表各种操作。

1. 打开菜单

单击菜单栏上要用的菜单项名就可以打开菜单。使用键盘的操作为【Alt】+菜单名上高亮的字母（热键），如“文件”里的【F】、“编辑”里的【E】等。

2. 菜单中的菜单命令

菜单中的菜单命令包括下列几种情况。

（1）可运行的命令。

这是最简单的情形，单击后可立即执行菜单命令，而不提示任何信息。如“编辑”菜单中的“复制”、“剪切”、“粘贴”，单击后将分别执行对所选定内容的复制、剪切及粘贴任务。

（2）出现子菜单。

若菜单命令后带有“▸”，表明它有子菜单存在，在子菜单中可以选择要执行的菜单命令。

（3）出现对话框。

若菜单命令后带有“…”，表明需要为运行命令提供更多的信息，选择该菜单命令后，就会弹出对话框。如在“文件”菜单中选择“打开”菜单命令，就会出现“打开”对话框。

（4）选项标记。

选择菜单命令后，菜单命令前有“·”标记的，表示被选中，再次选择该菜单命令将取消选中。

（5）选中标记。

选择菜单命令后，菜单命令前有“√”标记的，表示选择程序的某个功能，再选择一次该菜单命令将取消“√”标记，表示不选程序的该功能。

（6）分组线。

菜单中常用分组线将菜单项分成几组。

（7）灰色菜单项。

因不满足操作条件，目前不能使用的命令。

（8）快捷键标记。

表示该菜单命令可以通过使用提示的键盘命令来执行。

（9）折叠标记»。

系统通常将不常用的菜单命令折叠起来，以减少占用屏幕空间，如果要使用被折叠的菜单命令，可将鼠标指针指向该标记并等待一会儿或单击该标记。

3. 取消选定的菜单

若打开一个菜单后，发现没有可使用的菜单命令，这时就要退出菜单，为此可单击程序窗口任意非菜单区域或单击别的菜单或按【Esc】键。

4. 系统菜单

除了菜单栏中的下拉式菜单外，每个 Windows XP 程序还有自己的系统菜单。用鼠标单击系统菜单图标（或按【Alt】+【空格】快捷键），就可以打开系统菜单。

系统菜单命令包括最大化、最小化、还原、移动和关闭窗口等。

5. 快捷菜单

快捷菜单为常用菜单命令的快速使用方法。

许多 Windows 程序（及 Windows XP 本身）都提供快捷菜单，使用快捷菜单可以方便地访问常用的菜单。打开快捷菜单的方法：选定需要操作的对象后单击右键，这时屏幕上就会弹出快捷菜单。

6. “开始”菜单

单击“开始”按钮将弹出“开始”菜单。“开始”菜单是使用和管理计算机的入口，几乎全部的操作都可以从这里开始。

Windows XP 对“开始”菜单进行了全新的设计，与其他 Windows 版本有很大的差别，如图 3-7 所示。整个“开始”菜单可以分为 4 个部分：顶端为深蓝色背景，显示当前登录的用户名；中部左侧为白色背景，列出了管理程序的操作菜单，并以分隔线区分了网络程序、常用程序和所有程序 3 部分；中部右侧为浅蓝色背景，列出了管理资源与系统的操作菜单，并以分隔线区分了文档管理、系统设置和常用操作 3 部分；底部为深蓝色背景，列出了退出系统的操作按钮。

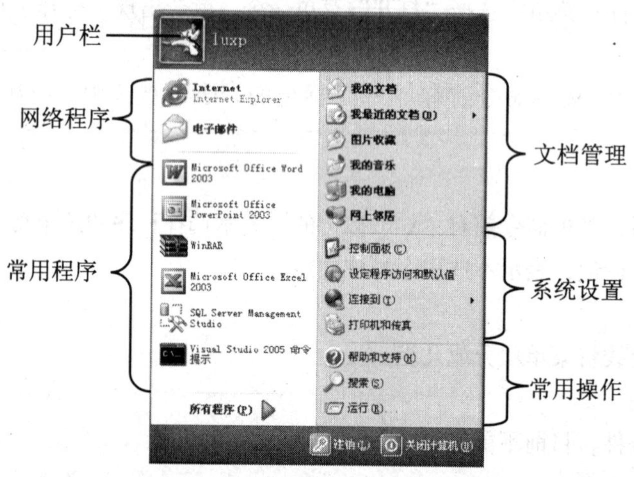

图 3-7 “开始”菜单

下面将介绍使用“开始”菜单各部分所能完成的功能。

（1）管理用户账户。

Windows XP 作为一个多用户操作系统，不仅为每个用户账户都提供了自己专用的“我的文档”文件夹，而且为每个用户账户保存了各自特有的工作环境，从而使共用同一台计算机的多个用户可以拥有自己独立的个人空间。用户可以在每次启动计算机时选择自己的账户进行登录，进入自己的个性化工作环境。

在“开始”菜单的顶端显示了当前登录的用户名，可以随时更换自己的用户图标，并且进行一些其他的与用户相关的设置，操作步骤如下。

第 1 步：选择“开始”菜单中顶端的用户图标，打开“用户帐户”窗口，如图 3-8 所示。

第 2 步：系统提供了多种图标，单击要更换的图标，再单击“更改图片”按钮。也可以单击“浏览图片”按钮，从弹出的“打开”对话框中选择其他图片作为用户图标。

第 3 步：若要进行一些与用户相关的设置，可在图 3-8 所示中单击“上一步”按钮，打开“您想更改您的账户的什么”界面，如图 3-9 所示。

图 3-8　“用户账户”窗口（1）

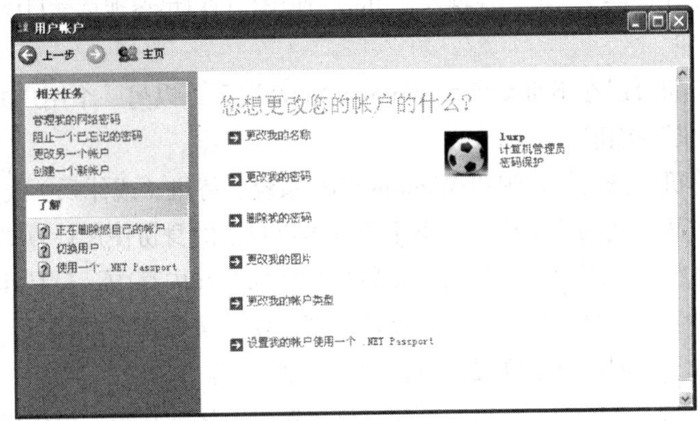

图 3-9　“用户账户”窗口（2）

第 4 步：在窗口右侧窗格中提供了设置当前用户的其他属性的命令，在窗口左侧窗格中提供了创建和更改其他用户的命令。单击任意按钮就可进行设置。

（2）启动应用程序。

用户使用计算机的主要目的就是通过操作系统这个平台来运行各种应用程序，以满足工作、娱乐和上网等需要。

Windows XP 在“开始”菜单中以凹下去的细线作为分隔线，把应用程序的管理分为 3 个部分。第 1 部分包括“Internet Explorer”和“电子邮件”两个应用程序，前者用来浏览 Internet 信息，后者用来收发电子邮件；第 2 部分列出了常用应用程序，Windows XP 会根据用户的使用情况自动调整这部分，它总是将用户使用次数最多的应用程序列在这里，为用户提供智能化的方便；第 3 部分即通过“所有程序”显示在系统中已安装的所有应用程序。

（3）文档管理。

在“开始”菜单的中部右侧的菜单项中，第 1 部分是与文档管理有关的选项，包括“我的文

档”、“我最近的文档”、“图片收藏”、“我的音乐”、“我的电脑”和“网上邻居”。

“我的文档”、“我的电脑”和“网上邻居”与桌面上的相应图标功能相同。

“我最近的文档”包含用户最近使用过的 15 个文档（无论使用哪种应用程序）。选择其中一个文档后，Windows 将启动相应的应用程序，并显示出所选择的文档。这样做可以避免费时、烦琐的浏览。使用该菜单还可以帮助用户按照文档来考虑工作，而不是按应用程序来考虑工作。

“图片收藏”和“我的音乐”可以对各种多媒体文件进行分类管理，并且不必启动任何应用程序就可直接浏览图片或播放音乐。

（4）系统设置。

系统设置是对 Windows 的设置程序，包括“控制面板”（设置计算机的各项系统配置）、“设定程序访问和默认值”、“连接到”、“打印机和传真”（设置和安装打印机、设置传真机）等。

（5）“帮助和支持”菜单。

用于获得 Windows 的帮助和技术支持信息。

（6）“搜索”菜单。

使用该命令可以搜索文件及文件夹、在 Internet 上搜索、搜索用户等。

（7）“运行”菜单。

对不在“开始”菜单中的应用程序，可以使用该命令来启动或打开文档、文件夹、Internet 资源等。“运行”对话框中还提供了“记忆性输入”功能，使用户可以迅速地选择自己曾经使用过的命令。

（8）“注销”按钮。

单击“注销”按钮可以在不重新启动 Windows 的情况下，以另一个用户的身份进行登录。

（9）“关闭计算机”按钮。

单击“关闭计算机”按钮，可退出 Windows XP 系统、待机（或休眠）或重新启动电脑等。

当用户只是短时间不使用计算机，又不希望别人以自己的身份使用计算机时，可以选择“待机”选项。这时，系统保持当前的一切会话，数据仍然保存在内存中，只是计算机进入低耗电状态运行。当用户需要使用计算机时，只需移动鼠标即可使系统停止待机状态，打开“输入密码”对话框，在其中输入密码即可迅速恢复到待机前的会话状态。

若按住【Shift】键，再单击“待机”按钮，则系统进入休眠状态。当用户离开较长时间时，应选择“休眠”选项。这时系统将内存中的所有内容保存到硬盘，关闭显示器和硬盘，然后关闭计算机。重新启动计算机时，桌面将恢复到离开时的状态。

3.2.5 工具栏

工具栏是一种常用菜单命令的快速使用方法。

使用下拉菜单、对话框和快捷菜单可以加快应用程序的使用，但还是要在大量的窗口和菜单之间找来找去，查找所需要的命令。

工具栏是一系列图标的组合，只要单击其中的图标，就可以访问常用的命令和功能，而不必记忆复杂的快捷键，或在菜单中翻来翻去。选定的工具栏按钮是凹下去的，否则是凸起的。

若窗口中没有工具栏，可以选择“查看”（或“视图”）菜单中的“工具栏”菜单命令显示它。

要了解工具栏上按钮的功能，可将鼠标指针移动到该按钮上，过一会儿在该图标上就会显示对应的简单说明（标注）。

3.2.6 对话框

在执行一个命令需要用户提供更进一步的信息时，就会出现对话框。如在运行“打印”命令时，程序就会要求用户指定所需打印的范围和文档份数等。

对话框中除包含有要求用户输入的信息外，还包含有执行或取消命令的按钮（这些功能部件称为控件），有些对话框中还会显示一些相关信息、警告信息或错误信息。对话框可以移动，但不能改变大小。

1. 对话框中控件之间的移动

进入对话框后，光标会在一个控件上（该控件用选定光标表示，即有一条虚线的矩形框或高亮或两者都有）。

从一个控件移动到另一个控件，单击要移动到的控件或按【Tab】/【Shift】+【Tab】键就可移动到下一个/上一个控件。

2. 选项卡式对话框

在 Windows 中将所有相关的对话框合并成为一个多功能的对话框，这种对话框就是选项卡式对话框。选择不同的选项卡，就可以进入到不同的对话框中。要选择选项卡，只需用鼠标单击选项卡名，或按【Ctrl】+【Tab】/【Ctrl】+【Shift】+【Tab】快捷键，从左/右到右/左选择选项卡。

3. 对话框中控件的类型

对话框中的控件有命令按钮、文本框、列表框、下拉列表框、单选按钮、复选框等。

（1）命令按钮。

单击命令按钮可以执行一个动作，如执行或取消命令。一般对话框中常用的按钮有“确定”、“取消”和“帮助”按钮（对话框标题栏上的“？”按钮）。

“确定”按钮可用来保存当前对话框的设置，并关闭对话框；“取消”按钮用来取消当前对话框的设置，并关闭对话框；“帮助”按钮可获得对对话框操作的帮助。有的对话框还有“应用”按钮，它可用来在不关闭对话框的情况下，使对话框中的设置生效。

命令按钮后含有“…”，表示单击这个命令按钮时将弹出另一个新的对话框；命令按钮后含有“》”，表示单击这个命令按钮时将扩展当前的对话框。在对话框中不能使用的命令是灰色显示的。

在对话框中选择命令按钮的方法是单击该按钮，或用【Tab】键选定要用的按钮，然后按回车键。

（2）单选按钮。

单选按钮就像考试中的单选题一样，由一组互相排斥的选项组成，也就是说，在这一组选项中一次只能选定一项。选定的按钮前有一个“•”标记。

单击要选定的单选按钮，或按【Tab】键，直到选项组中的一个单选按钮被选定，然后按方向键可以选定需要的单选项。

（3）复选框。

复选框表示不互相排斥的选项，可以根据需要任意选定。选定的选项前面有一个“√”标记，否则没有。

单击要选定的复选框，或按【Tab】键激活要选定的复选框，按空格键选定。若已选定，再次选择将取消选定。

（4）文本框。

文本框可用来输入文本信息（如文件名或说明之类的信息）。选定的文本框若没有文本，则出现一个文本编辑状态的指针，可以直接输入文本；若选定的文本框含有文本，则文本高亮显示，输入的文本将代替原来的文本，也可按【Delete】键或退格键删除原来的文本，或按箭头键编辑已有的文本。若整个文本都不想要了，按【Alt】+退格键可恢复初始文本，然后重新开始编辑。

选定文本框可用鼠标单击或按【Tab】键选定。

（5）列表框。

复选框有开、关两种选择，单选按钮可以从几种选项中选一，但若选项很多，则使用列表框来表示比较方便。在 Windows 中，有 3 种列表框：列表框（如图 3-10 所示）、下拉列表框（如图 3-11 所示）和组合框（如图 3-11 所示）。

图 3-10　列表框

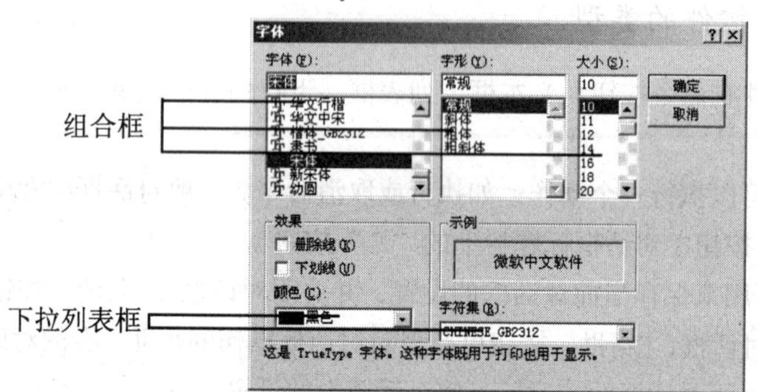

图 3-11　组合框和下拉列表框

列表框用于显示一系列选项，若选项过多，列表框中会出现一个滚动条。

通常只允许在列表框中选定一项，有时允许选定多项，选择多项时，先按住【Ctrl】键，然后依次选择所需的各项。

若列表框中的选项是可见的，选定的操作方法为单击它；若看不到，先用滚动条使选项可见，然后单击。

组合框是列表框与文本框的组合（这也就是其名称的来源）既可以在文本框中输入所需要的内容，也可以在列表框中选定选项。

下拉列表框为一个矩形框，显示当前选定的选项，矩形框右边为一个向下箭头按钮▼。当用鼠标单击该按钮时，就会打开该列表框，从显示的选项中进行选择。

用键盘打开下拉列表框的方法为：先用【Tab】键激活下拉列表框，然后按【Alt】+【↓】键。

（6）加减器。

加减器可选择几个数字中的一个，方便用户的输入。

加减器由两部分组成：左边的文本框（可用来输入需要的数值，这是较为烦琐的方式）和右边的一对上下箭头按钮。这对上下箭头按钮分别称之为增加按钮和减少按钮。单击增加按钮可增加文本框中的数值，单击减少按钮则减小文本框中的数值。若按住按钮不放，则文本框中的数值将飞快地变化。

（7）滑杆。

滑杆由一个滑动块与滑动导轨组成。滑动块可以在导轨中来回移动。

对不需要精确数值输入的场合，可以使用滑杆进行操作，通过滑块的位置来估计数值的相对大小。

使用鼠标操作滑杆的方法有两种：

- 单击滑块与滑杆一端之间的部分，可以移动滑块；
- 拖动滑块，可将其移动到指定位置。

使用键盘的操作方法是用【Tab】键激活滑杆，然后使用方向键移动滑块（移动一格），或使用【PgUp】、【PgDn】键向左、右移动一大格，或使用【Home】、【End】键移动到滑动条的首、尾。

4. Windows XP 向导的使用

有许多的任务需要经过若干个步骤才能完成，并且这些步骤有一定的顺序。在 Windows XP 中为了更好地完成这些步骤，特别制作了向导（Wizard），帮助用户通过一个一个的对话框来完成任务。

向导是一系列的对话框，用户可以在对话框中提供必要的信息。对话框中除包含前面介绍的标准控件外，还包括下列的切换向导对话框的命令按钮。

下一步：将控制转移到下一个对话框。

上一步：将控制转移到上一个对话框。

取消：退出向导。

完成：完成任务（通常在向导的最后一个对话框中）。

3.3 Windows XP 的帮助系统

Windows XP 提供了功能强大、内容丰富、形式多样的帮助系统，使得它更加易学、易用。用户可以随时获取所需的帮助，根据不同情况，用户可以使用以下 6 种方式得到帮助。

1. 系统帮助窗口

单击“开始”→“帮助和支持”菜单命令（或在显示桌面时按【F1】键），可以打开图 3-12 所示的“帮助和支持中心”窗口。

在“帮助和支持中心”窗口的工具栏中，有 5 个选项按钮，分别是“索引”、“收藏夹”、“历史”、“支持”和“选项”。

（1）搜索。

工具栏下面是搜索栏。在“搜索”文本框中键入需要查找的内容，例如“计算器”，单击右侧的箭头按钮，即可开始搜索与“计算器”相关的内容，最后得到如图 3-13 所示的搜索结果。

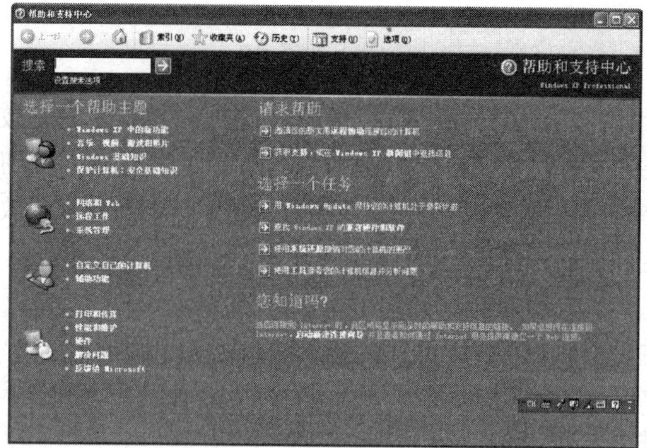

图 3-12 “帮助和支持中心”窗口

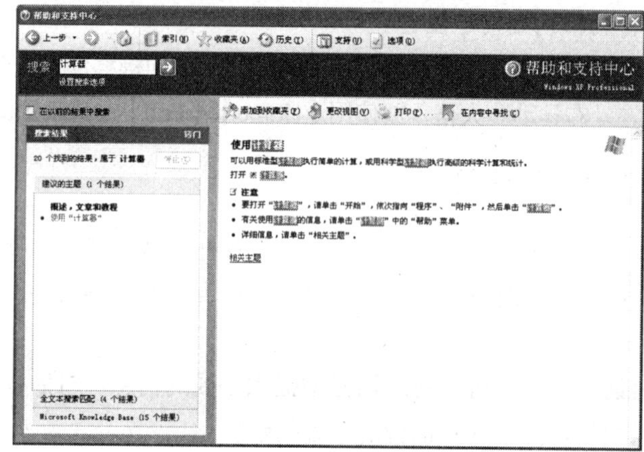

图 3-13 “计算器”搜索结果

（2）索引。

单击“索引”按钮后，可以输入关键字或在列表框中选择关键字，单击下面的“显示”按钮，右侧就会显示相关信息，如图 3-14 所示。

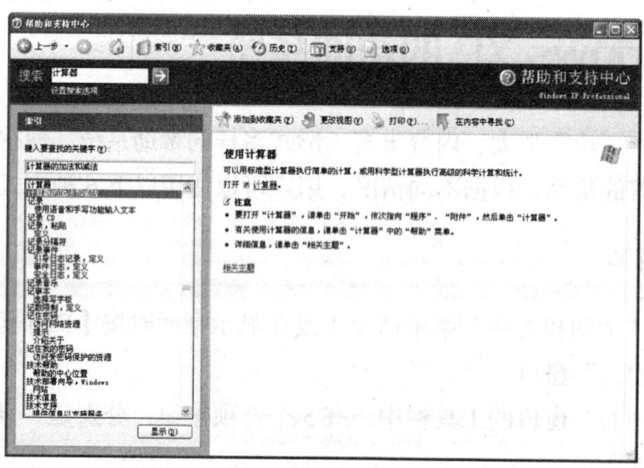

图 3-14 索引显示结果

（3）收藏夹。

单击“收藏夹”按钮可以将搜索或索引找到的信息添加到收藏夹中，以备以后再次使用。

将“帮助”主题或页面添加到“帮助和支持收藏夹”列表的操作方法为：首先定位和显示想要添加到“帮助和支持收藏夹”中的主题或页面，然后单击工具栏中的“添加到收藏夹”按钮，则主题标题将添加到“收藏夹”列表中。

（4）历史。

单击“历史”按钮可以查看以往曾经检索、阅读过的信息。

（5）支持。

Windows XP 将帮助与 Internet 集成在一起，在这里可以连接到 Internet 上，寻求网络上的朋友、Microsoft 公司或论坛的帮助。

（6）选项。

“选项”按钮用来进行“帮助和支持中心”的窗口设置。

2. 漫游 Windows XP

单击“开始”→“所有程序”→“附件”→“漫游 Windows XP”菜单命令，打开如图 3-15 所示的 Windows XP 漫游窗口，在这里可以学习、认识 Windows XP，还可以在漫游引导下查看 Windows XP 的新功能。

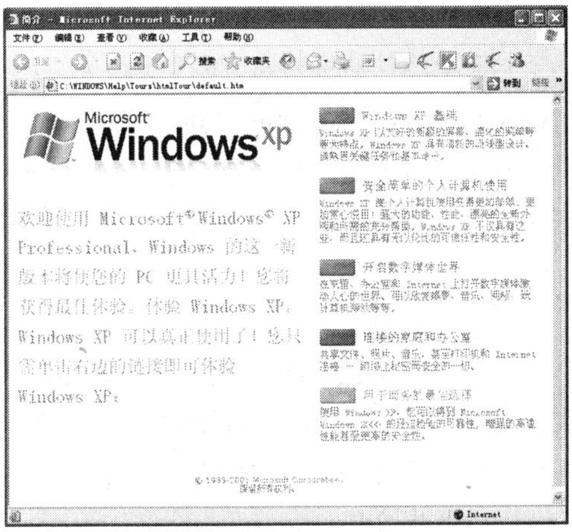

图 3-15 漫游 Windows XP

3. 气泡提示

Windows XP 采用了图标表示程序、文件、硬件、命令按钮等，为了帮助用户理解这些图标的意义，使用了人性化的帮助方式，即气泡提示，当用户将鼠标指针指向某个图标时，稍等片刻便会弹出该图标的相关信息。

4. 状态栏提示

当用户选定某文件或指向某项菜单命令时，便会在状态栏中显示相关信息或功能说明。

5. “?”号帮助

在 Windows XP 的一些对话框中，设有“?”号按钮，单击它后会打开相关帮助，或鼠标指针变成问号，再单击需要帮助的项目，就可以了解该项目的有关资料。

6. 应用程序的帮助菜单

Windows XP 中的应用程序都带有“帮助”菜单，使用此菜单可以得到有关该应用程序的帮助信息。

3.4 电脑资源的管理

使用 Windows XP 进行工作都要涉及处理文件、文件夹等工作，使用“我的电脑”或“资源管理器”窗口，就可以方便地进行对文件、文件夹、磁盘的操作。

3.4.1 文件系统、文件、文件夹及磁盘的基本概念

文件系统指文件命名、存储和组织的总体结构。Windows XP 支持 3 种文件系统：FAT、FAT32 和 NTFS。在安装 Windows XP、格式化磁盘或安装新的硬盘时将会选择文件系统。

NTFS（New Technology File System）文件系统是 Windows 2000 推荐使用的文件系统，它具有 FAT 的所有基本功能，比 FAT 类型的文件系统更为可靠，可快速访问大容量的文件，还可访问 NTFS 分区上的文件。

1. 磁盘驱动器

在微型计算机中一般有 3.5 英寸的软盘驱动器（驱动器 A）、硬盘驱动器（驱动器 C）及光盘驱动器（驱动器 D）。

2. 文件夹

对磁盘驱动器可划分为多个文件夹，用来保存相关的信息。如一般电脑中所具有的 Windows、My Documents 和 Programs File 文件夹。

一个文件夹里可以包含文档、应用程序、打印机及其他的文件夹。包含另一个文件夹的文件夹称为父文件夹，父文件夹中的文件夹称为子文件夹。

3. 文件

文件夹中所包含的相关信息，在电脑中称为文件，文件夹中可以包含各种各样的文件，文件类型是根据它们的信息类型的不同而分类的，不同类型的文件要用不同的应用程序打开。同时，不同类型的文件在屏幕上的图标也是不同的。文件大致可以分为以下 3 类。

（1）程序文件。

程序文件是由二进制代码组成的，是可执行的文件，这类文件的文件扩展名一般为.exe 或.com。用鼠标双击这些文件就可以运行这个程序。

（2）数据文件。

数据文件是存放各种类型数据的文件，它可以是可见的 ASCII 字符或汉字组成的文本文件，也可以是二进制数组成的图片、声音、数值等各种文件。如图像文件、声音和影像文件、字体文件等。因此，数据文件是应用程序所使用的文件。

（3）文档。

文档是应用程序所生成的文件。

在 Windows 中，设备（包括磁盘）是当做文件来操作的。因此在本节的讲解中，如不特别说明，则文件是指文档、应用程序、设备及显示的任何文件。

4. 文件名的命名规则

为了存取保存在磁盘中的文件，每个文件都必须有一个文件名，才能做到按名存取。

文件名是由主名和扩展名（又称副名）两部分组成的，中间用“.”作为分隔。主名给出文件的名称，扩展名指出文件的类型。扩展名也称为文件的后缀或属性名，它由 0~3 个字符组成。扩

展名是由生成文件的软件自动产生的一种格式标识符。文件生成后，一般不能通过改变其扩展名来改变文件的类型，但可以通过相应的软件进行适当的变换。

Windows XP 允许文件名长达 256 个字符，可以使用除下列字符外的任意字符（英文字母、数字、常用符号、汉字等）：/、\、:、*、?、"、<、>、|。另外，忽略文件名首尾的空白字符。

Windows XP 保留用户指定名字的大小写格式，但不能使用大小写区别来搜索文件名，也就是说，Windows XP 对文件名不区分大小写。

引用文件名时，其主文件名不能省略，但扩展名可以省略。

“*”和“?”是文件通配符。“?”字符代替文件名某位置上的任意一个合法字符，“*”代表从“*”所在位置开始的任意长度的合法字符串的组合。

5. 设备文件名

计算机配置的一些设备也被赋予一个文件名，称为设备名。设备名具有和文件名同样的作用，可用于命令中，但是用户不能用它作为自己的文件名或文件夹名，否则会发生混乱。常用设备名如表 3-2 所示。

表 3-2 常用设备名及对应的设备

设 备 名	对应的设备
CON	控制台（键盘/显示器）。输入时，CON 代表键盘；输出时，CON 代表显示器
LPT1（或 PRN）~LPT3	并行口
A:~Z:	驱动器号（软盘、硬盘、光盘、U 盘、虚拟盘等）
COM1（或 AUX）~COM2	串行口
NUL	作为测试用的虚拟设备（空设备，不产生输入/输出），空文件名

6. 文件目录的组织形式和文件路径

目录（文件夹）是一个层次式的树型结构，目录可以包含子目录，最高层的目录通常称为根目录。根目录是在磁盘初始化时由系统建立的，也就是驱动器号。用户可以删除子目录，但不能删除根目录。

在同一个文件夹中的同一级中不允许出现同名的子文件夹或文件，但在同一个磁盘的不同文件夹中可以出现同名的子文件夹或文件。

从文件夹的概念来看，最高层的文件夹就是桌面。文件都是存放在文件夹中，若要对某个文件进行操作，就应指明被操作文件所在的位置，这就是文件路径，把从根目录（最高层文件夹）开始到达指定的文件所经历的各级子目录（子文件夹）的这一系列目录名（文件夹名）称为目录的路径（或文件夹路径）。

路径的一般表达方式：

驱动器号:\子目录 1\子目录 2\……\子目录 *n*

或驱动器号:\子文件夹 1\子文件夹 2\……\子文件夹 *n*

在使用文件的过程中经常需要给出文件的路径来确定文件的位置。常常通过浏览的方式查找文件，路径会自动生成。

7. Windows 中常用的文件夹

在 Windows 中，有一些常用系统文件夹，这里以默认方式进行部分介绍，文件夹可能随登录用户而稍有不同，也可能随系统安装目录的不同而各异（这里的登录用户假定为超级用户“Administrator”）。

Windows 桌面：C:\Documents and Settiing\Administrator\桌面。

我的文档：C:\Documents and Settiing\Administrator\My Documents。

IE 浏览器的收藏夹：C:\Documents and Settiing\Administrator\Favorites。

附件中常用应用程序所在文件夹：C:\Windows\system32。

Internet 临时文件夹：C:\Documents and Settiing\Administrator\Local Settings\Temporary Internet Files。

3.4.2 “我的电脑”窗口

1. 打开“我的电脑”窗口

双击桌面上的“我的电脑”图标，Windows XP 将显示“我的电脑”窗口。不同的电脑，窗口中显示的内容可能有所不同，但一般都有硬盘（C:）、光盘（H:）、控制面板等，如图 3-16 所示。“我的电脑”可以管理文件和文件夹、软盘、硬盘、光盘及网络驱动器。对于已经建立网络连接的计算机，还可以通过“我的电脑”连接到网络上的其他计算机或浏览 Web 网页。

图 3-16 “我的电脑”窗口

与 Windows 以前的版本比较，Windows XP 的“我的电脑”有了较大的改进：在工具栏中增加了 Internet Explorer 浏览器中的一些功能按钮，并且在窗口的左侧增加了“系统任务”窗格和“其他位置”窗格，使管理文件和文件夹更加方便。

“系统任务”窗格为用户提供了所在位置可以进行的任务命令，不同的位置会有不同的任务命令显示，用户可以通过该窗格完成大多数的文件和文件夹管理任务。

“其它位置”窗格为用户提供了从当前位置迅速切换到其他位置的连接命令，免去了频繁开关窗口的麻烦。

当用户在右侧窗格中选定一个对象时，“详细信息”窗格中将显示一些相关信息，如磁盘的空间、文件的最后修改时间等。对于 JPG、BMP 等格式的图形文件及 Web 网页文件，使用鼠标选定一个文件即可在该窗格中预览到该文件的内容。

当暂时不需要使用某个窗格时，可以单击每个窗格右上角的折叠按钮，把该窗格折叠起来，只留下该窗格的标题。窗格被折叠后，折叠按钮变为按钮，单击它可以再次打开该窗格。

2. 查看磁盘驱动器和文件夹

在“我的电脑”窗口中双击要查看的驱动器图标，就可以查看磁盘驱动器的内容，其中包含各种文档及文件夹。

在 Windows 的文件夹中包含更多的文件夹以及各种各样的图标，不同的图标表示文件的类型是不同的。

当前文件夹所在的路径显示在地址栏中。

在不同的文件夹、子文件夹之间切换，可使用下列操作之一。

- 若在子文件夹窗口中要返回到父文件夹窗口，可单击工具栏上的“向上”按钮。
- 若要返回刚浏览过的文件夹，可单击“后退”按钮，或按退格键，或按【Alt】+【←】快捷键。
- 若要返回原来已经浏览过的某文件夹，可单击“后退”按钮旁的向下箭头，显示出已浏览过的文件夹列表，然后选择要显示的文件夹。
- 返回到某文件夹后，单击“前进”按钮可以向反方向浏览，或按【Alt】+【→】快捷键。也可单击“前进”按钮旁的向下箭头显示出文件夹列表，以选择要前进到的文件夹。
- 使用地址栏可以跳转到系统中的任何位置（在地址栏里输入文件夹的路径）。

3. 控制“我的电脑”窗口的显示和排列方式

（1）选择显示方式。

Windows XP 提供了 6 种文件和文件夹的显示方式：“缩略图”、“平铺”、“图标”、“列表”、“详细信息”和“幻灯片”。其中的“幻灯片”只用于图像文件的文件夹中。这 6 种方式可以使用“查看”菜单中相应的菜单命令来切换，也可以用“查看”按钮来切换。

- 缩略图方式：以图片显示文件和文件夹，在文件夹图标上显示文件夹所包含的图像文件，因而可以快速识别该文件夹的内容，找到需要的图像。默认情况下，一个文件夹图标中显示 4 张图像，也可以选择一张代表性的图像来识别该文件夹的内容。
- 平铺方式：以大图标显示文件和文件夹，并且将名称和文件类型、文件大小等信息显示在图标右侧。如 JPEG 图像、文本文档和 Microsoft Word 文档等。
- 图标方式：以小图标显示文件和文件夹，只将名称显示在图标下面。
- 列表方式：以名称列表显示文件和文件夹，在名称前面还有一个很小的图标。当文件夹中包含很多文件，并且想快速查找一个文件名时，这种方式非常有用。
- 详细信息：能够显示文件和文件夹的名称、大小、类型和修改日期，还可以设置显示其他更多的信息。
- 幻灯片：只用在图像文件的文件夹中。图像以单行缩略图形式显示。可以通过使用左右箭头按钮滚动图片。单击一幅图片时，该图片显示的大小比其他图片大。

（2）选择排列方式。

在 Windows XP 中，可以按照不同的文件属性进行排列，这些属性包括“名称”、“大小”、“类型”和“修改时间”，也可以选择某种排列方法，如“按组排列”、“自动排列”和“对齐到网格”。

选择“查看”→“排列图标”中相应的菜单命令就可以按用户的选择进行排列。

Windows XP 新增了“按组排列”文件和文件夹的功能，使用户管理文件和文件夹更加方便。

系统会根据当前选择的排列文件所依据的文件属性进行分组，并将每组以横线分隔开。

4. 刷新窗口

刷新窗口可使用“查看”→“刷新”菜单命令。

5. 文件夹选项

选择“工具”→“文件夹选项”菜单命令，将弹出“文件夹选项”对话框。

该对话框可用来设置查看方式，它有 4 个选项卡。

- “常规”选项卡可以用来选择文件夹的显示风格和打开项目的风格，如图 3-17 所示。
- “查看”选项卡可用来设置是否显示隐藏文件以及是否隐藏已知文件类型（已注册）的扩展名等，如图 3-18 所示。

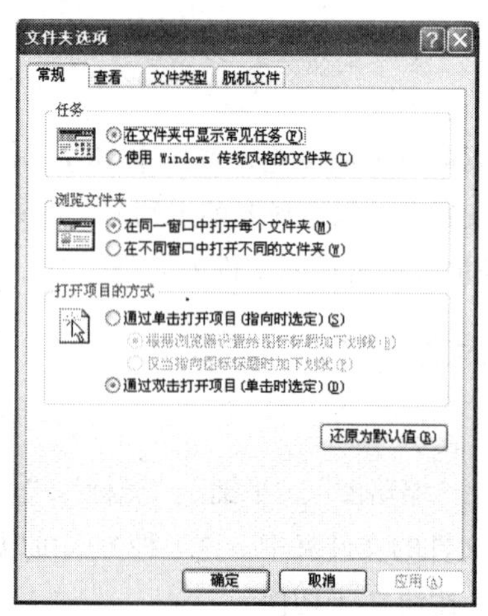

图 3-17 “文件夹选项”对话框的“常规”选项卡

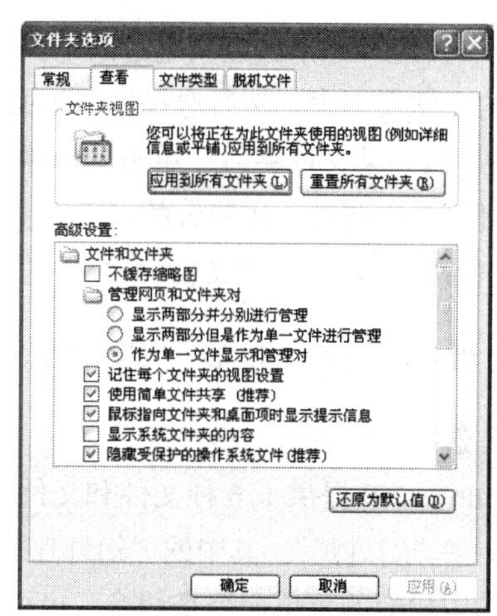

图 3-18 “文件夹选项”对话框的“查看”选项卡

- “文件类型”选项卡用于注册新的文件类型或解除已注册文件的类型，如图 3-19 所示。

注册的含义是将某种类型的文件与某一个应用程序建立关联，当在“我的电脑”窗口中双击该文档时，系统就会自动启动建立关联的应用程序，并打开该文档。如 Word 文档（后缀为.doc 的文档）在双击时，系统会自动启动 Word，并打开该文档。对于没有注册的文件类型，在“我的电脑”窗口中显示的图标为。

对图 3-19 中一些按钮的功能说明如下。

（1）“新建”按钮。

若要注册一个新的文件类型或创建新的关联，可单击“新建”按钮，打开“新建扩展名”对话框，如图 3-20 所示。

在该对话框的“文件扩展名”文本框中输入要注册的文件的扩展名，在“关联的文件类型”下拉列表框中选择系统中已经存在的文件类型，单击“确定”按钮将返回到“文件类型”选项卡，就可看到新建的文件类型。

（2）“删除”按钮。

解除选定扩展名和应用程序之间的关联。

（3）“更改”按钮。

用于更改可以打开这种扩展名的文件的应用程序。

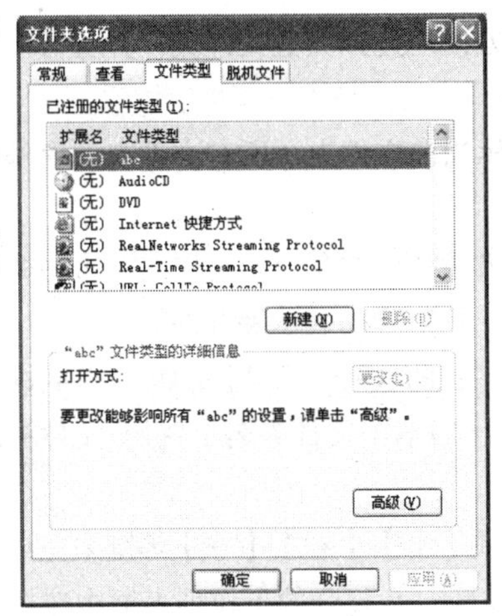

图 3-19　“文件夹选项”对话框的“文件类型”选项卡

图 3-20　“新建扩展名”对话框

（4）“高级”按钮。

对已选中的文件类型进行修改注册设置。

- “脱机文件”选项卡用于设置用户的计算机，使存储在网络上的文件在脱机工作（即与网络断开时）时可用。

3.4.3　Windows 资源管理器

在“我的电脑”窗口中可以将几个文件夹或磁盘驱动器并排排列，以方便对它们的操作，另外，这样可以了解电脑的局部细节（即了解某文件夹或驱动器的内容）。若要从全局的角度来了解电脑，就可以使用 Windows 资源管理器。

1. Windows 资源管理器及其操作

选择“开始”→“所有程序”→“附件”→“Windows 资源管理器”菜单命令，打开的 Windows 资源管理器窗口如图 3-21 所示。

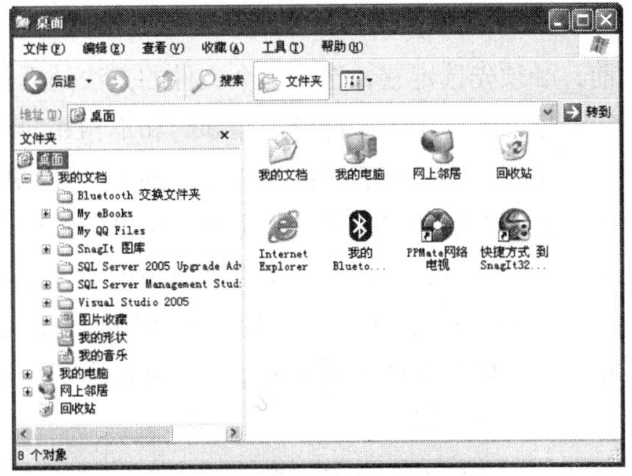

图 3-21　Windows 资源管理器窗口

Windows 资源管理器窗口分为两个窗格：左窗格为文件夹窗格，右窗格为左边选定的文件夹的内容列表。

文件夹窗格可用来访问系统中的所有资源，可以方便地选择其他文件夹，并且可以知道当前所在位置的文件夹级别。

内容列表窗格与“我的电脑”窗口类似，用于显示当前文件夹（所有文件夹列表框中选定的文件夹）的内容。

资源管理器以树状形式显示系统的内容。树根在树状结构的左边，树枝在右边，树枝可以展开，也可以折叠。节点处有“+”号的表示折叠的，有“−”号的表示展开的。

由图 3-21 可知，在桌面上的文件夹有“我的文档”、“我的电脑”、“网上邻居”、“回收站”等。

扩展文件夹的操作为单击文件夹名左边的“+”号（或双击文件夹名），折叠文件夹的操作为单击文件夹名左边的“−”号（或双击文件夹名）。

另外，浏览文件夹还可通过键盘上的【Tab】、【↑】、【↓】、【←】、【→】等键来完成。或用地址栏来操作，其操作方法为：单击地址栏的向下箭头按钮，在打开的下拉列表框中选择；也可直接在地址栏中输入路径来显示某个文件夹中的内容。

若用户已经接通网络，则在地址栏中输入网址，还可浏览网页。

对内容列表窗格中的显示方式进行设置，可以使用“我的电脑”中的操作方法。

2. “我的电脑”窗口与 Windows 资源管理器窗口之间的切换

“我的电脑”窗口与 Windows 资源管理器窗口各有千秋，在这两种窗口之间切换就可以充分发挥各自的优势，而不必分别启动两个窗口操作。

在“我的电脑”窗口和 Windows 资源管理器窗口的工具栏上均有一个“文件夹”按钮文件夹，在“我的电脑”窗口中为凸起的文件夹，而在 Windows 资源管理器窗口中为凹下的文件夹。因此，在一种窗口切换到另一种窗口只要单击“文件夹”按钮就可以了。

3.4.4 文件操作

对文件的操作包括文件的复制、删除、移动、重新命名等，这里所说的各种操作同时适用于“我的电脑”和 Windows 资源管理器，两者不同的地方将另外加以说明。

1. 选定文件

在对文件进行操作之前，必须先选定它，选定单个文件的方法是用鼠标单击要选定的文件。

若要选定多个文件进行处理，要选定的文件分为相邻的和不相邻的两种情况。

若要选定的文件是相邻的（即在文件列表中是相邻显示的），可以单击要选定的第一个文件，按住【Shift】键，然后单击最后一个要选定的文件；也可以用鼠标将它们都围住，具体的操作是将鼠标指针移动到第一个文件旁（注意，必须离开文件名或图标），然后向另一对角线方向拖动，拖动时，Windows XP 将显示一个虚线框，所有包含在框中的文件都被选定。

若要选定的文件是不相邻的（即在文件列表中不是相邻显示的），可以按住【Ctrl】键，然后单击每个要选定的文件。

若要选定当前文件夹中的所有文件，可以选择“编辑”→“全部选定”菜单命令，或按【Ctrl】+【A】快捷键就可以了。

有时在一个文件夹中要选定的文件很多，而只有几个不选时，可以先选定不需要的文件，然后选择“编辑”→“反向选择”菜单命令。

若对选定的文件要撤销，可先按住【Ctrl】键，然后单击要撤销的文件即可；若要撤销所有选定，则单击未选定的任何区域即可。

采用【Ctrl】键和【Shift】键来选择对象的方法在 Windows 的其他应用程序中也可以使用，如在 Word 2003 中就可以使用【Ctrl】键来选择不连续的对象，用【Shift】来选择连续的对象。

2. 复制文件

文件复制有多种方法，这里只做简要的说明。

（1）使用剪贴板。

使用剪贴板复制文件的操作过程如下。

第 1 步：选定要复制的文件。

第 2 步：选择“编辑”→“复制”菜单命令，将要复制的文件内容复制到剪贴板中。

第 3 步：选定文件要复制到的文件夹或磁盘驱动器。

第 4 步：选择“编辑”→“粘贴”菜单命令。

（2）使用任务窗格。

使用任务窗格复制文件的操作过程如下。

第 1 步：选定要复制的文件。

第 2 步：在“文件和文件夹任务”窗格中，单击“复制这个文件”选项，或选择“编辑”→“复制到文件夹”菜单命令，系统将打开“复制项目”对话框，如图 3-22 所示。

第 3 步：在“复制项目”对话框中指定目标文件夹，然后单击“复制”按钮即可。

（3）用拖放的方法复制文件。

复制文件的最简便方法是将要复制的文件从源文件夹上拖放到目的文件夹。

若使用“我的电脑”窗口，一般要打开两个窗口，一个显示源文件夹，另一个显示目的文件夹。若使用资源管理器，只要内容列表框中有要复制的文件，并且文件夹列表框中列有目的文件夹就可以拖放了。

复制时，将鼠标指针指向要复制的文件，按住【Ctrl】键，将文件拖曳到目的文件夹。在拖曳的过程中，鼠标指针将显示文件名及一个带“+”号的小方框，提示用户正在复制的文件。拖曳到目的文件夹后，放开鼠标键，然后再放开【Ctrl】键，就完成了文件的复制任务。

（4）使用鼠标右键拖动。

用鼠标右键拖动文件到目标文件夹后，系统将弹出快捷菜单，如图 3-23 所示。选择“复制到当前位置”菜单命令即可。

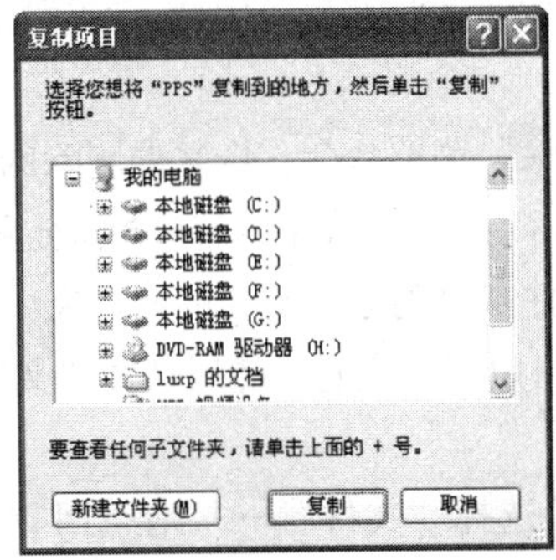

图 3-22 “复制项目”对话框

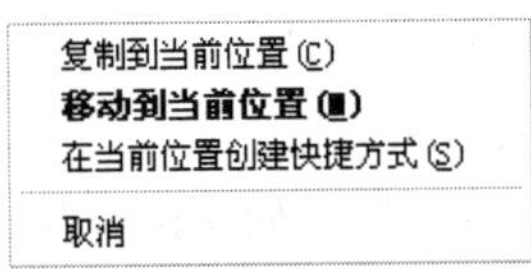

图 3-23 右键拖动后的快捷菜单

3. 移动文件

移动文件也可使用剪贴板、拖动、任务窗格和右键拖动的方法。其操作过程与复制文件的操作过程是类似的，只是用剪贴板时选择的是“编辑”→“剪切”菜单命令、拖动时按的是【Shift】键而已。

使用拖放的方法复制或移动文件，需要记住是按【Ctrl】键还是【Shift】键；使用鼠标的时候，还要配合使用键盘；而使用快捷菜单，则只使用鼠标就可以完成复制与移动操作。

使用快捷菜单完成复制或移动文件是用鼠标右键将文件拖曳到目的文件夹，这时出现快捷菜单，根据要求在其中选择复制或移动命令即可。

若文件被拖放到另一个驱动器，默认为复制文件，因此向另一个驱动器复制文件时，不必按【Ctrl】键。但对移动文件来说，必须按住【Shift】键。

若文件被拖放到同一个驱动器的不同文件夹，默认为移动文件，因此向同一个驱动器移动文件时，不必按【Shift】键。但对复制文件来说，必须按住【Ctrl】键。

4. 文件重新命名

选定要重新命名的文件，使用下列方法之一，使之出现“文件名”文本框：选择“文件”→“重命名”菜单命令；选择快捷菜单中的“重命名”菜单命令；单击要修改的文件名，再按【F2】键；在“文件和文件夹任务”窗格中，单击“重命名这个文件”选项，然后在文本框中对文件重新命名。

不要随便更改文件的扩展名，更改文件扩展名可能会导致该文件不可使用。

5. 文件的删除与恢复

删除文件的操作过程为：首先选定要删除的文件，然后选择“文件”→“删除”菜单命令或直接按【Delete】键，或单击“文件和文件夹任务”窗格中的“删除这个文件”选项，这时出现“确认文件删除”对话框，单击“是”按钮即可。

Windows XP对删除的文件首先要求用户确认，先确认要删除的文件，再从所在的文件夹中删除。实际上这里删除的文件，Windows XP将它们放在回收站里。因此，对误删除的文件，还可以从回收站里来恢复。

在误删除文件后，可以选择“编辑”→“取消删除”菜单命令，恢复误删除的文件夹。

从回收站中恢复文件的操作：双击“回收站”图标，在“回收站”窗口中选定要恢复的文件，然后选择“文件”→“还原”菜单命令，就可以将文件恢复到原来所在的文件夹中。

对要真正从磁盘上删除的文件，可在“回收站”窗口中选定它，然后选择“文件”→“删除”菜单命令或按【Delete】键。

若要对“回收站”中的文件全部真正删除，直接选择“文件”→“清空回收站”菜单命令即可。

若在删除文件时按住【Shift】键，会将文件直接删除而不是将文件移到“回收站”中。

6. 查找文件

选择“开始”→“搜索”菜单命令，打开“搜索结果”窗口，在该窗口左侧的窗格中单击“所有文件和文件夹”链接，这时的窗口如图 3-24 所示。

在该窗口中的“全部或部分文件名”文本框中输入要查找的文件名，在“文件中的一个字或词组”文本框中输入要查找文件的部分内容，在“在这里寻找”下拉列表框中确定要查找的范围，单击“搜索”按钮，系统就开始搜索。若找到，会将结果显示在窗口右侧的窗格中。

对找到的文件，可以使用“搜索结果”窗口中的菜单命令进行各种操作。

7. 提取文件与压缩文件

使用以前版本的 Windows 操作系统时，用户通常需要安装 WinZIP 或 WinRAR 等软件，以便打开压缩的文件及将文件压缩为占用磁盘空间较少的文件。为了更全面地满足用户的这种使用需要，Windows XP 新增了压缩和解压缩功能。在 Windows XP 中，解压缩功能被命名为提取文件，压缩功能则会将文件压缩为 ZIP 格式的文件。

（1）压缩文件。

压缩文件的操作步骤如下。

第 1 步：在“我的电脑”窗口或 Windows 资源管理器窗口中选定需要压缩的文件。

第 2 步：单击右键，从弹出的快捷菜单中选择“发送”→“压缩（zipped）文件夹”菜单命令，系统便开始压缩文件。

第 3 步：完成压缩后，被压缩的文件将显示在窗口中，且图标为压缩文件图标。

（2）提取文件。

提取文件的操作过程如下。

第 1 步：在“我的电脑”窗口或 Windows 资源管理器窗口中找到需要解压缩的文件。

第 2 步：单击右键，从弹出的快捷菜单中选择“全部提取”命令，打开“提取向导”对话框，单击“下一步”按钮，这时的对话框如图 3-25 所示。

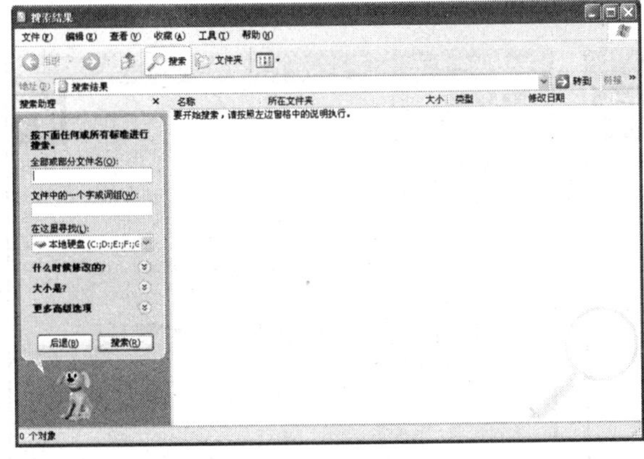

图 3-24 “搜索结果”窗口

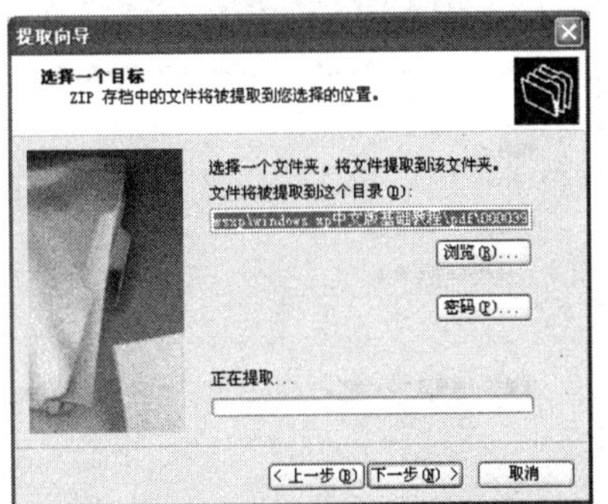

图 3-25 “提取向导”对话框

第 3 步：选择提取文件要被提取到的目录。

第 4 步：单击“下一步”按钮，开始文件的提取。

3.4.5 文件夹操作

这里只讲述与文件操作不同的地方。

1. 创建文件夹

在 Windows XP 中有多种方法可以创建文件夹，在文件夹中还可以创建子文件夹。这样就可以把不同类型或用途的文件放在不同的文件夹中，使自己的文件和文件夹更有条理。在创建文件夹前，必须确定把它放在什么位置上，位置选定后，选择“文件”→“新建”→“文件夹”菜单命令，Windows XP 就会在选定的位置下添加一个新的文件夹，并显示一个文本框（文本框中显示的默认文件名为“新文件夹”），可在文本框中重新为文件夹命名，最后按回车键就完成了创建文件夹的操作。

有时，在保存新建的文件时，才发现应将它保存在一个新的文件夹中。在“打开”对话框中选定要创建的新文件夹的位置，然后单击“创建新文件夹”按钮，则在“打开”对话框中就会出现一个新的文件夹，键入新文件名，然后按回车键即可。

2. 备份文件与还原文件

存储在磁盘上的任何信息都可能受到损坏而丢失，如介质的损坏或病毒的感染，均会造成数据丢失。保护数据最有效的办法就是对磁盘上的文件进行备份，一旦文件损坏或丢失，可以用备份将其还原回来。备份文件的方法有很多，例如，对于一些小的文件，可以直接将其复制到 U 盘上；对于一些较大的文件，可以将文件刻录到光盘中，或者使用 Windows XP 的备份工具完成备份。

（1）备份文件。

使用 Windows XP 的备份工具备份文件的操作步骤如下。

第 1 步：选择“开始”→“所有程序”→“附件”→“系统工具”→“备份”菜单命令，打开“欢迎使用备份或还原向导”对话框，单击“下一步”按钮，这时的对话框如图 3-26 所示。

第 2 步：选中“备份文件和设置”单选按钮，然后单击“下一步”按钮，打开“要备份的内容”设置界面，如图 3-27 所示。

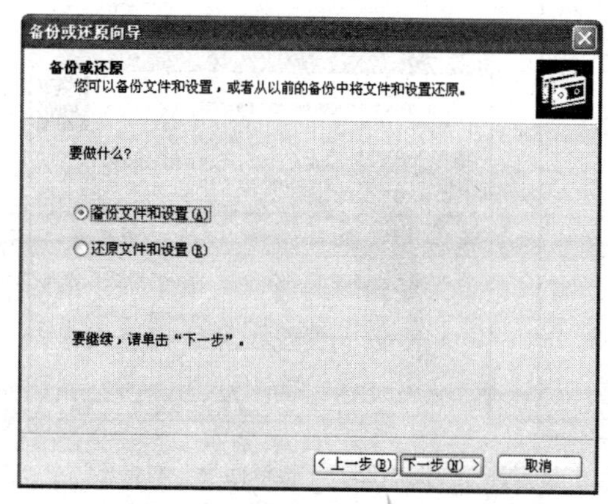

图 3-26 “备份或还原向导”对话框（1）

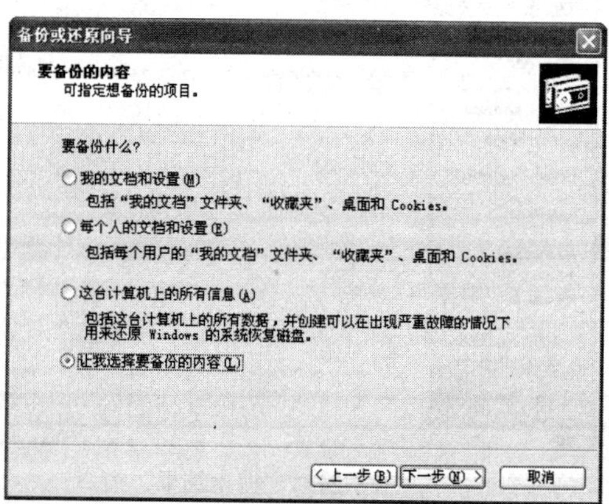

图 3-27 “备份或还原向导”对话框（2）

第 3 步：在该对话框中用户可以选择不同的备份内容，这里我们选中“让我选择要备份的内

容”单选按钮，然后单击“下一步”按钮，打开“要备份的项目”设置界面，如图 3-28 所示。

第 4 步：该对话框中包括备份项目树形窗格和文件（文件夹）选择窗格两个部分，用户可以在左边窗格中查找要备份的文件的位置，然后在右边窗格中选中相应的文件或文件夹前的复选框。单击“下一步”按钮，打开“备份类型、目标和名称”设置界面，如图 3-29 所示。

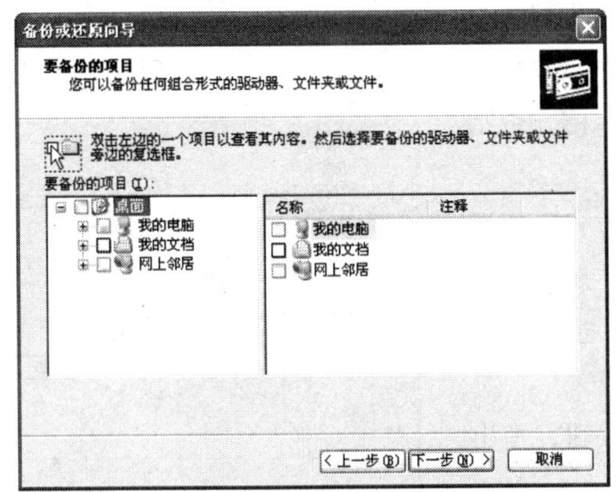

图 3-28　“备份或还原向导”对话框（3）

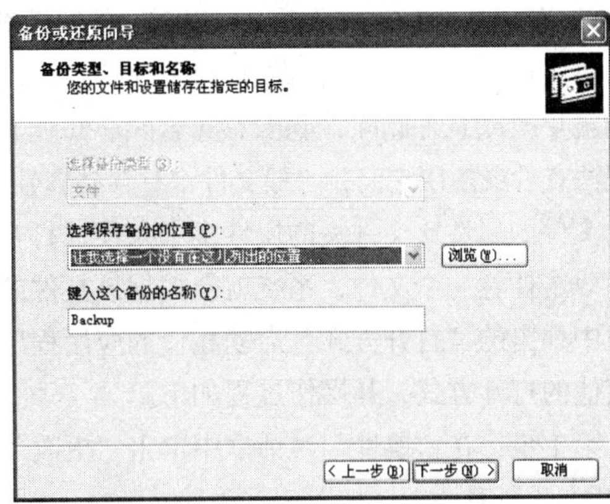

图 3-29　“备份或还原向导”对话框（4）

第 5 步：在“选择保存备份的位置”下拉列表框中指定位置，或单击“浏览”按钮后在打开的对话框中指定位置，在“键入这个备份的名称”文本框中输入备份的名称，单击“下一步”按钮，打开“正在完成备份或还原向导”设置界面，如图 3-30 所示。

第 6 步：该对话框中显示了所创建备份的相关信息。单击“高级”按钮，在依次出现的多个对话框中可以设置备份类型、指定验证、压缩和备份时间等。单击“完成”按钮，打开“备份进度”对话框，开始备份。

（2）还原文件。

当计算机由于硬件故障或意外删除造成数据丢失或损坏时，用户可以使用备份工具还原以前备份的文件，其操作过程如下。

第 1 步：在图 3-26 所示的“备份或还原向导”对话框中选中“还原文件和设置”单选按钮，然后单击“下一步”按钮，打开“还原项目”设置界面，如图 3-31 所示，在该对话框中可以选择要还原的项目。

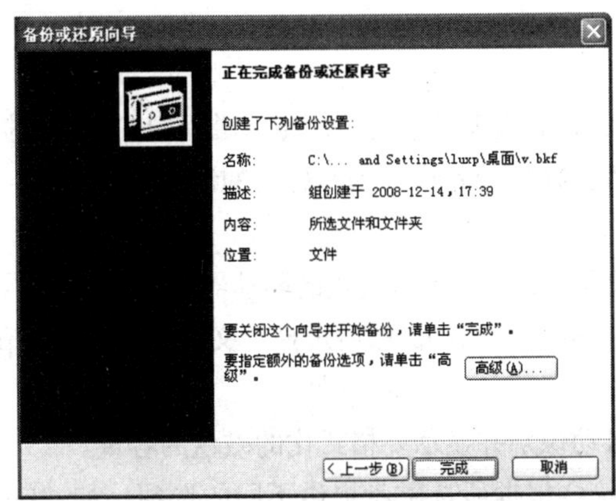

图 3-30　“备份或还原向导”对话框（5）

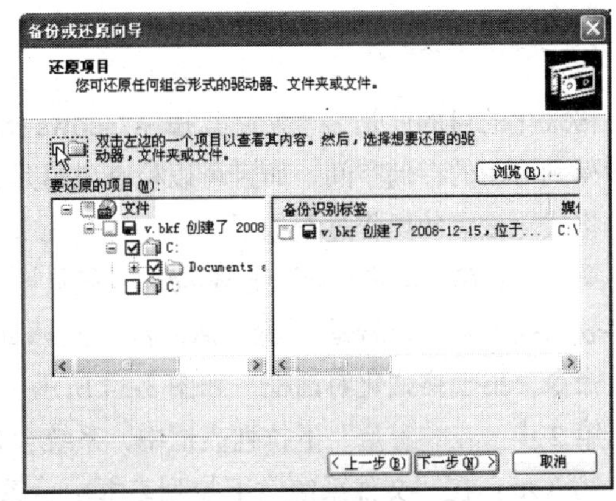

图 3-31　“还原项目”设置界面

第 2 步：单击“下一步”按钮，打开“正在完成备份或还原向导”设置界面，在该对话框中

显示了所创建的还原的相关信息，单击“完成”按钮即可执行还原操作。

3. 设置文件和文件夹的属性

选定文件后单击右键，选择“属性”菜单命令，将出现“属性”对话框。在该对话框中可以对文件属性进行设置。文件的属性有 3 个：只读、隐藏和存档。只读表示文件或文件夹不能被更改或意外删除；隐藏意味着除非知道其名称，否则就无法查看或使用它们；一般文件都有存档属性。

文件的属性比文件夹的属性多了一项“打开方式”的设置。双击任意一个文件，系统就会根据该文件的“属性”对话框中列出的“打开方式”启动相应的应用程序。也可以选择其他的打开方式，其操作过程如下。

第 1 步：在“属性”对话框中单击“更改”按钮，弹出“打开方式”对话框，如图 3-32 所示。

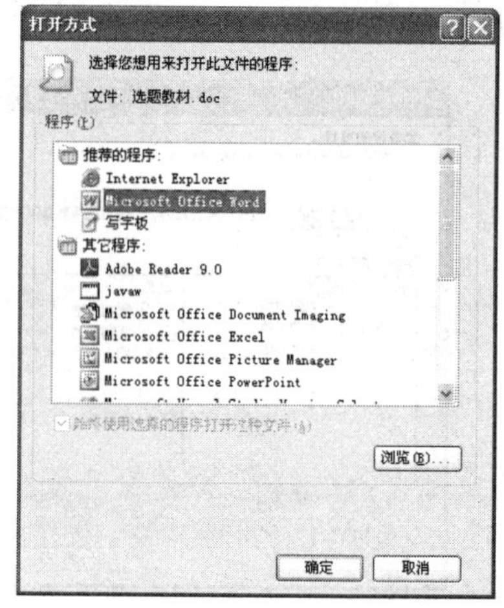

图 3-32 “打开方式”对话框

第 2 步：在“程序”列表框中选择打开文件的应用程序。

关于设置和使用共享文件夹可参考 3.5.1 小节的介绍。

3.4.6 Windows XP 对磁盘的管理

1. 查看磁盘空间

使用计算机时，掌握计算机的磁盘空间信息是非常必要的，如在安装软件前，就要检查各磁盘的使用情况。

要查看磁盘空间首先选定磁盘，选定后在“我的电脑”窗口的左侧窗格和状态栏上就会显示出这些信息。

或在选定磁盘后单击右键，选择“属性”菜单命令，弹出磁盘属性对话框，如图 3-33 所示。在该对话框中可以查看磁盘信息。

2. 格式化磁盘

格式化的目的就是为了使磁盘按 Windows 指定的格式来保存文件，删除磁盘中的所有数据，从而得到可用的存储空间，而且可以检查磁盘是否存在坏的磁道，提高磁盘的读写速度。

格式化磁盘的操作过程如下。

第 1 步：在“我的电脑”或 Windows 资源管理器中，选定要格式化的驱动器（若是软盘的话，要将软盘插入软驱；若是 U 盘的话，将 U 盘插到 USB 接口上），然后选择“文件”→“格式化”菜单命令，出现格式化对话框，如图 3-34 所示。

第 2 步：在“容量”下拉列表框中，系统会自动识别并显示要格式化的磁盘的容量。

第 3 步：在“文件系统”下拉列表框中，系统会根据所选磁盘提供不同的选项，如“FAT”（软盘只有这种选择）、“FAT32”、“NTFS”（硬盘具有后两种选项）。

第 4 步：在“分配单元大小”下拉列表框中，系统自动采用“默认配置大小”。

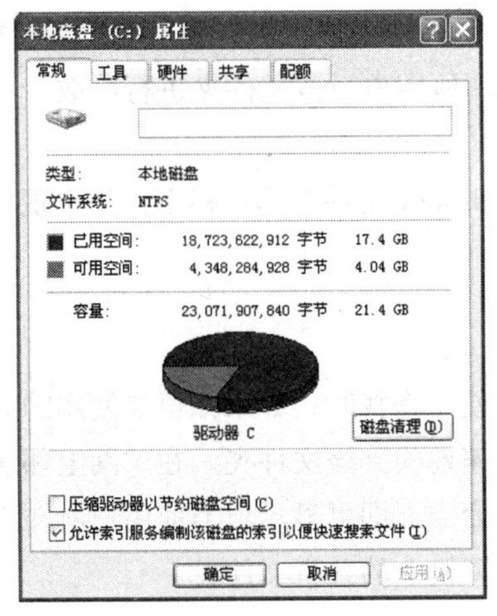

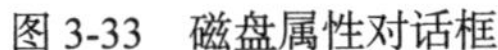
图 3-33　磁盘属性对话框

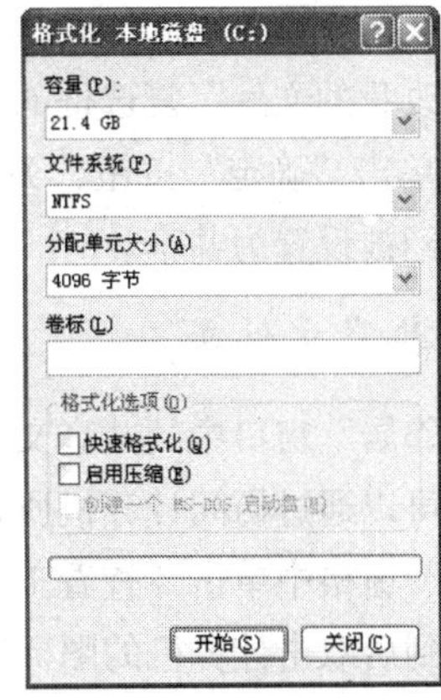

图 3-34　格式化对话框

第 5 步：在“卷标”文本框中，可以输入便于识别磁盘内容的描述信息，也可以不输入任何文字。

第 6 步：在“格式化选项”选项组中，由于格式化磁盘的类型的不同和“文件系统”选择的不同，可选项也是不同的，用户可以根据需要进行选择。

第 7 步：单击“开始”按钮即可开始对磁盘进行格式化。

3.5 共享网络资源

建立网络的主要作用就是共享网络资源，即共享文件、文件夹、应用程序及相应的硬件设备，如打印机等。设置资源共享既能提高工作效率，也能节省费用。

3.5.1 设置和使用共享文件夹

以往我们需要使用不同计算机中的文件时，就需要使用软盘进行文件的复制。建立了网络以后，我们可以把自己的文件夹设置为共享，这样，你所在的网络中的所有用户都可以在自己的计算机上访问该文件夹中的所有文件。

1. 设置共享文件夹

当把文件夹设置为共享时，可以根据文件的重要性选择其他用户对该文件夹的访问方式。这里以一个名为“pdf”的文件夹为例介绍具体的设置方法，操作过程如下。

第 1 步：在“我的电脑”或 Windows 资源管理器窗口中，找到“pdf”文件夹，右键单击该文件夹，从弹出的快捷菜单中选择“共享和安全”菜单命令，打开“pdf 属性”对话框，如图 3-35 所示。

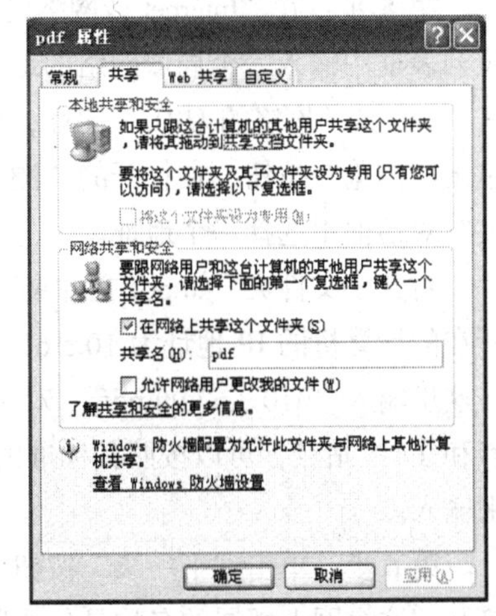

图 3-35　“pdf 属性”对话框

第 2 步：在“网络共享和安全”选项组中选中“在网络上共享这个文件夹”复选框，并在“共享名”文本框中输入该文件夹将要在网络中显示的名称（共享名并不改变该文件夹在本地计算机上显示的名称）。

第 3 步：如果用户允许网络中的其他用户对该文件夹进行读、写或者删除操作，可以选中“允许网络用户更改我的文件”复选框；若只允许其他用户对该文件夹进行读取，可以取消“允许网络用户更改我的文件”复选框的选定标志。

第 4 步：单击“确定”按钮，关闭对话框。这时 pdf 文件夹的图标下面将出现一只小手，表示该文件夹已经被设置为共享。

2. 使用共享文件夹

当“网上邻居”窗口中的共享文件夹很多，不便于查找时，如果知道要使用的共享文件夹所在的计算机，可以通过访问计算机所在的工作组快速地找到该文件夹。在“网上邻居”窗口左侧的“网络任务”窗格中单击“查看工作组计算机”命令，即可显示出当前用户所在工作组中的所有计算机。找到后双击计算机的图标即可查看该计算机上的共享文件夹。

3. 取消文件夹的共享

对于已经设置为共享的文件夹，可以随时取消共享，使其他用户既不能修改，也不能读取。其方法为在已经共享的文件夹的属性对话框中，取消“在网络上共享这个文件夹”复选框的选定即可。

3.5.2 添加网上邻居

通过添加网上邻居，即添加指向一个网络资源的链接，可以在网络上存储或编辑文件。可以添加的网上邻居不仅可以是共享文件夹，也可以是 Internet 上的 Web 文件夹或 FTP 站点。添加网上邻居的操作过程如下。

第 1 步：打开“网上邻居”。

第 2 步：在“网上邻居”窗口左侧的“网络任务”任务窗格中单击“添加一个网上邻居”链接，这时打开“添加网上邻居向导”对话框。

第 3 步：单击“下一步”按钮，这时打开“要从哪儿创建这个网上邻居”设置界面。

第 4 步：单击“下一步”按钮，这时打开“这个网上邻居的地址是什么”设置界面，如图 3-36 所示。

第 5 步：在“Internet 或网络地址”下拉列表框中输入一个局域网络的地址或者一个 Inteme（网络的 URL）地址，也可以单击“浏览”按钮，在打开的“浏览文件夹”对话框中选择一个地址。

对共享文件夹（如 pdf 文件夹），若它所在的计算机的 IP 地址为 10.3.67.90，则在这里输入“\\10.3.67.90\pdf”；对 Web 站点和 FTP 站点，可以按照其标准的 URL 来输入。

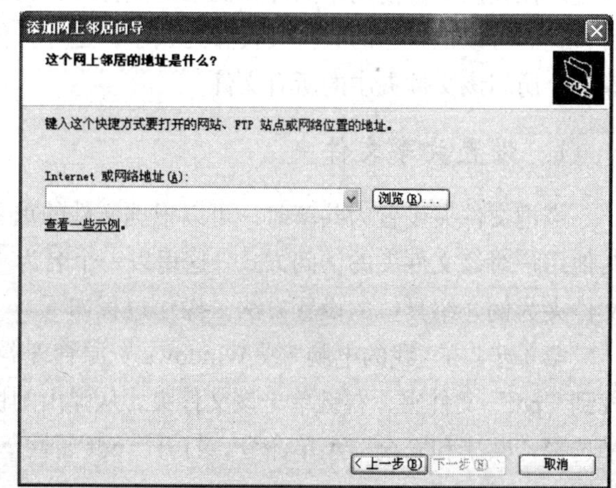

图 3-36　“添加网上邻居向导”对话框（1）

第 6 步：单击“下一步”按钮，这时打开“这个网上邻居的名称是什么”设置界面，如图 3-37 所示。

第 7 步：在“请键入该网上邻居的名称”文本框中输入将要显示在“网上邻居”窗口中的名称。

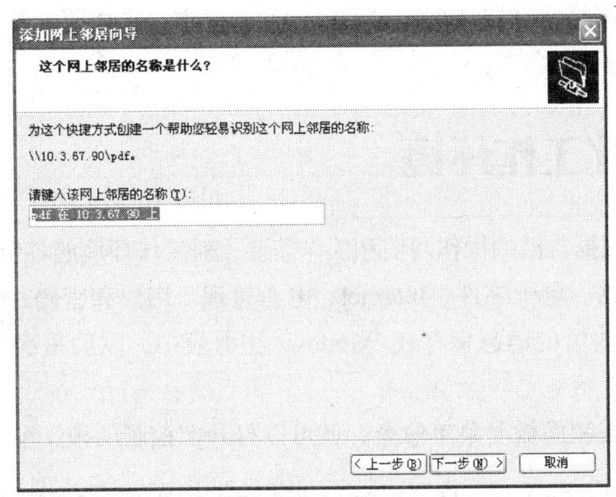

图 3-37　“添加网上邻居向导”对话框（2）

第 8 步：单击“下一步”按钮，打开“正在完成添加网上邻居向导”设置界面。单击“完成”按钮，系统自动打开该网上邻居。

3.5.3　网络驱动器的映射与断开

1. 映射网络驱动器

若需要频繁地访问网络共享资源中的某个共享文件夹，则可以把它设置为网络驱动器。设置完成后，它将出现在“我的电脑”窗口中的“网络驱动器”区域中。映射网络驱动器的操作过程如下。

第 1 步：在“我的电脑”窗门中选择“工具”→“映射网络驱动器”菜单命令，打开“映射网络驱动器”对话框，如图 3-38 所示。

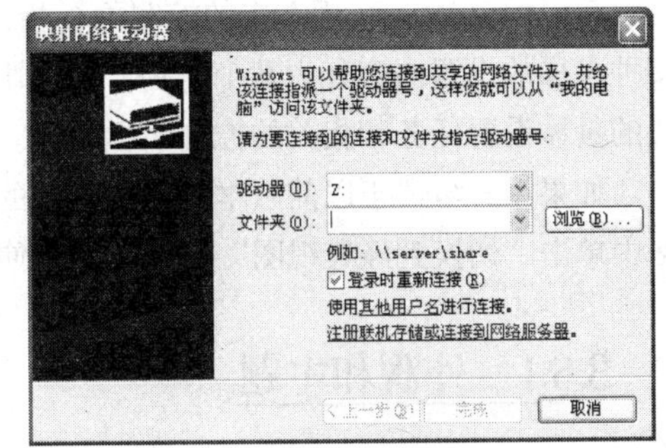

图 3-38　“映射网络驱动器”对话框

第 2 步：在“驱动器”下拉列表框中选择将要在“我的电脑”中显示的驱动器名称，通常都从 Z 盘开始依次往前选取；在“文件夹”下拉列表框中输入网络中的共享文件夹的位置和名称，或者单击“浏览”按钮，在打开的“浏览文件夹”对话框中选择共享文件夹。

第 3 步：在图 3-38 所示的对话框中选中“登录时重新连接”复选框，则在计算机重新启动并登录到 Microsoft 网络时，就会重新连接该网络驱动器。

第 4 步：单击“完成”按钮，完成映射网络驱动器的设置。

这时，在“我的电脑”窗口中就会看到新增加的“网络驱动器”区域，并在其中显示新建的网络驱动器的图标。双击该图标，即可打开对应的共享文件夹。

2. 断开网络驱动器

对不再需要的网络驱动器，在“我的电脑”窗口中选择“工具”→“断开网络驱动器”菜单

命令，在打开的“中断网络驱动器连接”对话框的列表框中，选择要断开的网络驱动器，然后单击“确定”按钮就可以了。

3.6 个性化工作环境

使用控制面板可以根据自己的操作习惯和工作需要，对工作环境的各个方面进行灵活的设置，如系统属性、调制解调器、电子邮件、Internet、电源管理、用户和密码、键盘、鼠标、网络、声音和多媒体设置等。更改后的信息保存在 Windows 注册表中，以后每次启动系统时，都将按更改后的设置进行。

选择“开始”→“控制面板”菜单命令，就可以打开“控制面板”窗口，如图 3-39 所示。

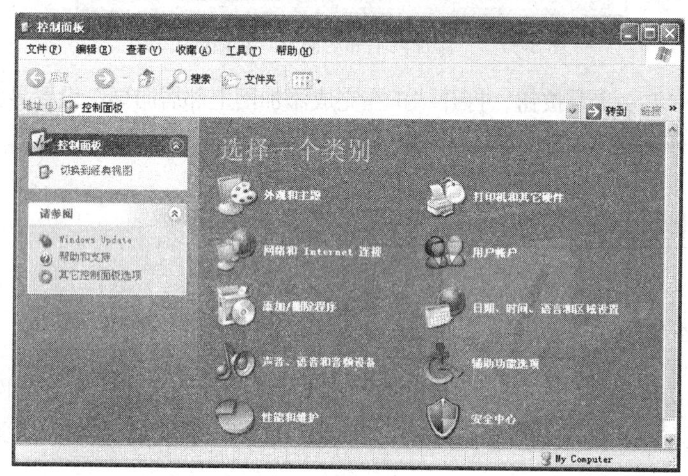

图 3-39 “控制面板”窗口

与以前 Windows 版本中的控制面板相比，Windows XP 的控制面板有了很大的变化，系统将多种多样的设置内容分为几个类别，如“外观和主题”、“添加/删除程序”等，单击后则会列出相关的具体设置任务和相关的控制面板图标。

如果用户习惯于以前版本的控制面板的样式，可在“控制面板”窗口左侧的“控制面板”窗格中单击“切换到经典视图”链接，即可使控制面板按照传统方式显示各个控制选项的图标。

3.6.1 外观和主题

Windows XP 的外观和主题包括的任务有：更改计算机的主题、更改桌面背景、选择屏幕保护程序、更改屏幕分辨率。外观和主题包括的控制面板图标有：任务栏和开始菜单、文件夹选项、显示。其实这里的任务就是在单击“显示”图标后在弹出的属性对话框中进行设置的。文件夹选项我们在前面已经介绍过了，因此这里只讲述关于显示属性的设置及任务栏和开始菜单。

1. 设置主题

在控制面板的“外观和主题”窗口中单击“显示”链接，即可打开“显示 属性”对话框，如图 3-40 所示。也可用右键单击桌面的空白处，然后选择快捷菜单中的“属性”菜单命令，打开该对话框。

"主题"是桌面背景、任务栏、窗口样式和一组声音的综合。在"主题"下拉列表框中，系统提供了 5 种选项。

- Windows XP：这是系统默认使用的主题，在桌面上只有一个"回收站"图标，桌面的色彩靓丽明快。
- Windows 经典：这是以前版本的 Windows 操作系统一直采用的传统形式的桌面主题，以供习惯旧样式的用户选用。
- 其他联机主题：当用户与 Internet 连接时，可以访问 Microsoft 网站，下载更新桌面主题。
- 浏览：如果用户的硬盘中存储了其他的桌面主题文件，可以由此启用自己喜欢的桌面主题。
- 我的当前主题：用户当前使用的主题。

可以在"示例"区域中浏览不同主题的效果，还可以单击"另存为"按钮将修改后的主题保存并重新命名。

2. 设置桌面

单击"显示 属性"对话框中的"桌面"选项卡，这时的对话框如图 3-41 所示。在"背景"列表框中列出了 Windows XP 提供的多种背景图案，可以逐个单击背景的名称并在其上的浏览窗口中浏览每个图案，找到自己最喜欢的一个。也可以单击"浏览"按钮，在打开的对话框中选择存储在硬盘中的图像文件作为桌面的背景图案。存储在"图片收藏"文件夹中的图片会自动出现在"背景"列表框中。

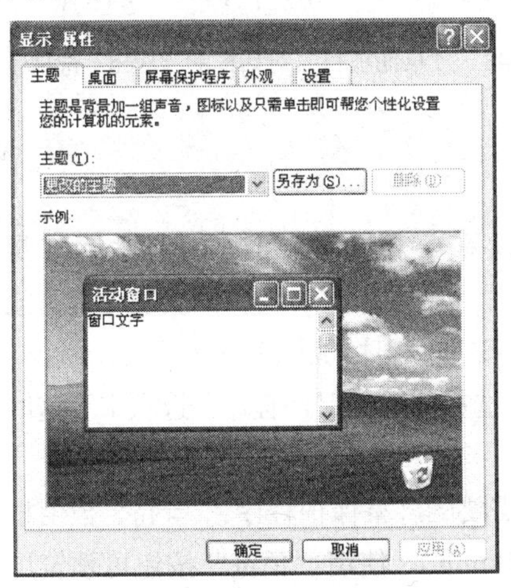

图 3-40 "显示 属性"对话框的"主题"选项卡

图 3-41 "显示 属性"对话框的"桌面"选项卡

在"位置"下拉列表框中可以选择图片的如下显示方式。

- 居中：图片以原文件尺寸显示在屏幕的中间。
- 平铺：图片以原文件尺寸铺满屏幕。
- 拉伸：图片拉伸充满整个屏幕。

在"颜色"下拉列表框中，可以选择一种颜色作为桌面的底色。当在"背景"列表框中选择了"无"时，桌面上将没有任何背景图案，只使用"颜色"下拉列表框中指定的颜色作为桌面的底色。另外，当选用的图片比屏幕小而且选用了"居中"方式时，则会在图片的周围显示出桌面的底色。

单击"自定义桌面"按钮，即可打开"桌面项目"对话框。在"常规"选项卡的"桌面图标"选项组中，可以设定是否在桌面上显示 3 个基本桌面图标，如图 3-42 所示。

用户可以按照自己的喜好更改系统默认使用的图标，在"常规"选项卡中间的图标列表框中，单击

希望更改的图标，再单击“更改图标”按钮，将弹出“更改图标”对话框，可以在图标列表框中浏览并选择自己喜欢的图标。若觉得效果不好，也可单击“还原默认图标”按钮恢复使用系统的默认图标。

在“常规”选项卡中还可以进行桌面清理。

单击“Web”选项卡，这时的对话框如图 3-43 所示。可以选择“网页”列表框中列出的网页作为桌面背景。单击“新建”按钮可以在打开的对话框中将 Web 网页加入“网页”列表框中，单击“同步”按钮可以使 Web 网页和 Internet 中相应的网页的内容保持相同。

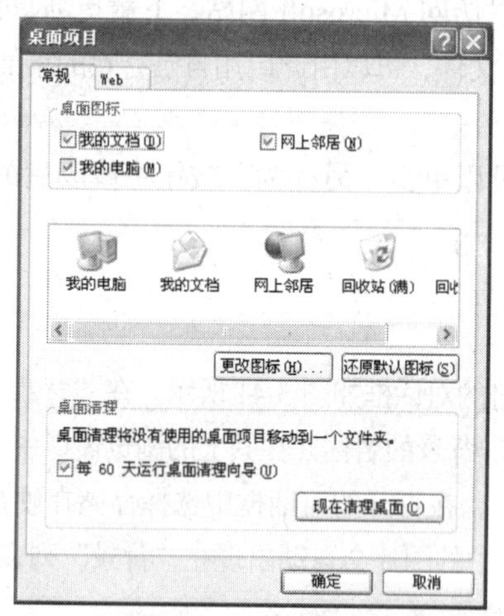

图 3-42 “桌面项目”对话框的“常规”选项卡

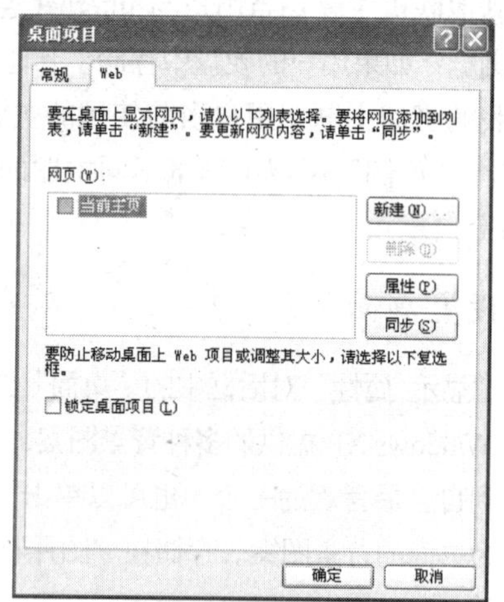

图 3-43 “桌面项目”对话框的“Web”选项卡

3. 设置屏幕保护程序

当电脑闲置几分钟后（没有使用键盘或鼠标等输入设备），就可以运行屏幕保护程序。屏幕保护程序使屏幕上不停地显示一些移动的图形、动画、图片和图案等。当我们再次触动键盘或鼠标等输入设备时，就会终止屏幕保护程序的运行，恢复原来应用程序的状态。

要设置屏幕保护程序，可在“显示 属性”对话框中选择“屏幕保护程序”选项卡，这时的对话框如图 3-44 所示。

在该对话框的“屏幕保护程序”下拉列表框中选择需要的屏幕保护程序，“等待”数值框可用来设置控制屏幕保护程序启动前屏幕闲置的时间（1～60min）。使用“预览”按钮可预览屏幕保护程序的运行效果。使用“设置”按钮可以在弹出的对话框中设置屏幕保护程序的属性。选定“在恢复时使用密码保护”复选框后，可以保护电脑不被其他人使用，当屏幕保护程序运行后，若要恢复到正常的屏幕状态必须输入正确的口令（登录时的口令），否则是无法恢复的。

4. 设置外观

单击“显示 属性”对话框中的“外观”选项卡，这时的对话框如图 3-45 所示。在“窗口和按钮”下拉列表框中有“Windows XP 样式”和“Windows 经典样式”两个选项。对应两种样式，在“色彩方案”下拉列表框中列出了不同的选项，当用户选择了“Windows XP 样式”时，只有“默认（蓝）”、“橄榄绿”和“银色”3 种；当用户选择了“Windows 经典样式”时，则有多种丰富的色彩方案。在“字体大小”下拉列表框中有 3 种选择：“正常”、“大”和“特大”。在对话框上部的预览框中会随时根据用户的设置显示新的外观，以便用户选择使自己视觉最舒服的色彩与字体的搭配。

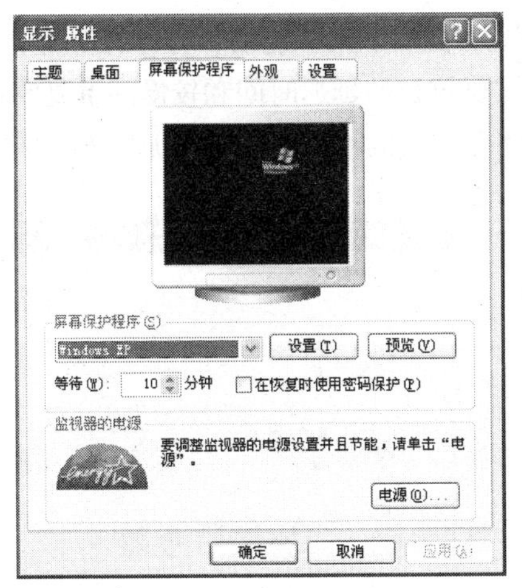

图 3-44 “显示 属性”对话框的“屏幕保护程序”选项卡

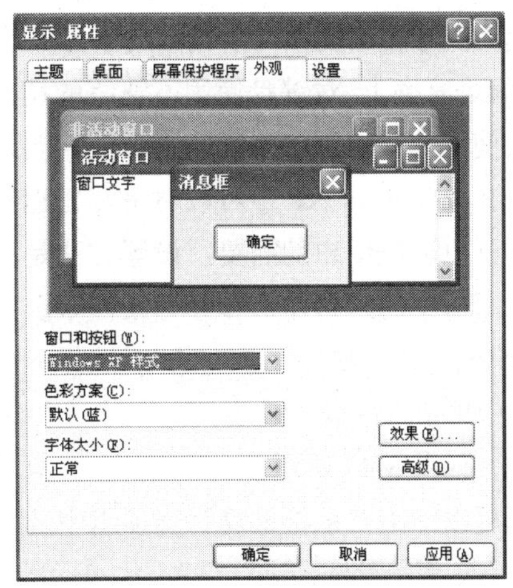

图 3-45 “显示 属性”对话框的“外观”选项卡

5. 视频显示设置

“显示 属性”对话框的“设置”选项卡（如图 3-46 所示）可用来设置视频显示的各种属性，如分辨率、颜色质量和刷新频率等。

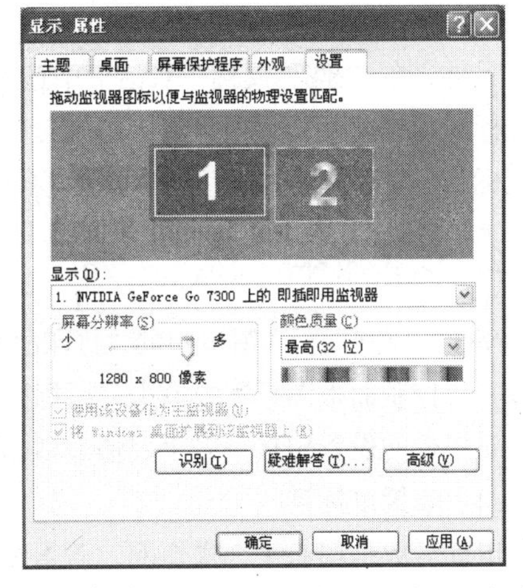

图 3-46 “显示 属性”对话框的“设置”选项卡

屏幕分辨率是指屏幕上的像素的多少，包括宽度和高度两方面，如 800 × 600 像素和 1 024 × 768 像素。分辨率越高，屏幕上显示的内容越多，但是字体会较小。颜色质量是指屏幕上能够显示的颜色的数目，如 16 色和 256 色。颜色数目越大，屏幕上显示的图片的色彩就会越逼真。刷新频率是指显示器的刷新速度，刷新频率太低会使用户的眼睛感觉疲劳。因此，用户应该使用显示器所能支持的较高的刷新频率，以保护自己的眼睛。

用户可以从“显示”下拉列表框中查看计算机上安装的显示设备的型号，即“× × 上的 × ×”。其中，前者为显卡，后者为显示器。在“屏幕分辨率”选项组中拖动滑块可以调整分辨率。在“颜色质量”下拉列表框中列出了系统能够支持的颜色数目，一般选择“最高（32 位）”。

单击“高级”按钮，打开“高级设置”对话框，再单击“监视器”选项卡。在“屏幕刷新频率”下拉列表框中列出了系统能够支持的屏幕刷新频率范围。当用户改变了刷新频率并单击“确定”按钮时，系统会弹出警告信息，提示这种设置可能会导致运行异常，询问用户是否继续，单击“是”按钮即可继续完成设置。

3.6.2 设置鼠标和键盘

1. 设置键盘

使用键盘会有这样的感觉：当按下某个字母键且在屏幕上出现字母后，需要经历一个短暂的

延迟时间才会出现第二个相同的字母（这称为重复延迟）；随后以某种连续、均匀的速度重复字母（称为重复率）。对键盘使用不熟练的用户来说，可能需要较长的延迟时间和较慢的重复率；而对键盘使用熟练的用户来说，则可能需要短暂的延迟时间和快速的重复率，从而加快输入速度。

在 Windows XP 中可以对重复延迟和重复率进行设置，以适应用户的需要。设置方法是单击“控制面板”窗口中的“打印机和其它硬件”链接，在打开的“打印机和其它硬件”窗口的“或选择一个控制面板图标”中单击“键盘”链接，这时弹出“键盘 属性”对话框，如图 3-47 所示。

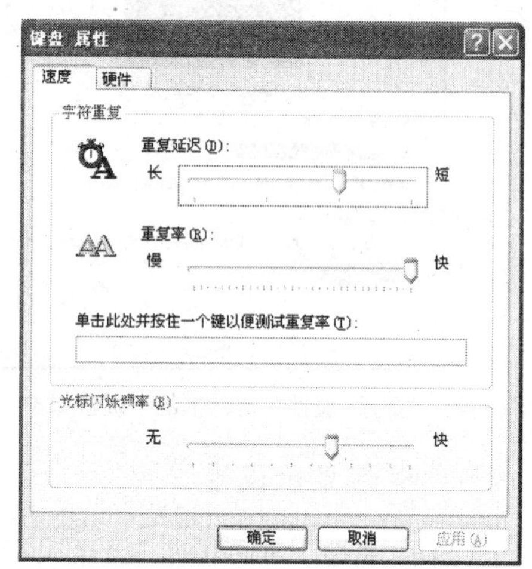

图 3-47 “键盘 属性”对话框

可以使用“字符重复”选项组中的“重复延迟”和“重复率”滑杆来进行设置。一般可将“重复延迟”调整到最短，并将“重复率”调整到最快。

若要测试定制的效果，可单击“字符重复”选项组中的文本框，然后随便按下一个字母或数字键，文本框中就会出现重复的字母或数字，测试满意后，单击“确定”按钮即可。

另外，在“键盘 属性”对话框中还有一个“光标闪烁频率”选项组，使用其中的滑杆可以设置光标的闪烁速度。一般可将闪烁速度设置为一个中等速度，太慢的速度不利于在编辑文档时查找光标的位置，太快的速度容易产生视觉疲劳。

2. 设置鼠标

单击“控制面板”窗口中的“打印机和其它硬件”链接，在“打印机和其它硬件”窗口的“或选择一个控制面板图标”中单击“鼠标”链接，这时弹出“鼠标 属性”对话框，如图 3-48 所示。

对鼠标的设置包括左右手习惯、双击速度、选择鼠标指针、指针速度与轨迹等。

（1）设置鼠标键。

鼠标一般是用右手来操作的，若习惯用左手操作鼠标，可以将鼠标的左右键调换过来，使右鼠标键作为主鼠标键。

调换后，就可以用左手进行操作了。这些操作包括：用鼠标右键进行单击与双击操作、用鼠标右键进行拖放、用鼠标左键单击弹出快捷菜单等。

在“鼠标 属性”对话框中选择“鼠标键”选项卡（这时的对话框如图 3-48 所示），然后在“鼠标键配置”选项组中选中“切换主要和次要的按钮”复选框。

单击与双击之间的区分是以双击速度来区分的，高于这个速度的称为双击，低于这个速度的就称为两次单击。在图 3-48 所示的对话框中，拖动“双击速度”选项组中的滑块，就可以调整双击速度。

若要测试调整后的双击速度，可以双击“双击速度”选项组中的文件夹图标，如果此时 Windows XP 可以识别出双击，文件夹就会打开，表示双击成功。

（2）设置指针。

Windows XP 中的鼠标指针形状可由用户改变。在“鼠标属性”对话框中选择“指针”选项卡，这时的对话框如图 3-49 所示。

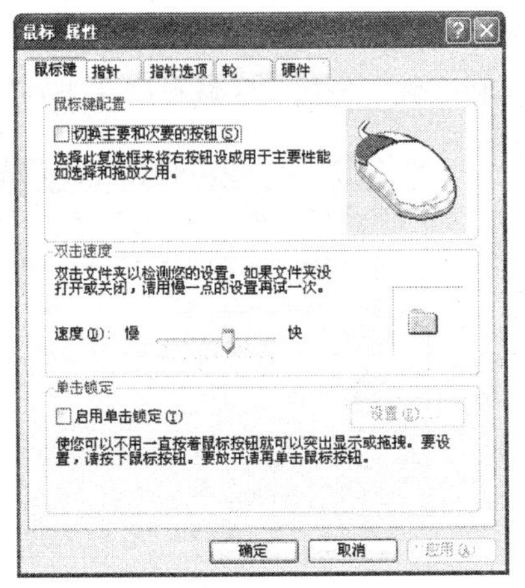

图 3-48　“鼠标 属性”对话框的“鼠标键”选项卡

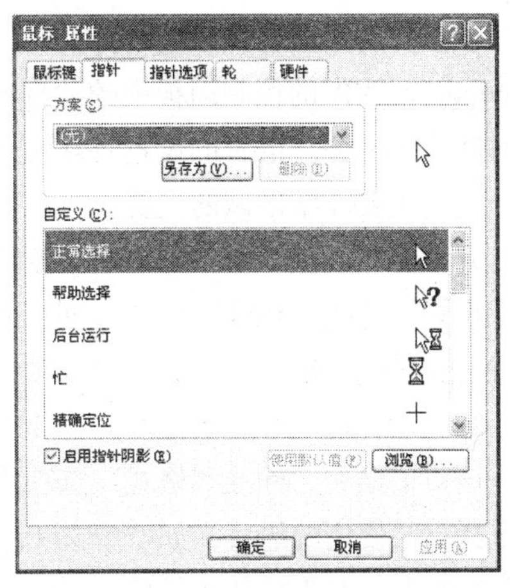

图 3-49　“鼠标 属性”对话框的“指针”选项卡

若要选择一种 Windows XP 提供的指针方案，可选择“方案”下拉列表框中的一个选项，系统会自动在“自定义”列表框中列出这种方案对应的一组系统事件的指针外观，以供用户预览与选择。用户可以选用整套的方案，也可以修改方案中的某个系统事件对应的指针外观。在“自定义”列表框中选中某个系统事件的名称，然后单击“浏览”按钮，便可在打开的对话框中选用其他指针外观。对方案进行修改后，可以单击“另存为”按钮，将自己精心设计的方案重新命名并保存下来，以便以后使用，也可以单击“使用默认值”按钮，将自己不满意的改动恢复为系统的默认外观。如果用户希望指针的外观具有立体感，可以选中“启用指针阴影”复选框。

（3）设置指针选项。

在“鼠标属性”对话框中选择“指针选项”选项卡，这时的对话框如图 3-50 所示。

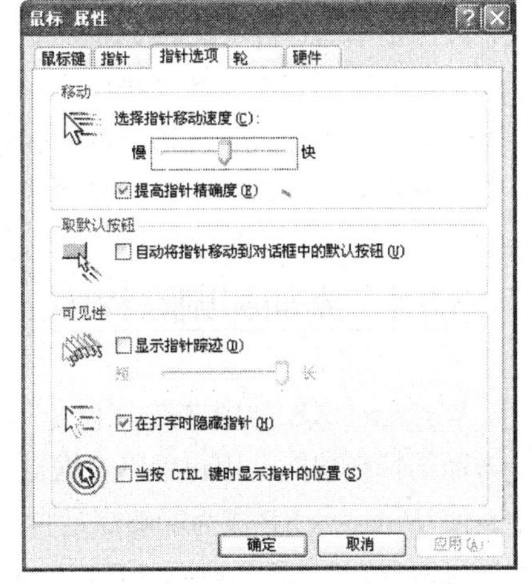

图 3-50　“鼠标 属性”对话框的“指针选项”选项卡

在“移动”选项组中，用户可以拖动滑块调整鼠标指针的移动速度。指针的移动速度会影响鼠标移动的灵活程度，默认情况下，系统使用中等速度并且启用“提高指针精确度”复选框，如果取消选择该复选框，可以提高移动速度，但是会降低鼠标的定位精确度。

在“取默认按钮”选项组中，如果选中“自动将指针移动到对话框中的默认按钮”复选框，鼠标指针将自动移动到当前打开的对话框中的默认按钮上，以便用户直接单击按钮。

在“可见性”选项组中，如果选中“显示指针踪迹”复选框，可使鼠标在移动时显示移动轨迹，以便用户跟随轨迹确定鼠标的位置，拖动滑块可调整轨迹的长短。如果选中“在打字时隐藏指针”复选框，则在进行文字输入时，指针会自动隐藏，以避免指针影响用户的视线。如果选中“当按 CTRL 键时显示指针的位置”复选框，则当用户找不到指针的位置时，按下【Ctrl】键系统便会特殊显示指针的位置。

3.6.3　设置区域

不同的国家和地区使用不同的日期、时间和语言，并且所使用的数字、货币和日期的书写格式也会有很大的差异，为了满足世界各地的用户的不同需要，Windows XP 允许用户选择自己所

在的区域，并启用对应该区域的标准时间、标准语言和标准格式。

Windows XP 的控制面板中的“日期、时间、语言和区域”包括“区域和语言选项”和“日期和时间”两部分。语言的设置将在输入法设置中进行讲解，这里主要介绍区域的设置。

打开“控制面板”窗口，单击“日期、时间、语言和区域设置”链接，在弹出的“日期、时间、语言和区域设置”窗口中单击“区域和语言选项”链接，这时打开“区域和语言选项”对话框，如图 3-51 所示。

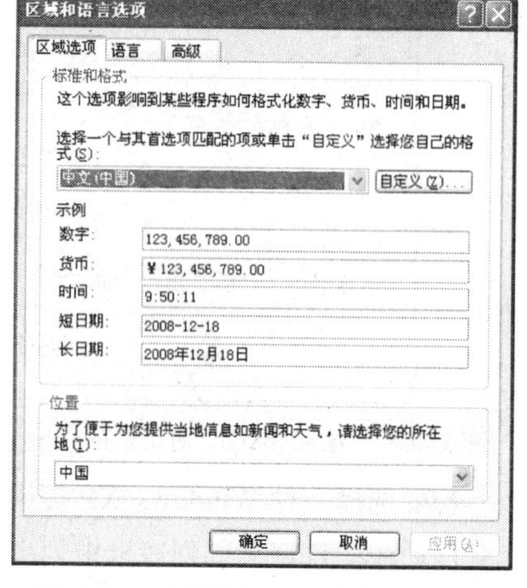

图 3-51 “区域和语言选项”对话框

在该对话框的“标准和格式”选项组中的下拉列表框中选择自己使用的语言，如“中文（中国）”；在“位置”下拉列表框中选择自己所在的国家，如“中国”，系统将自动启用该区域的标准的数字、货币、时间和日期的书写格式，并在对话框的“示例”区域中显示每一项的格式范例。

用户可以根据自己的习惯或工作需要修改标准格式，方法是单击“自定义”按钮，打开“自定义区域选项”对话框，该对话框中包括“数字”、“货币”、“时间”、“日期”和“排序”5 个选项卡，每个选项卡的设置方法基本相同。用户可以在某一项的文本框中输入自己需要使用的格式，也可以在下拉列表框中选择系统提供的其他格式，并可在对话框的“示例”中看到设置的综合效果。

3.6.4 添加和删除程序

Windows XP 为用户提供了一个功能强大的工作环境，而各种应用程序则可以为用户提供某一方面的特殊功能。用户可以根据自己的娱乐或工作需要，将一些应用程序安装到 Windows XP 中，使 Windows XP 成为能够满足自己各方面需要的工作环境。单击控制面板中的“添加/删除程序”，即可打开“添加或删除程序”窗口，其中包括“更改或删除程序”、“添加新程序”、“添加/删除 Windows 组件”和“设定程序访问和默认值”4 个功能按钮。

1. 添加新程序

当需要安装应用程序时，首先需要将安装盘放入光驱（或在 Internet 上下载需要的程序），有些应用程序会自动启动安装程序，用户只需按照屏幕上的向导操作，即可完成程序的安装。有些程序则没有自动安装的功能，用户可以使用 Windows XP 提供的安装应用程序的功能进行安装，操作步骤如下。

第 1 步：在控制面板中单击“添加/删除程序”，打开“添加或删除程序”窗口，在该窗口中单击“添加新程序”按钮，打开的设置界面如图 3-52 所示。

第 2 步：单击“CD 或软盘”按钮，打开“从软盘或光盘安装程序”对话框。单击“下一步”按钮，系统开始在软盘或光盘中搜索安装程序。

第 3 步：搜索完毕，系统弹出“运行安装程序”对话框。如果系统搜索到了安装程序，则会在“打开”文本框中显示安装文件的路径；如果没有搜索到，系统会在对话框中显示提示信息，用户可以单击“浏览”按钮，自己指定安装文件的位置。

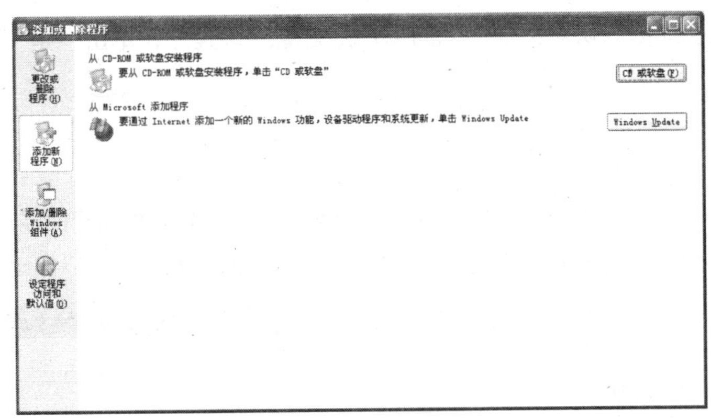

图 3-52　“添加或删除程序”窗口的“添加新程序”设置界面

第 4 步：单击“完成”按钮，系统开始安装应用程序。

一般安装新的程序采用的方法是将光盘插入到驱动器中，在光盘中找到安装程序（一般是 setup.exe 文件），或将从 Internet 上下载的安装包进行解压，在解压后的文件夹中找到安装程序，双击安装程序，启动安装向导，按照安装向导的提示就可以快速安装应用程序。

2. 删除程序

有些应用程序具有卸载功能，只要选择“开始”→“所有程序”菜单命令中应用程序的名称，便会在它的子菜单中看到“卸载××”或“Uninstall××”命令，然后按照提示逐步进行操作即可。有些程序则没有卸载功能，这时可使用 Windows XP 提供的删除应用程序的功能进行删除，操作步骤如下。

第 1 步：在控制面板中单击“添加/删除程序”，打开“添加或删除程序”窗口，单击“更改或删除程序”按钮，这时的设置界面如图 3-53 所示。

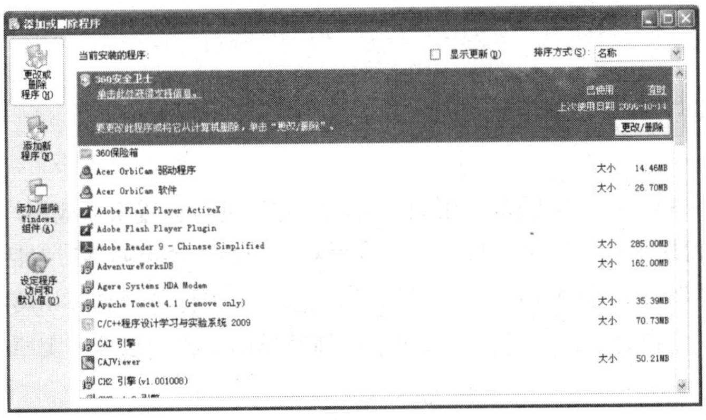

图 3-53　“添加或删除程序”窗口的“更改或删除程序”设置界面

第 2 步：在该设置界面中，选中要删除的应用程序，系统将高亮显示该程序，并列出该程序的详细信息，然后单击“更改/删除”按钮。

> 不同的应用程序有不同的管理方法，有的应用程序在高亮显示的区域有“更改”和“删除”两个按钮，前者可用来对程序进行设置，后者可用来删除程序；有的应用程序在高亮显示的区域只有“更改/删除”按钮，只能对该程序进行删除操作。

第 3 步：系统会弹出确认对话框，询问用户是否删除该程序，单击“是”按钮，系统便开始删除该应用程序。

3. 添加/删除 Windows 组件

在安装 Windows XP 时，系统会安装所有基本的 Windows 组件，使用户能够使用操作系统的各项基本功能。在安装 Windows XP 之后，用户可以在任何时候添加其他组件，以便充分利用 Windows XP 的丰富功能，或者删除某个不需要使用的 Windows 组件，以便节省硬盘空间。其操作步骤如下。

第 1 步：在“添加或删除程序”窗口中，单击“添加/删除 Windows 组件”按钮，打开“Windows 组件向导”对话框，如图 3-54 所示。

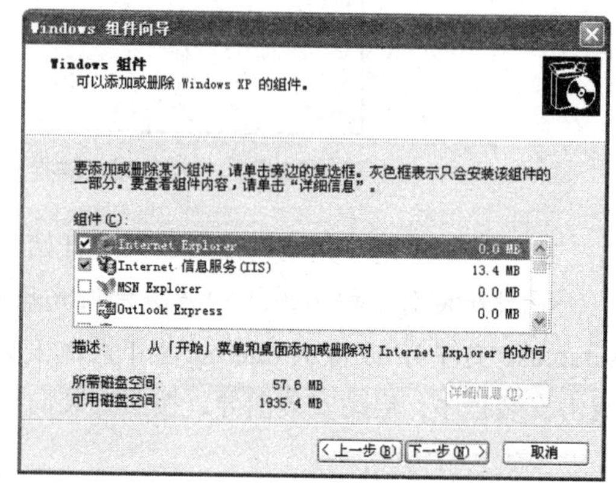

图 3-54 “Windows 组件向导”对话框

在“组件”列表框中列出了可以添加或删除的 Windows 组件，在“描述”区域中介绍了选中的某个组件的内容和功能，并列出了安装组件需要的磁盘空间和磁盘可用空间，用户可以参考这些信息决定是否添加或删除该组件。

若某个 Windows 组件包含一个以上的子组件，当选中该组件时，单击“详细信息”按钮，即可在打开的对话框中查看子组件的信息。

第 2 步：若要添加某组件，就选中该组件的复选框，再单击“下一步”按钮；若要删除整套组件，就取消该组件的复选框，再单击“下一步”按钮。

若要添加某个组件的部分子组件，可在单击该组件的名称后再单击“详细信息”按钮，并在打开的对话框中选中子组件的复选框，单击“确定”按钮返回“Windows 组件向导”对话框，最后单击“下一步”按钮，系统则会添加用户选择的子组件。

3.6.5 定制任务栏与开始菜单

任务栏与开始菜单是操作中经常要用的，可以对它们进行设置来适应用户的需要。定制任务栏与开始菜单可以使用下列方法之一打开“任务栏和「开始」菜单属性”对话框。

- 选择“开始”→“控制面板”→“外观和主题”→“任务栏和开始菜单”菜单命令。
- 在任务栏的空白处单击右键，在弹出的快捷菜单中选择“属性”菜单命令。

1. 设置任务栏

选择“任务栏和「开始」菜单属性”对话框中的“任务栏”选项卡，这时的对话框如图 3-55 所示。该对话框中复选框的意义分别如下。

- 锁定任务栏：选定后，任务栏将锁定在桌面上的当前位置，这样任务栏就不会被移动到新的位置，同时还锁定显示在任务栏上的任意工具栏的大小和位置，这样工具栏也不会被更改。
- 自动隐藏任务栏：选定后，在任何一个应用程序窗口中工作时，任务栏将在屏幕的最底部缩小为一条细线，为用户留出了整个桌面。若将鼠标指针移动到屏幕的底部，任务栏就可以重新显示出来，并可以使用。若将鼠标指针再向上移动，任务栏又返回到细灰线状态。

- 将任务栏保持在其他窗口的前端：默认情况下，任务栏总是显示着，这样对运行应用程序的窗口空间就有一些限制，若要为应用程序多留一些桌面空间，可以不选定该复选框，这时在最大化应用程序窗口时，窗口就会占据整个桌面。这时任务栏依然存在，只不过程序窗口覆盖在它的上面。若要使用任务栏与开始菜单，按【Ctrl】+【Esc】快捷键后就可以使用，在原窗口的任意位置单击，就可以返回到原来的状态。
- 分组相似任务栏按钮：选定后，如任务栏上的按钮太多，则同一个程序的按钮就会折叠为一个按钮，单击该按钮就可以访问所需的文档，右键单击该按钮，选择“关闭”命令就可以关闭所需的全部文档。
- 显示快速启动：选定后，将在任务栏上显示快速启动工具栏。
- 显示时钟：选定后，可以在任务栏的通知区显示时间。
- 隐藏不活动的图标：选定后，可以隐藏不常用的图标。

图 3-55　“任务栏和「开始」菜单属性”对话框的“任务栏”选项卡

2. 扩充任务栏

若打开的应用程序特别多，那么任务栏将会出现超载的现象：每个程序所占的空间非常小，从而很难识别出它代表什么。

若想将任务栏中的图标、字母都显示清楚，又不介意占用太多的屏幕空间，就可以采取扩充任务栏的方法，让任务栏显示多行的按钮。其方法是将鼠标指针指向任务栏的上边框，当鼠标指针变为↕形状时向上拖动，直到满意为止。

另外，在任务栏的快捷菜单中选择“工具栏”→“桌面”菜单命令，则可以将桌面上所有的快捷方式像运行的应用程序一样，在任务栏中显示出来。

任务栏一般总是被放在桌面的底部，也可以将任务栏移动到桌面的顶部、左边或右边。其方法为将鼠标指针移动到任务栏上的空白区域，拖动任务栏到桌面的顶部、左边或右边，再释放鼠标就可以了。

3. 设置“开始”菜单

（1）改变“开始”菜单的风格。

Windows XP 有两种风格的“开始”菜单，即 Windows XP 风格的“开始”菜单和经典风格的“开始”菜单。当第一次启动操作系统时，系统默认采用 Windows XP 风格的桌面和“开始”菜单，即桌面上只有一个“回收站”图标，“开始”菜单是全新设计的双排菜单。若习惯使用 Windows 以前的版本，可以选择经典风格的桌面和“开始”菜单，即桌面上有 5 个图标，“开始”菜单是老式的单排菜单。转换菜单风格的操作步骤如下。

第 1 步：在任务栏上单击鼠标右键，从弹出的快捷菜单中选择“属性”菜单命令，打开“任务栏和「开始」菜单属性”对话框，单击“「开始」菜单”选项卡，如图 3-56 所示。

第 2 步：选中“「开始」菜单”单选按钮，则使用 Windows XP 风格的“开始”菜单；选中“经

典「开始」菜单”单选按钮，则使用经典风格的“开始”菜单。

（2）自定义 Windows XP“开始”菜单。

为了帮助用户更好地使用“开始”菜单，系统允许用户根据自己的需要和喜好自定义“开始”菜单，其操作步骤如下。

第 1 步：在“任务栏和「开始」菜单属性”对话框的“「开始」菜单”选项卡中，单击“自定义”按钮，打开“自定义「开始」菜单”对话框，如图 3-57 所示。

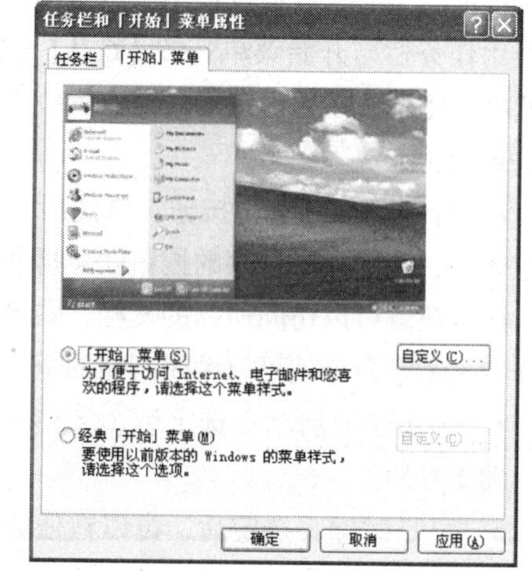

图 3-56 “任务栏和「开始」菜单属性”对话框

第 2 步：在“常规”选项卡中，有 3 个设置区域。

- “为程序选择一个图标大小”选项组用于选择在“开始”菜单中显示的图标样式，系统默认为大图标。
- “程序”选项组用于指定在“开始”菜单中显示的常用程序的快捷方式的个数，系统默认为 6 个。
- “在「开始」菜单上显示”选项组用于选定或取消“Internet”和“电子邮件”前的复选框，从而确定在“开始”菜单中是否显示网络应用程序，也可以从“Internet”和“电子邮件”右侧的下拉列表框中选择浏览网页和收发电子邮件的其他方式。浏览网页的方式有 Internet Explorer 和 MSN Explorer，收发电子邮件的方式有 Hotmail、MSN Explorer 和 Outlook Express。

第 3 步：单击“高级”选项卡，这时的对话框如图 3-58 所示。其中有 3 个设置区域。

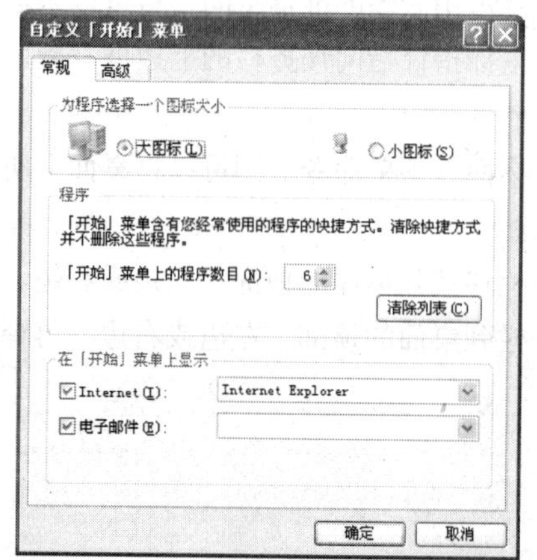

图 3-57 “自定义「开始」菜单”对话框的“常规”选项卡

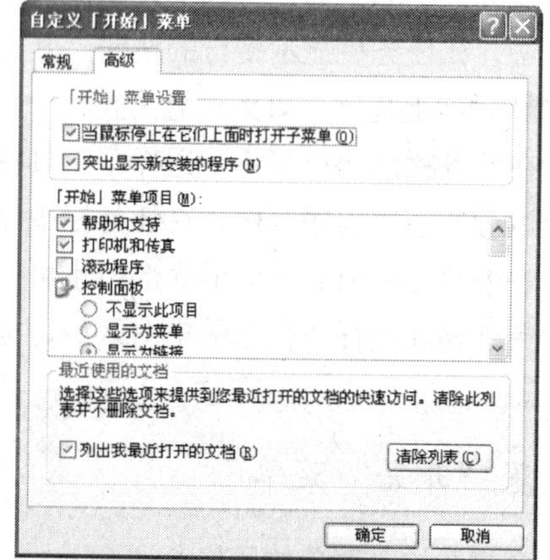

图 3-58 “自定义「开始」菜单”对话框的“高级”选项卡

- “「开始」菜单设置”选项组用于选择鼠标的响应方式和新程序的显示方式。
- “「开始」菜单项目”选项组用于选择在“开始”菜单中显示的菜单项目及某些项目的显示方式。
- “最近使用的文档”选项组：默认情况下，在“开始”菜单中没有“我最近的文档”菜单项，若希望显示这一项，选定“列出我最近打开的文档”复选框即可。当“我最近的文档”的子菜单中列出的文件记录太多时，可以单击“清除列表”按钮，删除所有记录。

3.6.6 打印机及其设置

1. 安装新的打印机

打印机驱动程序通常在 Windows XP 的安装过程中就安装完成了。安装后的打印机可用于所有应用程序的打印中。但若在安装的过程中忽略了打印机驱动程序的安装或是新购买的打印机，就需要自己安装了。安装时只要告诉 Windows XP 你所安装的是哪种打印机，它就可以在硬盘上复制出相应的打印机驱动程序。下面以 HP LaserJet 6L 打印机为例，介绍安装打印机的具体步骤。

第 1 步：关闭计算机，将打印机的信号线插入到主机上的并行端口（LPT1），若使用的是 USB 端口，可以不必关闭计算机，直接插入到 USB 接口上，并将打印机的电源线插到电源插座上。连接好所有硬件设备后，重新启动计算机。

第 2 步：若 Windows XP 自动识别并安装了打印机驱动程序，就不必再自己安装了。否则，选择“开始”→“打印机和传真”菜单命令，打开“打印机和传真”窗口。在“打印机任务”窗格中单击“添加打印机”命令，打开“添加打印机向导”对话框。在该对话框中系统提示：若使用 USB 端口或其他热插拔端口，则不必使用这个向导，只要硬件设备正确连接，系统会自动安装打印机。若要继续，单击“下一步”按钮，这时的“添加打印机向导”对话框如图 3-59 所示。

第 3 步：若选中“自动检测并安装即插即用打印机”复选框，系统将进行打印机检测。如果系统检测到新的即插即用打印机，将会自动安装；如果未检测到，将会弹出一个对话框提示用户进行手动安装。

第 4 步：单击“下一步”按钮，打开“选择打印机端口”设置界面，如图 3-60 所示。一般选择“LPT1”端口，若用户所使用的端口不在列表中，则可以在“创建新端口”下拉列表框中选择。

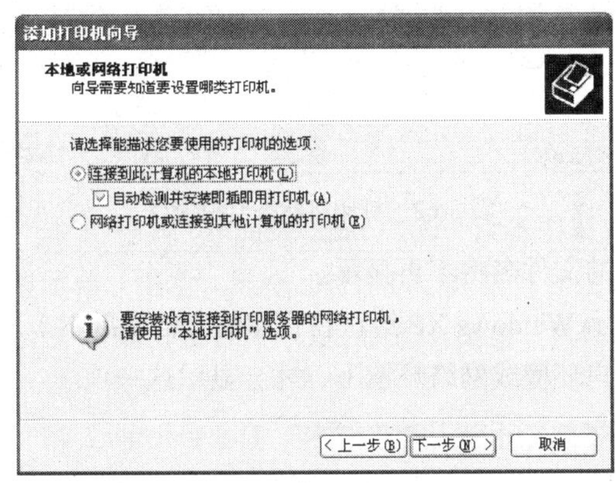

图 3-59 “添加打印机向导”对话框

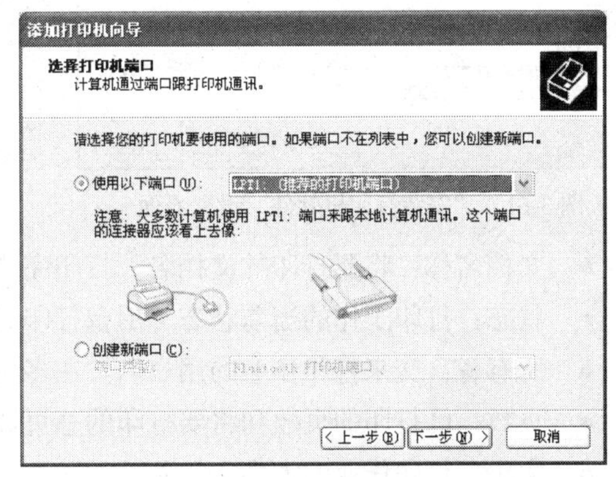

图 3-60 “选择打印机端口”设置界面

第 5 步：单击“下一步”按钮，打开“安装打印机软件”设置界面，如图 3-61 所示。在“厂商”列表框中选择要安装的打印机生产厂商，在“打印机”列表框中选择安装的打印机的具体型号。

第 6 步：若用户的打印机没有出现在列表框中，可以使用购买打印机时厂商提供的安装光盘进行安装，单击“从磁盘安装”按钮，打开“从磁盘安装”对话框（将光盘插入到光盘驱动器），在“厂商文件复制来源”下拉列表框中选择使用的驱动器。

第 7 步：单击“下一步”按钮，打开“命名打印机”对话框。在该对话框中给打印机命名，并选择是否将该打印机设置为默认打印机。

第8步：单击“下一步”按钮，打开“打印测试页”对话框，选择是否要打印测试页。打印测试页可以验证打印机的安装是否正确。

第9步：单击“下一步”按钮，打开“正在完成添加打印机向导”对话框，再单击“完成”按钮，就开始进行打印机驱动程序的安装了。

安装完成后在“打印机和传真”窗口中会增加所安装的打印机名称。

2. 设定打印机

（1）设置默认的打印机。

若在系统中只安装了一台打印机，则它就是默认的打印机；若有好几台打印机，就要将一台设置为默认的打印机。

在打印机窗口中选定要设置为默认的打印机，然后选择“文件”→“设为默认打印机”菜单命令，或选择快捷菜单中的“设为默认打印机”菜单命令。设置为默认打印机的打印机图标上有✔标记。

（2）打印机控制。

将打印文件交Windows打印后，它是在后台打印的。

若要了解已经交给打印机的文档，可以打开打印机文件夹（双击任务栏上的打印机图标），Windows XP会按用户交来的顺序列出将要打印的文档，如图3-62所示。同时，还会显示如下信息。

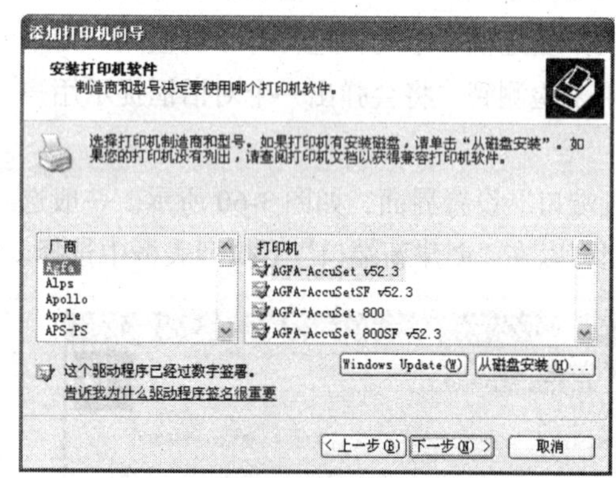

图3-61 “安装打印机软件”设置界面

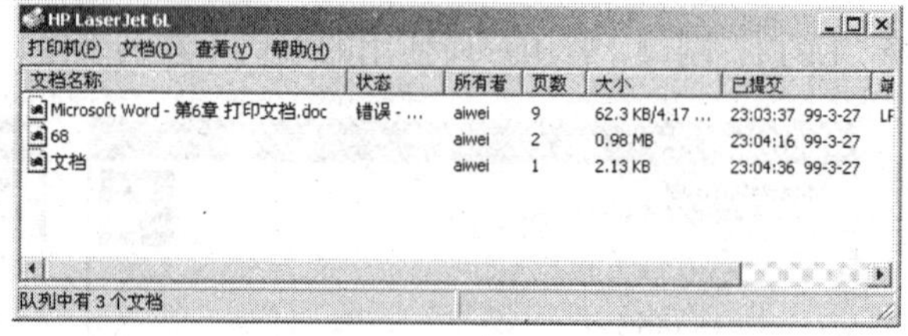

图3-62 打印机状态监视窗口

- 文档名称：将要打印的文档名，打印完成的文件名将不再显示。
- 状态：打印工作的当前状态（后台打印表示Windows XP给正在打印的文档做副本）。
- 所有者：交来打印作业的用户名。在多用户环境或网络环境下，才会显示这一项。
- 页数：已打印的页数和将要打印的总页数。
- 大小：打印作业的大小。
- 已提交：用户提交打印作业的日期与时间。
- 端口：打印机所使用的端口。

① 暂停打印作业。在打印的过程中，可以让打印暂停一会，供用户做一些必要的工作（如给打印机加纸等操作），这时可以选择“打印机”→“暂停打印”菜单命令，选择“继续”菜单命令，就可以继续打印了。

② 取消打印作业。对要取消打印的作业，首先选定它，然后选择“文档”→“取消”菜单命令即可。

若整个打印队列中的打印作业都不需要打印了，应该选择“打印机”→“取消所有文档”菜单命令。

③ 调整打印作业的顺序。若用户急需打印某个文档，可以在打印作业窗口中拖动该文档到适当的位置后释放，从而调整打印的顺序。但对正在打印的文档是不能拖动的。

3. 打印文档

打印文档的操作过程如下。

第 1 步：准备打印机。

打开打印机的电源，装好足够的打印纸。按一下打印机控制面板上的联机按钮，使打印机处于联机状态（大部分的打印机都具有这个开关，但经济型的打印机，如 HP 4L、HP 5L、HP 6L 等没有此开关，打开电源后就可以直接打印）。

第 2 步：在应用程序中，选择“文件”→“打印”菜单命令，出现“打印”对话框，如图 3-63 所示。

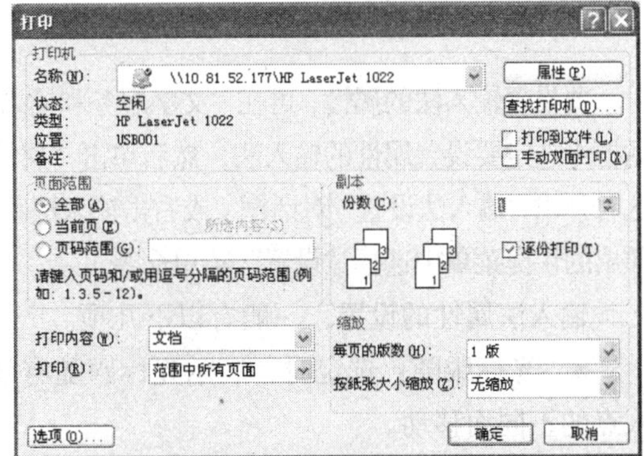

图 3-63　“打印”对话框

第 3 步：设置打印选项。

“打印”对话框在不同的应用程序中可能会不同，但以下 3 项总是具有的，也是经常需要设定的。

- 用于选择打印机的下拉列表框。若电脑上或所使用的网络上有数台打印机的话，可用来选择要使用的打印机。
- 用于设置打印份数的文本框或加减器。
- 用于设置打印范围的“页面范围”选项组。可以确定是部分打印，还是全部打印。在部分打印时，还可以选择要打印的页数范围或只打印当前页。

第 4 步：单击“确定”按钮启动打印。

这时任务栏上的系统提示区中，会出现一个打印机图标，表示 Windows XP 正在打印用户的文档。

对未打开的文档，也可以打印，其打印的方法为：右击要打印的文档，在弹出的快捷菜单中选择“打印”命令即可。

3.6.7　输入法及其设置

Windows 支持汉字扩展内码规范 GBK。Windows XP 中文版内置的输入法有：全拼、双拼、智能 ABC、区位、郑码和微软拼音输入法。

1. 安装/删除输入法

要安装/删除输入法，可单击控制面板中的“日期、时间、语言和区域设置”链接，然后单击“区域和语言选项”链接，弹出“区域和语言选项”对话框，单击“语言”选项卡，在该对话框中单击“详细信息”按钮，弹出“文字服务和输入语言”对话框（也可右击语言栏，在弹出的快捷菜单中选择“设置”菜单命令），如图 3-64 所示。当前已经安装的输入法会显示在“已安装的服务”列表框中。

（1）安装输入法。

在图 3-64 所示的“文字服务和输入语言”对话框中单击“添加”按钮，弹出“添加输入语言”对话框。在该对话框中选定“键盘布局/输入法”复选框，然后在“键盘布局/输入法”下拉列表框中选择需要的键盘布局/输入法，最后单击“确定”按钮，返回到“文字服务和输入语言”对话框，添加的输入法出现在“已安装的服务”列表框中。

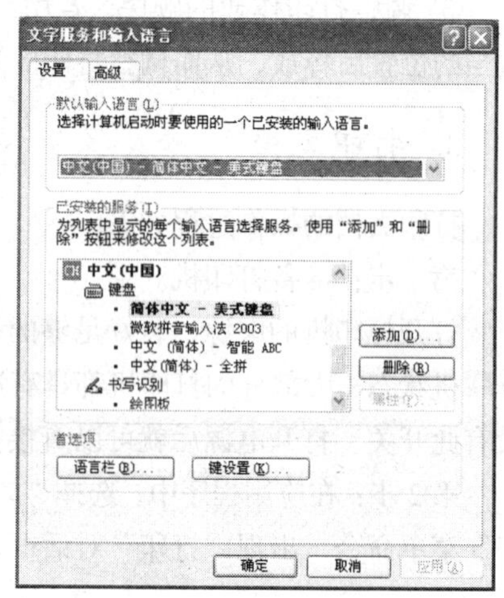

图 3-64　“文字服务和输入语言”对话框

（2）删除输入法。

要删除输入法，可在“文字服务和输入语言”对话框的“已安装的服务”列表框中选定它，然后单击“删除”按钮。

2. 输入法属性的设置

要设置输入法的属性，可在“文字服务和输入语言”对话框中选定要设置属性的输入法，然后单击“属性”按钮，这时弹出“输入法设置”对话框（或右击输入法状态栏，在弹出的快捷菜单中选择“设置”菜单命令）。

输入法属性的设置，一般有以下几项。

- 光标跟随：选定时，表示光标跟随有效，即输入法的外码（编码）窗口和候选窗口随插入点的不同而移动。
- 词语联想：选定时，表示允许词语联想，默认为不选定。
- 逐渐提示：选定时表示允许检索提示，当不允许检索提示时，只有出现重码或有联想时，才有选择提示，默认为选定。
- 词语输入：选定时，表示允许字词混合输入，否则只可输入单字，默认为选定。
- 外码提示：选定时，表示外码提示有效，否则无效，默认为选定。

3. 设置语言栏

在进行文字输入或文字编辑时，用户通常习惯将输入法的语言栏显示在屏幕上，这样便于查看输入法的各项设置和状态。Windows XP 还提供了语言栏的设置功能，这样可以定义个性化的语言栏。设置语言栏的操作为：在“文字服务和输入语言”对话框中单击“语言栏”按钮，打开“语言栏设置”对话框；在该对话框中，可以启用语言栏内置的一些功能，例如，启用“处于非活动状态时，语言栏显示透明”可以避免语言栏遮挡而妨碍用户使用其他的功能，启用“在桌面上显示语言栏”则语言栏显示在桌面上，若要隐藏语言栏，可单击语言栏的最小化按钮，若要重新显示语言栏，可右击任务栏上的语言栏，选择快捷菜单中的“还原语言栏”菜单命令。

3.6.8 多媒体设置及使用

1. 设置多媒体设备

Windows XP 提供了强大的多媒体功能，它可以播放 CD、VCD、DVD 以及制作 MIDI 等。

电脑已成为全方位的多功能娱乐中心。要领略 Windows XP 丰富的多媒体功能，应该首先对多媒体设备进行必要的设置，才能确保达到最佳的视听效果。打开控制面板，单击“声音、语音和音频设备”链接，再单击“声音和音频设备”链接，就可打开“声音和音频设备 属性”对话框，如图 3-65 所示，在该对话框中可对多媒体设备进行设置。

（1）音量控制。

在“音量”选项卡中可以看到计算机安装的声音设备的型号，如图 3-65 中的“Realtek HD Audio output”。在该对话框中还可以调整设备音量和扬声器音量。

在“设备音量”选项组中，拖动滑块可以调整设备的音量；选中“静音”复选框，可使声音设备不发出声音；选中“将音量图标放入任务栏”复选框，则会在任务栏显示音量按钮，使用户方便地调节音量。单击“高级”按钮（也可选择“开始”→“所有程序”→“附件”→“娱乐”→“音量控制”菜单命令或双击任务栏中的“音量”按钮），可以打开“主音量”窗口，如图 3-66 所示，可调整的声音如下。

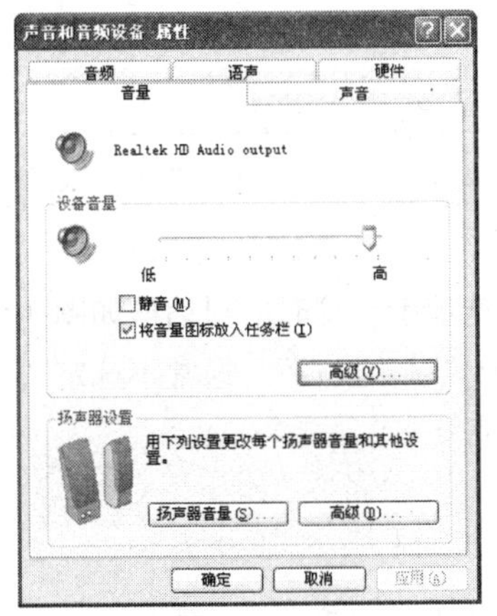

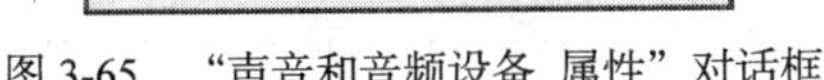
图 3-65　“声音和音频设备 属性”对话框

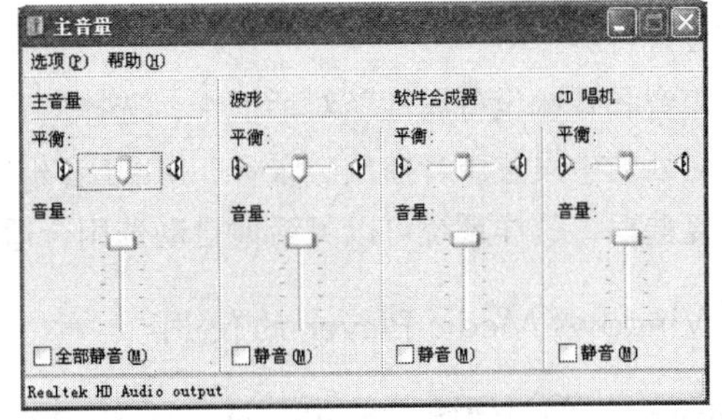

图 3-66　“主音量”窗口

- 主音量：用来调整所有播放声音的输出。
- 波形：用来控制普通声音文件（.wav）的输出。
- 软件合成器：用来控制合成器音量。
- CD 唱机：用来控制 CD 音量。

每一部分均有两个滑块，平衡滑块用来调整左、右扬声器的平衡，音量滑块用来调整音量的大小。对需要静音的部分，选择相应的静音复选框即可。

另外，单击任务栏上的“音量”按钮，弹出的快速音量控制面板如图 3-67 所示。在其中可以快速地调整音量的大小或静音。设置完成后，在快速音量控制面板外任意位置单击即可关闭它。

在“声音和音频设备属性”对话框中单击“扬声器设置”选项组中的“扬声器音量”按钮，可打开“扬声器音量”对话框，可以拖动滑块分别设置左、右两个扬声器的音量。

（2）设置声音方案。

我们可以在 Windows XP 中给事件指定声音，如启动 Windows 时的声音和收到新的电子邮件时所发出的声音等。

在“声音和音频设备属性”对话框中，选择“声音”选项卡，这时的对话框如图 3-68 所示。

在“程序事件”列表框中列出了方案中包括的程序事件的类别，其中名称前有喇叭图标的表示发生该事件时系统会发出相应的声音，选定这种事件，则会在“声音”下拉列表框中显示当前配置的声音，单击“声音”下拉列表框右侧的播放按钮▶，便可试听该事件的声音。用户可以根据需要为这些事件配置提示声音，选定事件后，单击“浏览”按钮，在打开的对话框中便可选择系统提供的声音。单击该对话框中的“另存为”按钮，便可将改动的声音方案重新命名，以便以后使用。

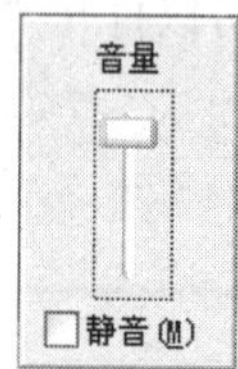

图 3-67　快速音量控制面板

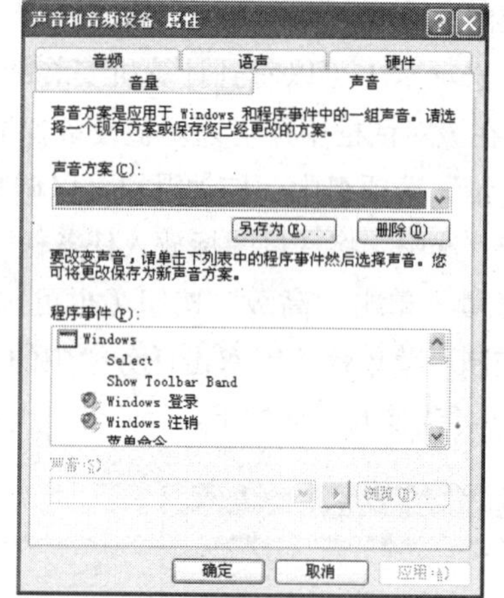

图 3-68　“声音和音频设备属性”对话框的“声音”选项卡

（3）设置音频。

在“声音和音频设备属性”对话框中，选择“音频”选项卡，这时的对话框如图 3-69 所示。可以在该对话框中设置声音播放、录音、MIDI 音乐播放的“默认设备”。通常不选定“仅使用默认设备”复选框，这样系统可以灵活地自动选用合适的设备。

2. Windows Media Player 的使用

Windows XP 的媒体播放器 Windows Media Player 可以播放音频文件、视频文件、MEPG 文件、MP3 文件和 MIDI 文件等多种格式的多媒体文件，可以将 CD 中的音乐转换成 MP3 格式存入硬盘中，可以将硬盘中的音乐复制到 MP3 播放器或者刻录到光盘中，可以收听全国以至全球范围的广播，可以播放 Internet 中的音乐与电影，还提供了多种风格迥异的播放器外观与可视化效果，任凭用户以自己的方式享受多媒体世界。

选择“开始”→“所有程序”→“附件”→“娱乐”→“Windows Media Player”菜单命令，将打开“Windows Media Player”窗口，如图 3-70 所示。在该窗口中有多种功能按钮，有些用于控制多媒体文件的播放，有些用于控制播放器的外观，还有一些用于选择视频区中的可视化效果。

在窗口的左侧有 7 个功能选项，可以完成媒体播放器的很多功能，它们的用途分别如下。

- 正在播放：查看与控制当前播放的媒体。
- 媒体指南：在 Internet 上查找媒体。
- 从 CD 复制：将 CD 上的音乐复制到硬盘中。
- 媒体库：创建播放列表并管理各种媒体文件。
- 收音机调谐器：收听流式广播电台。
- 复制到 CD 或设备：将硬盘中的媒体文件复制到便携设备和可录制 CD 中。
- 精品服务：在 Internet 上查找订阅服务。
- 外观选择器：选择媒体播放器的外观。

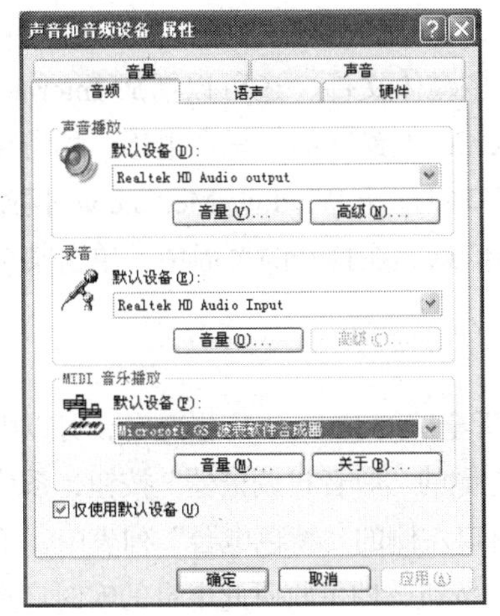

图 3-69　“声音和音频设备属性”对话框的“音频”选项卡

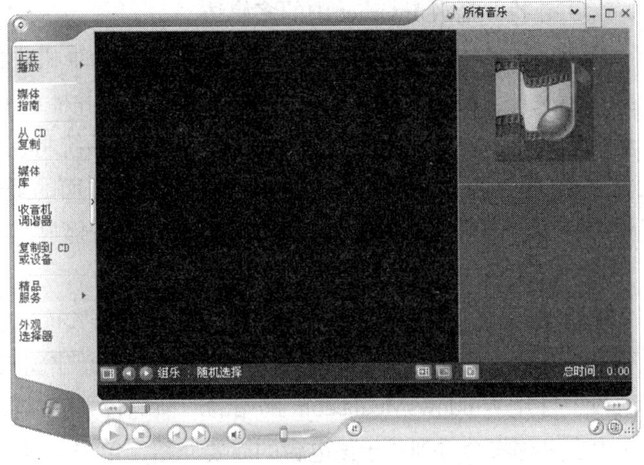

图 3-70　“Windows Media Player”窗口

（1）播放音乐。

在以前版本的 Windows 中，在“附件”中提供了“CD 播放器”用来播放 CD 音乐，而在 Windows XP 中，系统将播放 CD 音乐的功能集成到了媒体播放器中。Windows Media Player 可以播放 WAV、MP3 等多种格式的音频文件。其操作方法：选择“文件”→“打开”菜单命令，在弹出的“打开”对话框中选择要播放的音频文件，这时窗口的右侧将自动显示选定曲目的播放列表，在窗口的中部将自动显示系统提供的可视化效果，播放时单击“暂停”按钮将暂停曲目的播放，单击“播放”按钮将继续播放，单击“上一个”按钮可以播放上一个曲目，单击“下一个”按钮可以播放下一个曲目。

（2）播放电影。

Windows Media Player 可以播放 MOV、AVI、WMV 等多种格式的视频文件，也可以打开 Video CD 中的 DAT 文件、RealPlayer 中的 RM 文件等，并且增强了视频文件的解码纠错功能，使视频文件的播放更加流畅。其操作方法：选择“文件”→“打开”菜单命令，在弹出的“打开”对话框中选择要播放的视频文件，这时在 Windows Media Player 的窗口中就开始播放电影了。

选择“查看”→“缩放”→“适应窗口”菜单命令，可以使电影播放窗口自动与 Windows Media Player 窗口大小匹配。单击窗口右下角的“全屏视图”按钮，可以隐藏播放器窗口并以全屏幕方式播放电影。

（3）从 CD 复制音乐。

使用以前版本的 Windows 时，当用户需要将 CD 中的音乐复制到计算机的硬盘时，需要安装其他的多媒体软件。为了使用户能够更加方便地享受自己喜欢的音乐，Windows XP 增加了复制 CD 音乐的功能，用户可以使用 Windows Media Player 简便、快速地将 CD 中的音乐复制到硬盘中。其操作过程为将 CD 光盘放入光驱，并且取消系统自动启动播放 CD 音乐的功能，单击 Windows Media Player 窗口左侧的“从 CD 复制”按钮，在窗口中将会显示复制 CD 音乐的列表，并自动选中所有曲目作为复制对象，对不想复制的曲目，只需取消曲目前的复选框即可。选定了要复制的曲目后，单击“复制音乐”按钮，系统便开始将 CD 中的音乐复制到硬盘中，并在曲目列表中的“复制状态”一栏中显示复制进度。

默认情况下，系统会将音乐复制到“C:\Documents and Settings\用户\My Documenls\My Music”文件夹下，复制完毕后用户即可打开该文件夹播放这些音乐。

（4）查找并播放 Internet 中的多媒体。

Windows Media Player 不仅可以播放本地计算机中的多媒体文件，还可以播放 Internet 中的多媒体文件。使用“媒体指南”，用户可以查找并播放 Internet 上最新的音乐和电影，尽情享受全球范围的娱乐媒体。单击“媒体指南”按钮，系统将在窗口中打开 WindowsMedia.com 网站的主页，在该网站中包括了音乐、电影和体育等多方面的最新信息。在打开的页面中，单击某个感兴趣的链接，即可在 Windows Media Player 中进行播放。

（5）收听在线广播。

使用 Windows Media Player 的“收音机调谐器”可以收听全球的 Internet 广播电台，可以由此了解世界各地的最新消息与不同地区的特色文化。单击窗口左侧的“收音机调谐器”按钮，系统将在窗口中打开 WindowsMedia.com 网站的广播电台主页，在窗口左侧的“特色电台”列表中，单击某个电台名称将会看到关于该电台的简要介绍，单击“播放”按钮，即可收听此电台的实时广播。

（6）切换模式。

Windows Media Player 有两种模式：完整模式和外观模式。完整模式是 Windows Media Player 的默认模式，每次启动时会自动打开完整模式。完整模式包括 Windows Media Player 的所有功能，可以方便地播放与管理计算机中的各种媒体文件。外观模式比完整模式形状小，并且有多种形状可以选择。外观模式只包含一些音频或视频的播放与控制功能的按钮。

这两种模式的切换可以选择“查看”→“完整模式”或“查看”→“外观模式”菜单命令，或单击“切换到外观模式”按钮，或单击“切换到完整模式”按钮。

（7）选择外观。

Windows Media Player 提供了多种风格迥异的播放器外观，使用户能够以自己的方式欣赏音乐与电影，使自己的 Windows XP 充满乐趣。

在 Windows Media Player 的完整模式下，单击窗口左侧的“外观选择器”按钮，即可打开“外观选择器”窗口。在窗口中列出了可供选择的所有外观的名称，单击列表中的某个名称，便可在窗口右侧预览该外观的样子。找到了自己喜欢的外观后，单击该外观的名称，使其高亮显示，再单击窗口顶部的“应用外观”按钮，即可启用选中的新外观，每次单击“切换到外观模式”按钮时就会显示此外观。

3.6.9 管理工具

Windows XP 的高级管理工具主要放在“控制面板”的“管理工具”中（可单击“控制面板”窗口中的“性能和维护”链接，然后单击“管理工具”链接），其中包含很多的管理工具，如 Internet 服务管理器（用来设置 Web 站点、FTP 站点等）、各种服务管理、计算机管理等。其中的“计算机管理”窗口如图 3-71 所示。

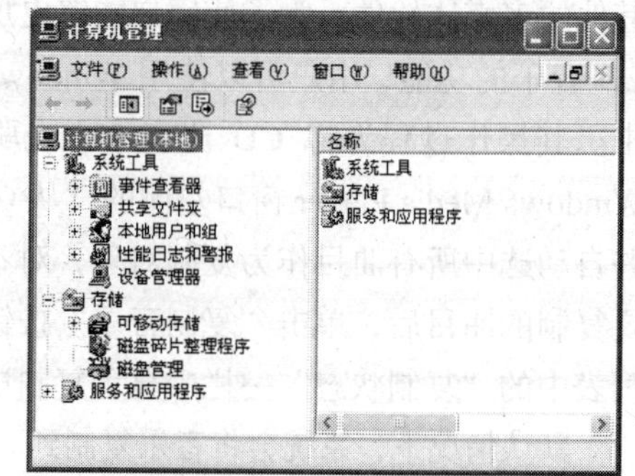

图 3-71 “计算机管理”窗口

“计算机管理”窗口用一个统一的桌面工具帮助用户管理本地或远程计算机，它将几个 Windows XP 管理工具合并到一个控制台树中，因此可以非常容易地访问特定计算机的管理属性和工具。

“计算机管理”窗口有两个窗格，左窗格为控制台树，包括系统工具、存储设备，以及可在本地或远程计算机

上使用的服务和应用程序。当用户在控制台树中选择工具后，就可以使用菜单和工具栏对右窗格中的工具进行操作。

3.7 Windows 的图形处理

Windows 的附件菜单中包含了许多的实用程序，如写字板、画图、娱乐等。本节主要介绍画图程序的使用方法。用户只要掌握了 Word 的使用方法，操作写字板就不成问题。

1. 画图程序及其窗口

画图程序是一个用来绘制图的工具。使用它可以建立简单、优美的图形。用户可以打印画图、将画图作为桌面背景、粘贴到另一个文档中或者用画图程序查看和编辑扫描的照片。

选择“开始”→“所有程序”→“附件”→“画图”菜单命令，就可以启动画图程序。画图程序窗口如图 3-72 所示。

图 3-72　画图程序窗口

除了具有一般窗口的内容外，画图窗口还包括下面的部分。

（1）绘图区。

使用画图程序创建图形的区域，也就是创作的画布。

（2）工具箱。

包含创建图形要使用的工具，这些工具有绘图、填充、喷枪、剪切、文本输入等 16 种。

（3）调色板。

包含可用做前景色和背景色的颜色，可选择的颜色有 28 种。绘制图形前景色和背景色之间的颜色转换是通过单击鼠标的左、右键来实现的。

（4）工具样式。

选择不同的工具，其工具样式是不同的，可以画出不同的图形，如线的宽度、刷子的类型等。

（5）当前颜色。

表示当前选定的前景色与背景色，单击调色板中的颜色可选定前景色，右击调色板中的颜色可选定背景色。

画图程序可编辑的文件类型有 BMP、GIF 和 JPEG 文件，可保存的文件类型为位图文件（BMP 文件，包括单色、16 色、256 色和 24 位位图）、JPEG 文件和 GIF 文件。

2. 绘图的基本操作

绘图的基本操作步骤如下。

第 1 步：设置绘图区域的大小。使用“图像”→“属性”菜单命令，在弹出的属性对话框中可以定义绘图区的宽度、高度和颜色等。

第 2 步：在工具箱中选定需要的工具（选定的按钮呈凹下状态）。

第 3 步：在工具样式中选定需要的样式（当工具样式中包含不同的样式时）。

第 4 步：在调色板中选择需要的前景色与背景色（或透明绘制或不透明绘制方式）。

第 5 步：在绘图区域中进行绘图。

第 6 步：绘制完成后，选择“文件”→“保存”菜单命令，保存所绘制的文件。

（1）绘制线。

画图程序提供了 3 种画线工具：铅笔、直线（绘制水平线、垂直线或 45° 斜线时，应按住【Shift】键再拖动鼠标）和曲线。

（2）绘制形状。

画图程序提供了 4 种绘制形状工具：矩形（若要绘制正方形，可按住【Shift】键再拖动鼠标）、多边形、椭圆（若要绘制圆，可按住【Shift】键再拖动鼠标）和圆角矩形。使用形状工具时，有 3 种绘图方式：透明、非透明和填充。

3. 自定义颜色

调色板中的颜色是系统预设的一组颜色，用户也可以自己定义颜色，其操作步骤如下。

第 1 步：双击调色板上的任意一种颜色，这时弹出“编辑颜色”对话框，如图 3-73 所示。

第 2 步：单击“基本颜色”中需要的颜色，然后单击“确定”按钮，可取代调色板中选定的颜色。

第 3 步：若要自己定义颜色，可单击“规定自定义颜色”按钮，扩展对话框。

在扩展的对话框中用户可以定义自己的颜色，然后将其添加到自定义颜色中。

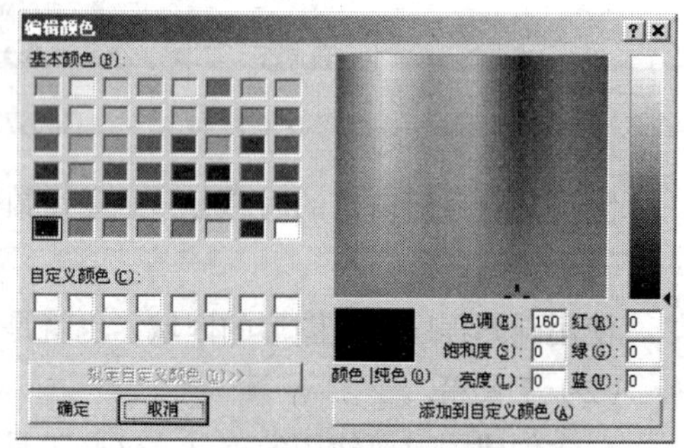

图 3-73 “编辑颜色”对话框

4. 处理图像

（1）翻转和旋转。

可以将图片水平翻转、垂直翻转或按照一定角度旋转，其操作步骤如下。

第 1 步：单击选定工具或任意形状裁剪工具，选择需要处理的区域。

第 2 步：选择“图像”→“翻转/旋转”菜单命令，在打开的“翻转和旋转”对话框中选择水平翻转、垂直翻转或按照一定角度旋转。

（2）拉伸和扭曲。

可以沿水平或垂直方向拉伸或扭曲图片，其操作过程如下。

第 1 步：单击选定工具或任意形状裁剪工具，选择需要处理的区域。

第 2 步：选择“图像”→“拉伸/扭曲”菜单命令，在打开的“拉伸和扭曲”对话框中选择拉伸或扭曲的方式。

（3）反色。

采用“反色”操作后，选定区域中的每种颜色都将变成其相反的颜色，如红色变成青色、蓝色变成黄色。选定区域后，选择“图像”→“反色”菜单命令即可。

（4）清除图像。

可以使用橡皮工具清除局部图像，若要清除全部图像，可以选择“图像”→“清除图像”菜单命令。

（5）不透明处理。

指定以透明或不透明方式画图可以在“图像”菜单中来选择。在“不透明处理”时，当粘贴选定的图片时，会把图片的前景色和背景色都粘贴过来，从而遮盖了下层图片；在“透明处理”时，当粘贴选定的图片时，只把图片的前景色粘贴过来，因此能够看到下层图片。

3.8 优化系统性能

Windows XP 增强了系统的智能化特性，系统能够自动对自身的工作性能进行必要的管理和维护。同时，Windows XP 提供了多种系统工具，用户可以根据自己的需要优化系统性能，使系统更加安全、稳定和高效地运行。

3.8.1 优化磁盘性能

无论是存储、读取或删除文件，还是安装应用程序，都是在对磁盘中的数据进行操作，磁盘的性能总是显著地影响着系统的整体性能。因此，优化磁盘性能是优化系统性能时最常用的方法。Windows XP 提供了多种工具供用户对磁盘进行管理与维护，这些工具不仅功能强大，而且简单易用，用户完全不必担心由于自己的误操作而使磁盘中的数据丢失。

1. 磁盘碎片整理

计算机使用了一段时间后，可能会感觉磁盘的读取速度变慢了，这主要是因为在不断地移动、复制和删除文件时在磁盘中形成了很多文件碎片。文件碎片并不会使文件中的数据缺少或损坏，只是把一个文件分割成多个小部分放置在磁盘中不连续的位置，使系统需要花费较长的时间来搜集和读取文件的各个部分。另外，磁盘中空闲空间也是分散的，当建立新文件时，系统也需要花费较长的时间把新建的文件存储在磁盘中的不同地方。因此，我们应定期对磁盘碎片进行整理。

运行磁盘碎片整理时，系统会把同一个文件的所有文件碎片移动到磁盘中的同一个位置，使文件可以各自拥有一块连续的存储空间。这样，系统就能够快速地读取或新建文件，从而恢复高效的系统性能。

在进行磁盘碎片整理之前，可以使用磁盘碎片整理程序中的分析功能，在系统提交的分析报告中有磁盘空间的使用情况和文件碎片的统计，我们可以根据分析报告决定是否整理磁盘碎片。

进行磁盘碎片整理的操作步骤如下。

第 1 步：选择“开始”→“所有程序”→“附件”→“系统工具”→“磁盘碎片整理程序”菜单命令，打开“磁盘碎片整理程序”窗口，如图 3-74 所示。

第 2 步：在驱动器列表框中，选择要整理的驱动器。

第 3 步：单击“分析”按钮，这时，系统对选定的磁盘进行分析，并在“进行碎片整理前预计磁盘使用量”区域中以不同的颜色显示 4 种类型的文件在磁盘上的分布情况，在对话框下方有 4 个不同颜色的小方块分别标注该颜色所代表的文件的类型，可以对照这 4 种颜色大致地了解磁盘中的文件分布。

分析完成后，系统会弹出“已完成分析”对话框。单击“查看报告”按钮，打开“分析报告”对话框，在该对话框中，可以查看驱动器的可用空间、文件碎片所占比例及所有存在文件碎片的文件的名称。如果碎片比例较小，可以过一段时间再进行碎片整理；如果碎片较多，可单击“碎片整理”按钮，系统便开始进行碎片整理。

在进行碎片整理的过程中，我们可以从窗口底部的状态栏和进度条查看碎片整理的进度，也可以从“进行碎片整理后预计磁盘使用量”区域中查看碎片整理的效果，其中，原来存在的代表“零碎的文件”的红色会逐渐减少，同时，原来分散的代表“连续的文件”的蓝色也会逐渐地聚集。

第 4 步：在磁盘碎片整理过程中，单击“停止”按钮，可终止碎片整理操作，也可以单击“暂停”按钮，暂时中断碎片整理，当需要继续执行未完的整理工作时，单击“恢复”按钮即可。

磁盘碎片整理完成后，系统会弹出“已完成碎片整理”对话框。单击“查看报告”按钮，可以查看整理后文件碎片是否已被清除，也可以单击“关闭”按钮结束碎片整理操作。

整理的过程根据磁盘的大小、杂乱的程度、计算机处理的速度等来确定，时间较长（10～15min 不等）。整理的频度根据计算机使用的频度来确定，如每天都使用计算机，可每周整理一次；若使用频率较低，可一个月或更长的时间整理一次。

2. 磁盘清理

磁盘清理程序能够搜索到磁盘中的临时文件和缓存文件等各种不再有用的文件，用户可以直接从系统提供的搜索结果列表中把它们删除。使用磁盘清理程序还可以避免错删某些有用的文件，从而保护应用程序能够正常运行。

选择“开始”→“所有程序”→“附件”→“系统工具”→“磁盘清理”菜单命令，弹出“选择驱动器”对话框，选择要进行磁盘清理的驱动器后，系统对磁盘扫描，会出现“本地磁盘（X:）的磁盘清理”对话框，如图 3-75 所示。

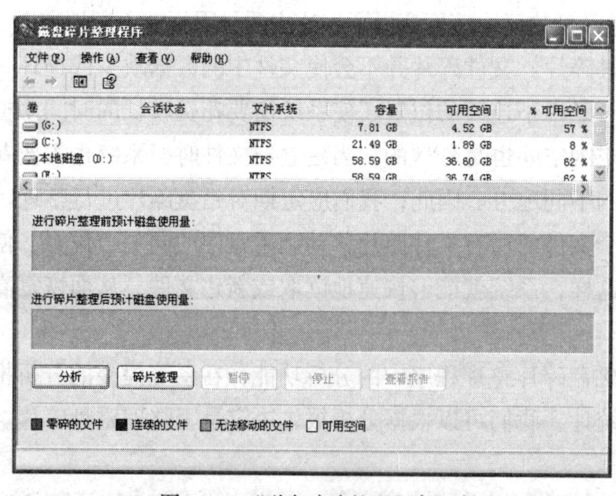

图 3-74 “磁盘碎片整理程序”窗口

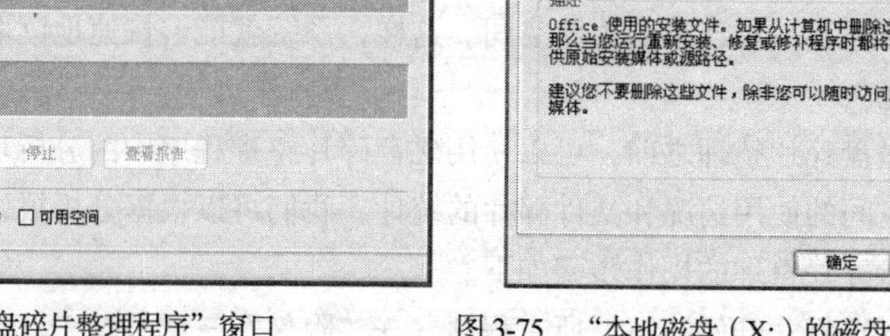

图 3-75 “本地磁盘（X:）的磁盘清理”对话框

可以通过选中或取消这些文件前的复选框来删除或保留文件。单击某个文件的名称，系统就会在“描述”选项组中提供关于该文件的简单介绍，以便用户参考并决定是否删除此文件。单击

“查看文件”按钮，则可以在打开的对话框中查看被选中的文件夹中所包含的文件。

选中需要删除的文件后，单击“确定”按钮，系统便会删除所有选中的文件。

3. 磁盘检查

磁盘检查程序可以扫描并修复磁盘中的文件系统错误，用户应该经常对安装操作系统的驱动器进行检查，以保证 Windows XP 能够正常运行并维持良好的系统性能。进行磁盘检查的操作步骤如下。

第 1 步：打开“我的电脑”窗口，用鼠标右键单击要进行检查的磁盘，从弹出的快捷菜单中选择“属性”命令，打开“本地磁盘（X:）属性”对话框。

第 2 步：单击“工具”选项卡，这时的对话框如图 3-76 所示。

第 3 步：单击“开始检查”按钮，打开“检查磁盘　本地磁盘（X:）”对话框，如图 3-77 所示。

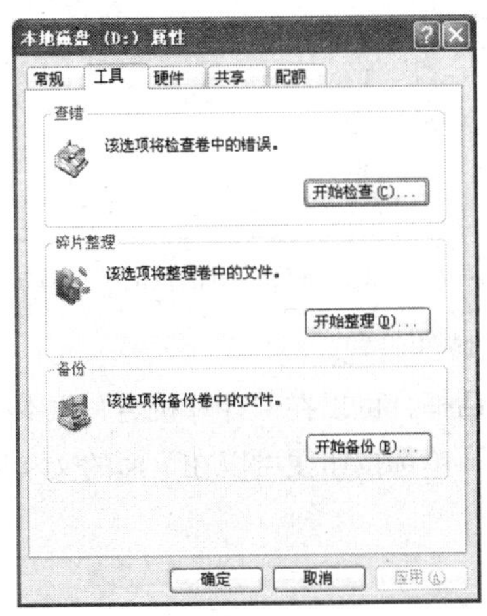

图 3-76　“工具”选项卡

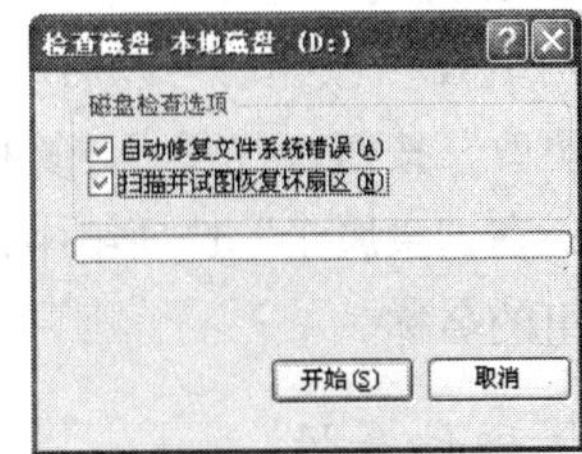

图 3-77　“检查磁盘　本地磁盘（X:）”对话框

第 4 步：若希望修复文件系统的错误，可选中“自动修复文件系统错误”复选框；若希望恢复坏扇区内的数据，可选中“扫描并试图恢复坏扇区”复选框。

第 5 步：单击“开始”按钮，系统会弹出一个提示框，显示磁盘检查需要在重新启动时进行，并询问是否执行，单击“是”按钮，系统就会在下次启动 Windows 时进行磁盘检查。

当计算机重新启动时，会自动进行磁盘检查，并以文字界面显示磁盘检查的进度和结果。

3.8.2　设置系统属性

打开控制面板，单击“性能和维护”链接，再单击“系统”链接，即可打开“系统属性”对话框（也可在桌面上右击“我的电脑”图标，在弹出的快捷菜单中选择“属性”菜单命令）。在该对话框中共有 7 个选项卡，不仅可以查看和了解系统各方面的默认设置，还可以在该对话框中找到多种系统工具，以便根据需要对某些系统属性进行手工设置。

1. 查看常规属性

单击“系统属性”对话框的“常规”选项卡，这时的对话框如图 3-78 所示，在其中可以了解操作系统与计算机的主要硬件设备的基本信息。

2. 设置计算机名

在“系统属性”对话框中选择“计算机名”选项卡，这时的对话框如图 3-79 所示。在其中可以查看计算机当前的名称和加入的工作组，也可以修改名称、加入其他工作组或某个域。

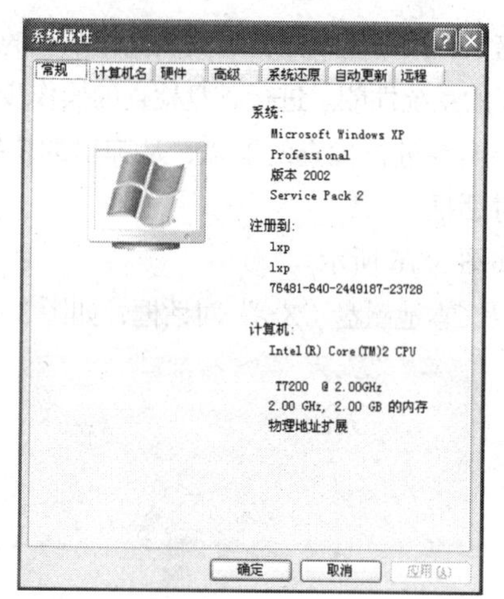

图 3-78 “系统属性”对话框的“常规”选项卡

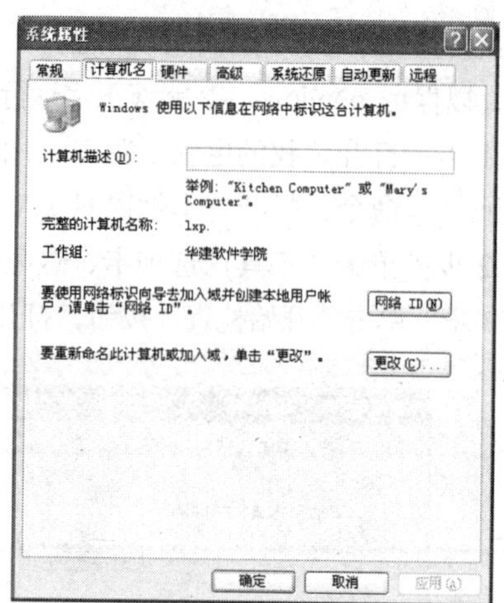

图 3-79 “系统属性”对话框的“计算机名”选项卡

单击“网络 ID”按钮，可以启动向导并进行加入域的设置。

单击“更改”按钮，打开“计算机名称更改”对话框，可以在“计算机名”文本框中输入新的计算机名；在“隶属于”选项组中，选中“工作组”单选按钮便可以在下面的文本框中输入要加入的工作组的名称。

3. 设置硬件属性

在“系统属性”对话框中选择“硬件”选项卡，如图 3-80 所示。在其中可以查看与设置所有安装在计算机上的硬件设备。

（1）添加硬件。

随着硬件技术的不断提高，计算机中安装的硬件设备大部分都是即插即用设备，系统能够自动检测这些设备并安装相应的驱动程序。对于那些非即插即用设备，可采用类似添加打印机的操作过程进行硬件的添加。

（2）设置驱动程序签名。

为了保证在安装了各种类型的硬件设备之后，操作系统能够维持稳定的运行，Windows XP 会对大多数用户常用的硬件设备进行兼容性测试。如果安装的硬件驱动程序没有通过 Windows XP 的测试，系统则会自动采取预设的某种措施。单击“驱动程序签名”按钮，会打开“驱动程序签名选项”对话框，从中可以选择“忽略”、“警告”和“阻止”几种措施之一。

（3）使用设备管理器。

单击“设备管理器”按钮，打开“设备管理器”窗口，如图 3-81 所示。系统将所有安装在计算机上的硬件设备按照设备的类型排列在窗口中，单击任意一个类型左侧的“+”号，便可查看这种类型中具体设备的型号。

找到需要查看或修改属性的硬件设备后，右键单击该设备，从弹出的快捷菜单中选择“属性”命令，便可打开它的属性对话框。以显示卡为例，右键单击“NVIDIA GeForce Go 7300”，选择“属

性”命令，打开它的属性对话框，如图 3-82 所示。在“常规”选项卡中可以了解该设备的类型、制造商、安装位置和当前的设备状态，还可以在“设备用法”下拉列表框中启用或停用该设备。

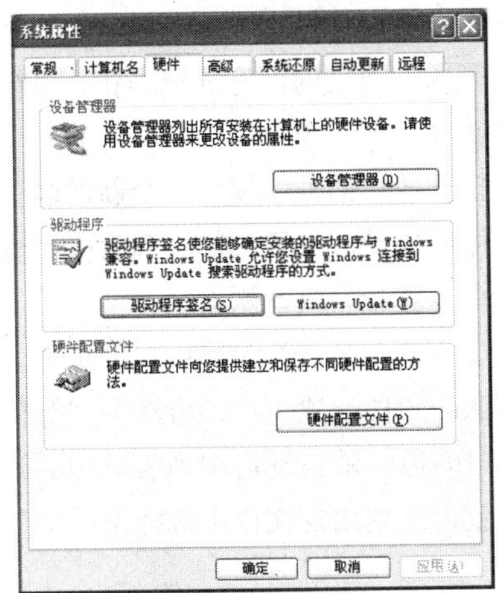

图 3-80 “系统属性”对话框的“硬件”选项卡

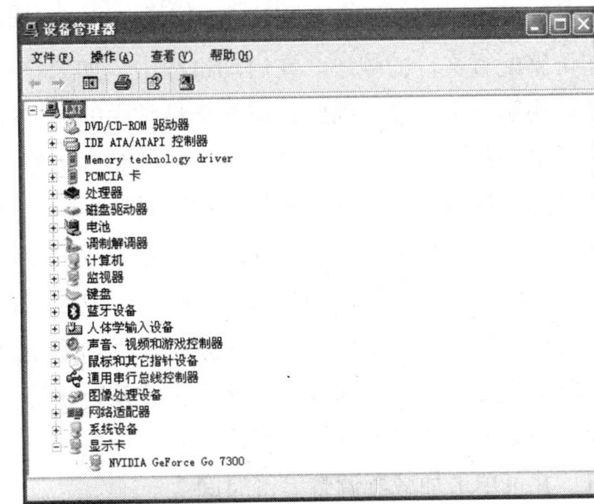

图 3-81 “设备管理器”窗口

单击“驱动程序”选项卡，这时的显卡属性对话框如图 3-83 所示。可以单击相应的按钮查看、更新、返回或卸载硬件设备的驱动程序。对驱动程序进行更新，不仅可以更好地支持该硬件设备，而且可以提高硬件设备的整体性能。因此，当得到设备制造商发布的最新驱动程序时，应该及时地更新驱动程序。

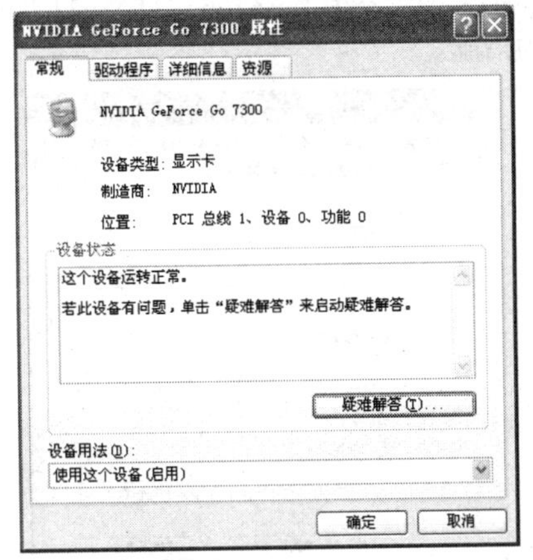

图 3-82 显卡属性对话框的“常规”选项卡

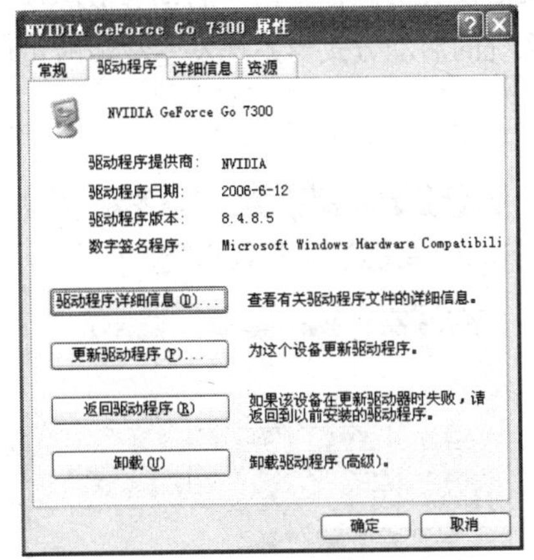

图 3-83 显卡属性对话框的“驱动程序”选项卡

（4）管理硬件配置文件。

硬件配置文件能够在计算机的启动过程中给 Windows 系统提供一些关于硬件设备的信息，使 Windows 系统能够加载正确的硬件驱动程序，以保证各种硬件设备能够正常工作。若打算修改硬件设置，应该先将当前使用的硬件配置文件进行备份，这样，若由于新的设置造成系统无法工作，便可使用备份的配置文件启动系统。

若用户的系统中有多个硬件配置文件，系统会在启动时自动显示一个选择菜单，以供用户选用自己需要的配置文件。例如，如果多个用户使用同一台计算机，并且不同用户需要使用不同型号的硬件设备，就可以建立不同的硬件配置文件并在启动时选用。这种功能可以使每个用户不必每次使用自己的设备时都要花费时间重新设置。

在“系统属性”对话框的“硬件”选项卡中，单击“硬件配置文件”按钮，可打开“硬件配置文件”对话框，如图 3-84 所示。在“可用的硬件配置文件”列表框中列出了所有可用的硬件配置文件，并以“当前”文字标注了正在使用的硬件配置文件。可以使用列表框右侧的上、下箭头按钮调整配置文件的顺序。在启动过程中，如果在预设的等待时间之内没有选择操作，系统就会自动启用第一个文件，因此，应该把最常用的硬件配置文件放在第一个。

需要备份硬件配置文件时，单击“复制”按钮，并在打开的对话框中输入一个新的名称，单击“确定”按钮返回“硬件配置文件”对话框，便会在“可用的硬件配置文件”列表框中看到新备份的文件。用户也可对已有的硬件配置文件进行属性设置、重命名或者删除。

在“硬件配置文件选择”选项组中，可以设置在启动过程中系统是否等待用户的选择。如果用户希望系统必须等待用户的选择操作，否则不能启用默认的硬件配置文件，可选中“等待用户选定硬件配置文件”单选按钮；如果希望系统在等待一段时间后，就自动启用列表框中的第一个文件，可选中“如果用户在 X 秒内还没有选定配置文件，就请从列出的文件中选择第一个”单选按钮，并可单击加减器调整等待时间。

4. 设置高级属性

单击“系统属性”对话框的“高级”选项卡，这时的对话框如图 3-85 所示。单击“性能”选项组中的“设置”按钮，可以在打开的对话框中设置视觉效果、处理器计划、内存使用和虚拟内存；单击“用户配置文件”选项组中的“设置”按钮，可以在打开的对话框中设置与用户账户相对应的桌面设置信息；单击“启动和故障恢复”选项组中的“设置”按钮，可以在打开的对话框中设置系统的启动方式与系统发生故障时可以采用的措施。

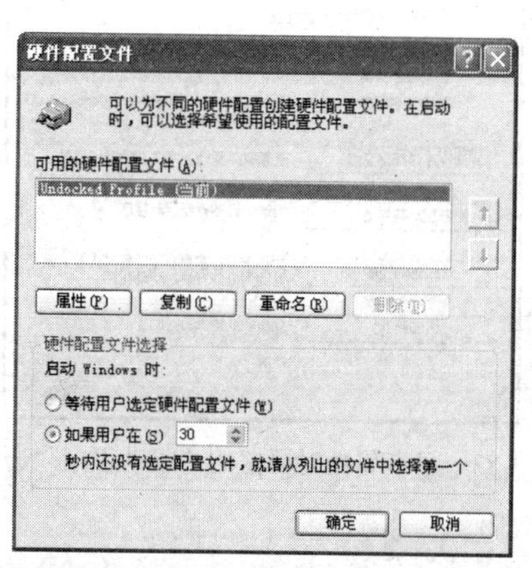

图 3-84 “硬件配置文件”对话框

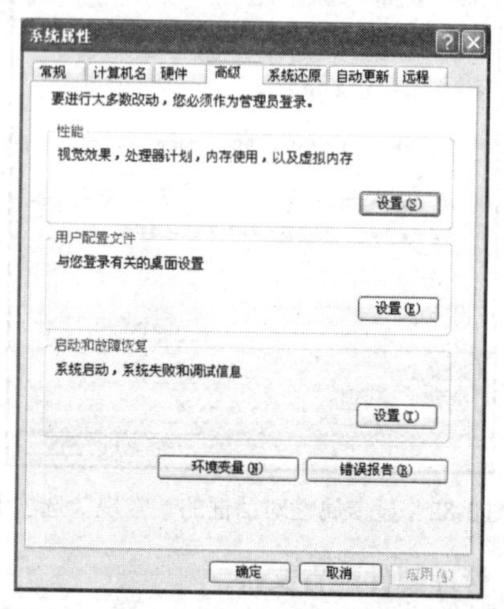

图 3-85 “系统属性”对话框的“高级”选项卡

（1）设置虚拟内存。

若计算机内存比较小，又不想花钱更换新的内存，可以通过设置虚拟内存解决由于硬件内存较低引起的系统性能不良的问题。使用虚拟内存实质上是在硬盘上预留一部分空间，当计算机内存运行比较慢时，系统就会将硬盘中的这部分空间作为内存使用。设置虚拟内存是用户优化系统性能时最常用的方法之一，不仅能够节省额外的花费，而且对系统性能的优化效果非常显著。

在图 3-85 所示的对话框中，单击“性能”选项组中的“设置”按钮，打开“性能选项”对话框，再单击“高级”选项卡，这时的对话框如图 3-86 所示。

单击“虚拟内存”选项组中的“更改”按钮，可以打开“虚拟内存”对话框，如图 3-87 所示。在“驱动器”列表框中显示了驱动器当前的虚拟内存大小，通常情况下，系统只在安装操作系统的驱动器中创建虚拟内存。选择“自定义大小”单选按钮，便可在“初始大小”和“最大值”文本框中分别输入希望分配的硬盘空间。

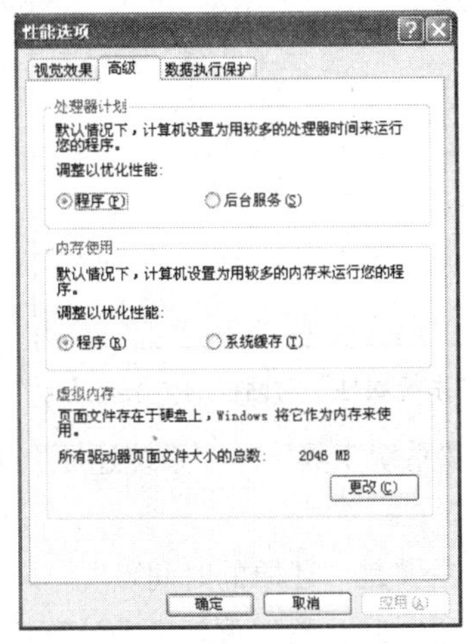

图 3-86 “性能选项”对话框的“高级”选项卡

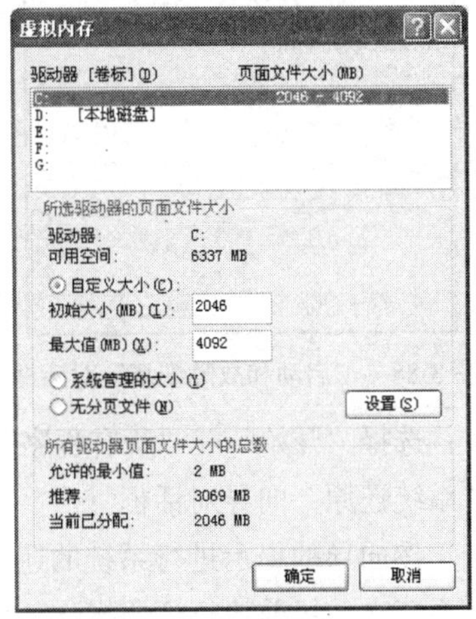

图 3-87 “虚拟内存”对话框

（2）设置系统启动方式。

若计算机内仅安装了一套 Windows XP 操作系统，计算机则会自动启动这个唯一的操作系统。若计算机内安装了多套操作系统，如 Windows 2000、Windows XP、Windows 2003 等操作系统，则每次启动计算机时，会出现启动菜单，可以使用【↑】或【↓】键选择使用某个操作系统，若在规定时间内没有执行任何操作，计算机将自动启动菜单中显示的第一个操作系统。

用户也可以根据需要修改系统的启动方式。在“系统属性”对话框的“高级”选项卡中，单击“启动和故障恢复”选项组中的“设置”按钮，可以打开“启动和故障恢复”对话框，如图 3-88 所示。

在“默认操作系统”下拉列表框中可以指定计算机自动启动的操作系统。在“显示操作系统列表的时间”数值框中可以调整启动菜单显示的时间。

5. 使用系统还原功能

系统还原功能可以跟踪并更正对计算机进行的有害更改，增强了操作系统的可靠性。如添加了新的硬件、安装了从网上下载的软件或者更改了系统注册表，使得系统无法正常运行，无论卸载新安装的程序，还是重新启动计算机都无济于事，这时就可以使用“系统还原”功能，将计算机的设置恢复到先前的状态（称为“还原点”）。

（1）设置系统还原。

单击“系统属性”对话框中的“系统还原”选项卡，这时的对话框如图 3-89 所示。在“可用的驱动器”列表框中显示了每个驱动器是否启用了系统还原功能，如果“状态”栏标注为“监视”则表示已经启用；如果“状态”栏标注为“已关闭”则表示没有启用。选中某个驱动器后，单击“设置”按钮，打开“驱动器设置”对话框，可以设置选定的驱动器启用或关闭系统还原功能，并可拖动滑块设定系统还原功能占用的磁盘空间。

（2）执行系统还原。

如果需要使用系统还原功能来取消对计算机所做的更改，可以按照下列步骤进行操作。

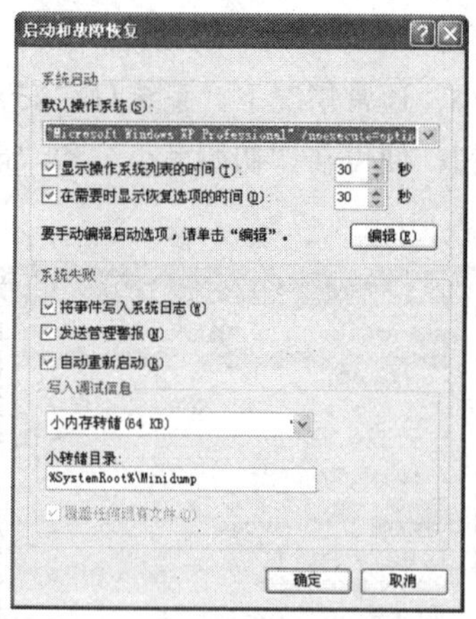

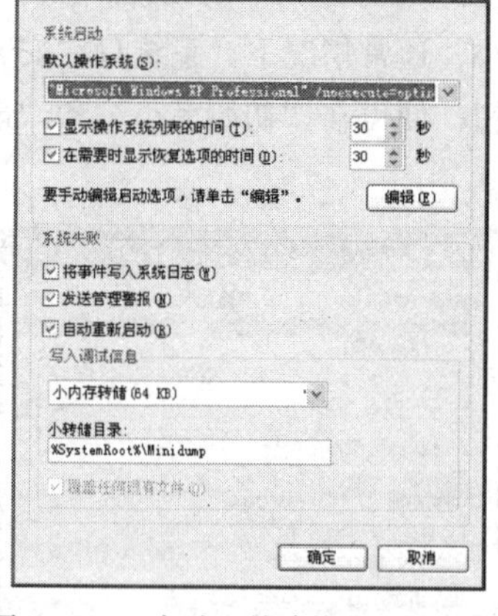

图 3-88 “启动和故障恢复”对话框

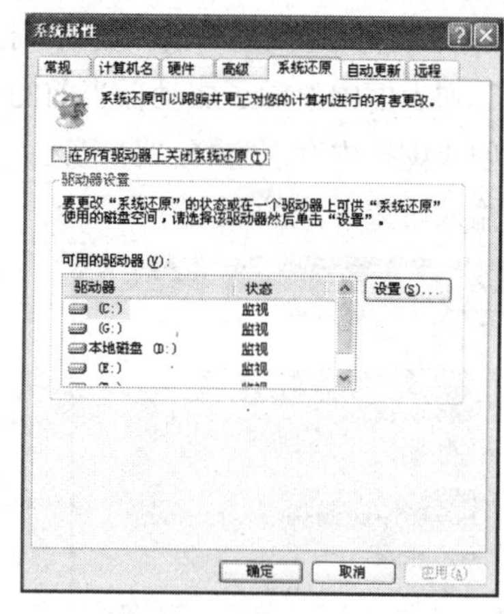

图 3-89 “系统属性”对话框的“系统还原”选项卡

第 1 步：选择“开始”→“所有程序”→“附件”→“系统工具”→“系统还原”菜单命令，即可打开“系统还原”向导对话框。

第 2 步：按向导的提示进行系统的还原，设置的信息主要是“还原的时间点”。

最后，系统在关机前执行还原操作，该操作会持续一段时间，然后重新启动计算机，启动后显示“恢复完成”对话框。

（3）创建还原点。

安装了 Windows XP 以后，系统就会在计算机启动后每隔一段时间自动创建还原点，作为执行系统还原的依据。除了系统自动创建的还原点之外，用户也可以自己创建还原点。如在对系统进行大规模更改之前，可以创建一个还原点，一旦对更改的结果不满意，可以利用自己创建的还原点来撤销此次更改。创建还原点的操作步骤如下。

第 1 步：选择“开始”→“所有程序”→“附件”→“系统工具”→“系统还原”菜单命令，打开“系统还原”向导对话框。

第 2 步：按向导的提示进行还原点的设置，设置的信息主要是“还原点的描述”。

（4）撤销还原操作。

当执行了系统还原操作后，还可以撤销此次操作，操作步骤如下。

第 1 步：选择“开始”→“所有程序”→“附件”→“系统工具”→“系统还原”菜单命令，打开“系统还原”向导对话框。由于已经执行了一次系统还原操作，此时对话框中增加了“撤销我上次的恢复”单选按钮。

第 2 步：选中“撤销我上次的恢复”单选按钮，然后单击“下一步”按钮，按照向导的提示就可以撤销还原。

6. 使用自动更新功能

自动更新功能可以通过 Internet 连接下载最新的驱动程序、Internet 产品等。单击“系统属性”对话框中的“自动更新”选项卡，这时的对话框如图 3-90 所示。在该对话框中可以启用或关闭自动更新功能以及选择运行自动更新时系统的通知方式等。

7. 使用远程协助和远程桌面

单击“系统属性”对话框中的“远程”选项卡，这时的对话框如图 3-91 所示。

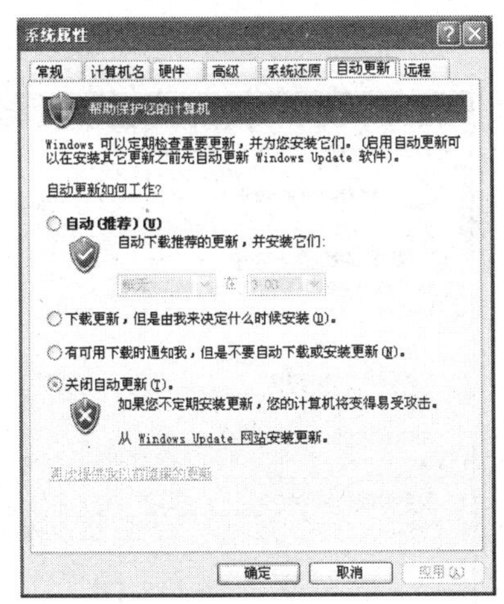

图 3-90　“系统属性”对话框的“自动更新”选项卡

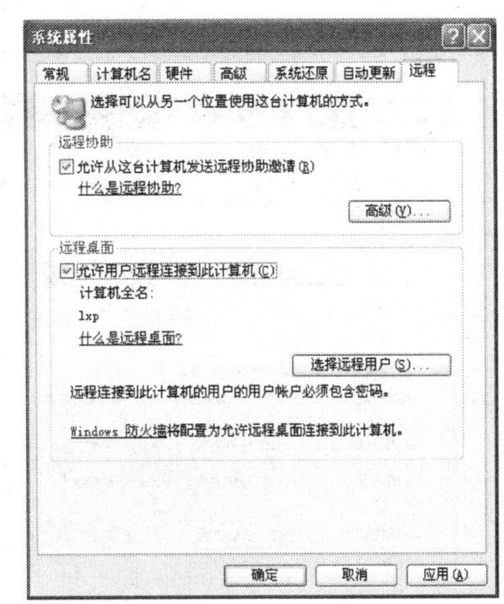

图 3-91　“系统属性”对话框的“远程”选项卡

使用远程协助功能可以从本地计算机向网络中的其他计算机发送远程协助邀请，从而使网络中的其他人可以通过远程协助的方式解决用户的困难。单击“远程协助”选项组中的“高级”按钮，打开“远程协助设置”对话框，在该对话框中可以启用或禁用远程协助功能，也可设定发送远程协助邀请的时间。

使用远程桌面功能，可以从网络中的其他位置使用本地计算机中的所有资源。为了保证安全的远程桌面连接，可以指定哪些用户账户拥有远程访问的权限。首先选中“允许用户远程连接到此计算机”复选框，再单击“选择远程用户”按钮，打开“远程桌面用户”对话框，在该对话框中可以添加或删除有权远程连接本地计算机的用户账户。

3.8.3　管理电源

当笔记本电脑无法连接电源时，就会使用笔记本电脑中的蓄电池供电，合理地管理电源可以显著地延长笔记本电脑的使用时间。对于台式计算机而言，虽然不必担心蓄电池没电，但是对电源的属性进行适当的设置，不仅可以节约电力能源，而且有利于延长计算机的使用寿命。

打开控制面板，单击“性能和维护”链接，再单击“电源选项”链接，即可打开“电源选项 属性”对话框，如图 3-92 所示。

在“电源使用方案”选项组的下拉列表框中，系统提供了多种方案，用户可以根据自己使用的计算机选择一种匹配的方案。如使用台式计算机，可选择“家用/办公桌”方案；如使用笔记本电脑，可选择“便携/袖珍式”方案；如正在从 Internet 下载软件或者正在刻录光盘，为了避免中途停止，可选择“一直开着”方案。用户不仅可以选用系统提供的电源使用方案，还可以根据需要修改“关闭监视器”和“关闭硬盘”的时间，完成修改后单击“另存为”按钮，在弹出的对话框中输入新的名称，以后就可以从“电源使用方案”下拉列表框中选用自己设置的方案。

单击“高级”选项卡，这时的对话框如图 3-93 所示。如果选中“总是在任务栏上显示图标”复选框，便可在任务栏右侧看到电源管理图标，若正在使用笔记本电脑，只要把鼠标指针停留在该图标上，系统就会自动显示蓄电池的剩余电量和估计可用的时间。如果选中“在计算机从待机状态恢复时，提示输入密码”复选框，那么当计算机从待机状态返回工作状态时，系统会弹出对话框要求用户输入密码，启用这种功能可以避免其他人进入工作状态查看或修改计算机中的信息，

为用户提供了可靠的数据安全性。

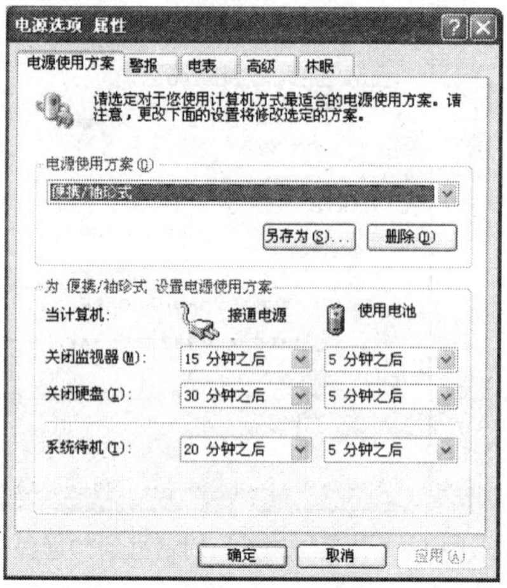

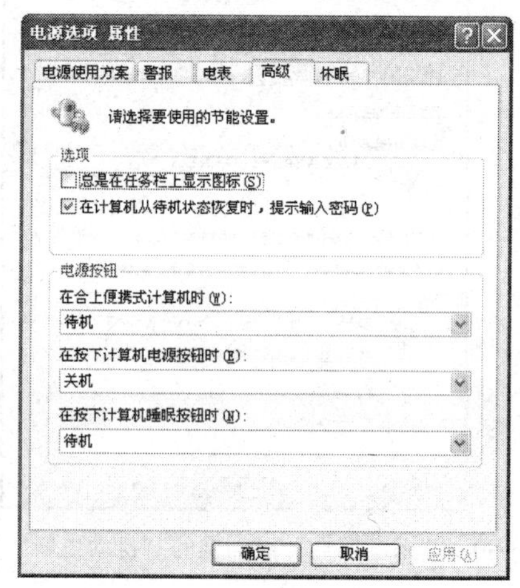

图 3-92 “电源选项 属性”对话框的“电源使用方案”选项卡

图 3-93 “电源选项 属性”对话框的“高级”选项卡

启用休眠功能可以显著地缩短计算机的启动时间。计算机休眠时，它将内存中的所有信息保存到硬盘上，然后关闭计算机。在下一次启动计算机时，系统从休眠状态中退出，计算机可以快速恢复到休眠以前的状态。不过，启用休眠功能需要占用与计算机内存 RAM 相同大小的硬盘空间，因此必须确保空闲的硬盘空间比休眠所需占用的硬盘空间大。在“休眠”选项卡中选中“启用休眠”复选框，当选择“开始”→“关闭计算机”菜单命令时，就可以从弹出的对话框中选用“休眠”功能。

3.8.4 定制计划任务

若每次启动计算机或每天、每周需要执行相同的应用程序，就可以使用 Windows XP 提供的“任务计划向导”定制自己的任务计划。定制了任务计划以后，系统就会在预定的时间自动执行某项任务，使用户不必重复相同的操作，也不会因为疏忽而没能及时地执行那些必要的任务。下面以每周执行一次磁盘清理为例，介绍如何使用向导定制计划任务，操作步骤如下。

第 1 步：打开控制面板，单击“性能和维护”链接，再单击“任务计划”链接，即可打开“任务计划”窗口。

第 2 步：在该窗口中双击“添加任务计划”图标，打开“任务计划向导”对话框，单击“下一步”按钮，打开选择应用程序对话框，如图 3-94 所示。

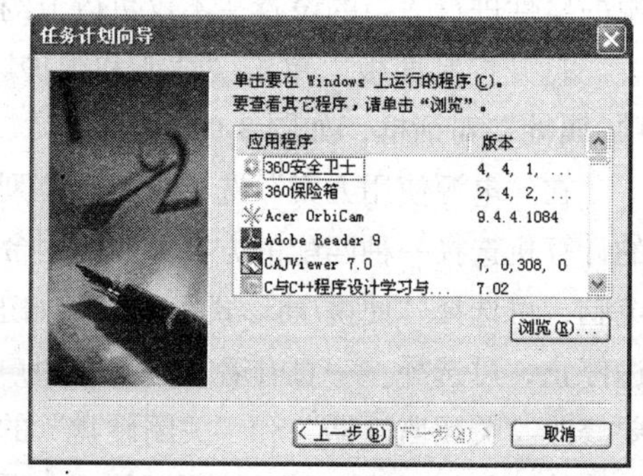

图 3-94 “任务计划向导”—选择应用程序

第 3 步：在“应用程序”栏中选择需要定期运行的应用程序，也可以单击“浏览”按钮，在打开的对话框中选择其他应用程序。这里我们选择“磁盘清理”，单击“下一步”按钮，打开选择运行周期对话框，如图 3-95 所示。系统自动将程序名作为任务名，也可以输入其他的任务名。

第 4 步：系统提供了 6 种运行周期，可根据需要进行选择。这里我们选择“每周”单选按钮，再单击“下一步”按钮，打开选择运行时间对话框，如图 3-96 所示。

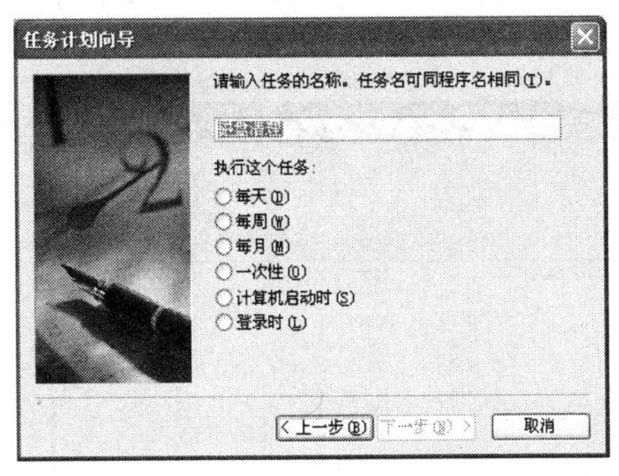

图 3-95　“任务计划向导”—选择运行周期

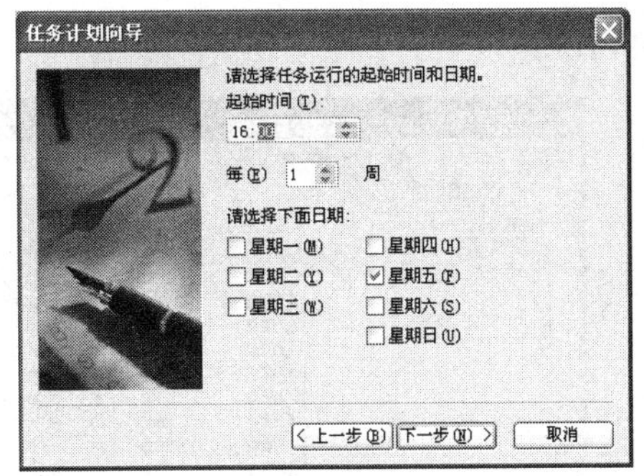

图 3-96　“任务计划向导”—选择运行时间

第 5 步：根据在上一个对话框中选择的周期不同，在该对话框中显示的选项也会有所不同。可以通过选中某个复选框和单击“起始时间”数值框中的加减器设定运行应用程序的起始时间。这里我们设定为每周五的 16:00。单击“下一步”按钮，打开选择用户名及密码对话框，如图 3-97 所示。

第 6 步：输入自己的用户名和密码，这样，只有在该用户登录操作系统时，才会执行该计划。这样可以保证在多用户操作系统中不会出现任务计划的误执行。单击“下一步”按钮，打开结束对话框，如图 3-98 所示。

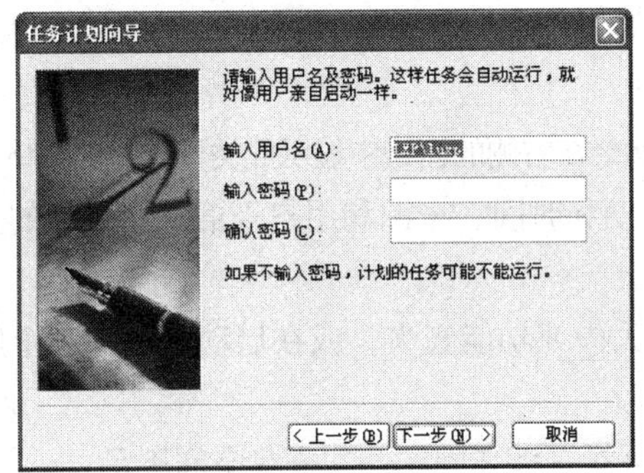

图 3-97　“任务计划向导”—选择用户名及密码

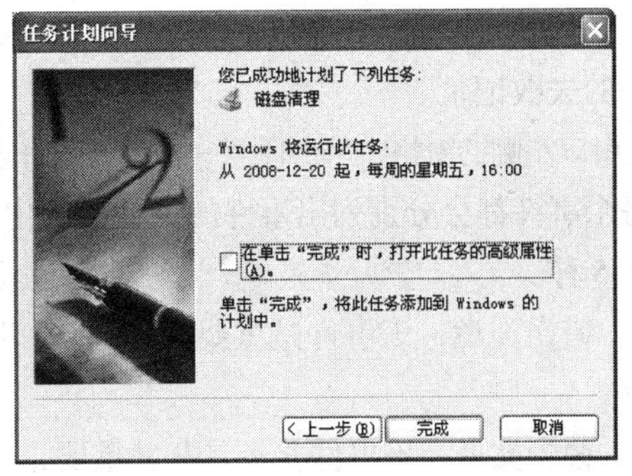

图 3-98　“任务计划向导”—结束

第 7 步：系统将前面设置的任务计划的信息罗列出来以供检查，如果需要修改，可单击“上一步”按钮返回到相应的对话框中重新设置；如果确认无误，便可单击“完成”按钮关闭向导。

这时，在“任务计划”窗口中就会出现新创建的任务计划。

3.8.5　查看系统事件

在 Windows XP 的运行过程中，系统会将用户的某些操作记录下来，这些记录就是事件日志。我们可以使用事件查看器来查看事件日志，从而了解硬件、软件和系统中出现的问题，以便快速、准确地纠正存在的错误。

1. 查看日志

打开控制面板，选择“性能和维护”→“管理工具”→“事件查看器”，即可打开“事件查看器”窗口，如图 3-99 所示。

在“事件查看器”窗口中有 3 种类型的事件。

- 应用程序日志：记录应用程序或系统程序的事件，如数据库程序可在应用程序日志中记录文件错误。

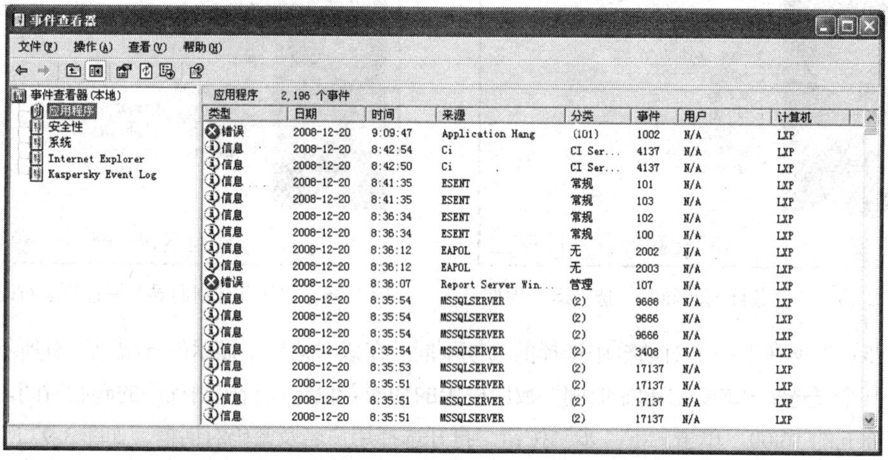

图 3-99 “事件查看器”窗口

- 安全性日志：记录诸如有效和无效的登录尝试及与资源使用相关的事件，如创建、打开、删除文件或其他对象。
- 系统日志：记录 Windows XP 的系统组件的事件，如在启动过程中加载的驱动程序或系统组件的失败记录。

在窗口左侧的窗格中单击任意一种类型的日志，就会在右侧的窗格中显示此类日志中的具体事件。

每个事件都会分别列出事件的类型、发生的日期和时间、来源和用户等信息。事件的类型共有以下 5 种。

- 错误类型：该事件是重要的问题，如数据丢失或功能丧失，或在启动过程中某个服务加载失败。
- 警告类型：该事件并不是非常重要，但有可能是潜在问题，如磁盘空间不足。
- 信息类型：该事件是应用程序、驱动程序或服务的成功操作，如网络驱动程序加载成功。
- 成功审核类型：该事件是成功的审核安全访问尝试，如用户成功登录到系统上。
- 失败审核类型：该事件是失败的审核安全登录尝试，如用户试图访问网络驱动器并失败了。

在右侧的窗格中双击某个事件，就会打开该事件的属性对话框，在该对话框中显示了该事件的详细信息，在“描述”列表框中具体介绍了该事件的执行过程，可以帮助用户了解存在的问题并更快地解决问题。分别单击向上和向下的箭头按钮可以查看当前事件的前一个和后一个事件的详细信息。

2. 设置日志属性

在“事件查看器”窗口的左侧窗格中，用右键单击某种日志类型，从弹出的快捷菜单中选择“属性”菜单命令，可以打开该类型的属性对话框，如图 3-100 所示。

在“常规”选项卡中，可以修改日志的名称，也可以查看日志当前的大小及创建、修改、访问的时间。在“日志大小”选项组中可以调整日志文件的最大容量。当日志记录的事件达到了设定的日志最大容量时，为了记录新的事件，系统就会覆盖原来记录的事件。在对话框中，系统提供了 3 种改写事件的方式。默认情况下，系统会改写记录时间大于 7 天的事件；若选中“按需要改写事件”单选按钮，系统会自动、灵活地选择将被改写的事件；若选中“不改写事件”单选按钮，在日志达到设定的最大容量时，系统将会停止记录事件，直到手工删除了部分事件后使日志

有了空闲空间时，才会继续记录，采取这种方式可以使某些需要查看的重要事件记录不被系统覆盖。当已经查看了所有事件日志并认为不再需要保留时，可以单击对话框底部的“清除日志”按钮将日志中现有的所有事件全部删除。

默认情况下，“事件查看器”会显示日志中记录的所有事件，因此在操作过程中会产生数量庞大的事件，要在长长的列表中逐条查找需要的信息就会非常麻烦，而“事件查看器”提供了筛选功能，可以帮助用户快速地查找具有某种特性的事件。单击“筛选器”选项卡，这时的对话框如图 3-101 所示。在“事件类型”选项组中，可以通过选中或取消类型前的复选框来限制是否显示该类型的事件，一般情况下应该重点查看“错误”类型的事件。另外，还可以通过限定事件的来源、类别或用户等特性进行筛选。在“从……到……”选项组中，默认情况下是从“第一个事件”到“最后一个事件”，也可以在下拉列表框中指定具体的日期和时间，以便查找在某段时间内发生的事件。

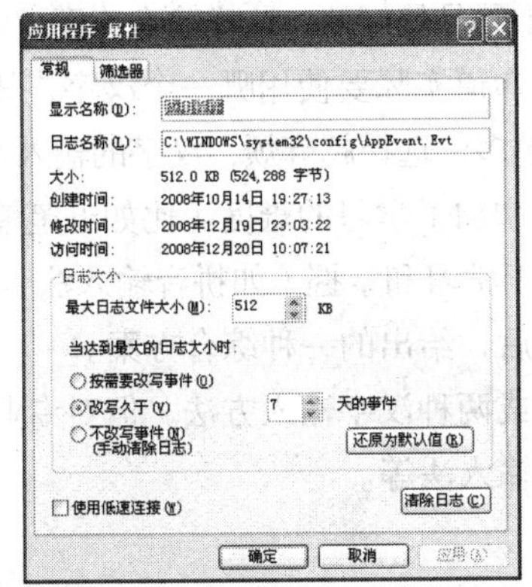

图 3-100　“应用程序 属性”对话框的“常规”选项卡

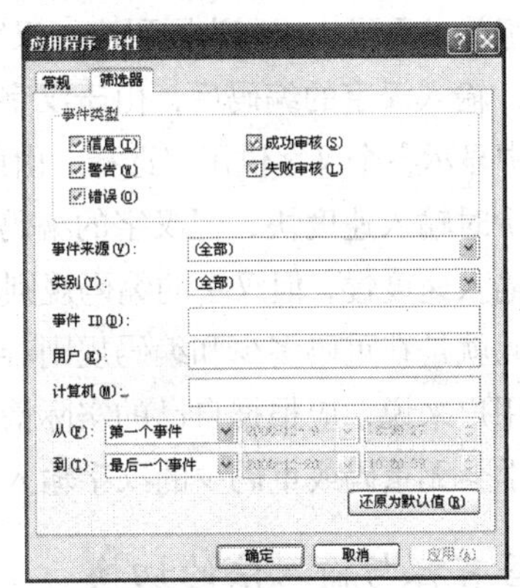

图 3-101　“应用程序 属性”对话框的“筛选器”选项卡

3.9 阅读材料——汉字输入法

Windows 支持汉字扩展内码规范 GBK。Windows XP 中文版集成了微软拼音、智能 ABC、全拼、双拼、郑码等中文输入方法。

3.9.1 汉字输入法

1. 汉字输入法基础

英语属于字母文字，构成英语的基本单位为单词，单词是由 26 个英文字母组成的。目前使用的键盘都是英文键盘，除 26 个英文字母外，还有数字及其他的标点符号和控制键。使用英文键盘对处理英文是不成问题的。

汉语的基本单位为字，字有各种形状和读音，属于象形文字，英文键盘不能直接用来输入汉字，因此要在键盘上输入汉字，就必须使用汉字输入法。

汉字输入法可根据特征进行分类，这些特征包括：汉字的读音、汉字的形状、汉字的形状和读音的结合、汉字国标中汉字的排列顺序等。根据汉字的这些特征进行编码的汉字输入法分别称为音码、形码、形音码、音形码和数字码等。

各种输入法的分类如表 3-3 所示。

表3-3 输入法分类

分 类	包括的输入方法
形码	五笔、郑码、表形码
音码	智能ABC、微软拼音、全拼、双拼
形音码、音形码	自然码
数字码	区位码、电报码

每个汉字输入法编码的长度称为码长。有些汉字输入法的码长是固定的，有些是变化的。平均码长指汉字编码长度的平均值。

汉字的编码和汉字并非是完全一一对应的，如拼音输入法的编码“han”就包括多个汉字。一般来说，一个汉字对应一个编码，但一个编码可对应若干个不同的汉字或词组，这些相同编码的汉字或词组就是重码，或称为同码字。汉字的编码若无重码是最好的，这样输入速度可大大加快；有重码时，输入汉字的编码后，由于汉字系统本身无法知道实际要使用哪一个汉字，故在提示行的重码区中显示各个汉字供用户选择。由此可知，重码越多，选择越麻烦，汉字的输入速度越慢。

重码少时输入速度快，但汉字的编码规则就复杂，增加了学习的难度（比如五笔输入方法）；重码多时输入速度慢，但汉字的编码规则相对简单，易于学习和掌握（如拼音输入法）。因此，各种汉字编码就是在重码多少和编码规则难易程度上权衡后，给出的一种综合方案。

对于用户来说，应根据自己的实际情况，掌握一种或两种汉字输入方法。但对专业打字员来说，必须学会无重码或重码少的汉字输入方法，如五笔输入法等。

2. 语言栏与输入法的切换

要输入中文首先要打开中文输入法（按【Ctrl】+【Shift】或【Alt】+【Shift】快捷键可以在英文和各种输入法之间切换），其次才能按照该输入法的编码规则输入。

按【Ctrl】键和空格键可以直接选用上一次使用过的中文输入法。

在Windows XP中，输入法由如图3-102所示的语言栏统一管理。

语言栏上的图标从左到右依次如下。

（1）当前输入法标识，单击它可以打开输入法菜单。

（2）麦克风开关，打开麦克风后再单击【听写】按钮，可以进行语音录入。目前语音录入可以在任意Microsoft Office XP程序、Internet Explorer和Outlook Express中听写文本。

（3）语音工具，用于进行语音训练，创建语音配置文件存储每个用户说话和发音方式的信息，以提高语音识别率。

（4）语言栏帮助，可以打开帮助窗口。

（5）最小化和选项按钮。上部是语言栏最小化按钮，下部是语言栏选项菜单（可以设置语言栏显示哪些图标）。

3. 输入法状态栏

如选择智能ABC输入法后，屏幕上弹出的汉字输入法状态栏如图3-103所示。

输入法状态栏包括下列的内容。

（1）输入法徽标（中/英文输入切换）。

要进行中英文输入切换，最简单的方法就是按【Ctrl】键和空格键关闭中文输入法，英文输

入完毕后，再选定中文输入法。

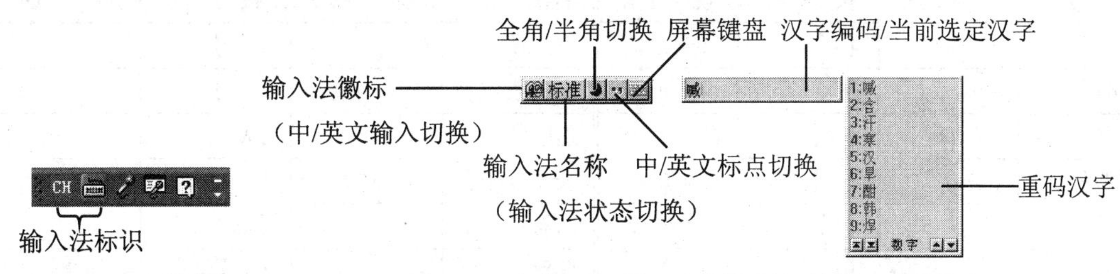

图 3-102　语言栏

图 3-103　智能 ABC 输入法的提示界面与输入过程提示

也可以单击输入法徽标（中/英文输入切换）按钮实现中/英文输入，而不关闭状态栏（在微软拼音输入法中可以使用【Shift】键来切换中/英文输入，其他的输入法可以按【Caps Lock】键来切换）。

（2）输入法名称（输入法状态切换）。

有些输入法包含多种输入方式，这时单击该按钮可切换输入状态，即在同一种输入法的不同状态之间进行切换，如智能 ABC 输入法有标准与双打两种。

（3）全角/半角切换。

半角是指一个字符占一个字节的位置，这时可以正常输入键盘上除汉字编码以外的所有字符；全角是指一个字符占两个字节的位置，这时从键盘上输入除编码以外的所有字符时，都将转换为相应国标码中的图形符号。

单击全角/半角切换按钮可切换全角●/半角◗（也可使用【Shift】键和空格键进行切换），这对每一种中文输入法来说都是一样的。

（4）中/英文标点切换。

单击该按钮可切换中文标点符号等（也可使用【Shift】+【.】快捷键进行切换），这时中/英文符号由虚变实。

（5）屏幕键盘。

Windows XP 中文版的大部分输入法都提供了 13 种屏幕键盘，用鼠标右键单击屏幕键盘按钮，屏幕上就会显示所有软键盘的菜单，从该菜单中选择一种键盘后，相应的屏幕键盘就会显示在屏幕上。单击屏幕上的按键就会输入相应的字符。

屏幕键盘使用完后，再次单击屏幕键盘按钮就可以关闭屏幕键盘。下次若还要使用上次使用过的屏幕键盘，直接单击屏幕键盘按钮就可以打开屏幕键盘。

（6）显示输入的汉字编码或当前选定的汉字。

在该区域显示输入的汉字编码或当前选定的汉字。

（7）重码汉字显示区。

显示重码汉字，可按数字键或用鼠标单击来选定汉字。

在中文标点符号状态下，从键盘输入的标点将转换为中文标点，如表 3-4 所示。

表 3-4　中文标点符号的输入

名　称	标　点	按　键	说　明	名　称	标　点	按　键	说　明
顿号	、	【\】		逗号	，	【,】	
双引号	“”	【“】	自动配对	句号	。	【.】	
感叹号	！	【! 】		问号	？	【?】	

续表

名　称	标　点	按　键	说　明	名　称	标　点	按　键	说　明
破折号	——	【-】	双符处理	左括号	（	【（】	
省略号	…	【^】	双符处理	右括号	）	【）】	
左书名号	《〈	【<】	自动嵌套	连接号	—	【&】	
右书名号	》〉	【>】	自动嵌套	人民币符号	￥	【$】	
单引号	‘’	【‘】	自动配对	间隔号	·	【@】	
分号	；	【；】		冒号	：	【：】	

4. 汉字输入的一般操作

（1）单个汉字的输入。

在所使用的汉字输入法状态下，直接输入汉字的编码，然后输入需要汉字前的数字就可以了。

（2）使用翻页键查找需要的汉字。

当输入的汉字编码的重码超过 9 个时，不能在状态栏中全部显示出来，并且需要选择的汉字没有在状态栏中显示出来，这时可以使用翻页键进行查找，找到所需要的汉字后，再按这个汉字前所对应的数字键选择汉字。

翻页键有两个：【-】（或【[】）和【=】（或【]】）。【-】（或【[】）用来向上（前）翻页，【=】（或【]】）用来向下（后）翻页。也可单击向前或向后翻页按钮。

（3）使用联想输入词组。

所谓联想是指在选择一个汉字后，系统会根据所选择的汉字后可能出现的字、词，将它们显示在状态栏上供用户进一步选择，这为汉字的输入提供了极大的方便。

（4）使用词组进行输入。

在使用词组输入时，词组的编码采用下面的规则。

- 对于两个字组成的词组，编码采用两个字的编码的组合。
- 对于三个字组成的词组，编码采用三个字第一位编码的组合。
- 对于四个字组成的词组，编码采用四个字第一位编码的组合。
- 对于五个以上字组成的词组，编码采用前三个字第一位编码与最后一个字的第一位编码的组合。

3.9.2 常见的汉字输入法简介

1. 全拼（拼音）输入法

Windows XP 内置的全拼输入法完全符合《汉语拼音方案》规范。它不但支持 GB-2312 字符集的汉字及词语输入，而且支持汉字扩展内码规范 GBK 中规定的全部汉字。

全拼（拼音）输入法以汉字的拼音作为编码，也就是用汉字的读音，包括所有声母和韵母字符作为汉字的编码。由编码规则可以看出，拼音输入法是重码相当多的一种汉字输入方法，但对使用者来说，只要会使用拼音，发音正确，就可以输入汉字了。因此，拼音输入法是一种很容易掌握和使用的汉字输入方法。

由此可以看出，全拼输入法的编码为汉字拼音的全部字母，即由英文字母 a～z 组成。最大码长为 12 位。输入时可以完全按照标准的汉语拼音规则，逐个键入字词的汉语拼音来输入字词。但汉语拼音中的韵母“ü”在英文字母中没有相应的字母，可使用英文字母“u”来代替（或“v”来代替）。

2. 双拼输入法

在使用全拼输入方式输入汉字时，其汉字的编码是汉字的拼音中的所有字符，尤其对两个或三个字母组成的声母或韵母在输入其编码时是很不方便的，这就影响了汉字的输入速度。双拼汉字输入法中汉字的编码对全拼汉字输入法中的两个或三个字母组成的声母或韵母做了全部的简化，简化方法如表 3-5 所示。

表 3-5 双拼输入法的简化码表

按键	声母	韵母	按键	声母	韵母	按键	声母	韵母
【a】		a	【j】	j	an	【s】	s	ong iong
【b】	b	ou	【k】	k	ao	【t】	t	ue
【c】	c	iao	【l】	l	ai	【u】	sh	u
【d】	d	uang，iang	【m】	m	ian	【v】	zh	ui,ue
【e】		e	【n】	n	in	【w】	w	ia,ua
【f】	f	en	【o】		o,uo	【x】	x	ie
【g】	g	eng	【p】	p	un	【y】	y	uai, ü
【h】	h	ang	【q】	Q	iu	【z】	z	ei
【i】	chi	i	【r】	R	uan er	【;】		ing

从表 3-5 中可以看出，双拼输入法的编码字符包括小写字母“a～z”和分号“;”（“;”表示韵母“ing”）。

双拼输入法将每个汉字的汉语拼音转换为两个字符来表示，第一个字符表示声母，第二个字符表示韵母，这就是双拼输入法的来由。

在双拼输入法中汉字的编码长度固定为两位。

3. 智能 ABC 输入法

智能 ABC 输入法是一种规范、通用的汉字输入方法，它立足于使用者现有的知识背景，以人们已经熟悉的汉语拼音、汉字笔画和书写顺序为基础，充分发挥计算机的智能来处理汉字的输入问题。输入规则极为简单灵活，内部处理具有一定的人工智能，故而命名为“智能 ABC”。ABC 的含义是指在英文 ASCII（A）和中文 Chinese（C）之间架起相互转换的桥梁 Bridge（B）。因此，智能 ABC 不是一种汉字的编码方法，而是对自然语言理解的一种特殊的语言转换技术。

（1）编码规则。

① 全拼编码。对于汉语拼音比较熟悉的用户，可以使用全拼输入法的编码规则。

在输入过程中，只要注意以下两点规则就可以了。

- 按词连写，词与词之间用空格或标点分开。

若对分词不熟悉，也可以一直输入编码，所写的编码超过系统允许的字符个数时，则会响铃警告。

- 在汉字编码（汉语拼音）中的特殊符号有如下几个。

```
[v]= ü
[']=隔音符号
[-]=连字符
```

【例】输入“我们正在走向二十一世纪”的编码为：

```
women zhengzai zouxiang ershiyi shiji
```

② 简拼编码。对于汉语拼音把握不太准确的用户，可以使用简拼输入法的编码规则。简拼就是汉语拼音的简化形式。简拼的编码规则如下。

- 取拼音中各个音节的第一个字母组成（一般为声母），对于包含 zh、ch、sh 的音节，也可取前两个字母组成。

【例】“重要”的编码为 zy，也可为 zhy。

- 在简拼时，隔音符号用于区分各个音节。

【例】“称号”的编码为 c'h 或 ch'h，不能使用 ch（复合声母）。

在使用智能 ABC 输入法时，也可以使用拼音的一种开放式、全方位的输入方式即混拼输入法。两个音节以上的词才可使用混拼，即一个词中有的音节全拼，有的音节简拼。

【例】“计算机”的编码为 jsj、jisj 或 jsuanj。

③ 纯笔形输入法。在不会汉语拼音或不知道汉字的读音的情况下，可以使用纯笔形输入法。

汉字按照基本的笔画共分为 8 类，如表 3-6 所示。

表 3-6　　汉字基本笔画及其代码

笔形代码	笔　形	笔形名称	实　例	说　明
1	一、㇀	横、提	二、要、厂、正	“提”也算做横
2	丨	竖	同、时、少、师	
3	丿	撇	但、今、斤、月	
4	丶、㇏	点、捺	写、订、定、忙	“捺”也算做点
5	㇕、𠃌	折、竖弯勾	对、队、刀、弹	顺时针方向弯曲，有多折笔画时，以尾折为准
6	㇄	弯	匕、她、绿、以	逆时针方向弯曲，有多折笔画时，以尾折为准
7	十、乂	叉	草、希、档、地	交叉笔画只限于正叉
8	口	方	国、跃、是、吃	四边整齐的方框

笔形代码 1～6 的例子取的是第一笔，笔形代码 7～8 的例子取的是第一个形状。

按照笔形代码，它的取码规则如下。

- 按照笔顺，最多取 6 笔。
- 笔形 7 和笔形 8 包含两个以上笔画。当汉字中有这两种笔形成分时，按照字的第一笔取码。若笔形 7 和笔形 8 已被取码，其组成部分将不再参与取码。
- 独体字（简单汉字）按照笔画顺序一一取码。
- 合体字（复杂汉字）可将其按左右、上下或外内分为两块，每个字块最多取 3 个笔画对

应的笔形码。在第一个字块不足 3 码时，第二个字块可顺延取码，第二个字块仍可一分为二，按每块取 3 码顺延取码。

对这些按键不必死记，只要按状态栏信息顺序按键就可找到所需要的汉字。

【例】 第一个字块多于三码时：镁——311431。

第一个字块少于三码时：蓟——723582。

- 对一些特殊的偏旁部首，笔形码有二义性时，允许多种编码。

④ 拼音笔形混合输入法。对于熟悉智能 ABC 输入法的用户，可以使用拼音笔形混合输入法。使用该方法可以减少在全拼或简拼输入时的重码率。

音形组合的规则为：

(拼音 + [笔形代码]) + (拼音 + [笔形代码]) + ... + (拼音 + [笔形代码])

其中，拼音可以是全拼、简拼或混拼；笔形代码可有可无，最后一字的笔形代码可取 1～6，其他各字可取 1～2。

⑤ 双拼输入法。对于专业录入员，可以使用双拼输入法。

单击状态栏中的输入法名称可切换到双拼输入方式。

双拼编码规则见表 3-5。

（2）汉字输入过程。

汉字输入以 26 个字母开始，当第一个字母为 i、I、u、v 时，具有特殊的含义。

输入时以空格、标点结束。当光标位于输入区时，单击与空格的功能是相同的。

若输入编码后，状态栏左部显示的汉字就是所需要的汉字，就可不做任何操作，继续输入。当键入一键时，结果将出现在光标点的插入位置。

① 中文数量词的简化输入。

对阿拉伯数字及中文大小写数字，智能 ABC 输入法提供了一定的转换能力。对一些常用量词也可缩写连在数字之后。这种简化输入的规则如下。

- i 为输入小写中文数字的标记。
- I 为输入大写中文数字的标记。

数字输入中一些字母的特定含义如表 3-7 所示。

表 3-7　　特殊含义的字母

G	个	S	十，拾	B	百，佰	Q	千，仟	W	万	E	亿
Z	兆	D	第	N	年	Y	月	R	日	T	吨
K	克	$	元	F	分	L	里	M	米	J	斤

注意　$之前必须有数字。

【例】 输入“一九九零年三月十五日”使用输入码 i1990n3ys5r。

② 拼音输入过程中的英文输入。

不论是标准方式下还是双拼方式下，输入英文时，不必切换到英文输入方式，输入 v 作为标志符，后面跟随要输入的英文，再按空格键就可以了。

③ 以词定字的单字输入。

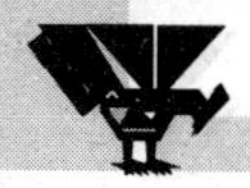

使用拼音输入不容易查找的单个汉字时，可先输入一个词，然后用以词定字的方法进行选择，使用【[]取前一个字，用【]】取后一个字。

④ 智能 ABC 输入法的智能性。

智能 ABC 输入法建立在一个约六万词条的基本词库和具有自动筛选功能的动态词库的基础上，动态词库中自动记忆的词汇容量可达一万七千词条，强制记忆的词汇可达一千条。输入词条的朦胧回忆（输入记忆词条的前几个编码后按【Ctrl】+【-】快捷键，计算机可回忆起一些至多 6 个包含输入音节的词条。这些词条的显示顺序与用户输入的顺序是相反的），将使我们更加感觉到它的智能性。

4. 微软拼音输入法

微软拼音输入法是一个拼音语句输入法。在输入的过程中可以连续输入语句的拼音，系统会自动选出拼音所对应的最可能的汉字，不必用户逐字逐词进行同音选择，减少用户的麻烦。该输入法具有自学习功能、用户自造词功能，支持南方模糊音输入、不完整输入等许多特性，经过一段时间的使用，它就会适应用户的专业术语和句法习惯，因而就越来越容易一次输入语句成功，从而大大提高了输入速度。

（1）编码规则。

微软拼音输入法支持两种拼音输入方式：全拼输入和双拼输入。微软拼音输入法还支持带声调、不带声调或二者的混合输入。声调分别以数字 1、2、3、4 代表拼音的四声，5 代表轻声。带音调输入的自动识别准确率将高于不带音调的输入（但在用数字键选字时就不再有表示音调的功能）。输入语句时各汉字拼音之间无需用空格隔开，可连续输入。但对于有些音节歧义，如在韵母“en”后要输入声母“g”时，系统可能认为是韵母“eng”，也就是说，系统还不能完全识别，这时就要用音节切分键（空格键或【'】）来断开。

该输入法支持不完整输入，也就是说输入的编码可以是完整的，也可以是不完整的。

（2）输入过程。

微软拼音输入法支持长语句输入和中英文混合输入，一次可以输入包含英文在内的 30 个字符（每一个汉字和标点符号各算一个字符），如图 3-104 所示。

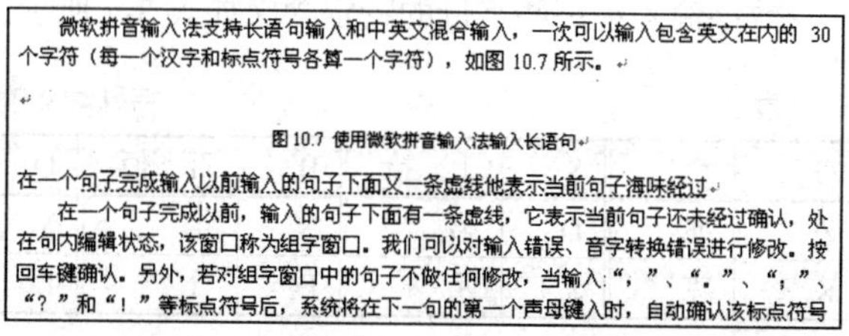
微软拼音输入法支持长语句输入和中英文混合输入，一次可以输入包含英文在内的 30 个字符（每一个汉字和标点符号各算一个字符），如图 10.7 所示。

图 10.7 使用微软拼音输入法输入长语句

在一个句子完成输入以前输入的句子下面又一条虚线他表示当前句子海味经过

在一个句子完成以前，输入的句子下面有一条虚线，它表示当前句子还未经过确认，处在句内编辑状态，该窗口称为组字窗口。我们可以对输入错误、音字转换错误进行修改。按回车键确认。另外，若对组字窗口中的句子不做任何修改，当输入“，”、“。”、“；”、“？”和“！”等标点符号后，系统将在下一句的第一个声母键入时，自动确认该标点符号

图 3-104 使用微软拼音输入法输入长语句

在输入长语句时，若在一句话的末尾输入了标点符号（“，”、“。”、“；”、“？”和“！”等），微软拼音输入法将自动把用户输入的语句确定下来。所以若在输入中有错误的字或词，必须在按下回车键以前将错误改正，否则只能通过再次选择错误的字词来进行更正。

使用微软拼音输入法的操作过程如下。

第 1 步：打开可以输入字符的程序，如写字板程序。

第 2 步：切换到微软拼音输入法。

第 3 步：按句子输入，每输入一个字符或词后可按空格键确定正确显示的字符，或者直接输入后面的字符。当我们输入的字符下面显示有点线组成的虚线时，表示当前这些字符是立即可以修改的。

第 4 步：输入到句子的末尾时光标位于句子的末尾，若前面的输入有错误，可按【←】键或【→】键将光标移动到需要修改的位置，如图 3-105 所示。

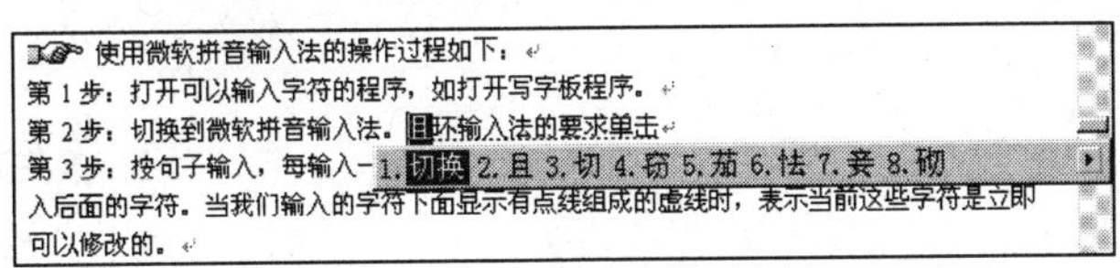

图 3-105　修改错误的字词

第 5 步：选择正确的字、词。

在输入一个有效的拼音后，微软拼音输入法并不急于关闭拼音窗口，可以继续进行修改输入的拼音。若要确认刚才输入的拼音，可以按空格键或回车键。在句子的结尾处，要确认刚刚输入的拼音，可以输入一个标点符号，拼音窗口就会消失。若整个句子不需要修改，在句子末尾输入一个标点符号，在输入下一个句子的第一个拼音代码时，前一个句子就被自动确认。一旦语句修改完毕，也可在语句的任何地方，直接按回车键确认语句。

第4章 文字处理软件 Word 2003

Word 是当前最为流行、功能强大的字处理程序。Word 在处理文档方面是非常方便的，如可以进行各种编辑操作、制作各种表格、在文档中插入图片，具有所见即所得的特点（屏幕上显示的和打印机上打印出的效果完全一致）。Word 中提供了各种文档的向导和模板，可为用户制作文档节省大量的工作和时间。

4.1 Word 2003 概述

1. 中文版 Word 2003 的特点

（1）先进的文字编辑。

虽然文字编辑是任何一种字处理软件所具有的基本功能之一，但中文版 Word 2003 在文字编辑方面有其独到之处，除了常见的选定、移动、复制、删除等传统功能而外，中文版 Word 2003 还提供了自动更正及自动图文集功能。前者用于及时更正常见的输入、拼写及语法错误（主要针对英文）；后者则允许在自动图文集里定义、存储经常用到的文本或图形，并在需要的时候将它们插入到文档中。

（2）格式编辑。

在中文版 Word 2003 中，格式编排涉及字符、段落及页面格式设置。也就是说，用户可以灵活地根据需要对文档中的字符、段落或页面进行单独设置，以活跃整个版面。

（3）模板、向导及样式。

模板是一种包含特定格式说明的专用文档，当以模板为基础生成新文档时，其所包含的格式就将自动有效，这样就使得操作简化到只需填入相应内容就可以了。向导能帮助用户选择合适的模板，并按一定的次序填写模板上的具体内容，直到生成整个文档。样式则是具有名字的特定编排格式的组合，可以认为样式是用户设计的能够重复使用的格式编排命令。

（4）图文混排。

图文混排是中文版 Word 2003 中最具特色的特点之一。中文版 Word 2003 不仅提供了功能丰富的绘图功具，可绘制各种图形，而且可以在文档中插入一些精美的图片，还提供了艺术字处理功能，通过文字与图形的混合编排，可制作出赏心悦目的高级文档来。

（5）表格处理。

在中文版 Word 2003 中，可以很轻松地创建、修改一个表格，或把一个文本转换为表格，还可以在表格中插入图片或公式，以及对表格进行各种修饰。

（6）传真、电子邮件与 Web。

中文版 Word 2003 最突出的特点就是网络功能得到了加强，包括传真、电子邮件、Web、主页制作等。

2. Word 2003 的启动与退出

（1）启动。

选择“开始”→“所有程序”→“Microsoft Office”→“Microsoft Office Word 2003”菜单命令，就可以启动 Word 2003。

（2）退出。

退出 Word 应用程序前要保存编辑后的文档，退出时可使用下列方法之一。

- 单击标题栏上的“关闭”按钮 ✕。
- 使用系统菜单中的“关闭”菜单命令。
- 双击系统菜单。
- 选择“文件”→“退出”菜单命令。
- 按【Alt】+【F4】快捷键。

若在退出之前没有保存编辑后的文档，则在退出 Word 时，将会出现提示框，询问用户是否对修改过的文档进行保存。用户可根据自己的需要单击相应的按钮。单击“是”按钮，则首先保存修改过的文档，然后退出 Word；单击“否”按钮，则直接退出 Word，放弃对文档的修改；单击“取消”按钮，则取消这次退出操作。

若要关闭文档窗口，可以选择“文件”→“关闭”菜单命令或单击文档窗口上的“关闭”按钮。

3. Word 2003 窗口简介

Word 2003 启动后，桌面上就会出现如图 4-1 所示的窗口。窗口中间的文档窗口可用来查看、编辑、修改文档。文档窗口中闪烁着的竖直条，就是我们要输入的位置，称为光标或插入点。另外，窗口中还有大量的按钮、菜单、工具栏等，它们都是用来处理文档的。下面对 Word 2003 应用程序窗口中所独有的内容加以说明。

（1）文档窗口。

Word 2003 应用程序窗口中的空白区域就是文档窗口。与 Word 旧版本中的文档窗口不同，从 Word 2000 开始，每一个文档窗口都包含在一个单独的 Word 应用程序窗口中，在任务栏上都有一个单独的任务按钮，而在窗口菜单命令中仍有每个打开文档的名称，可在文档窗口之间进行切换。

（2）工具栏。

工具栏位于菜单栏的下面，选择“视图”→“工具栏”中相应的菜单命令可控制工具栏的显示或不显示。

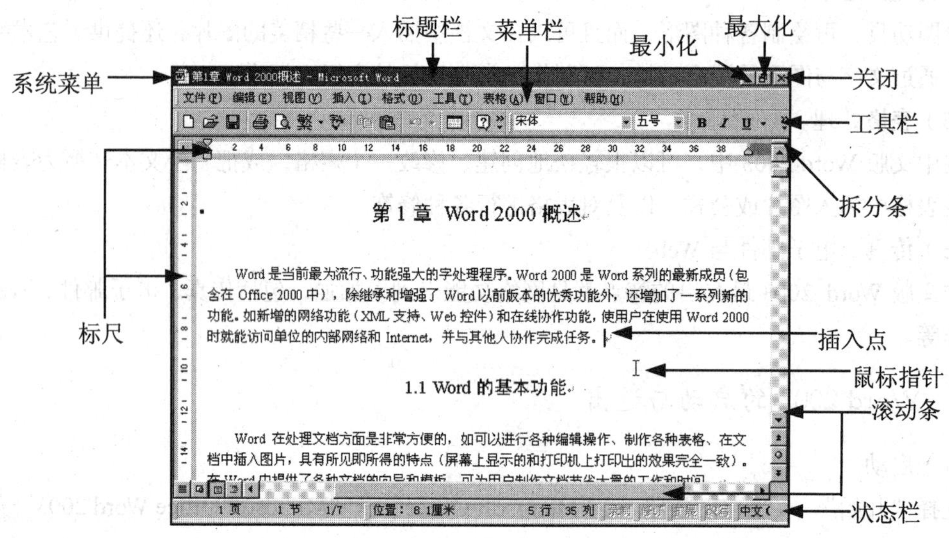

图 4-1 Word 2003 窗口

Word 中有许多的工具栏，通常会显示常用和格式两个工具栏。

Word 的工具栏可以浮动，用鼠标拖动工具栏左端（标有浅灰色突出点细线），可以将其拖动到屏幕的任何位置。对于浮动在文档窗口中的工具栏，用鼠标拖动其标题栏可以将其拖动到屏幕的其他位置。

用户可以在工具栏上添加、删除按钮，如可以在常用工具栏右侧添加公式编辑器按钮$\boxed{\sqrt{\alpha}}$。

在工具栏上添加或删除按钮的操作步骤如下。

第 1 步：选择“工具”→“自定义”菜单命令，或选择“视图”→“工具栏”→“自定义”菜单命令，弹出“自定义”对话框，如图 4-2 所示。

第 2 步：在“自定义”对话框中单击“命令”选项卡。

第 3 步：在“类别”列表框中找到命令的类别，然后在“命令”列表框中找到命令，将其拖动到工具栏的相应位置，就会出现一个工具按钮。

如在“类别”列表框中找到“插入”命令，然后在“命令”列表框中找到公式编辑器，将其拖动到工具栏的相应位置，就会出现公式编辑器按钮$\boxed{\sqrt{\alpha}}$。

若要删除某个按钮，首先打开“自定义”对话框，再将工具栏中的某个按钮拖出工具栏即可。

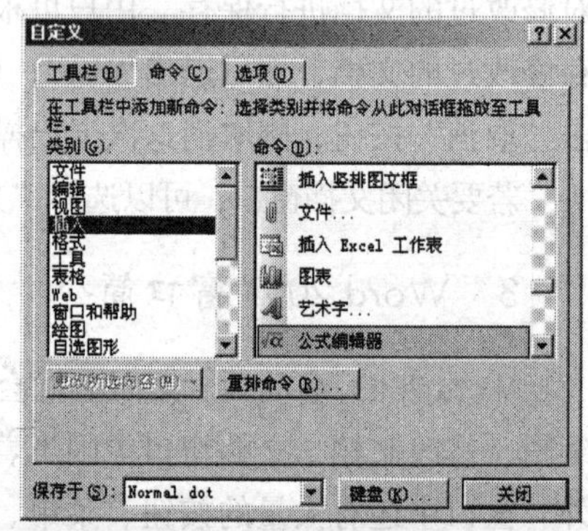

图 4-2 “自定义”对话框

以上有关工具栏显示与隐藏、按钮的添加与删除，同样适用于 Excel 和 PowerPoint。对菜单栏也可添加或删除菜单命令，其操作与工具栏按钮的添加与删除操作是类似的。

（3）滚动条。

当文档窗口内无法显示出所有的文档内容时，在窗口的右边框或下边框处就会出现一个垂直的或水平的滚动条，以便查看窗口中的其他内容。垂直滚动条使窗口中的内容上下滚动，水平滚动条使窗口中的内容左右滚动。使用滚动箭头也可以滚动窗口中的内容。

（4）标尺。

标尺位于文档窗口的左边和上边，分别称为垂直标尺和水平标尺。

控制标尺的显示与否可以使用“视图”→“标尺”菜单命令。使用水平标尺可查看和设置段落的缩进、左右页边距、制表位和栏宽等。

垂直标尺可在页面视图中显示，使用它可以调整上下页边距及表格的行高。

（5）拆分条。

垂直滚动条上端的小细框，可以通过下拉它而将窗口拆分为两个窗口。

（6）状态栏。

状态栏位于窗口的底部，在其中显示了 Word 各种信息。这些信息包括：

n 页	当前显示的是文档的第 *n* 页；
n 节	当前显示的是文档的第 *n* 节；
n/*m*	显示出当前文档的总页数（*m*）和当前是第 *n* 页；
位置：*m.n* 厘米	当前插入点距页顶的距离为 *m.n* 厘米；
n 行	当前插入点位于该页的第 *n* 行；
n 列	当前插入点位于该页的第 *n* 列；
录制	宏记录设置的开关显示；
修订	Word 处于修订状态；
扩展	扩展选定（【F8】）开关状态显示；
改写	Word 处于改写/插入状态；
语言	当前选择的拼写检查语言；
拼写和语法状态	拼写和语法检查状态显示；
后台保存	后台保存显示。

状态栏的显示和隐藏可以使用“工具”→“选项”菜单命令，在弹出的“选项”对话框的“视图”选项卡中进行操作。

（7）选定栏。

文档窗口左边的一列空列，无任何标记，当把鼠标指针移动到这里时，鼠标指针将变为指向右上方的箭头↗。使用选定栏可以选定文本。

4. 基本的文档操作

要对文档进行处理，就必须打开文档或建立一个新的文档。在编辑的过程中，一定要随时保存文档。

（1）新建文档。

每次进入 Word 后，它会自动地为用户建立一个基于空白文档模板的空文档，并将其命名为“文档 1”，表示这是在启动 Word 后建立的第一个文档。

若文档是在启动 Word 之后建立的新文档，这个文档将根据情况来编号：第二个新文档被命名为文档 2，第三个新文档被命名为文档 3……即使保存并关闭了文档 1，下一个文档的编号仍为文档 2。

在 Word 启动后，要建立一个新文档，可执行如下操作。

第 1 步：选择“文件”→“新建”菜单命令，弹出“新建文档”任务窗格。

第 2 步：单击“空白文档”链接，就可以建立一个新文档。

也可以单击常用工具栏中的“新建”按钮（或按【Ctrl】+【N】快捷键），Word 将自动建立一个空白文档。

（2）打开文档。

启动 Word 后，若要对已有的文档进行编辑，必须首先打开它。

打开文档的操作步骤如下。

第 1 步：选择“文件”→“打开”菜单命令，或单击常用工具栏中的“打开”按钮，或按【Ctrl】+【O】快捷键，这时屏幕上出现“打开”对话框。

第 2 步：在“查找范围”下拉列表框及它下面的列表框中选定要打开的文档所在的位置：驱动器、文件夹、Internet 位置、收藏夹、Web 文件夹等。

磁盘驱动器包括硬盘、U 盘、光盘、网络驱动器等。

第 3 步：在“文件类型”下拉列表框中选定要打开文件的类型。

第 4 步：在“文件名”下拉列表框中输入要打开的文件名或在其上的列表框中选定文件名，选定的文件名将出现在“文件名”下拉列表框中。

第 5 步：单击“打开”按钮，指定的文件就会显示在 Word 窗口中。

对于最近使用过的文档，Word 会在“文件”菜单的底部显示出来。要想打开其中的一个，直接选择文档名就可以了。

（3）保存文档。

保存文档是把文档作为一个文件保存在磁盘上。正在编辑的文档驻留在内存和磁盘上的临时文件上，只有保存了文档，用户的工作才能保存下来。否则，退出 Word 后，所编辑或修改的文档就会丢失。

使用“文件”→“保存”菜单命令（或按【Ctrl】+【S】快捷键），可以用当前的文件名保存。对于新建的文档，使用“保存”菜单命令时会出现“另存为”对话框，要求输入保存文件的驱动器、文件夹、文件类型、文件名等信息，操作方法与打开文档的操作方法类似。Word 默认的文件扩展名为.doc。

使用“文件”→“另存为”菜单命令，可以将当前编辑的文档以另一个文件名保存。使用“另存为”命令，对于要创建一个在原来文件基础上稍做修改的文件来说是非常有用的。

编辑文档时，可以让 Word 自动每间隔一段时间重新保存一次文档，使用这个功能可以选择“工具”→“选项”菜单命令，在弹出的“选项”对话框的“保存”选项卡中，选择“自动保存时间间隔”复选框，然后输入间隔时间即可。

（4）视图模式。

视图模式是指文档的浏览方式。Word 中有多种视图模式，使用它们可以以不同方式浏览文档，对文档进行相应的操作。一般来说，对不同的操作，其最佳的视图模式是不同的。

① 普通视图。普通视图模式可用于文本的录入与编辑、简单的排版，如字符的格式等。普通视图显示了文字的格式，但是简化了页面的布局，这样可快速键入或编辑文字。

普通视图对正文外部的区域，如页眉、页脚、脚注、页号、页边距等都显示不出来。在这种模式下，文本输入超过一页时，编辑窗口中会出现一条虚线，这就是分页符。

② 页面视图。在页面视图中，屏幕上看到的文档就像实际打印出来的一样。页面视图对于编辑页眉和页脚、调整页边距以及处理分栏、图形对象和边框等都是很方便的。

在普通视图中看不到的分页符，在页面视图下就可以明显地看见页面被分成两页。

③ Web 版式视图。Web 版式视图优化了屏幕布局，文档具有最佳的屏幕外观，使得联机阅读更容易。正文显得大一些，并且文本自动折行以适应窗口，而不以实际的打印效果显示。

④ 大纲视图。使用大纲视图可以很方便地查看文档的结构，如图 4-3 所示。这对于报告文体和书籍章节的排版是特别方便的。在这种视图下，可以通过对标题的操作来移动、复制或重新组织文档，还可以折叠文档，只查看主标题、扩展文档或查看整个文档等。

在大纲视图模式下，屏幕上新增加了一个大纲工具栏，如图 4-3 所示。

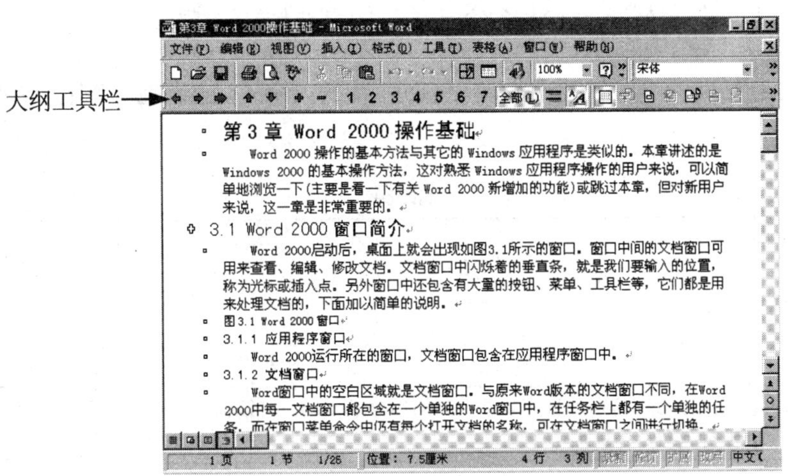

图 4-3 大纲视图模式

在大纲视图下，文本的选定更加方便，只要单击段落前的小方框或标题前的“+”符号，就可以选定该段文本或该标题下的全部子标题和文本。

⑤ 阅读版式视图。若打开文档是为了进行阅读，那么阅读版式视图将优化阅读体验。阅读版式视图会隐藏除“阅读版式”和“审阅”工具栏以外的所有工具栏。

阅读版式视图的目标是增加可读性，文本是采用 Microsoft ClearType 技术自动显示的，可以方便地增大或减小文本显示区域的尺寸，而不会影响文档中的字体大小。

阅读版式视图中显示的页面被设计为适合用户的屏幕；这些页面不代表在打印文档时所看到的页面。如果要查看文档在打印页面上的显示，而不切换到页面视图，可单击“阅读版式”工具栏上的“实际页数”按钮。

要停止阅读文档时，可单击“阅读版式”工具栏上的“关闭”按钮、按【Esc】键或【Alt】+【C】快捷键，可以从阅读版式视图切换回来。

⑥ 视图模式之间的切换。在普通视图、页面视图、大纲视图、Web 版式视图下，文档窗口的水平滚动条的左边有 5 个按钮，分别是“普通视图”按钮、“Web 版式视图”按钮、“页面视图”按钮、“大纲视图”按钮和“阅读版式”按钮，可用来在其他视图下，转换到该视图。

另外一种切换方法是使用“视图”菜单中的“普通视图”、“Web 版式视图”、“页面视图”、“大纲视图”和“阅读视图”菜单命令，从当前视图模式转换到另一种视图模式。

（5）显示比例。

除阅读版式视图外，在任何一种视图模式下，都可以根据需要选择不同的显示比例。

选择显示比例可使用常用工具栏中的“显示比例”下拉列表框或选择“视图”→“显示比例”菜单命令。

（6）全屏显示。

全屏显示方式将隐藏大多数屏幕元素，以更大的空间来显示文档内容。切换到全屏显示方式的方法是选择“视图”→“全屏显示”菜单命令。

在全屏显示方式中，屏幕上有一个“关闭全屏显示”按钮，用于切换回以前的视图。也可以按【Esc】键切换回以前的视图。

（7）窗口操作。

Word允许用户同时打开多个文档以及对多个文档同时进行编辑。

Word可以将正在编辑的活动文档拆分为两个窗格，使得同一个文档在上、下两个窗格内显示内容。这样，用户可以将同一个文档中两个不同页面的内容同时显示在屏幕上。常用窗口的操作如表4-1所示。

表4-1 窗口操作

操作项目	操作方法
窗口切换	选择“窗口”菜单下的文档名，或者在任务栏上单击对应的按钮
窗口重排	选择“窗口”→“全部重排”菜单命令
拆分窗口	选择“窗口”→“拆分”菜单命令，然后拖动窗格分隔线
	将鼠标指针移到垂直滚动条上方的拆分条▬上，当鼠标指针变成÷形状时，拖动鼠标或双击拆分条

4.2 文档的编辑

文字录入与编辑文档是文档编辑的基本操作，Word 2003使用户可轻松、方便地完成这些操作。

4.2.1 输入文本

打开或新建文档后，就可以向文档中输入文本了。Word 2003的输入文本功能是非常方便的，它提供了很多自动功能供用户使用。

1. 改写/插入状态

状态栏中的“改写”若为灰色，则表示当前的输入状态为插入状态，即表示输入的文本将插入到当前光标指示的位置，其后的文本自动后移；状态栏中的“改写”若为正常显示状态，则表示当前的输入状态为改写状态，输入的文本将取代其后的文本内容。

改写/插入状态的切换可通过双击状态栏上的“改写”按钮或按【Insert】键来实现。

2. 输入文本

屏幕上不停闪烁的短竖线，就是插入点，表示输入的文本、字符将插入或改写的位置。

英文直接输入就可以了，输入的过程中Word会自动将句首的字母大写，并能自动检查出拼读错误的单词。

Word会自动更正一些简单的输入错误，如hte（the）和nad（and）。若错误地拼写了一个不太常用的词，Word会在该单词下面标上红波浪线。若Word认为有语法错误，则会在错误下面标上绿

波浪线。若想要修改它，可按【Backspace】键，直到错误消除（标记消失），再重新输入文本。

若要输入中文，可单击任务栏上的输入法按钮，在弹出的输入法菜单中选择要使用的汉字输入方法，如拼音、五笔字型、双拼等，然后输入中文。

3. 字符的重复输入

在输入字符的过程中，经常要重复一些字词，如“好好”、“来来往往”等，若一个字一个字输入的话，就有些太麻烦了，可使用下面介绍的方法来快速输入。

首先输入要重复的字或词，如“好”、“来”等，然后按【F4】键就可以实现重复输入了。

对于英文字、词的重复也是如此。

4. 插入符号

对一些键盘无法直接输入的符号，如希腊字母“α、β”等，可以使用中文输入法提供的软键盘或 Word 提供的插入符号功能来实现。

使用 Word 提供的插入符号的方法：选择“插入”→“符号”菜单命令，这时弹出“符号”对话框，如图 4-4 所示；在该对话框中选择“符号”选项卡，然后在“字体”下拉列表框中选择需要的字体（汉字只有标准字体），在“子集”下拉列表框中选择需要符号的子集，当其下的列表框中出现所需要的符号时，双击它或在选定它后单击“插入”按钮，就可以将该符号插入到文档中光标所在的插入点处。

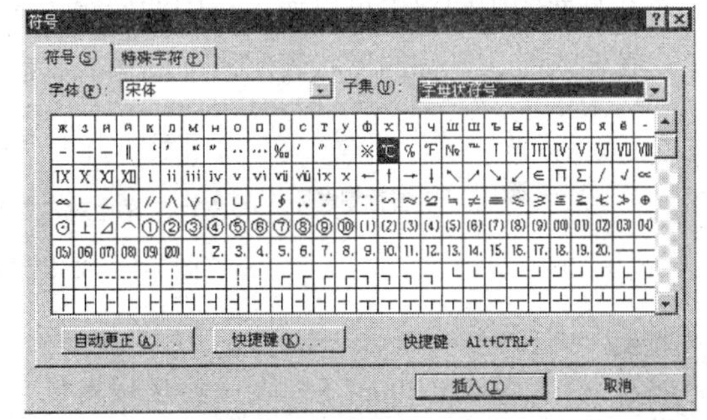

图 4-4　“符号”对话框

对一些特殊的符号，如“©、®、™”等，可以使用“符号”对话框中的“特殊字符”选项卡进行插入。

5. 输入回车符

一个段落可以由一些字符或若干行字符组成，也可以是一个空行。按回车键可以换行及产生一个新行，也就是说，按回车键可标志一个段落的结束和一个新段落的开始。

在输入的过程中，若一行容纳不下较长的文本，在行末不必也不可以按回车键，因为在输入的文本到达行末时，Word 会自动转到下一行继续输入，这一特性称之为“字符回绕”。只有在开始一个新的段落或产生一个空行时，才需要按回车键。

若要让输入过程中的非打印字符在屏幕上显示出来，可以单击常用工具栏上的“显示/隐藏”按钮 。再次单击该按钮，这些字符就会被隐藏起来。

6. 输入时的自动功能

Word 2003 提供了许多输入文本时的自动功能，使文本的输入变得轻松而迅速，在很多情况下，Word 会替用户做一些想要做的工作。

（1）自动插入项目符号和编号。

当以数字或“*”创建列表时，Word 就会自动在其后面输入的每一项前插入编号和项目符号。

若在输入时不再需要编号或项目符号，只要单击格式工具栏上的“编号”按钮或“项目符号”按钮就可以了。

（2）自动插入边框线。

若要在文档中插入细边框线，可在一行的开始处连续输入3个或3个以上的连字符“-”，并按回车键，Word就会用细边框线代替这些字符。

若要在文档中插入双边框线，可在一行的开始处连续输入3个或3个以上的等号“=”，并按回车键，Word就会用双边框线代替这些字符。

7. 即点即输

可以在页面的任意位置双击，然后在当前位置键入文本。

在页面的右边双击可以输入右对齐的文本，并且文本的方向为从右向左。

在页面的中间双击可以输入居中的标题，或将需要的文档插入。

在输入时，光标的形状表明当前的输入状态，如图4-5所示。

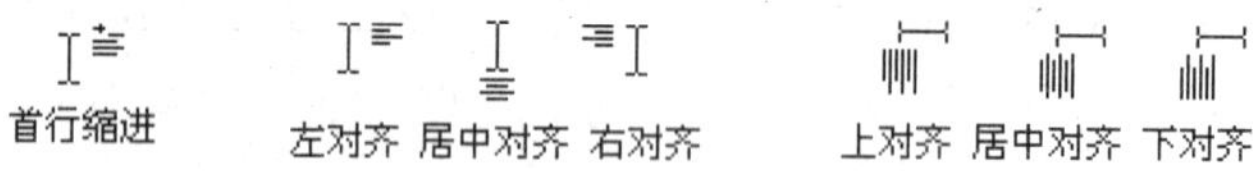

首行缩进　左对齐　居中对齐　右对齐　上对齐　居中对齐　下对齐

图4-5　文本键入时光标的形状

Word 2003不能在一些区域内使用“即点即输”功能，这些区域是多栏、项目符号和编号列表、浮动对象旁边、具有上下型文字环绕方式的图片的左边或右边、缩进的左边或右边；也不能在一些视图中使用“即点即输”功能，这些视图是普通视图、大纲视图和打印预览视图。

8. 记忆式键入

在输入文本的过程中，可能需要输入日期、月份和其他一些常用的名称。如果忘记了日期或没有记住这些名称，很幸运的是Word会自动提示用户。

在输入的过程中，Word会自动提示尚未键入的部分包括：

- 当前日期；
- 一周7天的名称；
- 用户的名字及所在公司的名称；
- 自动图文集词条。

如今天是1998年11月26日，当输入“1998”时，Word会自动提示“1998/11/26”，按回车键接收提示，未键入的部分会自动补上。

插入自动图文集词条时，首先将光标定位到需要插入的位置，然后选择“插入”→“自动图文集”菜单中的相应菜单命令就可以了。

9. 自动更正和自动图文集

自动更正和自动图文集都可以存储常用的文本和图形，并可以将其命名为一个词条，以便在

需要时利用词条快速地插入这些文本和图形。

（1）自动更正。

所谓自动更正，一般是指对英文缩写的展开或更正英文中的错词。创建自动更正词条的操作步骤如下。

第 1 步：选择要存入自动更正的文本或图形（对于文本，也可以直接在“自动更正”对话框的“替换为”文本框中输入）。

第 2 步：选择“工具”→“自动更正”菜单命令，弹出“自动更正”对话框，如图 4-6 所示。

第 3 步：在该对话框的“替换”文本框中输入词条名，单击“添加”按钮。

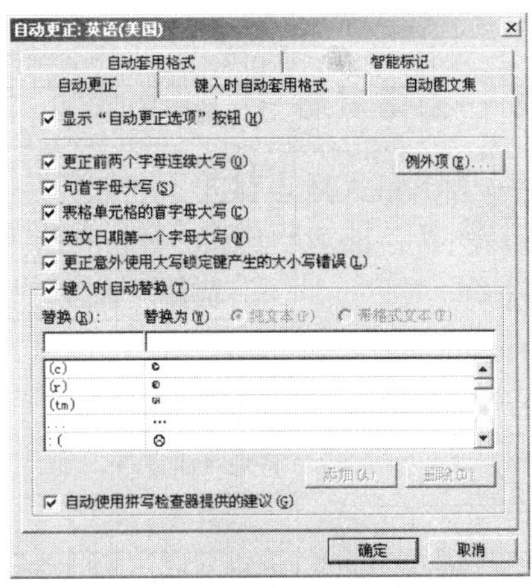

图 4-6　“自动更正”对话框

若要引用自动更正词条，采用的操作步骤如下。

第 1 步：将插入点移动到需要插入这些图文的地方。

第 2 步：若词条名不采用汉字，可输入词条名，再按空格键或输入标点，则存储在自动更正中的图或文字就会插入到插入点所在位置；若词条名使用汉字，则词条名一旦输入，系统会立即输入相关内容。

若要删除自动更正词条，采用的操作步骤如下。

第 1 步：选择“工具”→“自动更正”菜单命令，打开“自动更正”对话框。

第 2 步：在“自动更正”对话框的列表框中找到要删除的词条，单击“删除”按钮即可。

（2）自动图文集。

自动图文集是指用来存储要重复使用的文字或图形等对象的位置，例如，用于信函的称呼和结束语等。每个所选文字或图形等对象录制为一个“自动图文集”词条并为其指定唯一的名称。

创建自动图文集词条的操作步骤如下。

第 1 步：选择要存入自动图文集的文本或图形等对象。

第 2 步：选择“插入”→“自动图文集”→“新建”菜单命令，在出现的“创建自动图文集”对话框中输入词条名，单击“确定”按钮即可。

若要引用自动图文集，可将插入点移动到需要插入这些图文的地方，然后输入词条名，按【F3】键，这时存储在自动图文集中的图或文字就会插入到插入点所在位置。

若要删除自动图文集词条，可选择“插入”→“自动图文集”→“自动图文集”菜单命令，在出现的“自动更正”对话框的“自动图文集”选项卡中选择要删除的词条，再单击“删除”按钮即可。

4.2.2　文本的浏览与选定

1. 浏览文本

当一篇文档的长度超过文档窗口的高度，或要改变文档在窗口中的位置时，就要滚动文档，这时可以用鼠标也可以用键盘来操作，如表 4-2 所示。

表 4-2 用鼠标和键盘滚动文档的操作

使用设备	滚动方向	操作
鼠标	上移一行	单击上滚动按钮▲
	下移一行	单击下滚动按钮▼
	上滚一屏	单击上滚动按钮▲与滚动块之间的空白处
	下滚一屏	单击下滚动按钮▼与滚动块之间的空白处
	向上移一页	单击上一个按钮
	向下移一页	单击下一个按钮
	移动到文档适当的位置	拖曳滚动块到适当的位置
	插入点移动到文档适当的位置	拖曳滚动块到适当的位置后单击
	左移	单击左滚动按钮◀
	右移	单击右滚动按钮▶
键盘	左移一个字符	【←】
	右移一个字符	【→】
	左移一个单词	【Ctrl】+【←】
	右移一个单词	【Ctrl】+【→】
	上移一行	【↑】
	下移一行	【↓】
	上移一段	【Ctrl】+【↑】
	下移一段	【Ctrl】+【↓】
	移至行首	【Home】
	移至行尾	【End】
	移至窗口顶部	【Alt】+【Ctrl】+【PgUp】
	移至窗口底部	【Alt】+【Ctrl】+【PgDn】
	上移一屏	【PgUp】
	下移一屏	【PgDn】
	移至下页顶端	【Ctrl】+【PgDn】
	移至上页顶端	【Ctrl】+【PgUp】
	移至文档尾	【Ctrl】+【End】
	移至文档首	【Ctrl】+【Home】
	移至前一个编辑处	【Shift】+【F5】

2. 选定文本

在对文本进行编辑操作前，必须告诉 Word 要对哪些文本进行操作。选定文本即高亮要处理的文本（反白显示），就是告诉 Word 处理是针对这些文本进行的。

使用鼠标和键盘选定文本的操作如表 4-3 所示。

表 4-3　　文本的选定操作

选定内容	鼠标操作	键盘操作
单词	双击	【Shift】+【→】或【Shift】+【←】
一句	按住【Ctrl】键单击	
一行	在选定栏单击	光标移至行首按【Shift】+【End】 光标移至行末按【Shift】+【Home】
连续多行	在选定栏拖动	光标移至第一行行首连续按【Shift】+【↓】 光标移至第一行行末连续按【Shift】+【↑】
一段	在该段选定栏双击，或在该段任意位置单击 3 次	光标移至段首按【Ctrl】+【Shift】+【↓】 光标移至段末按【Ctrl】+【Shift】+【↑】
连续多段	在选定栏双击并拖动	光标移至首段段首连续按【Ctrl】+【Shift】+【↓】 光标移至最后一段段末连续按【Ctrl】+【Shift】+【↑】
任意两定点间	单击第一指定点，按住【Shift】键然后单击第二指定点 从第一指定点拖动到第二指定点	光标移至第一指定点，然后按【Shift】+【→】、【Shift】+【←】、【Shift】+【↓】或【Shift】+【↑】
整个文件	在选定栏单击 3 次	【Ctrl】+【A】或【Ctrl】+【5】（小键盘）
一个图形	单击该图形	
页眉或页脚	在页面视图下，双击页眉或页脚	
列文本块	按住【Alt】键，拖动鼠标	

使用【Shift】键与其他键的组合，可以选定文本。其操作为：首先将光标移动到需要选定的起始位置，然后按住【Shift】键，则光标所经过的字符都可选定，具体的操作方法如表 4-4 所示。

表 4-4　　使用键盘选定文本

将要选定的范围扩展到	操　作
左/右侧一个字符	【Shift】+【←】/【Shift】+【→】
单词开始/结尾	【Ctrl】+【Shift】+【←】/【Ctrl】+【Shift】+【→】
行首/行尾	【Shift】+【Home】/【Shift】+【End】
上一行/下一行	【Shift】+【↑】/【Shift】+【↓】
段首/段尾	【Ctrl】+【Shift】+【↑】/【Ctrl】+【Shift】+【↓】
上一屏/下一屏	【Shift】+【PgUp】/【Shift】+【PgDn】
窗口结尾	【Ctrl】+【Alt】+【PgDn】
文档开始/结束处	【Ctrl】+【Shift】+【Home】/【Ctrl】+【Shift】+【End】
整个文档	【Ctrl】+【A】
列文本块	【Ctrl】+【Shift】+【F8】，然后使用箭头键，按【Esc】键取消选定内容

4.2.3　文本的删除、移动和复制

1. 替换文本

若要用输入的一段文本替换文档中已有的文本，可先选定要被替换的文本，然后输入新的文本就可以了。

2. 删除文本

选定要删除的文本，按【Backspace】键、【Delete】键或选择“编辑”→“剪切”菜单命令均可。

3. 撤销与恢复

选择“编辑”→“撤销××”菜单命令（或单击常用工具栏中的“撤销××”按钮或按【Ctrl】+【Z】快捷键），可以撤销上一次的操作。在 Word 中可以一直使用撤销命令，甚至可以恢复到文档的原始状态。

恢复功能与撤销功能正好相反，它可以恢复撤销的操作。其操作方法是选择“编辑”→“恢复××”菜单命令或单击常用工具栏上的“恢复××”按钮。

4. 文本的移动

文本的移动可以使用鼠标拖动方法或使用剪贴板来实现。

（1）使用鼠标拖动移动文本。

若移动的文本距所要移动的距离不太远，如在编辑窗口内或页面内，可以采用这种拖动方法，其操作步骤如下。

第 1 步：选定需要移动的文本。

第 2 步：将鼠标指针指向选定的文本，这时鼠标指针变为指向左上的箭头形状。

第 3 步：按下鼠标左键，这时鼠标指针为形状将其拖动到要插入文本的位置，松开鼠标即可。

（2）使用剪贴板移动文本。

若要移动的文本距离较远，用鼠标拖动就不太方便，这时最好使用剪贴板。

使用剪贴板移动文本的操作步骤如下。

第 1 步：选定需要移动的文本。

第 2 步：选择“编辑”→“剪切”菜单命令或单击常用工具栏中的“剪切”按钮，将选定的内容剪切到剪贴板中。

第 3 步：将鼠标指针移动到要插入文本的位置（可以是当前文档、其他文档或其他应用程序中），然后选择“编辑”→“粘贴”菜单命令或单击常用工具栏中的“粘贴”按钮。

5. 文本的复制

使用复制功能可以在已有工作的基础上进行适当的修改，完成要做的工作。文本的复制操作与移动操作类似。不同点是使用鼠标操作时，在第 3 步先按住【Ctrl】键；使用剪贴板时，在第 2 步选择“编辑”→“复制”菜单命令。

在移动和复制时使用的菜单命令、工具栏按钮和快捷方式如表 4-5 所示。

表 4-5　　移动和复制文本的操作

操　作	菜单命令	工具栏按钮	快捷键
复制	“编辑”→“复制”		【Ctrl】+【C】
剪切	“编辑”→“剪切”		【Ctrl】+【X】
粘贴	“编辑”→“粘贴”		【Ctrl】+【V】

6. 关于剪贴板

从前面的讨论中，我们可以看出移动与复制都用到了剪贴板，剪贴板是用来临时存放文本（对象）的一块内存区域。在 Word 2000 之前，复制或剪切后，原来剪贴板中的内容就会被覆盖。也就是说，一次只能存放一个复制的文本（对象）。在 Word 2003 中，可以不停地向剪贴板中复制文本（对象），最多可复制 24 次。选择“视图”→“任务窗格”菜单命令，在右侧的任务窗格中选择“剪贴板”，这时的任务窗格如图 4-7 所示。

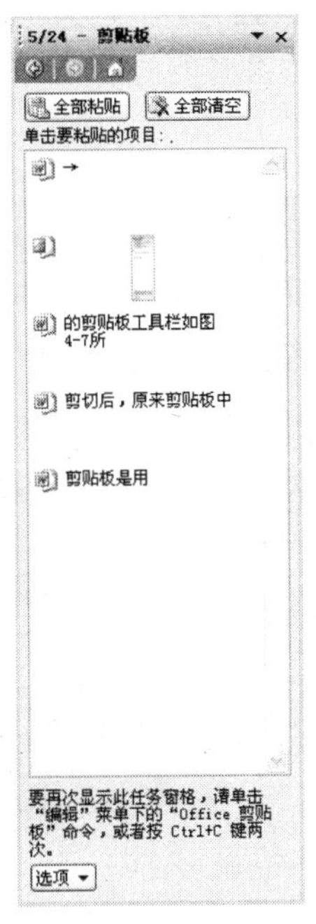

图 4-7　“剪贴板”任务窗格

剪贴板上复制的内容可单个粘贴，也可全部粘贴。将光标移动到需要粘贴的位置，单击“剪贴板”任务窗格上的一个剪贴板，就可以粘贴一个；单击“全部粘贴”按钮，可全部粘贴。

4.2.4　查找与替换

使用 Word 强大的查找与替换功能，可以加快文档的编辑速度。查找可以指定格式及一些特定项，如段落标记或图形，也可以替换英文单词的各种形式（如过去式、过去分词、现在分词等），还可以使用通配符简化查找操作。

1. 查找文本

查找文本功能可以帮助用户查找文档中是否有指定的文本存在。

查找文本的操作步骤如下。

第 1 步：选择“编辑”→“查找”菜单命令或按【Ctrl】+【F】快捷键，这时出现“查找和替换”对话框，如图 4-8 所示。

第 2 步：在“查找内容”下拉列表框中输入要查找的文本。

第3步：单击“查找下一处”按钮，这时Word就开始查找指定的文本。当找到第一处要查找的文本时，Word就会停下来，并把找到的文本高亮显示出来。若对找到的位置要进行简单编辑处理，而又不关闭“查找和替换”对话框，可单击编辑窗口的任意位置，然后进行编辑，编辑完成后，若要返回到“查找和替换”对话框，单击该对话框的任意位置即可。

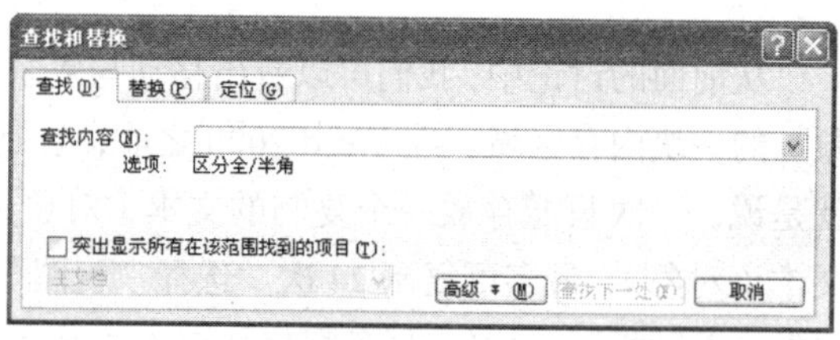

图4-8 “查找和替换”对话框的“查找”选项卡

查找到后，若不是用户所需要的位置，可以再次单击“查找下一处”按钮，继续进行查找工作。

2. 高级查找

上面所讲的查找为常规查找，它将逐一查找出查找内容在文档中出现的所有地方。而使用高级查找，可以给查找指定一些条件，从而缩小查找的范围，快速找到需要的地方。

单击“查找和替换”对话框中的高级按钮，这时的对话框如图4-9所示。

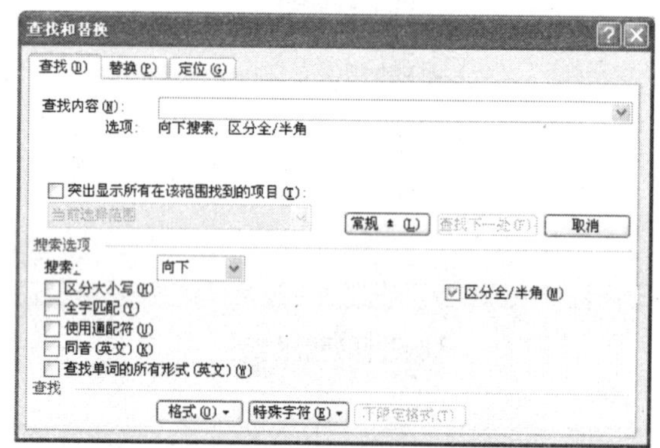

图4-9 “查找和替换”对话框的高级形式

“搜索”下拉列表框可用来确定查找的范围。

其中的6个复选框可为“查找内容”下拉列表框或“替换为”下拉列表框中的内容设置匹配形式：区分大小写、全字匹配、使用通配符、同音、查找单词的所有形式、区分全/半角等。“格式”按钮用来设置“查找内容”下拉列表框或“替换为”下拉列表框中文本的格式。“特殊字符”按钮用来选择作为查找或替换内容的一些特殊符号。“不限定格式”按钮用来取消对“查找内容”下拉列表框或“替换为”下拉列表框中设置的文本格式。

在确定了查找范围之后，单击“查找下一处”按钮，Word就从光标所在位置按指定的搜索方向进行查找。

3. 替换文本

替换文本是指用一段文本替换文档中所指定的文本，如将文档中的“计算机”一词替换为红色的文字“电脑”。

替换文本的操作步骤如下。

第1步：选择“编辑”→“替换”菜单命令或按【Ctrl】+【H】快捷键，这时出现“查找和替换”对话框，如图4-10所示。

第 2 步：在“查找内容”下拉列表框中输入要替换的文本，如“计算机”。

第 3 步：在“替换为”下拉列表框中输入替换的文本，如“电脑”。

第 4 步：单击“高级”按钮。

第 5 步：单击“替换为”文本框。

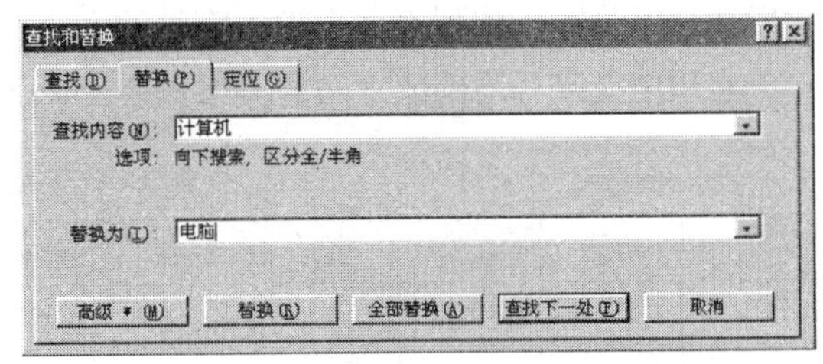

图 4-10　“查找和替换”对话框的“替换”选项卡

第 6 步：单击“格式”按钮，选择下拉列表中的“字体”菜单命令，弹出“字体”对话框。

第 7 步：在“字体”对话框中将“字体颜色”设置为红色，关闭“字体”对话框，返回到“查找和替换”对话框。

第 8 步：单击“查找下一处”按钮。

第 9 步：当查找到要查找的文本后，单击“替换”按钮可以替换查找到的文本；单击“全部替换”按钮，可以将文档中所有出现的文本都进行替换。

4.3 文档排版

在我们学会了文本的输入和简单的编辑操作后，就可以制作一篇文档了。在制作的文档中，还可以对文档进行格式化，即对字体、字形、字号、行间距、段落格式、分页、样式、页眉、页脚、边界等进行设置。

文档排版有“事后”定义和“事先”定义两种方法。“事先”定义是指先定义好格式，然后输入文本；“事后”定义是指文本输入后，选定文本，然后设置格式。

本节讨论的是文档的“事后”格式化与排版操作。

4.3.1　字体格式

1. 字体、字形、字号的设置

Word 启动后默认的字体为宋体、字形为常规、字号为 5 号字。要设置新的字体、字形和字号，其操作步骤如下。

第 1 步：选定需要设置字体、字形和字号的文本。

第 2 步：设置字体、字形和字号。

设置字体、字形和字号有两种方法。

（1）使用格式工具栏。

格式工具栏中的“字体”下拉列表框［宋体］和“字号”下拉列表框［小五］可以分别用来设置字体和字号；“加粗”按钮［B］、“倾斜”按钮［I］和“下划线”按钮［U］可用来设置字形（其快捷键分别为【Ctrl】+【B】、【Ctrl】+【I】和【Ctrl】+【U】）。

中文字号包括：初号、小初号、一号、小一号、二号、小二号、……、六号、小六号、七号、八号。字号越小，对应的字符越大。英文字号（单位为磅）包括：5、5.5、6.5、7.5、8、9、10、11、12、14、16、18、20、22、24、26、28、36、48、72。数字越大，对应的字符越大。用户也可以在“字号”下拉列表框中输入字号的大小数值（单位为磅）。

常用中文字号与磅值之间的关系如表 4-6 所示。

表 4-6　常用字号与磅值之间的对应关系

字号	磅值	毫米	字号	磅值	毫米	字号	磅值	毫米	字号	磅值	毫米
初号	42	14.82	二号	22	7.76	四号	14	4.94	六号	7.5	2.65
小初	36	12.70	小二	18	6.35	小四	12	4.23	小六	6.5	2.29
一号	26	9.17	三号	16	5.64	五号	10.5	3.7	七号	5.5	1.94
小一	24	8.47	小三	15	5.29	小五	9.0	3.18	八号	5	1.76

（2）使用“字体”对话框。

选择“格式”→“字体”菜单命令，这时会出现“字体”对话框，如图 4-11 所示。

【例】输入十六进制数转换成二进制数的式子：$(F)_{16} = (1111)_2$。其操作步骤如下。

第 1 步：输入(F)16 = (1111)2。

第 2 步：选定 16。

第 3 步：选择“格式”→“字体”菜单命令，打开“字体”对话框。

第 4 步：选中“下标”复选框，单击“确定”按钮。

第 5 步：对下标 2，执行第 2 步到第 4 步的操作。

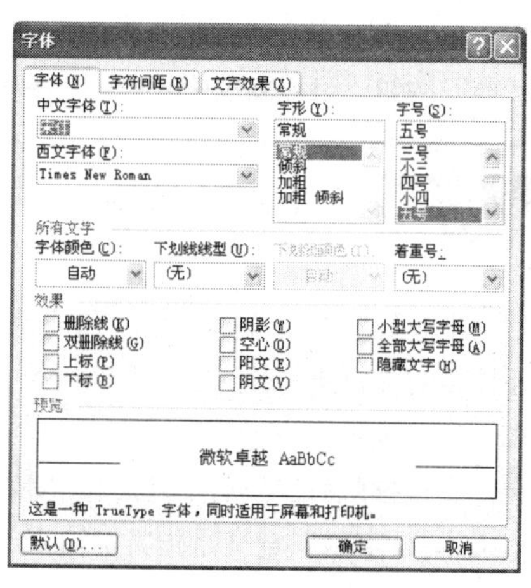

图 4-11　“字体”对话框

2. 字体颜色、下划线和着重号的设置

使用“字体”对话框中的“所有文字”选项组，可以设置字体的颜色、下划线和着重号。

3. 字体效果的设置

使用“字体”对话框中的“效果”选项组可以设置字体的效果，如~~删除线~~、~~双删除线~~、上标、下标、阴影、空心、阳文、阴文、小型大写字母（ABCD）和隐藏文字（在屏幕上不显示、可打印或不打印）。

4. 字符间距的设置

在“字体”对话框中选择“字符间距”选项卡，在其中可以调整字符与字符之间的水平距离和垂直距离。字符间距的选项有：标准、加宽和紧缩。位置也有 3 种选择：标准、提升和降低。

5. 动态效果的设置

在“字体”对话框中选择“文字效果”选项卡，可以为字符设置各种动态效果。这些效果只能在屏幕中显示，不能在打印机上打印出来。

4.3.2　段落格式

在 Word 中用回车产生的段落标记↵，不仅表明一个段落的结束，同时还包含有段落的格式，因此删除了该标记就删除了段落的格式。

选定段落只要将光标放在段落中的任意位置就可以了。

段落的格式包括对齐方式、缩进、行间距、段落间距和制表位等。

1. 标尺

标尺（默认的度量单位为厘米）有水平标标尺与垂直标尺。标尺的显示与否与视图模式有关，在普通视图、Web 视图中只有水平标尺，在页面视图中两者都有，在大纲视图中则没有标尺。使用标尺在排版时是非常方便的，如对制表位、页边界、缩进等的操作。

选择“视图”→“标尺”菜单命令可以切换标尺的显示或隐藏。当显示标尺时，“标尺”菜单命令前有复选标记，否则没有。

2. 制表位

（1）制表位的分类与功能。

在对文本进行排版时，有时需要按规定的方式对齐文本，如左对齐、右对齐、居中对齐、小数点对齐、竖线对齐等。这时可以通过制表位来实现。制表位的类型显示在水平标尺与垂直标尺交界处的按钮上，单击它可在这些类型之间切换。

Word 提供的制表位及其功能如表 4-7 所示。

表 4-7　　制表位的类型及其功能

符　号	名　称	功　能
⌊	左对齐制表位	文本在制表位处左对齐
⊥	居中对齐制表位	文本在制表位处居中对齐
⌋	右对齐制表位	文本在制表位处右对齐
⊥.	小数点对齐制表位	数字的小数点在制表位指定的位置对齐
|	竖线对齐制表位	在制表位所在处加一条竖线，以后每按一次回车键，竖线向下延伸一行
▽	首行缩进制表位	设置段落的首行缩进
⊔	悬挂缩进制表位	设置段落的悬挂缩进

（2）制表位的设置与使用。

制表位可使用标尺和对话框进行设置。

① 使用标尺设置制表位。选择需要的制表位类型后，在需要制表位的位置（水平标尺下标有刻度线的浅灰色部分）单击，则标尺上就产生相应的制表位。

设置制表位后，制表位前的水平标尺浅灰色部分标的刻度线将被取消。

若要删除制表位，只要将制表位拖动出标尺即可。若只是在标尺内拖动的话，可以移动制表位的位置。

使用鼠标设置制表位，其位置不好精确确定。但在拖动制表位位置时，按住【Alt】键，在标尺上会显示出制表位的精确位置。

② 使用对话框设置制表位。使用对话框设置制表位的操作步骤如下。

第 1 步：选择“格式”→“制表位”菜单命令，这时弹出“制表位”对话框，如图 4-12 所示。

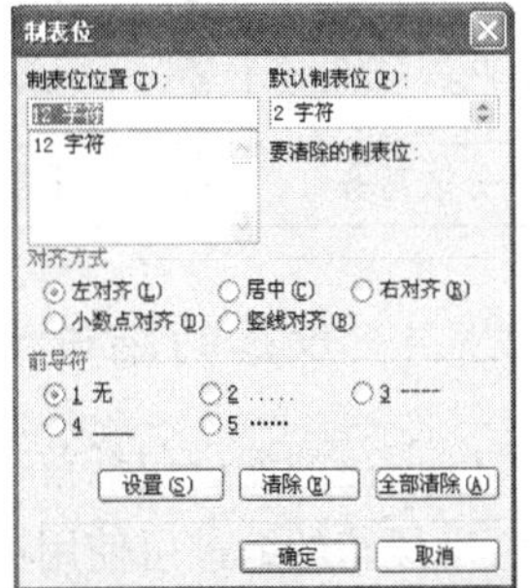

图 4-12　“制表位”对话框

第 2 步：在“制表位位置”文本框中输入制表位的位置，然后单击“设置”按钮。

设置的制表位出现在“制表位位置”下的列表框中。

第 3 步：在“对齐方式”选项组中选择需要的对齐方式。

“制表位”对话框中其他按钮的作用如下：

清除　在“制表位位置”列表框中选定制表位，单击“清除”按钮就可以删除该制表位。

“全部清除”用于清除所有的制表位。

“前导符”用于设置文本到下一个制表位之间的填充符号，这在制作目录时是很有用的。

3. 段落的对齐方式

段落的对齐方式有左对齐、右对齐、居中对齐、两端对齐和分散对齐，可使用格式工具栏中的段落对齐工具或“段落”对话框（选择“格式”→“段落”菜单命令，弹出的“段落”对话框见图 4-13）中的“对齐方式”下拉列表框来操作。段落的对齐方式及其操作如表 4-8 所示。

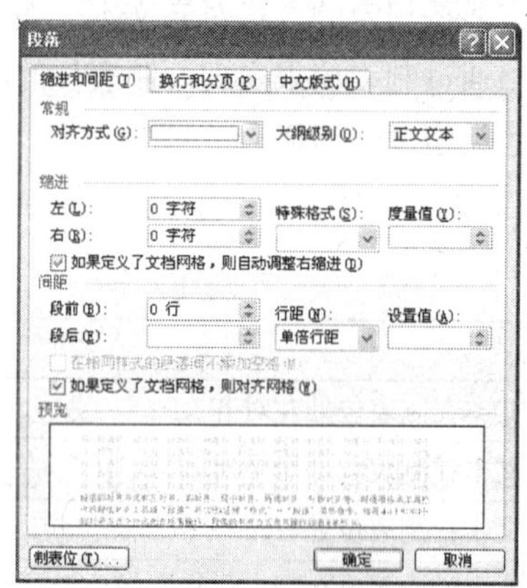

图 4-13　“段落”对话框

表 4-8　段落的对齐方式及其操作

对齐方式	按钮	快　捷　键	对齐方式说明
左对齐		【Ctrl】+【L】	该段中的所有行都以页面的左边距对齐，而右边距处根据字词（单词）的长短允许参差不齐
居中对齐		【Ctrl】+【E】	该段中的所有行距左、右边距的距离相等
右对齐		【Ctrl】+【R】	该段中的所有行都以页面的右边距对齐，而左边距处根据字词（单词）的长短允许参差不齐
两端对齐		【Ctrl】+【J】	该段落中的每行首尾对齐，但对未输入满的行（最后一行）保持左对齐
分散对齐		【Ctrl】+【Shift】+【D】	该段落中的每行（包括没有输满的行）都首尾对齐

4. 段落的缩进

段落的缩进包括首行缩进、悬挂缩进、整段缩进和右端缩进。

段落的缩进可使用标尺或“段落”对话框来操作。标尺上有 4 个游标，即首行缩进、悬挂缩进、左缩进和右缩进，如图 4-14 所示，可用来进行段落的缩进操作，也可使用“段落”对话框进行操作。段落的缩进方式及其操作如表 4-9 所示。

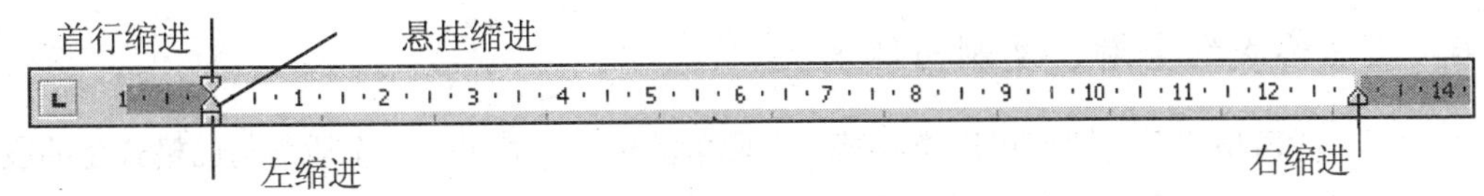

图 4-14　标尺上的段落缩进游标

表 4-9　段落的缩进方式及其操作

缩进方式	说　明	操作方法		
		使用标尺	快　捷　键	使用对话框
首行缩进	段落的首行向右缩进，通常空两个字	拖动首行缩进游标	增加【Ctrl】+【T】 减少【Ctrl】+【Shift】+【T】	“特殊格式”下拉列表框
悬挂缩进	段落的首行起始位置不变，其余各行一律缩进一定的距离，也就是造成悬挂的效果	拖动悬挂缩进游标		“特殊格式”下拉列表框
左缩进	整个段落向右缩进一段距离	拖动左缩进游标	增加【Ctrl】+【M】 减少【Ctrl】+【Shift】+【M】	“缩进”选项组，“左”数值框
右缩进	段落每行的右端向左缩进一定的距离	拖动右缩进游标		“缩进”选项组，“右”数值框

使用标尺上的游标来设置段落的缩进，一般不太精确，若要精确地设置段落缩进，可以在拖动游标的时候，按住【Alt】键，这样在标尺上会显示出缩进的距离。

5. 段落间距和行间距

段落间距是指段落前和段落后的间距，行间距是指段落中文本行之间的距离（默认为单倍行距）。在一个段落之前或之后，最好不要用回车键增加空白行来调整间距，而应通过设置段前间距和段后间距来调整。

若段前间距在一页的顶部，Word 将略去这一间距，以保证文件的顶端页边距（上页边距）相同。但若该段落是文件中的第一段或格式化的节，则保留这个间距。另外，对人工分页符后的段落，其前的间距也可保留。

设置段落间距与行间距，可以用图 4-13 所示的“段落”对话框，其中的“段前”和“段后”数值框用于设置段前的间距和段后的间距，通常只要设置一个就可以了。行距及其含义如表 4-10 所示。

表 4-10　行距及其含义

行　距	含　义	快　捷　键
单倍行距	行距为该行最大字体的高度加上一点额外的间距	【Ctrl】+【1】
1.5 倍行距	行距为单倍行距的 1.5 倍	【Ctrl】+【5】
2 倍行距	行距为单倍行距的 2 倍	【Ctrl】+【2】
最小值	能容纳一行中最大字体或图形的最小行距，其值由 Word 自动设置	
固定值	行距固定，不必 Word 进行调整，它使所有行的间距相等	
多倍行距	允许行距以指定的百分比增大或缩小	

6. 段落格式的查看、复制与取消

在设置了段落格式后，我们可以查看某一个段落的格式。若另外一个段落与已格式化的段落具有相同的格式，可以直接复制，而不必进行重新设置。

（1）段落格式的查看。

当前段落所用的格式会显示在格式工具栏（相应的按钮凹下去了）、水平标尺（不同的对齐方式和缩进方式）和“段落”对话框中。但若选择了几个具有不同格式的段落，则这些显示都是模糊的。

在 Word 中可以显示出用于一个段落的任何格式的信息，其方法与查看屏幕元素的操作方法相同。

（2）复制段落格式。

在一段文字输入完成后（该段中设置了必要的段落格式）按回车键，则在新的段落中可以继续使用前一段的段落格式。这是最简单的段落格式复制方法。

由于段落格式是保存在段落标记“↵”中的，因此可以将段落标记复制到剪贴板中，然后将光标移动到要复制的段落上，将该段落的段落标记“↵”替换为剪贴板中的段落标记，就可以把格式用于该段落。

使用快捷键复制格式的操作方法：在被复制的段落中按【Ctrl】+【Shift】+【C】快捷键复制格式，再将光标移动到要改变格式的段落，然后按【Ctrl】+【Shift】+【V】快捷键。这与复制文本的操作相似。

复制格式还可以使用常用工具栏中的“格式刷”按钮。使用“格式刷”按钮复制格式的操作步骤如下。

第 1 步：选定被复制的格式，或将光标移动到被复制的段落。

第 2 步：单击常用工具栏中的“格式刷”按钮，这时鼠标指针变为形状。

第 3 步：拖动鼠标刷过一个段落标记，将格式复制到这个段落。也可以用鼠标拖过要使用复制格式的文本或若干段落。

（3）取消段落格式。

若要取消段落中设置的格式，可按【Ctrl】+【Q】快捷键。这时段落中只保留段落样式格式，这种操作并不改变用于段落文本的字符格式。按【Ctrl】+【Shift】+【N】快捷键可将段落设置为 Word 中提供的正文样式。

4.3.3 页面格式

在 Word 中建立新文档时，Word 对页面格式采用默认的设置，这些设置包括纸型、方向、页码等，用户也可以修改这些设置。

对文档进行页面排版前必须进行页面布局，然后根据页面布局进行页面的排版操作。

对文档进行页面布局应考虑页边距、页码、页眉和页脚、分节、分页、边框和底纹、脚注、尾注等几个方面。

1. 页面设置

文档最后要在纸张上打印出来，纸张的大小（见图 4-15 中的外边框）和页边距等确定了文本的有效区域（排版术语中的版心，见图 4-15 中的内边框）。

页面设置包括文档的编排方式及纸张大小等。一般来说，文本的行平行与纸张较短的边（即横向编排）。

设置页面时可以选择“文件”→“页面设置”菜单命令，这时会弹出“页面设置”对话框。

（1）字符数和行数。

在“页面设置”对话框中选择“文档网格”选项卡，这时的对话框如图 4-16 所示。

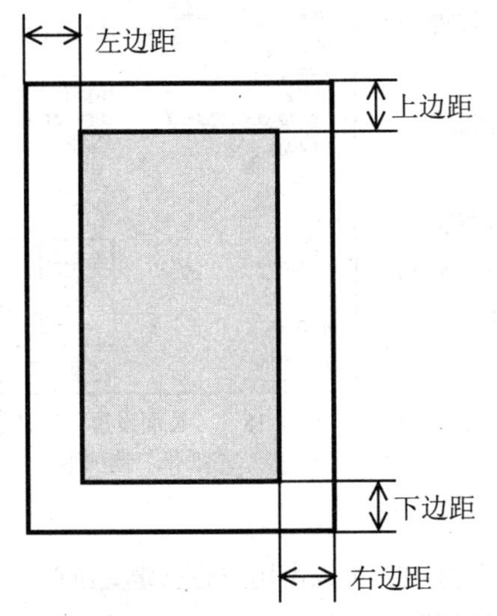

图 4-15　页面的有效范围

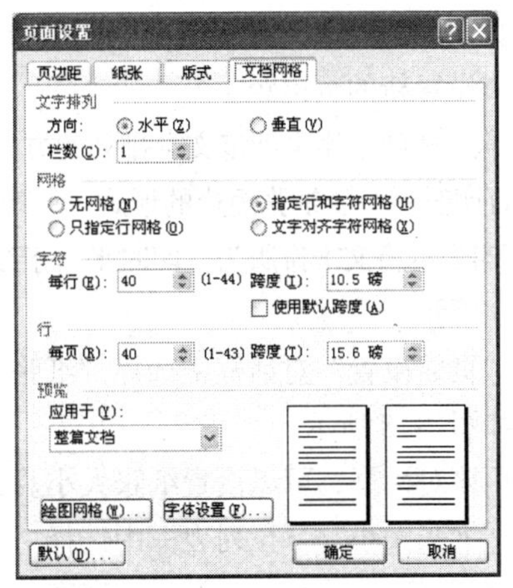

图 4-16　“页面设置”对话框的“文档网格”选项卡

使用该对话框，可以定义每页的行数和每行的字符数、正文的分栏数、正文的排列方式（水平还是垂直）等。

若指定每页中的行数和每行中的字符数，则还可以指定字符跨度（即字符间距）和行跨度（即行间距）。

使用“字体设置”按钮可以指定正文默认的字体和字号。

（2）页边距。

页边距是文本区域到页边界的距离，也称页边空白。页边空白中并非是完全空白的，其中可以包含页眉、页脚和页码等内容。

在“页面设置”对话框中选择“页边距”选项卡，这时的对话框如图 4-17 所示。

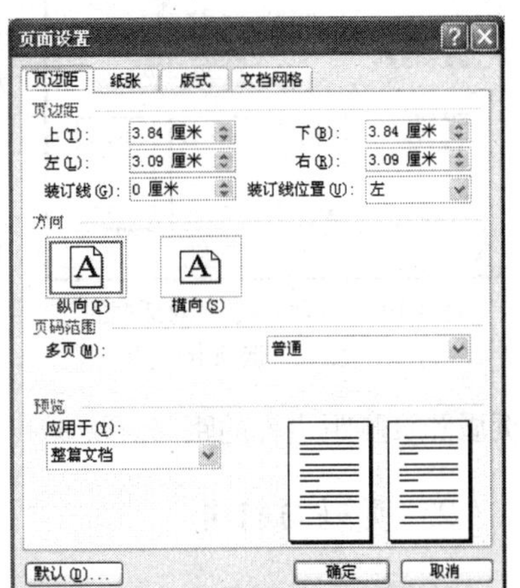

图 4-17　“页面设置”对话框的“页边距”选项卡

使用该对话框，可设置上、下、左、右页边距以及页眉和页脚距页边界的距离。

在“页码范围”选项组的下拉列表框中选择“对称页边距”选项，则左、右边距变为内侧、外侧边距，它表示两对称页的内侧边距和外侧边距。这对要将文档打印成双面，并使两面的文本区域相匹配，左右边界设置为不同是很有用的。这时的预览框将变为一对面对面的页。

在“页码范围”选项组中的下拉列表框中选择“拼页”选项的效果与选择“对称页边距”选项的效果类似，也是将两页拼成一页，这时上、下页边距变为外侧、内侧边距，预览框变为由上、下两个半页拼成的一个整页。也就是说，拼页是用一张纸拼成两个对称页。

“装订线位置”下拉列表框用来确定装订线的位置，有“上”和“左”两个选项，可以定义用于装订的边距。这对于想装订成小册子的页是很有用的。

若没有选择“对称页边距”时设置装订位置，则每一页的左边将出现一个装订线；若选择了，则装订线只出现在对称页的内边缘，同时还可显示出对称页和装订线设置对每一页内边缘的影响。

在页面视图模式下可以在水平标尺和垂直标尺上拖动页边距线来设置新的页边距。

“方向”选项组用来确定文本排列的方向。纵向表示将文本排版为打印时平行于纸张短边的形式（一般的书刊常用这种形式），横向表示将文本排版为打印时平行于纸张长边的形式。

（3）纸张。

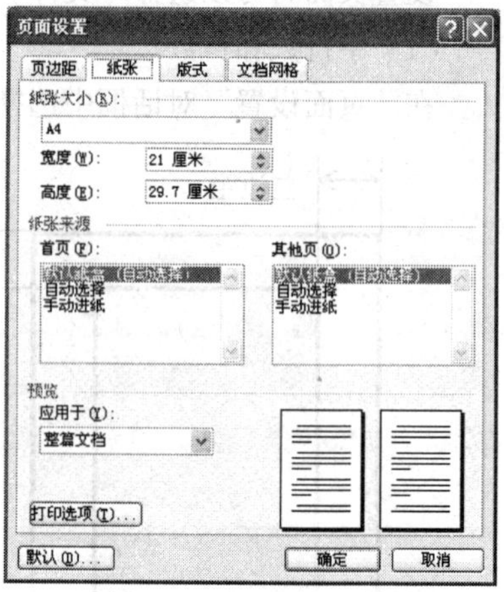

在“页面设置”对话框中选择“纸张”选项卡，这时的对话框如图 4-18 所示。

图 4-18 “页面设置”对话框的“纸张”选项卡

使用该对话框，可以设置纸张大小及方向等。

在“纸张大小”下拉列表框中选择“自定义大小”选项，可以由用户自己定义纸张的宽度和高度。一般选择标准纸张。

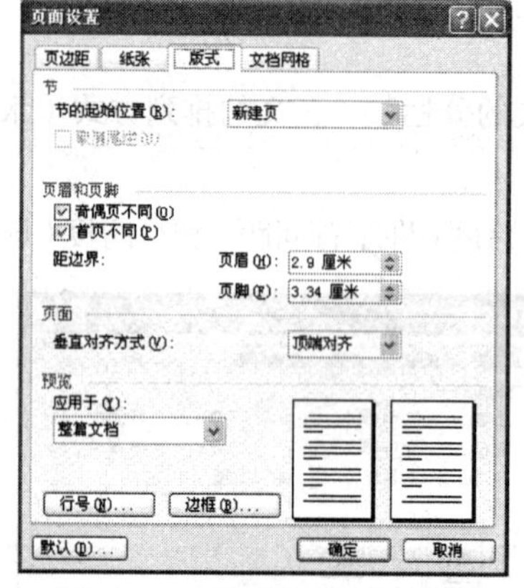

图 4-19 “页面设置”对话框的“版式”选项卡

（4）版式。

在“页面设置”对话框中选择“版式”选项卡，这时的对话框如图 4-19 所示。

使用该对话框，可以设置一些页面的高级选项。这些选项包括：节的起始位置、页眉和页脚、垂直对齐方式、行号和边框等。

“页眉和页脚”选项组用于确定页眉和页脚的形式。“奇偶页不同”复选框可使奇数页是一种页眉或页脚，偶数页是另一种页眉或页脚。“首页不同”复选框可使首页使用不同的页眉和页脚。例如，一些书籍每一章的首页不显示页眉和页脚，奇数页页眉排章的标题，偶数页页眉排书名等。另外，还可以设置页眉和页脚距边界的距离。

2. 页码与行号

给每页加上页码或给每页的行上加上行号会使文本更容易阅读。

（1）页码。

要插入页码可选择“插入”→“页码”菜单命令，这时出现的“页码”对话框如图 4-20 所示。在该对话框中可以设置页码的属性，这些属性包括以下几个。

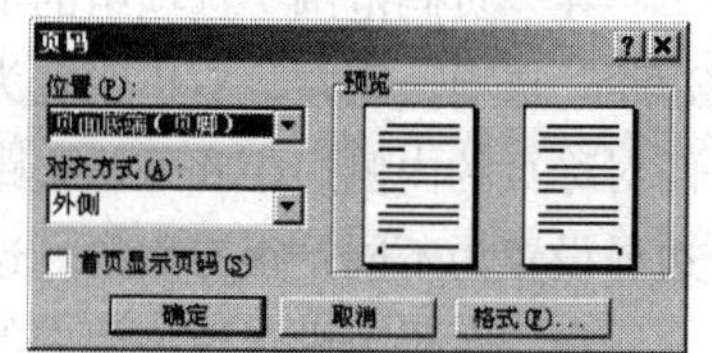

图 4-20 “页码”对话框

- 位置：用于确定页码的位置。
- 对齐方式：用于确定页码的对齐方式。“左侧”、“居中”

和“右侧”均相对于左、右页边距，而“内侧”和“外侧”分别相对于要用于装订的页面边缘的内侧（装订一侧）和外侧。一般的书籍及杂志的页码选用的是外侧对齐方式。

- 首页显示页码：用于确定首页是否显示页码。
- 格式：用于设置页码格式，包括数字格式、页码的编排方式等。

（2）行号。

可以给每一个文本行编号，以便于阅读。

在“页面设置”对话框（见图 4-19）中单击“行号”按钮，可以在弹出的“行号”对话框中进行设置。

3. 分隔符

Word 中提供的分隔符包括分页符、分栏符、换行符和分节符。分页符用于分隔页面，分栏符用于分栏排版，分节符则用于章节之间的分隔。

（1）分页符。

一般来说，页面设置后就确定了文本区域（版心）的大小，每行的文本字数和每页的行数就随之确定了。一页输满后，Word 就自动分页，无需用户干预。这些分页符成为默认自动分页符或软分页符。

分页符是一种用户强制分页的手段，可在需要的地方（如书的标题不能背页，也就是标题不能在一页的最后一行）强制分页。所插入的分页符称为人工分页符或硬分页符。分页符标志着一页的结束，是新的一页开始的位置。

插入分页符的操作：将光标放在需要插入分页符的位置，按【Ctrl】和回车键或选择“插入”→“分隔符”菜单命令，在弹出的“分隔符”对话框中选择“分页符”即可。

Word 自动分页的分页符和人工强制的分页符在普通视图模式下可分辨出来。人工分页符中有“分页符”3 个字，虚线点较密；自动分页符的虚线点较稀，没有文字。自动分页符会随文本的删除、添加改变位置，但人工分页符则不会随内容的增减而变动位置。人工分页符可以像一般的字符一样删除，自动分页符则不能删除。不过要注意，在页面视图模式下看到的人工分页符和自动分页符是相同的。

（2）分栏符。

插入分栏符（使用“分隔符”对话框）可强制开始一个新栏，常用在分栏排版中（见“4.3.4 高级排版技术”中的说明）。

（3）换行符。

在输入文本时，不到段落的结尾处就不要按回车键。当一行的内容输满时，Word 会自动换行。若在一行没有输入满的时候，要在下一行输入，可用插入软回车的方法来解决。其方法是按【Shift】+【Enter】快捷键，此时出现软回车符↓；也可在“分隔符”对话框中选定换行符。

（4）分节符。

一般一本书或一篇文档的页面格式是相同的，若要有区别，就要使用分节排版。分节后可重新进行页面设置。

分节排版具有下面的优点。

- 对长文档分章节处理。
- 对文档的某一章节进行特殊格式的排版处理。
- 可以在纵向排版的文档中插入横向的表格。

- 对文档的不同内容设置不同的页码格式。
- 在同一篇文档中使用多种语言。

根据分节的先后次序不同，有两种分节排版方法。第一种是先分节再设置排版格式，然后对每一节进行排版；第二种是先对全文进行页面设置，然后在分节后对与总体排版格式要求不一致的章节进行排版。

插入分节符可以使用“分隔符”对话框。

4. 页眉和页脚

页眉和页脚出现在页面的顶边上或底边上，是页码、日期、章节号、公司徽标等文字图形出现的地方。文档中可以从头到尾使用一种页眉或页脚，也可在不同的部分使用不同的页眉或页脚。例如，在第一页不出现页眉，奇数页页眉中显示章标题，偶数页页眉中显示书名。一般的书籍就采用这种方式。

插入页眉和页脚的操作步骤如下。

第 1 步：选择“视图”→“页眉和页脚”菜单命令。

由于页眉和页脚只能在页面视图模式中显示出来，因此无论在哪种视图模式下选择该菜单命令，Word 都自动切换到页面视图模式下，同时弹出“页眉/页脚”工具栏，且文档中出现一个用于设置页眉和页脚的编辑区，这时文本区域中的内容以灰色显示。在操作文档中的文本区域时，页眉与页脚也以灰色显示。

第 2 步：在编辑区中输入页眉和页脚的内容。

第 3 步：单击“页眉/页脚”工具栏中的“关闭”按钮，回到原来的视图模式。

另外，在页眉和页脚中插入图片的操作方法和在文档中插入图片的操作方法是类似的，见“4.5.3 图片”中的说明。

5. 边框和底纹

边框和底纹用于美化文档。边框是围在段落四周的框，或是在一边或多个边上隔开一个段落的线条，可用于页面和文字。底纹是指用背景色填充段落或文字。边框和底纹除可在显示器中显示出来外，还可在打印机上打印出来。

（1）边框。

文字边框是将用户认为重要的文本用边框框起来，以引起读者的注意；页面边框是指给整个页面（包括文档中的所有页）添加边框。

给文字添加边框的操作步骤如下。

第 1 步：选定要添加边框的文本。

第 2 步：选择“格式”→“边框和底纹”菜单命令，在弹出的“边框和底纹”对话框中选择“边框”选项卡，这时的对话框如图 4-21 所示。

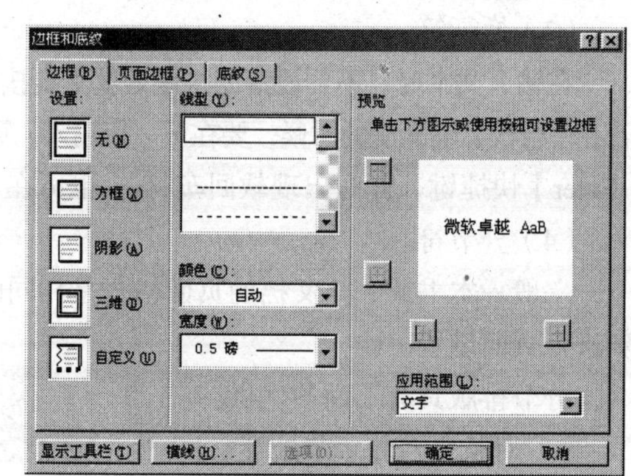

图 4-21 “边框和底纹”对话框的“边框”选项卡

在“设置”选项组中选定边框的类型，在“线型”列表框中选定边框线的线型，在“颜色”下拉列表框中选定边框线的颜色，在“宽度”下拉列表框中选定边框线的宽度，而“预览”框四周的 4 个按钮可以用来设置边框的位置。

例如，对文档的第 1 段和第 2 段添加一个带阴影的线宽为 3 磅的黑色边框，其操作步骤如下。

第 1 步：选定第 1 段和第 2 段两个段落。

第 2 步：选择“格式”→“边框和底纹”菜单命令。

第 3 步：在“边框”选项卡中选择边框类型为“阴影”。

第 4 步：选择颜色为“黑色”。

第 5 步：选择宽度为“3 磅”，单击“确定”按钮。

给页面添加边框可以使用“边框与底纹”对话框中的“页面边框”选项卡，其操作方法与为文字添加边框的操作方法是类似的。

（2）底纹。

通过给文字或段落添加底纹，可以打印出文本的背景色。

给文字或段落添加底纹的操作方法：选定要添加底纹的文本或段落，在“边框和底纹”对话框中选择“底纹”选项卡，这时的对话框如图 4-22 所示。

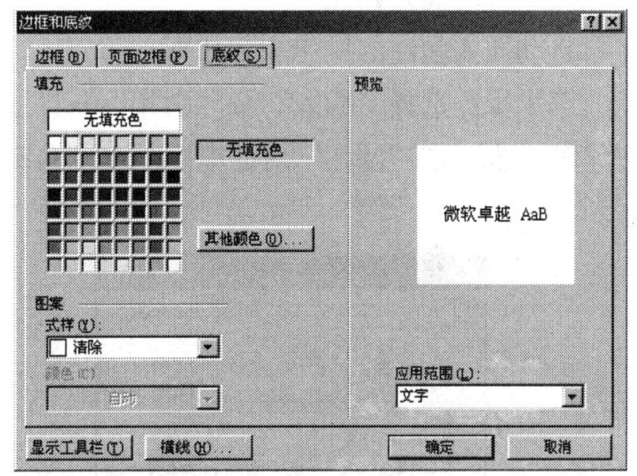

图 4-22　“边框和底纹”对话框的“底纹”选项卡

“填充”选项组用于选定所需底纹的填充色，“图案”选项组用于选定所需图案式样和颜色。

例如，为文档中的“计算机”3 个字设置 10%的深绿色底纹，其操作过程如下。

第 1 步：选定“计算机”3 个字。

第 2 步：选择“格式”→“边框和底纹”菜单命令。

第 3 步：在“底纹”选项卡的“图案”选项组中设置“式样”为“10%”、“颜色”为“深绿色”。

第 4 步：单击“确定”按钮即可。

6. 脚注和尾注

脚注出现在文档中每一页的末尾，尾注出现在整个文档的末尾，它们常用作解释、说明或作为文档中文本的参考资料。在一篇文档中，脚注和尾注可同时出现。例如，在一般的科技书中，脚注用作详细的说明，尾注注明参考文献。

插入脚注或尾注的操作步骤如下。

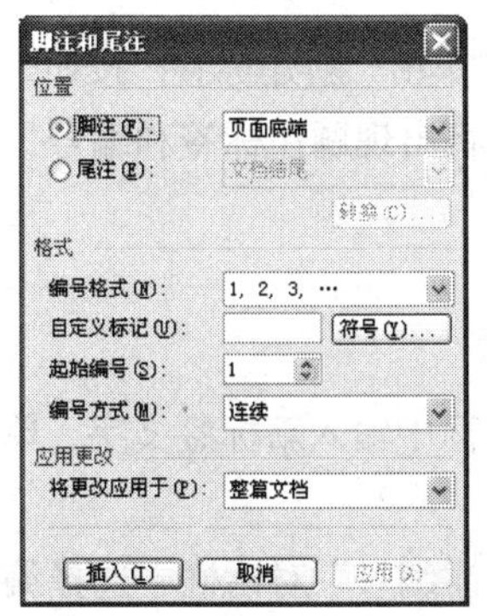

图 4-23　“脚注和尾注”对话框

第 1 步：将光标移动到需要插入脚注或尾注的文本位置。

第 2 步：选择“插入”→“引用”→“脚注和尾注”菜单命令，这时打开“脚注和尾注”对话框，如图 4-23 所示。

第 3 步：在该对话框的“位置”选项组中选择“脚注”或“尾注”单选按钮。

第 4 步：在该对话框的“格式”选项组中选择“编号格式”和“编号方式”等。

第 5 步：单击“脚注和尾注”对话框中的“插入”按钮，这时光标回到脚注或尾注的编辑位置。

第 6 步：在编辑位置编辑所需要的脚注或尾注，完成后单击正文的任意位置，即可返回到正文编辑窗口中。

7. 题注

题注由标签、编号和题注文字构成。如在题注“表3-1 窗口操作”中，“表”是标签，“3-1”是编号，“窗口操作”是题注文字。

用户可以在每次插入项目后人工插入题注，也可以每次在文档中插入所需项目时，让Word自动为该项目添加题注的标签和编号。

题注中的编号将随着题注的插入和删除而变化，如前面有一个“表格1”，后面有一个“表格2”，若中间又插入了一个表格，则Word自动将新插入的表格确定为“表格2”，原来的“表格2”自动改为“表格3”。删除题注也会自动更新其他题注编号。

（1）自动插入题注。

自动插入题注的操作步骤如下。

第1步：选择“插入”→“引用”→“题注”菜单命令，这时出现如图4-24所示的对话框。

第2步：在“题注”对话框中单击“自动插入题注”按钮，出现如图4-25所示的对话框。

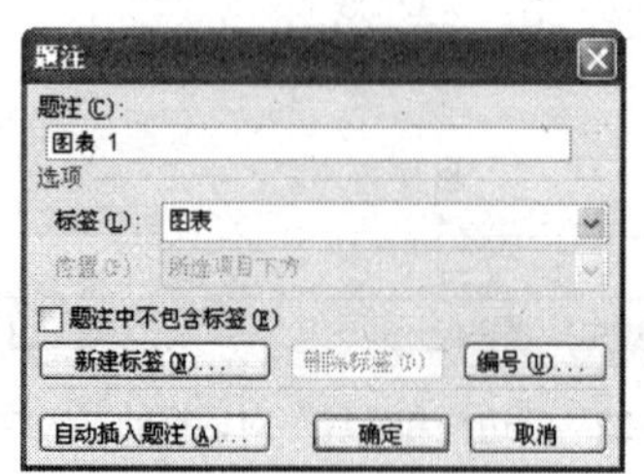

图4-24 “题注”对话框

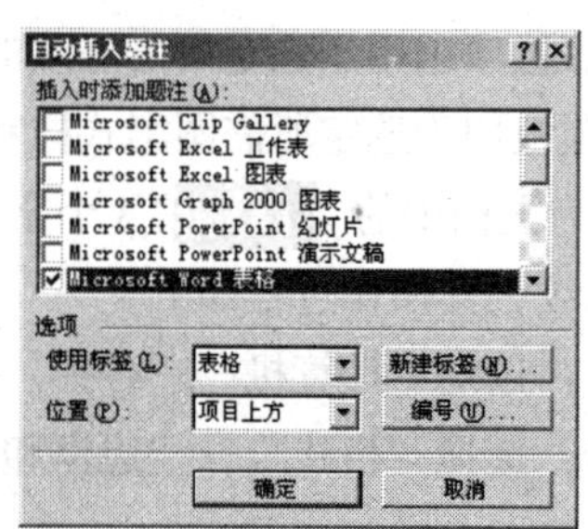

图4-25 “自动插入题注”对话框

第3步：在“自动插入题注”对话框中选择“插入时添加题注”的项目，若希望每当添加一个表格时就自动添加题注，则选择“Microsoft Word 表格”。

第4步：在“使用标签”下拉列表框中选择或新建使用的标签，如选择“表格”。

第5步：在“位置”下拉列表框中选择题注出现的位置。

第6步：单击“确定”按钮即可完成操作。

这样设置后，每当插入一个表格时，表格上方就会自动出现一个“表格1”、“表格2”……字样的题注，编号由Word自动确定，用户若要输入题注文字，可以在编号后直接输入。

（2）手工插入题注。

手工插入题注的位置由插入点位置所定。插入方法是在图4-24中单击“新建标签”按钮，在打开的对话框中输入标签后，单击“确定”按钮，这时插入点位置上将出现题注标签和编号，最后用户在编号后输入题注文字即可。

（3）新建标签和更改编号格式。

用户可以新建标签，也可以更改编号格式。

新建标签可以在图4-24中单击“新建标签”按钮，在出现的对话框中输入新标签文字，单击“确定”按钮，这样下次在“题注”对话框中就可以直接选择该标签。

更改编号格式可以在图4-24中单击“编号”按钮，在打开的“题注编号”对话框中选择编号格式等。

8. 书签

Word 中的书签主要用于帮助用户在 Word 长文档中快速定位至特定位置，或者引用同一文档（也可以是不同文档）中的特定文字。

（1）设置书签。

设置书签的操作步骤如下。

第 1 步：选定标记的项目，如文本、图形和表格等。

第 2 步：选择“插入”→“书签”菜单命令，弹出如图 4-26 所示的“书签”对话框。

第 3 步：在“书签名”文本框中输入书签名。书签名以字母开头，只能包含字母、数字和下划线，不能包括空格。

第 4 步：单击“书签”对话框中的“添加”按钮即可。

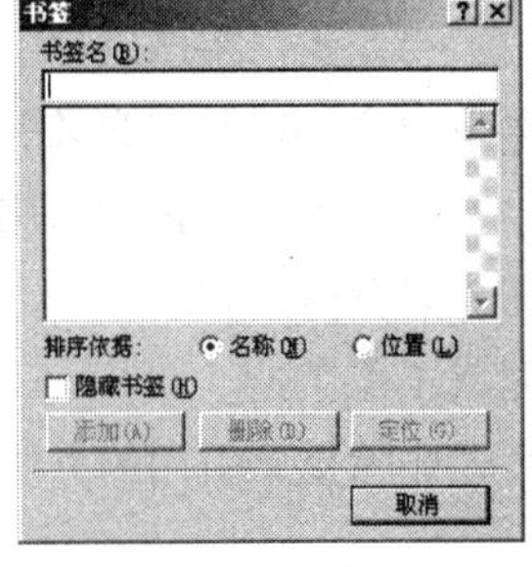

图 4-26　“书签”对话框

（2）查看书签。

用户可以查看设置在文档中的书签，查看的操作步骤如下。

第 1 步：选择“工具”→“选项”菜单命令，在出现的对话框中单击“视图”选项卡。

第 2 步：选中“书签”复选框，单击“确定”按钮即可。

这时已定义的书签内容显示在一对方括号中，该方括号仅在文档中显示而不会被打印出来。

（3）删除书签。

在“书签”对话框中选定要删除的书签名，然后单击“删除”按钮即可。此时只删除书签标记，不删除项目内容。

（4）定位书签。

“定位”命令可以快速将书签对应的项目内容显示在屏幕上，定位书签的操作步骤如下。

第 1 步：选择“编辑”→“定位”菜单命令，这时的对话框如图 4-27 所示。

图 4-27　“查找和替换”对话框的“定位”选项卡

第 2 步：在“定位目标”列表框中选定“书签”。

第 3 步：在“请输入书签名称”下拉列表框中输入或选择书签名，再单击“定位”按钮即可。

9. 交叉引用

交叉引用是对文档中其他位置中的项目的引用。Word 可以为标题、脚注、书签、题注等创建交叉引用。

例如，用户需要在某处使用文字“请参阅第 20 页上的图 4-25”的说明文字，如果其中的“20”和“图 4-25”是通过键盘输入的，则当图片位置发生变化时，这些数字将仍保持不变，为修改带来很大的麻烦。如果将其中的“20”和“图 4-25”设置为交叉引用，那么当图片位置发生变化时，这些数字将随之变化。

下面以文字“请参阅第 20 页上的图 4-25”为例，介绍交叉引用的创建步骤。

第 1 步：在需要创建交叉引用的位置键入附加文字“请参阅第”（不包括引号）。

第 2 步：选择“插入”→“引用”→“交叉引用”菜单命令，打开“交叉引用”对话框，如图 4-28 所示。

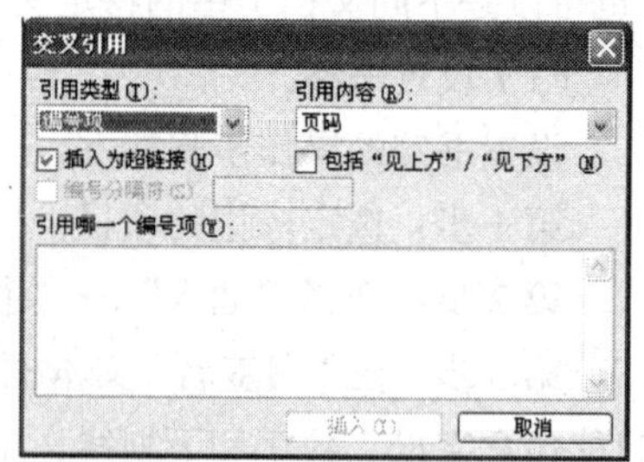

图 4-28　“交叉引用”对话框

第 3 步：选择“引用类型”为“图表”，选择“引用内容”为“页码”，选择“引用哪一个编号项”为“20”，单击“插入”按钮。

第 4 步：继续键入附加文字“页上的”（不含引号）。

第 5 步：再次选择“插入”→“引用”→“交叉引用”菜单命令，打开“交叉引用”对话框。

第 6 步：选择“引用类型”为“图”，选择“引用内容”为“只有标签和编号”，选择“引用哪一个题注”为“图 4-25……”，单击“插入”按钮，这样就完成了操作。

删除交叉引用的方法：选择交叉引用处，按【Delete】或【Backspace】键。

4.3.4　高级排版技术

本节介绍一些高级的排版方法，如首字下沉、分栏排版、分节排版、样式、模板和目录等。

1. 首字下沉

所谓首字下沉就是将一段话的第一个字放大数倍，以吸引读者的注意力。在报刊、杂志上经常会用到这种排版方式。

首字下沉的操作方法：将光标移动到需要首字下沉的段落中，然后选择“格式”→“首字下沉”菜单命令，打开“首字下沉”对话框，如图 4-29 所示，在该对话框中选择首字下沉的位置及选项即可。

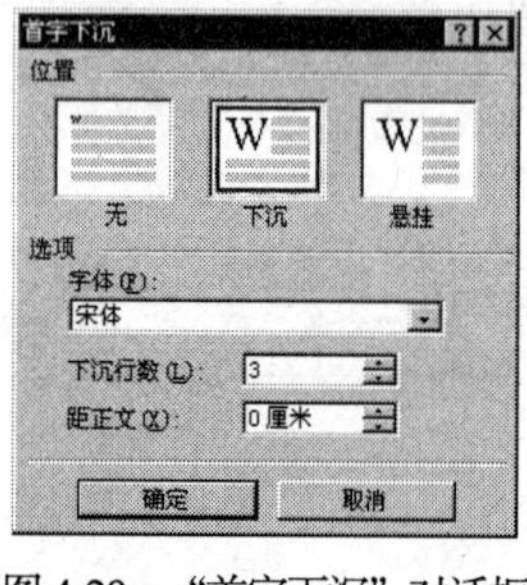

图 4-29　“首字下沉”对话框

该对话框中的选项说明如下。

- “位置”选项组

有 3 种形式的下沉方式可供选择，第一种是“无”下沉，表示不采用首字下沉形式，在设置首字下沉形式后，选择“无”下沉可以取消首字下沉形式；第二种是“下沉”，表示首字下沉以后，只占用前几行文本前一个小方框，不影响首字以后文本的排列；第三种是“悬挂”形式，表示首字下沉后，首字所占用的列空间不再出现文本。

- “选项”选项组

“字体”下拉列表框用于设置首字的字体。“下沉行数”数值框用于设置首字下沉时首字所占用的行数，默认值为 3 行。“距正文”数值框用于控制下沉后首字与段落正文之间的距离。

2. 分栏排版

分栏就是将版面分为多个垂直的窄条，然后在窄条之间插入空隙，这样的垂直窄条称为栏。文本在栏中进行排版，这就是多栏排版。

实际上到目前为止我们介绍的都是分为一栏的排版，这一栏占据一页的宽度。

分栏排版的操作步骤如下。

第 1 步：将文档切换到页面视图模式下。只有在页面视图模式下，分栏才能正确地显示出来。

第 2 步：选定需要分栏的文档。

第 3 步：选择“格式”→“分栏”菜单命令，打开“分栏”对话框，如图 4-30 所示。

第 4 步：在该对话框中设置分栏的版式。

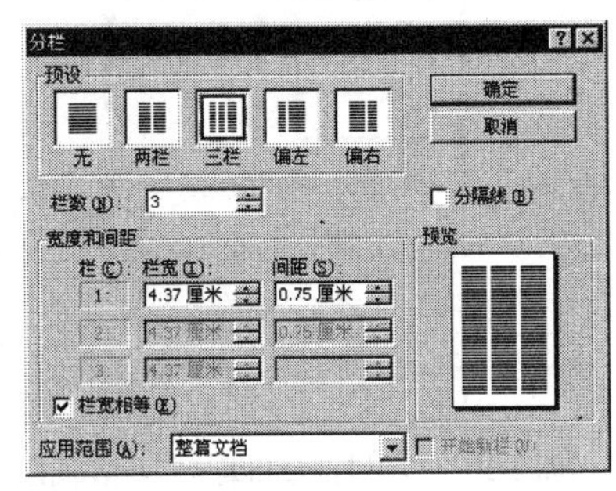

图 4-30　“分栏”对话框

“分栏”对话框中的选项说明如下。

- “预设”选项组

在该选项组中可以选择分栏的栏数。

- “栏数”数值框

用于设置分栏的栏数。

- “宽度和间距”选项组

该选项组用于设置栏宽及栏与栏之间的距离。若选中“栏宽相等”复选框，则将指定的栏数设置为相等的栏宽，Word 将自动地计算出栏宽和间距。

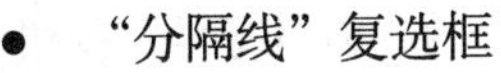

- “分隔线”复选框

用于确定是否在栏间加分隔线。

- “应用范围”下拉列表框

用于确定分栏版式使用的范围：“整篇文档”或“选定的文档”。

自然分栏后，可能会出现一个段落被排在不同的栏中，若要将这个段落分布在一个栏中，就需要控制栏中断，这可通过插入分栏符来实现。

若要调整栏宽，首先将插入点移至分栏的文档中，然后在“分栏”对话框的“宽度和间距”中调整栏宽和栏间距，或者利用水平标尺，用鼠标左键拖动标尺上的分栏标记。

删除分栏的操作步骤如下。

第 1 步：将插入点移至分栏的文档中，或选中已分栏的文档。

第 2 步：打开“分栏”对话框，在“预设”选项组中选择“无”，单击“确定”按钮。

3. 项目符号和编号

项目符号和编号用于对一些重要条目进行标注或编号，用户可以为选定段落添加项目符号、编号或标题，Word 提供了多种项目符号、编号或标题的形式，用户也可以修改它们的格式。选择“格式”→“项目符号和编号”菜单命令，弹出“项目符号和编号”对话框，该对话框中有“项目符号”、“编号”、“多级符号”和“列表样式”4 个选项卡。

（1）添加项目符号。

添加项目符号的操作步骤如下。

第 1 步：将插入点移到要添加项目符号的段落中，或选定要添加项目符号的段落。

第 2 步：打开“项目符号和编号”对话框。

第 3 步：单击“项目符号”选项卡，这时的对话框如图 4-31 所示。

第 4 步：选择需要的项目符号格式，单击“确定”按钮。

若要采用其他“项目符号”，可以先单击除“无”以外的任意一个项目符号，再单击“自定义”

按钮，打开如图 4-32 所示的“自定义项目符号列表”对话框，在该对话框中可以选择另外的项目符号字符。

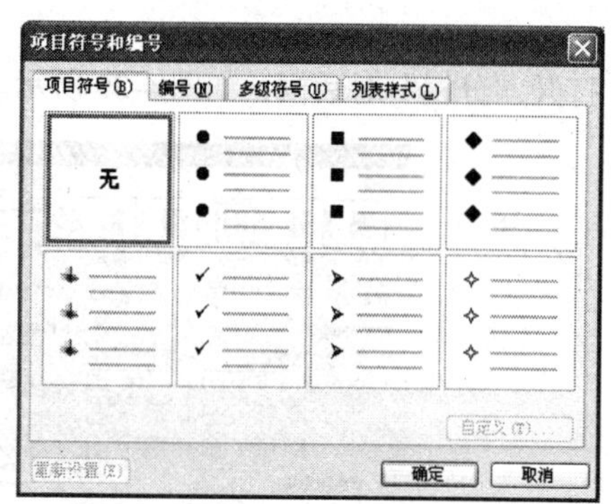

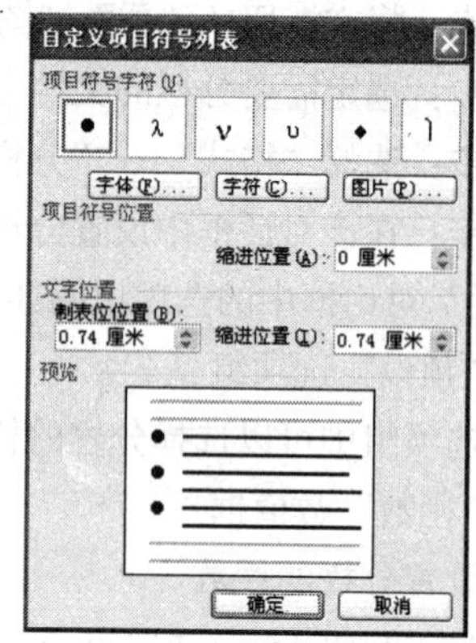

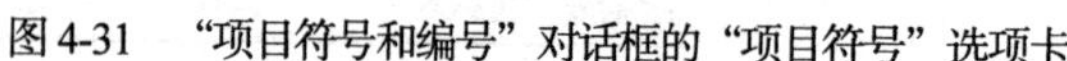

图 4-31 “项目符号和编号”对话框的“项目符号”选项卡

图 4-32 “自定义项目符号列表”对话框

用户还可以使用图片项目符号，方法是利用“自定义项目符号列表”对话框中的“图片”按钮，从图片项目符号库中挑选需要在文档中使用的图片项目符号。

如果用户需要用前面用过的项目符号，可以直接单击格式工具栏上的“项目符号”按钮☰进行选择。

删除项目符号可使用下列方法之一。

- 将插入点移到项目符号所在的段落上，单击格式工具栏上的“项目符号”按钮☰。
- 将插入点移到项目符号所在的段落上，单击“项目符号和编号”对话框“项目符号”选项卡中的“无”。
- 将插入点移到项目符号所在的段落的头上（即在该段落的第一行上，单击【Home】键后的位置），按【Backspace】键。

（2）添加编号。

用户可以方便地使用 Word 进行文本编号。进行编号时，如果给出第一个编号，Word 会自动按序给出其余编号。若删除一个编号，Word 则会自动更新其余编号。

当用户在输入编号（如“1.”）和文字并按回车键后，Word 会自动将用户输入的编号作为自动编号，并出现下一个编号（如“2.”）。

用户也可以使用“项目符号和编号”对话框来添加编号，其操作步骤如下。

第 1 步：将插入点移到要添加编号的段落中，或选择要添加编号的段落。

第 2 步：选择“格式”→“项目符号和编号”菜单命令，单击“编号”选项卡，这时的对话框如图 4-33 所示。

第 3 步：选择需要的编号格式，单击“确定”按钮。

若用户要使用其他编号格式或想更改起始编号，可以先单击除“无”以外的任意一个编号格式，再单击“自定义”按钮，打开如图 4-34 所示的“自定义编号列表”对话框。在该对话框中可以选择另外的编号样式，也可以设置起始编号，还可以设置编号位置和文字位置等。

若复制了一段带编号的正文，希望新位置上的编号重新从 1（或“一”等）开始，则可以打开“编号”选项卡，选择“重新开始编号”单选按钮即可。

如果需要使用前面已使用过的编号格式，可以直接单击格式工具栏上的“编号”按钮☰进行选择。

删除编号的操作与删除项目符号的操作一样。

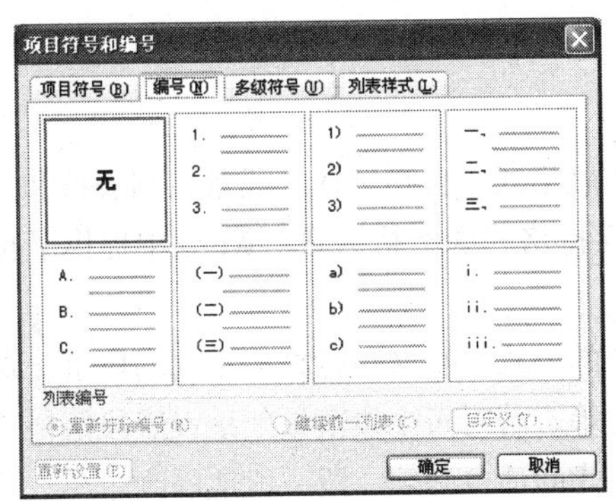

图 4-33　“项目符号和编号”对话框的“编号”选项卡

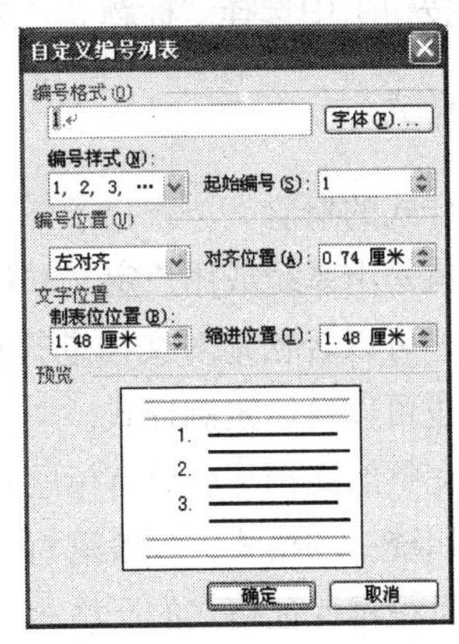

图 4-34　“自定义编号列表”对话框

（3）添加多级符号。

多级符号可以用于创建多级标题。多级符号的设置可以在“项目符号和编号”的“多级符号”选项卡中进行，如图 4-35 所示。

若要采用其他格式或想更改起始编号，可以先单击除“无”以外的某一个格式，再单击“自定义”按钮，打开如图 4-36 所示“自定义多级符号列表”对话框，在该对话框中可以设置编号格式、起始编号，还可以设置编号位置和文字位置等。

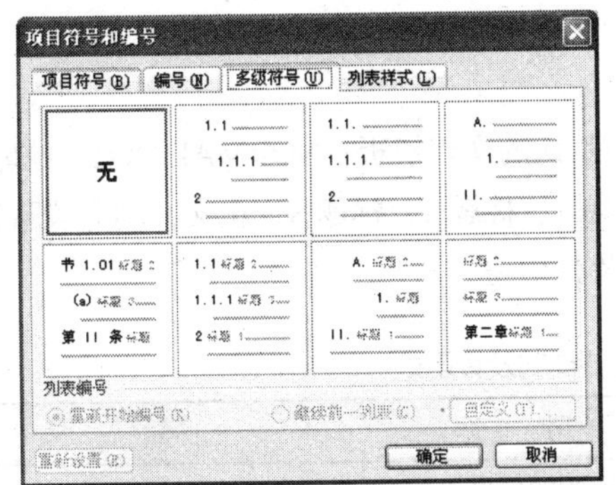

图 4-35　“项目符号和编号”对话框的“多级符号”选项卡

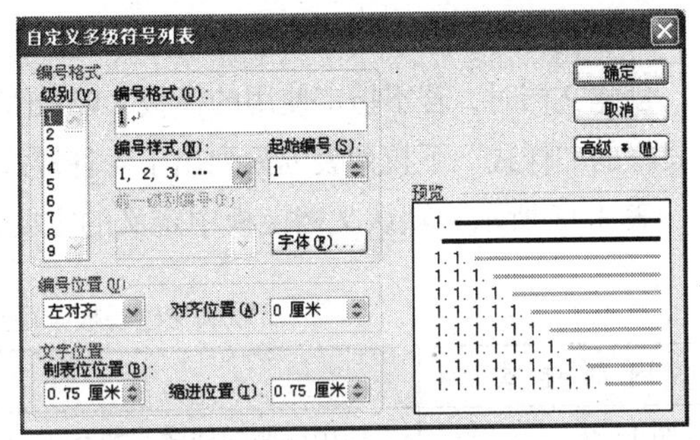

图 4-36　“自定义多级符号列表”对话框

例如，设置多级符号至第二级，其中第一级格式为“第 *i* 章”（*i* 为数字，从 3 开始），第二级格式为“*i.j*”（*i* 为章编号，会随着章的改变而自动改；*j* 为节编号，从 1 开始）。操作步骤如下。

第 1 步：在“项目符号和编号”对话框的“多级符号”选项卡中，选择其中某一种格式，单击“自定义”按钮，打开“自定义多级符号列表”对话框。

第 2 步：选择“级别”为“1”，删除“编号格式”中原有的文字，再输入“第”，然后在“编号样式”中选择“1，2，3…”，最后在“编号格式”中输入“章”。

第 3 步：在“起始编号”处选择“3”。

第 4 步：选择“级别”为“2”，删除“编号格式”中原有的文字，在“前一级别编号”中选择“级别 1”（即章编号），然后在“编号格式”中输入“.”，再在“编号样式”中选择“1，2，3…”（即节编号）。

设置了多级符号后，用户要在文档中应用标题，可以在格式工具栏的样式框（格式工具栏中的第1个按钮）中选择“标题 *i*”，如使用第1级标题，则选择“标题1”。

4. 样式

（1）样式的概念。

样式就是由系统或用户定义并保存的一系列排版格式，包括字体、段落、制表符和边距等。使用样式，可以轻松地对文档进行排版，并可以保持格式的严格一致。Word中提供了预定义样式，用户也可以自己定制样式。

一篇完整的文档至少要有标题和正文两种不同的格式。正文包括许多不同的段落，这些段落通常都使用统一的格式，如段落对齐方式、段间距等。若对每个段落重复地设置段落格式，不仅烦琐，而且很难保证格式的严格相同，若要修改格式的话也必须一段一段地修改。

使用样式功能就可以避免这些麻烦，可以保持格式的一致。样式的另一个最大的特点就是便于修改。

样式的分类有两种。以应用范围分类，可分为段落样式和字符样式；以定义形式分类，可分为预定义样式和自定义样式。

样式的使用与模板是密不可分的。样式是模板的重要组成部分。将定义的样式保存在模板上后，创建文档时使用模板，可以快速排板，保持文档的风格统一。

可以将一个样式的有效范围指定为一个文档或一个模板。若一个样式的有效范围是一个模板，则在所有基于这个模板的文档中都可以使用这种样式。若一个样式的有效范围是一个文档，则这种样式的定义只在该文档中有效。

（2）内部样式。

创建文档时，若不指定使用的模板，Word将使用默认的文档模板：NORMAL.DOT。这时格式工具栏的“样式”下拉列表框只列出了4种样式：标题1、标题2、标题3、正文，均为段落样式。

表4-11所示为默认文档模板中定义的主要样式及其用途。

表4-11　　默认文档模板中定义的主要样式及其用途

内部样式	用　途
标题1～9	文档中标题的样式，数字1～9表示标题的层次
副标题	文档中副标题的样式
宏文本	WordBasic宏命令的文本
寄信人地址	生成信封时，用于寄信人地址的样式
脚注文本	插入脚注时，脚注注释文本的样式
脚注引用	插入脚注时，脚注注释引用标记的样式，是一种字符样式
结束语	文档中的结束语使用的样式
默认段落字体	Word设置的默认字符样式
目录1～9	Word用于自动生成目录的样式，数字1～9表示目录的层次
列表	列表的样式
列表2～5	使用多级列表时，各个列表级别所使用的样式
批注文字	插入批注时，批注注释文本的样式

续表

内部样式	用　途
批注引用	插入批注时，批注引用标记的样式，是一种字符样式
信封地址	生成信封时，用于收信人地址的样式
信息标题	文档中信息标题的样式
行号	自动添加行号时所使用的样式
署名	在信件一类的文档中，用于署名的样式
索引 1～9	生成索引时，使用的样式
索引标题	生成索引时，索引标题使用的样式
尾注文本	插入尾注时，尾注注释文本使用的样式
尾注引用	插入尾注时，尾注注释引用标记使用的样式，为一种字符样式
图表目录	生成图表目录时使用的样式
题目	文档题目使用的样式
题注	插入图、表等的题注时使用的样式
页脚	插入页脚时，其中文本使用的样式
页眉	插入页眉时，其中文本使用的样式
页码	插入页码时所使用的样式
正文	文档正文段落使用的样式，是默认的文档模板中的基准样式
正文缩进	文档正文段落使用的样式，与正文样式的区别是按照中文的习惯段落的首行缩进两个字的位置
正文文字	文档正文段落使用的样式，与正文样式的区别是在段落的前后增大间距
正文文字 2	文档正文段落使用的样式，与正文样式的区别是设置段落首行缩进且在段落的前后增大间距
TOA 标题	权限表标题的样式

表 4-11 中所示样式有段落样式，也有字符样式。在格式工具栏的“样式”下拉列表框中，段落样式的名称后面有段落标记“↵”，字符样式的名称后面有“a”标记。段落样式中既包含段落格式，也包含文本格式；而字符样式只包含字符格式。段落样式可对一个完整的段落进行格式化。

（3）新建样式。

除了 Word 中提供的样式外，在对文档进行排版的过程中，我们还可以建立自己的样式。

创建新样式时，不必每次从头开始定义样式中的每一项设置，可以在一个样式的基础上进行设置，这种作为其他样式基础的样式称为基准样式。新样式中定义的格式不会影响基准样式，但若对基准样式的格式进行修改，那些直接或间接基于该基准样式中的相应设置都会改变。

在 Word 的各种模板中，一般直接或间接用正文样式作为段落样式的基准样式，使用默认段落字体作为字符样式的基准样式。

新建样式的操作步骤如下。

第 1 步：选择“格式”→“样式和格式”菜单命令，打开“样式和格式”任务窗格，在该窗格中单击“新样式”按钮，打开“新建样式”对话框，如图4-37所示。

第2步：定义样式的基本信息。

这些基本信息使用“新建样式”对话框中的下列几个选项。

- “名称”文本框

可命名新定义样式的名称。默认时，Word会以“样式1”、“样式2”……来作为新建样式的样式名。新样式的名称不能与已有的样式名相同，否则Word会给出警告信息。

- “样式类型”下拉列表框

用于确定新样式应用于段落还是字符，也就是定义段落样式还是字符样式。

- “样式基于”下拉列表框

可选择一种Word预定义的样式作为新建样式的基础。

- “后续段落样式”下拉列表框

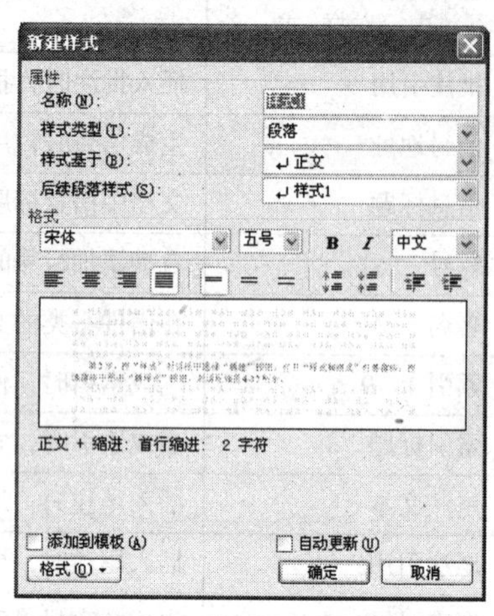

图4-37 “新建样式”对话框

用于确定下一段落选取的样式。该下拉列表框只对段落样式有效。默认采用新建样式。

第3步：设置新建样式的格式。在“新建样式”对话框中单击“格式”按钮，在弹出的下拉菜单中选择相应选项，就可以设置新建样式的格式。这些格式包括：字体、段落、制表位、边框、语言、图文框和编号等，其设置方法与前面讲过的设置方法是相同的。

新建的样式会自动地加入到格式工具栏上的“样式”下拉列表框中。

（4）使用样式。

使用样式是指对一个段落或字符使用指定的样式进行排版，可以通过格式工具栏中的“样式”下拉列表框，也可以通过“样式和格式”任务窗格来实现。

使用样式的操作步骤如下。

第1步：对段落来说，要将光标移动到要使用样式的段落中；对字符来说，要选定需要使用样式的字符。

第2步：在格式工具栏中的“样式”下拉列表框 正文 中选择需要的样式，或选择“格式”→“样式和格式”菜单命令，打开“样式和格式”任务窗格，在“请选择要应用的格式”列表框中选择需要的样式。

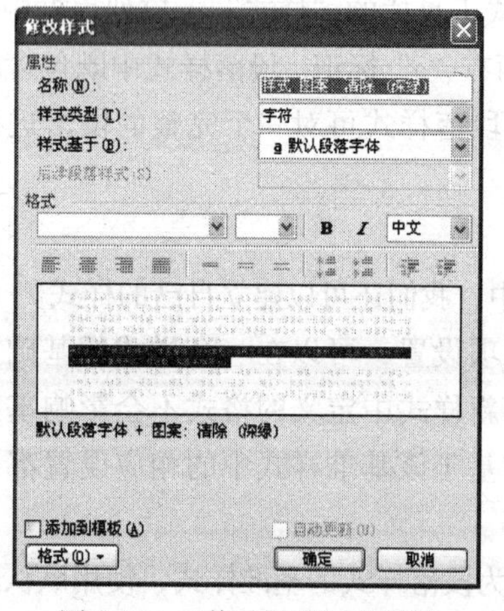

图4-38 “修改样式”对话框

（5）编辑样式。

可以修改已有的样式，但不能改变样式的类型。

第1步：在“样式和格式”任务窗格下拉列表框中选定样式名，单击右侧的下拉列表框，选择“修改”命令，这时弹出“修改样式”对话框，如图4-38所示。

第2步：根据需要进行样式的修改，其操作与新建样式的操作是完全相同的。

第3步：单击“确定”按钮。

（6）删除样式。

对不需要的样式可以删除，删除样式并不删除文档中的文字，只是去掉了样式应用在这些文字中的格式。

在“样式和格式”任务窗格下拉列表框中选择样式名，单击右侧的下拉列表框，选择“删除”命令即可。

5. 模板

模板是一种特殊类型的 Word 文档（扩展名为.dot），它用来作为生成其他文档的基础。Word 新建的每一个文档都是基于一个模板的。模板是文本、图形和格式排版的蓝图，它包括可以重复使用的文本、图形、样式、宏、自动图文集词条、工具栏按钮的定制、自定义的菜单和快捷键等。

使用样式可以将文档中的段落快速排版，使多个段落具有相同的格式。但若要编排的几篇文档具有相同的格式设置时，如相同的页面设置、相同的样式，甚至有一些相同的文字，那么就需要使用模板。也就是说，使用模板可以对文档快速进行格式化处理，并保持文档格式的严格一致。

Word 中有许多预定义的模板（可在“新建文档”任务窗格中选择），同时允许用户自定义模板。

创建自己的模板有两种方法，一种是从已有的文档创建模板，另一种是新建模板。创建的模板将出现在“新建文档”任务窗格中。

对已编排好的文件，若要创建为模板，只要在保存文件时，将保存文件的类型选择为“文档模板”就可以了。

新建模板的操作步骤如下。

第 1 步：选择“文件”→“新建”菜单命令，打开“新建文档”任务窗格。

第 2 步：在“模板”下单击“本机上的模板”选项，打开“模板”对话框。

第 3 步：在“模板”对话框的“新建”选项组中选中“模板”单选按钮。

第 4 步：选择新建模板的基准模板。

“模板”对话框中有数个选项卡，每个选项卡上都有一定数量的模板，可以从中选择一个和要创建的模板相类似的模板作为基准模板。如要创建传真模板，就选择“信函和传真”选项卡；要制作报告，就选择“报告”选项卡。

第 5 步：在基准模板的基础上设置需要的格式。可以使用样式提示输入或插入文本、图形以及设置页面布局等，这些操作和普通的文档编辑完全相同。

这里我们说明一下如何输入提示文字，输入提示文字要使用下面的域：

```
{MACROBUTTON NoMacro [提示文字]}
```

例如，若要输入提示文字“单击此处输入收件人姓名”，可先按【Ctrl】+【F9】快捷键，这时出现大括号，然后输入域代码：

```
MACROBUTTON NoMacro [单击此处输入收件人姓名]
```

输入完成后，单击右键，在弹出的快捷菜单中选择“切换域代码”菜单命令即可。

第 6 步：选择“文件”→“保存”菜单命令，保存模板文件。

6. 目录

对于长文档，尤其是书籍的编辑，建立目录是很重要的。Word 自动建立目录可以按任何规定的样式加以编制。建立目录最方便的方法是使用 Word 所包含的内部标题样式（“标题 1”至“标题 9”）对文档中的标题添加格式。Word 中提供了数种目录格式。

（1）建立目录。

建立目录的操作过程如下。

第 1 步：将光标移动到要插入目录的位置。通常为文档的开始处。

第 2 步：选择“插入”→“引用”→“索引和目录”菜单命令，弹出“索引和目录”对话框，然后选择“目录”选项卡，这时的对话框如图 4-39 所示。

第 3 步：在该对话框中选择相应的操作。

该对话框中的选项说明如下。

- “格式”下拉式列表框

在该列表框中选择要创建的目录格式：来自模板、古典、流行、现代、项目符号、正式、简单等。

- “修改”按钮

单击“修改”按钮弹出“样式”对话框，可修改或建立新的目录样式。

- “选项”按钮

单击该按钮弹出“目录选项”对话框，在该对话框中可以设置目录及其级别，如图 4-40 所示。

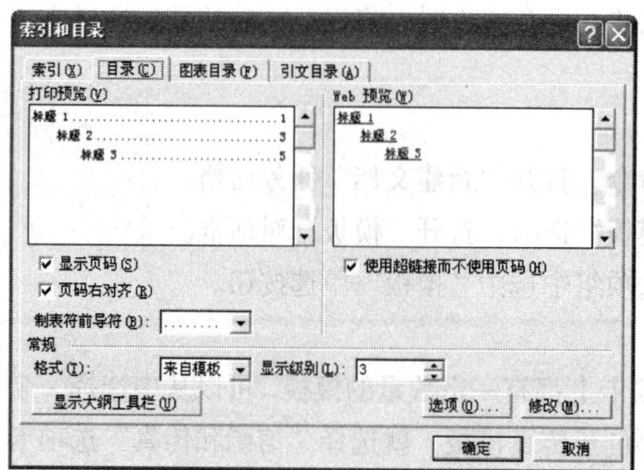

图 4-39 “索引和目录”对话框的“目录”选项卡

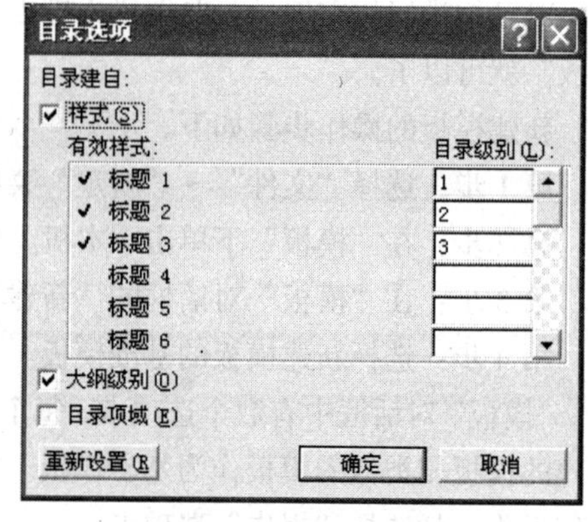

图 4-40 “目录选项”对话框

- “显示页码”复选框

选中该复选框，在目录中显示页码。

- “页码右对齐”复选框

选中该复选框，在目录中页码采用右对齐方式。

- “显示级别”数值框

确定目录显示的级别。

- “制表符前导符”下拉式列表框

选择用于目录的制表符前导符。

- “打印预览”列表框

该列表框中显示的是打印出来的目录效果。

- “Web 预览”列表框

该列表框中显示的是在 Web 页的目录效果。

（2）使用自己的标题样式建立目录。

除使用 Word 中提供的标题样式建立目录外，还可以使用自己建立的样式来建立目录，其操作步骤如下。

第 1 步：建立标题样式。

第 2 步：在文档中使用自己建立的标题样式对所有级别的标题进行格式化处理。

第 3 步：在“索引和目录”对话框中，单击“选项”按钮，弹出“目录选项”对话框，见图。

第 4 步：在“目录选项”对话框中“有效样式”选项组的目录级别列表框中，删除原来的目录级别数字（1～9），选择自己定义的样式，并输入相应的级别（数字 1～9）。

第 5 步：选择“确定”按钮，返回到“索引和目录”对话框中进行操作。

4.4　制作表格

表格作为一种简明扼要的表达方式，以行和列的形式来组织信息，具有结构严谨、效果直观、信息量大的特点。

表格是由行和列组成的，水平方向称为行，垂直方向称为列。一行和一列的交叉处就是表格的单元格，表格的信息包含在单元格中。信息可以是文本，也可以是图形等其他对象。

4.4.1　建立表格

可以先生成空的表格然后填充内容，也可以根据已有的内容将其转换为表格。Word 对表格的大小没有限制，对超过一页的表格，系统会自动添加分页符，根据需要可以指定一行或多行作为表格的标题，并在每页表格的顶部显示。

1. 创建空的表格

创建空的表格可用常用工具栏中的“插入表格”按钮，也可使用“表格”→“插入”→“表格”菜单命令。使用后者其功能更强。创建表格前必须将光标移动到要插入表格的位置。

（1）使用“插入表格”按钮。

使用常用工具栏中的“插入表格”按钮，可以快速插入表格。用这种方式插入的表格不能设置自动套用格式或设置表格的行高与列宽（其行高和列宽及表格格式采用 Word 的默认值），只能在建立表格后再设置。

单击“插入表格”按钮后，会出现表格选择框。拖动鼠标穿过这些网格，到需要的网格行数和列数后松开鼠标即可。拖动时，Word 会将被拖动过的网格高亮显示，同时在底部的提示栏中显示相应的行列数。

（2）使用“插入表格”菜单命令。

使用“插入表格”菜单命令可以对表格设置行数、列数、列宽和表格格式等。

选择“表格”→“插入”→“表格”菜单命令，这时出现的“插入表格”对话框如图 4-41 所示。在该对话框中可以设置表格的参数。这些参数包括列数、行数和列宽。固定列宽的默认值为自动，它表示用文本区的总宽度 ÷ 列数作为每列的宽度。列宽也可根据窗口、内容自动匹配。

2. 将文本转换为表格

在已经输入文本的情况下，可以使用将文本转换为表格的方法来建立表格，其操作步骤如下。

第1步：将需要转换为表格的文本用相同的分隔符分成行和列。

一般用段落标记来标记行的结束，而列与列之间的分隔符可用段落、逗号、制表符、空格或其他符号。但这些符号绝不能出现在文本信息中。

第2步：选定需要转换为表格的文本。

第3步：选择“表格”→“转换”→“文字转换成表格”菜单命令，打开“将文字转换成表格”对话框，如图4-42所示。

第4步：在“文字分隔位置”选项组中选定用于分隔表格列的分隔符，与第1步的选择要相同。在“‘自动调整’操作”选项组中选定列宽。

一般来说，表格的行数、列数不需用户选择，其中已经显示出了要转换的表格的行数、列数。若不符合，说明列与列之间的分隔符不正确，可取消操作，返回第1步重新设置。

3. 表格嵌套

嵌套表格就是在表格的单元格中创建新的表格。嵌套表格的创建方法与正常表格的创建方法完全相同。

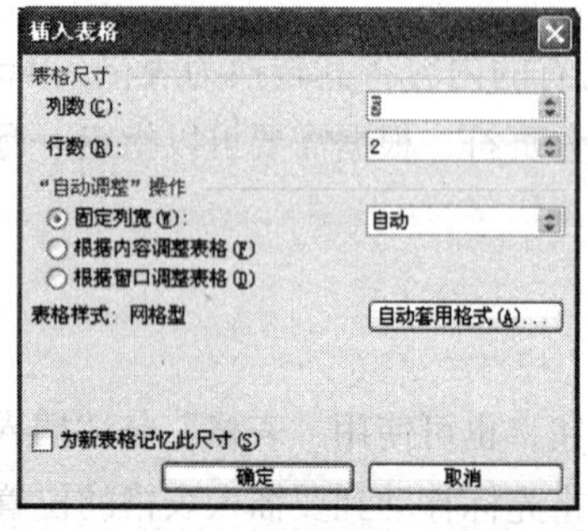

图4-41 “插入表格”对话框

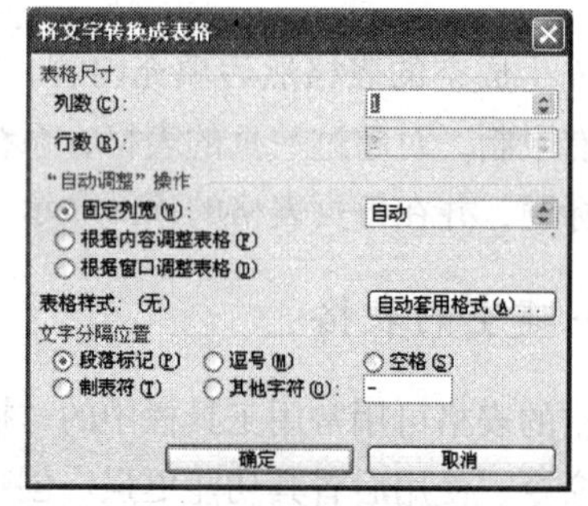

图4-42 “将文字转换成表格”对话框

4.4.2 在表格中添加内容

对建立的空表格，可以录入或插入信息，还可做必要的格式化处理和编排。

在表格的单元格中编辑文本和图形的方法与一般的编辑方法基本相同。但若要在单元格中插入制表符及跨单元格的编辑操作，如删除、复制多个单元格的操作，则与一般的编辑方法有所不同。

1. 输入内容

要向表格中输入文本，首先单击该单元格，然后输入文本，输入方法与在文档中的输入方法

一样。在输入的过程中，若按了回车键，则在同一个单元格中开始新的段落。Word 将每个单元格看做一个小的文档，从而可以对它进行文档的各种编辑和排版。

若要在单元格中插入图片，可使用“插入”→“图片”菜单命令。

2. 表格中的移动

若要将光标移动到需要的单元格，用鼠标单击该单元格即可。使用键盘的操作如表 4-12 所示。

表 4-12　移动表格的键盘快捷键

快　捷　键	移动的目的单元格
【Tab】	下一单元格
【Shift】+【Tab】	上一单元格
【←】	插入点在单元格中的内容上时，向左移动一个字符；插入点在单元格的开始处时，移动到同一行的前一单元格；若插入点在一行中的第一个单元格的开始处时，移动到上一行的行结束标记的左边，再次按该键移动到该行的最后一个单元格的结尾处
【→】	插入点在单元格中的内容上时，向右移动一个字符；插入点在单元格的结尾处时，移动到同一行的下一单元格；若插入点在一行中的最后一个单元格的结尾处时，移动到该行的行结束标记的左边，再次按该键移动到下一行的第一个单元格的开始处
【↑】	同一单元格的上一行
【↓】	同一单元格的下一行
【Ctrl】+【↓】	移动到下一个单元格的开始处；若插入点在一行中的最后一个单元格时，移动到行结束标记的左边，再次按该键移动到下一行的第一个单元格
【Ctrl】+【↑】	移动到上一个单元格的开始处；若插入点在一行中的第一个单元格时，移动到前一行行结束标记的左边，再次按该键移动到该行的最后一个单元格
【Alt】+【Home】	同行首单元格
【Alt】+【End】	同行尾单元格
【Alt】+【PgUp】	同列首单元格
【Alt】+【PgDn】	同列尾单元格

3. 表格中的选定操作

在大多数情况下，表格中文本的选定方法与在文档中的选定方法是一样的。如用鼠标选定一段文本、双击一个词选定整个词、选定一行或多行等。

但对于表格来说，还有自己特殊的选定方法。其特殊性是由这样的特点形成的：表格中的每个单元格、每行或每列都有自己的一个不可见的选定栏，就像正常文本都有自己的选定栏（在文本行的左边）一样。

若将鼠标指针移动到任何一个单元格（即使位于表格中间）的左边界处，它都会变为一个向右的黑箭头↗，这说明箭头正好指在该单元格的选定栏上；若将鼠标指针移动到一列的顶部，它会变为一个向下的黑箭头⬇，表示正好指在该列的选定栏上；若将鼠标指针移到表格的左上角，当鼠标指针变为⊞时，表示正好指在整个表格的选定栏上。

在出现选定栏时，单击即可选定单元格、行、列或整个表格。

使用鼠标选定表格中的文字和图形的操作如表 4-13 所示。

表 4-13　　　　使用鼠标选定操作

选定内容	操　作
一个单元格	单击单元格的选定标记⬈，或单击 3 次单元格
一行	单击该行的选定栏
一列	在列顶端鼠标指针变为向下的黑箭头⬇时，单击即可
多个单元格、行或列	拖动经过单元格，或选定某个单元格、行或列，然后按住【Shift】键，单击其他的单元格、行或列
整个表格	单击表格移动标志⊞

使用键盘选定表格中的文字和图形的操作如表 4-14 所示。

表 4-14　　　　使用键盘在表格中选定文本和图形的快捷键

选定的内容	快 捷 键
选定下一单元格的内容	【Tab】
选定前一单元格的内容	【Shift】+【Tab】
将所选定内容扩展到相邻单元格	按住【Shift】键并重复按相应的箭头键
选定列	单击列的上或下单元格，按住【Shift】键并重复按上箭头键或下箭头键
扩展所选内容（或块）	按【Ctrl】+【Shift】+【F8】快捷键，然后用箭头键选择
缩小所选内容	按【Shift】+【F8】快捷键
选定整个表格	按【Alt】+【5】（数字键盘）快捷键

要选定表格行、列或整个表格，也可首先单击需要选定的表格行、列，然后选择“表格”→“选择”→“表”、“列”、“行”、“单元格”菜单命令。

若要选定的单元格在表格中间，可以首先将鼠标指针移动到要选定的单元格的左边界处，按下并拖动鼠标到要选定块的右下角单元格，再松开鼠标，鼠标拖动经过的单元格就被选定了。

4. 表格对齐方式

表格中的单元格相当于一个小文档，因此可对选定的一个单元格、多个单元格、一行或一列的单元格进行对齐的操作，包括左对齐、右对齐、居中对齐、两端对齐和分散对齐等。它与文本的操作是相同的。

由于表格的特殊性，它还提供了一些对齐工具。这些对齐工具包括左顶端对齐、顶端居中对齐、右顶端对齐、左居中对齐、垂直居中对齐、右居中对齐、左底端对齐、底端居中对齐和右底端对齐。其操作是先选定需要对齐操作的单元格，然后单击鼠标右键，选择快捷菜单中“单元格对齐方式”中相对应的命令即可。

5. 表格中的文字方向

表格中的文字方向可分为水平排列和垂直排列两类，共有 5 种排列方式。

竖排文本除可用于表格外，也可用于整个文档。

设置表格中的文本方向，使用下面的操作步骤。

第 1 步：选定需要修改文字方向的单元格。

第 2 步：选择“格式”→“文字方向”菜单命令。

第 3 步：在打开的对话框的“方向”选项组中选定需要的文字方向。

4.4.3　修改表格

对设计好的表格，若不满意，还可以进行修改，如表格行列的增删、行列宽度的调整、单元格的增删、单元格的拆分与合并、拆分表格等，以得到满意的效果。

1. 行、列的增删

表格建立好后，发现行、列多了或少了，重新创建显然太麻烦，这时有方便的添加和删除方法。

（1）增加行。

使用菜单命令，在表格中增加行的操作步骤如下。

第 1 步：选定要在某一行上面或下面插入行的行，要增加几行则选定几行。

第 2 步：选择“表格”→“插入”→“行（在上方）”或“表格”→“插入”→“行（在下方）”菜单命令。

若要在表格末增加一行，只要将光标移到最后一行的最后一个单元格框线外，按【Tab】键即可。

（2）删除行。

对表格中不再需要的行，可以删除。其方法是选定要删除的行，然后选择“表格”→“删除”→“行”菜单命令。注意：按【Delete】键删除的是行中的内容，表中的行仍存在。

（3）列的增删。

列的插入和删除操作与行的操作是类似的。

在表格的最右侧增加一列的操作步骤如下。

第 1 步：将鼠标指针移到最后一列的单元格框线外。

第 2 步：当鼠标指针变为⬇时单击，选定该列。

第 3 步：选择“表格”→“插入”→“列（在左侧）”或“表格”→“插入”→“列（在右侧）”菜单命令，这时就在表格的最右侧增加了一列。

2. 行、列的调整

行、列的调整是指重新调整单元格的行高与列宽。

（1）使用标尺调整行高与列宽。

若要调整行高，可将光标移动到要调整行高的任意单元格中，然后移动鼠标指针到该行的上框线或下框线处，当鼠标指针变为上下方向的箭头$\updownarrow$时，上下拖动鼠标到需要的位置即可。

对于列宽，需要调整哪些列就选定哪些列，然后移动鼠标指针到该列的左框线或右框线处，当鼠标指针变为左右方向的箭头+||+时，左右拖动到需要的位置即可。

当建立了表格后，垂直标尺为每个单元格的行高都设置了刻度，水平标尺为每个单元格的列宽设置了刻度。当选定表格后，在标尺上会显示出行标记符（垂直标尺上）和列标记符（水平标尺上）。当鼠标指针移动到这些标记符上时，鼠标指针形状变为左右箭头↔（在水平标尺上）或上下箭头↕（在垂直标尺上），这时左右、上下移动鼠标就可以调整列宽、行高。

在拖动鼠标时按住【Alt】键，在标尺上会显示出行高或列宽的具体数值，供在调整时参考。

（2）使用对话框调整行高与列宽。

选定需要调整的行或列，然后选择“表格”→“表格属性”菜单命令，在弹出的“表格属性”对话框中选择“行”选项卡可以调整行高，选择“列”选项卡可以调整列宽。

3. 单元格的拆分与合并

一个单元格可以拆分为多个，多个单元格也可合并为一个单元格。

（1）单元格的拆分。

单元格拆分的操作步骤如下。

第 1 步：选定要拆分的单元格。

第 2 步：选择“表格”→“拆分单元格”菜单命令，在打开的“拆分单元格”对话框中选择单元格要拆分成的行数和列数。

行数和列数之积为该单元格拆分后的单元格数目。

（2）单元格的合并。

单元格合并的操作步骤如下。

第 1 步：选定要合并的单元格。

第 2 步：选择“表格”→“合并单元格”菜单命令。

这时，Word 就会删除所选单元格之间的分界线，建立一个新的单元格。新单元格的列宽为所选单元格列宽的和，行高为所选单元格行高的和，原单元格的信息作为新单元格中单独的段。

4. 插入和删除单元格

插入和删除也可以单元格为单位进行，这对建立复杂的表格是非常有用的。

（1）插入单元格。

插入单元格的操作步骤如下。

第 1 步：选定单元格。插入的单元格和选定的单元格的数目是相同的。

第 2 步：选择“表格”→“插入”→“单元格”菜单命令，打开“插入单元格”对话框，如图 4-43 所示。

第 3 步：选定插入的方式。

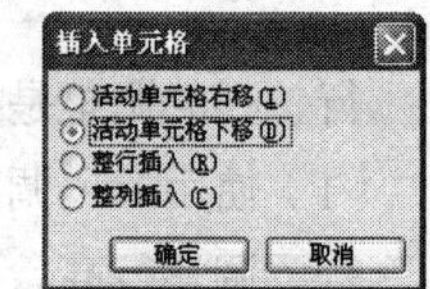

图 4-43 “插入单元格”对话框

（2）删除单元格。

删除单元格是插入单元格的逆操作。当要删除的单元格被选定后，选择“表格”→“删除”→“单元格”菜单命令，出现的“删除单元格”对话框与图 4-43 所示正好相反。

5. 拆分表格

拆分表格的含义是将表格拆分为两个独立的表格，其操作方法是将光标移动到要拆分为第 2

个表格的首行处，选择“表格”→“拆分表格”菜单命令就可以了。

Word 将在拆分表格的两部分之间插入一个用正文样式设置的段落格式标记，若要取消拆分表格，删除这个段落标记就可以了。

4.4.4 表格格式

表格格式指的是表格的边框、底纹、字体等组成的表格的修饰效果，它们使表格更加美观、内容清晰整齐。另外，表格格式还包括表格与文本的排版位置关系。

1. 自动套用格式

Word 2003 为用户预定义了 42 种表格格式，只要套用一下这些格式就可以满足要求。

表格自动套用格式的操作步骤如下。

第 1 步：将光标放在表格中的任意单元格中或选定表格。

第 2 步：选择“表格”→“表格自动套用格式”菜单命令，打开“表格自动套用格式”对话框，如图 4-44 所示。

第 3 步：在该对话框中选择需要的表格格式，也可以向“表格样式”列表框中加入自定义的表格格式，这可通过单击“新建”按钮来完成。

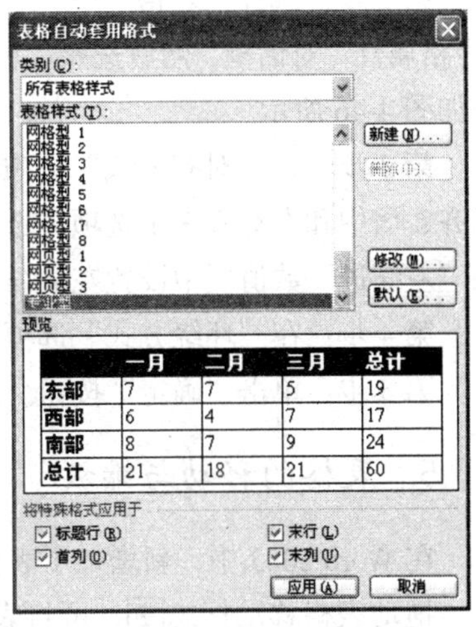

图 4-44 “表格自动套用格式”对话框

2. 边框和框线

用表格自动套用格式可以给表格添加边框和框线。但在不满足需要或没有表格边框和框线时，就必须自己设置。

设置表格边框和框线可使用“边框和底纹”对话框，也可以使用表格和边框工具栏。

使用表格和边框工具栏设置表格边框和框线的操作步骤如下。

第 1 步：选定要添加边框和框线的单元格或整个表格。

第 2 步：单击表格和边框工具栏中的“线型”下拉列表框，从中选择框线的线型。

第 3 步：单击表格和边框工具栏中的“粗细”下拉列表框 0.5 磅，从中选择框线的宽度。

第 4 步：单击“边框颜色”按钮，出现一个调色板，从中选择边框线的颜色。

第 5 步：单击“外部框线”按钮右侧的下拉箭头，出现一个边框模板，从中选择要加边框的位置，如图 4-45 所示。

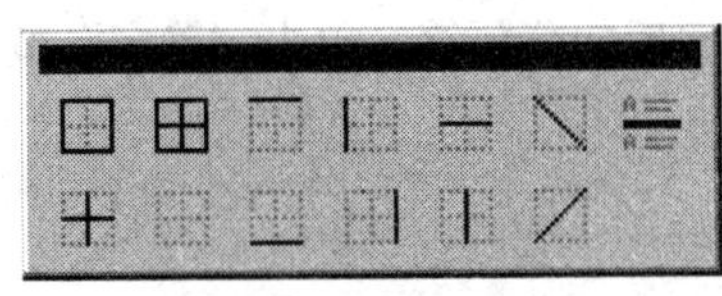

图 4-45 选择边框位置

在图 4-45 中，实线表示加边框，虚线表示没有边框，与表格在文档中的显示是一致的。

可以反复地执行这些操作步骤，直到满意为止。

3. 底纹

对表格的单元格设置底纹，可使用“边框和底纹”对话框来完成，也可使用表格和边框工具栏上的“底纹颜色”按钮来完成。

4. 表格与文本的对齐方式与环绕

表格与文本的对齐方式包括左对齐、居中对齐和右对齐。对于每一种对齐方式来说，环绕方式包括有和没有两种。

确定表格与文本的位置关系可使用下面的操作步骤。

第 1 步：将光标放在表格的任意单元格内。

第 2 步：选择“表格”→“表格属性”菜单命令，打开“表格属性”对话框，然后选择“表格”选项卡，这时的对话框如图 4-46 所示。

第 3 步：在“对齐方式”选项组中选择对齐方式，有左对齐、居中和右对齐 3 个选项。选择左对齐方式后，还可以在“左缩进”数值框中设置左端缩进量。

第 4 步：在“环绕方式”选项组中选择有无环绕。

第 5 步：单击“确定”按钮。

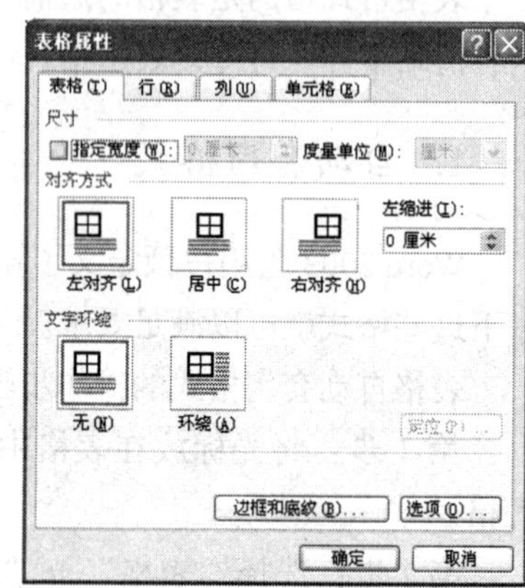

图 4-46 “表格属性”对话框的“表格”选项卡

5. 表格的移动与缩放

在 Word 2003 中，新增加了表格移动标志与缩放标志□。

拖动表格移动标志，可将表格移动到页面上的其他位置；当鼠标指针移动到缩放标志上时，鼠标指针变为↖形状，拖动可改变整个表格的大小，但同时保持行、列的比例不变。

4.4.5 表格操作

这里介绍的表格操作包括表格和文本的相互转换、表格的排序与表格求和计算等。

1. 表格与文本的相互转换

将表格转换为文本的操作步骤如下。

第 1 步：选定表格中的一行、多行或整个表格。

第 2 步：选择“表格”→“转换”→“将表格转换成文字”菜单命令，打开“将表格转换成文字”对话框。

第 3 步：在该对话框中选择将表格中的单元格文本转换为文字后的分隔符，单击“确定”按钮即可。

2. 排序

若表格中的顺序不满足我们的要求，可对其进行重新排序。可按字母或数字顺序排序，也可按日期顺序排序。

对表格进行排序的操作步骤如下。

第 1 步：将光标移动到表格中的任意单元格内。

第 2 步：选择“表格”→“排序”菜单命令，这时 Word 选定整个表格，并打开“排序”对话框，如图 4-47 所示。

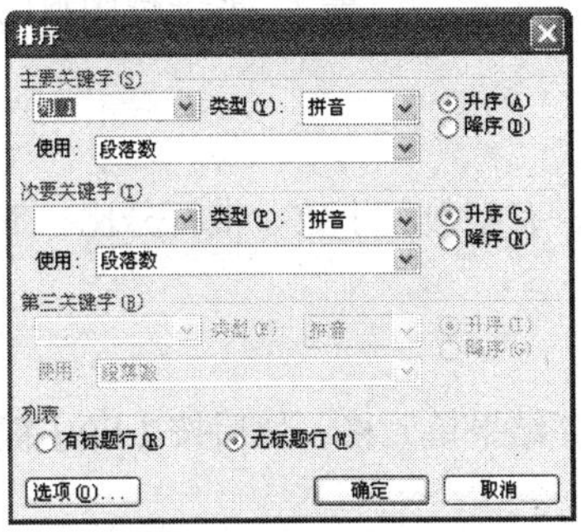

图 4-47　“排序”对话框

第 3 步：选择排序依据、类型及排序方式。

“主要关键字”、“次要关键字”和“第三关键字”下拉列表框中选择的内容是排序的依据，其选项为标题行中各单元格的内容。在“类型”下拉列表框中可以选择排序依据的值的类型，如笔画、数字、日期、拼音。排序方式可选择“升序”或“降序”单选按钮。

若表格第一行为标题，在“列表”选项组中选定“有标题行”单选按钮，则排序不对标题行排序；若选定“无标题行”单选按钮，则排序时将包括标题行。

3. 表格计算

对表格中的某些列进行运算，可使用下面的操作步骤。

第 1 步：将光标移动到要放置计算结果的单元格中。

第 2 步：选择“表格”→“公式”菜单命令，打开“公式”对话框，如图 4-48 所示。

第 3 步：确定表格计算的公式和计算结果的数字格式。

对于表格的计算说明如下。

（1）表格中单元格的引用。

在公式计算中可以引用单元格。

表格中的单元格可用 A1、A2、B1、B2 之类的形式来引用。其中的字母代表列，而数字代表行。

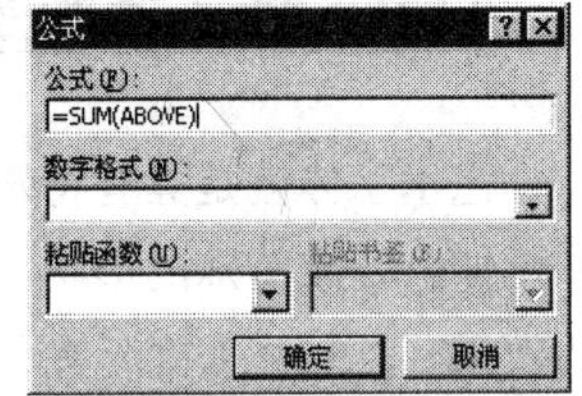

图 4-48　“公式”对话框

在公式中引用单元格时，用逗号分隔，而选定区域的首尾单元之间用冒号分隔。如 SUM（A1:A3）表示对单元格 A1、A2、A3 求和；SUM（A1:C2）表示对单元格 A1、A2、B1、B2、C1、C2 求和；SUM（A1，A3，C2）表示对 A1、A3 和 C2 求和。

若要引用一整行或一整列，有两种方法。其一是用 n:n 表示第 n 行，其二是用 A1:C1 表示一行（A1 为该行的第一个单元格，C1 为该行的最后一个单元格）。

（2）表格中的数学公式。

“公式”对话框中的“公式”文本框中以“=”开始，后面是计算用的数学公式及所要参加计算的单元格。

（3）函数。

计算所用的函数，可用“粘贴函数”下拉列表框来选择，常用的函数有绝对值函数 ABS、平均值函数 AVERAGE、取整函数 INT、最小值函数 MIN、最大值函数 MAX、求余函数 MOD、乘积函数 PRODUCT、符号函数 SIGN、求和函数 SUM。

（4）编辑计算公式。

当打开“公式”对话框时，“公式”文本框中一般会有 SUM 函数，若对计算公式满意的话，直接单击“确定”按钮就可以了。

若对使用的函数满意，只是对计算的单元格不满意，则需对引用的单元格进行编辑；若对公式不满意，可删除已有的公式（注意不能删除“=”），在“粘贴函数”下拉列表框中选择需要的函数，则函数出现在“公式”文本框中，然后在函数括号“()”中输入需要计算的单元格；若还要使用其他的函数，输入一个函数之间的运算符号（“+”，“−”，“*”，“/”等），再进行函数的操作。

（5）计算结果的数字格式。

在“数字格式”下拉列表框中可以选择计算结果的数字格式，有整数、小数、带百分比、带人民币符号等格式。

（6）更新计算结果。

当引用的单元格数值改变，更新计算结果的操作是先选定计算结果单元格，然后按【F9】键即可。

4.5 图文混排

图文并茂的文档会给人更加生动的感觉。Word具有强大的图文混排功能，提供了各种图形对象，有艺术字体和公式，还有文本框、图片和图表等。也可在Word文档中导入其他图形工具生成的图形，并可在Word中再次编辑、缩放和裁剪它们。

4.5.1 插入艺术字体

艺术字体就是具有特殊效果的文字，它可以使字体具有各种颜色，可带有阴影、倾斜、旋转和延伸，变成特殊的形状。艺术字体可使文字产生美的效果。

在文档中插入艺术字体，可使用下面的操作步骤。

第1步：选择“插入”→“图片”→“艺术字”菜单命令，打开“‘艺术字’库”对话框，如图4-49所示。

第2步：在“‘艺术字’库”对话框中选择一种艺术字式样。选择完成后，出现“编辑‘艺术字’文字”对话框。

第3步：在该对话框的“文字”列表框中输入需要的文字。对输入的文字还可以进行简单的格式操作，包括字体、字号、黑体和粗体。输入完成后，单击“确定”按钮，这时艺术字就插入到文档中了。

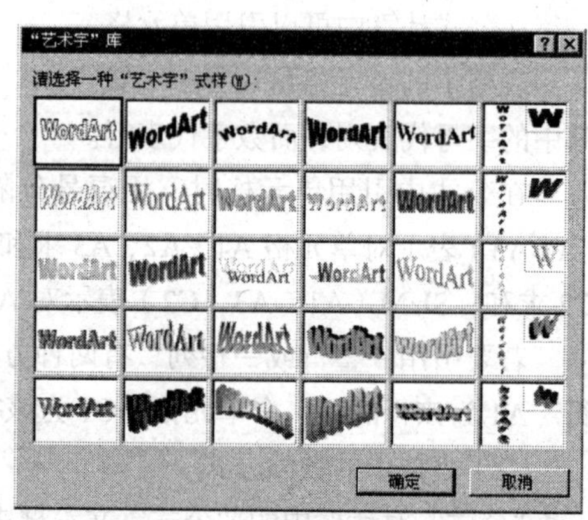

图4-49 “‘艺术字’库”对话框

艺术字和图形一样，可以进行移动、缩放和旋转等操作，其操作和图形的操作是类似的。

4.5.2 编辑公式

在进行科技文档的编辑时，经常要处理各种各样的公式，如简单的求和公式和复杂的矩阵运算公式等。使用Word提供的公式编辑器，可以在文档中插入各种类型的公式。

1. 插入公式

这里我们以下面的求和公式为例说明插入公式的操作步骤。

$$f(t)=\sum_{i=0}^{\infty}x_i^2(t)$$

第 1 步：将光标移动到要插入公式的位置。

第 2 步：选择“插入”→“对象”菜单命令，打开“对象”对话框，然后选择“新建”选项卡，这时的对话框如图 4-50 所示。

第 3 步：在“对象”对话框的“对象类型”列表框中选择“Microsoft 公式 3.0”，然后单击“确定”按钮，这时就启动了公式编辑器，进入公式编辑器窗口，同时出现公式工具栏，如图 4-51 所示。

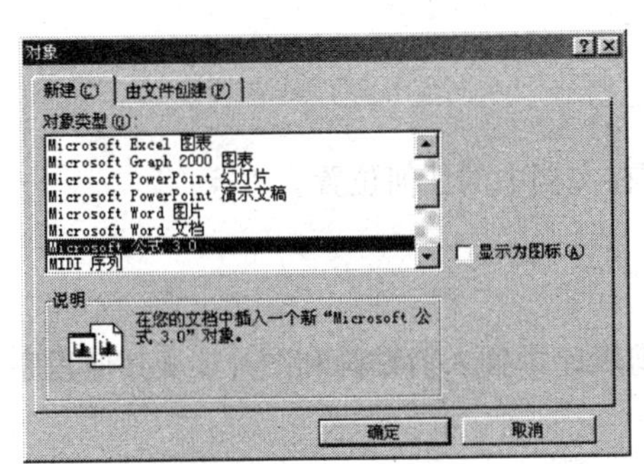

图 4-50　“对象”对话框的“新建”选项卡

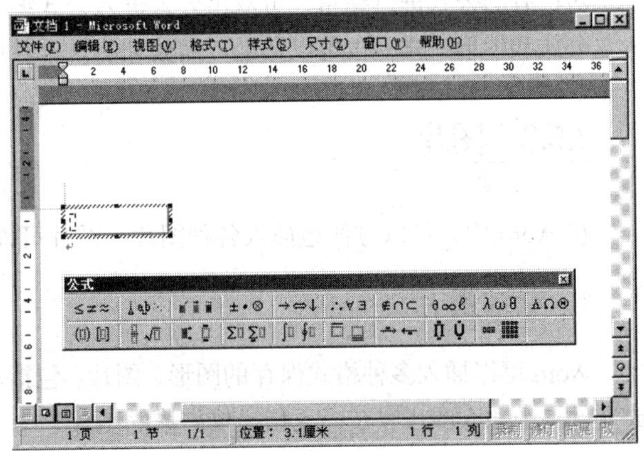

图 4-51　公式编辑器窗口

公式工具栏的顶行提供了公式中常用的一系列符号，底行提供了一系列工具样板供用户选择。

常用的符号包括：关系符号、间距和省略号、修饰符号、运算符号、箭头符号、逻辑符号、集合论符号、其他符号、希腊字母（大、小写）等。

工具模板包括：围栏模板、分式和根式模板、下标和上标模板、求和模板、积分模板、底线和顶线模板、标签箭头模板、乘积和集合论模板、矩阵模板等。

第 4 步：输入公式的左端和等号：

$$f(t)=$$

其中的括号和等号可用键盘直接输入，也可用工具栏上提供的符号。

第 5 步：输入求和符号，即单击公式工具栏中求和模板按钮，在该工具板中选择带有上下限的求和公式，则插入选定的求和公式。

第 6 步：输入求和的上下限。将光标移动到求和的下限位置（用鼠标单击），输入：

$$i=0$$

然后将光标移动到求和的上限位置（用鼠标单击），单击公式工具栏中的其他符号按钮，打开工具模板，选择其中的“∞”符号。

第 7 步：输入级数平方和表达式。将光标移动到求和公式的主题，单击公式工具栏中的下标和上标模板，选择带有上下标的公式样板，然后在主体小方框中输入“x”，在上标小方框中输入“2”，在下标小方框中输入“i”，最后输入“(t)”。

第 8 步：完成公式编辑后，在公式以外的文档任意位置单击，即可退出公式编辑窗口，返回到 Word 编辑窗口。

在公式的编辑状态中，除了我们熟悉的竖条光标外，还有一种拐角光标⌋。拐角光标也表示插入的位置，根据当前拐角光标所“括”住的数据范围可以确定当前插入的位置。若不注意拐角光标的位置，可能得不到期望的公式。

2. 修改公式

插入的公式是一个整体对象。单击公式就选定了该公式。与文本一样，公式也可以进行复制、粘贴、删除等操作。使用鼠标拖动选定公式周围的小框可以改变公式的长度、宽度和大小。

对已有的公式进行编辑，可双击公式进入公式编辑器的编辑窗口，对其进行编辑。

公式和图形一样，也可以移动、缩放和旋转，其操作和图形的操作是类似的。

4.5.3 图片

在 Word 中，可以方便地插入各种图片，图片可以放在文档中的任何位置。

1. 插入图片

Word 可以插入多种格式保存的图形、图片，包括从剪辑库中插入剪贴画和图片、从其他程序或文件夹中插入图片以及插入扫描仪扫描的图片。

（1）插入剪辑库中的图片。

在 Word 安装完成后，安装目录中有一个 Clipart 文件夹，保存有大量的图片，所含类别有卡通、卡通人物、标志、姿态、动物、建筑物、工业、形状、人物、日常用品、学术、植物、运动与休闲、娱乐和运输工具等。

在文档中插入剪辑库中的图片可采用下面的操作步骤。

第 1 步：选择“插入”→“图片”→“剪贴画”菜单命令，打开“剪贴画”任务窗格，单击“管理剪贴画”链接，弹出剪辑管理器窗口，如图 4-52 所示。

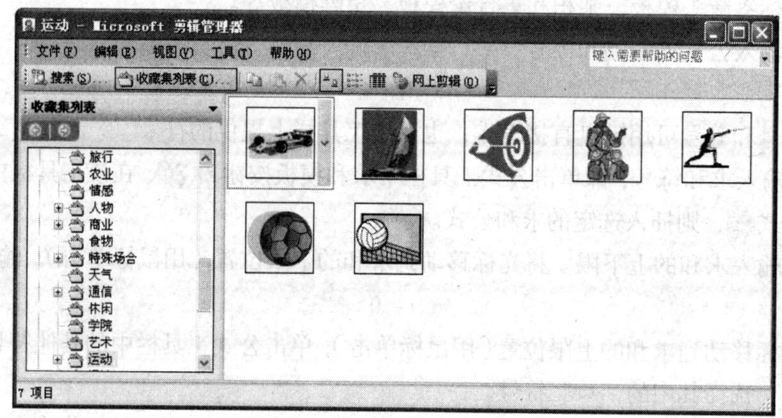

图 4-52 剪辑管理器窗口

第 2 步：在该窗口的“收藏集列表”列表框中选择“Office 收藏集”，然后在其下选择需要的类别，从右边的窗格中选择一张图片。

第 3 步：单击图片右侧的下拉按钮，在弹出的下拉菜单中选择“复制”菜单命令。

第 4 步：将光标放到需要插入图片的位置粘贴即可。

（2）插入文件中保存的图片。

Word 允许将其他程序生成的图形、图像文件插入到文档中，如插入 AutoCAD 中生成的图形文件、画图中生成的图像文件等。

在 Word 中将其他程序生成的图形、图像文件插入到文档中，采用下面的操作步骤。

第 1 步：将光标放到需要插入图片的位置。

第 2 步：选择“插入”→“图片”→“来自文件”菜单命令，弹出“插入图片”对话框。

第 3 步：在“插入图片”对话框中选择要插入的文件即可。

2. 设置图片的格式

图片的格式包括颜色、线条、大小和版式等。艺术字、公式等对象的格式设置与这里讲述的设置方法是相同的。

首先选定要设置格式的图片（单击），然后选择快捷菜单中的“设置图片格式”菜单命令，这时弹出的“设置图片格式”对话框如图 4-53 所示。

（1）颜色和线条。

在“设置图片格式”对话框中选择“颜色与线条”选项卡，这时的对话框如图 4-53 所示。

对该对话框中的选项说明如下。

- “填充”选项组

用来设置图片的填充色、填充的透明度。

- “线条”选项组

用来设置图片的边框以及线条的颜色、线型、虚实和粗细。

- “箭头”选项组

对线条设置始端样式、末端样式和始端、末端箭头的大小。

（2）图片的大小。

在“设置图片格式”对话框中选择“大小”选项卡，这时的对话框如图 4-54 所示。

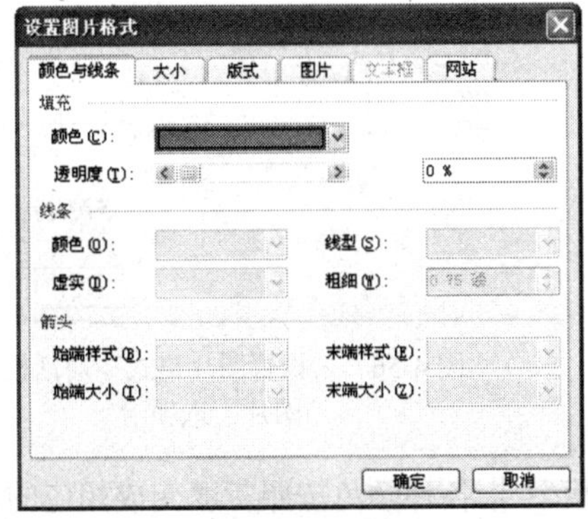

图 4-53　“设置图片格式”对话框的“颜色与线条”选项卡

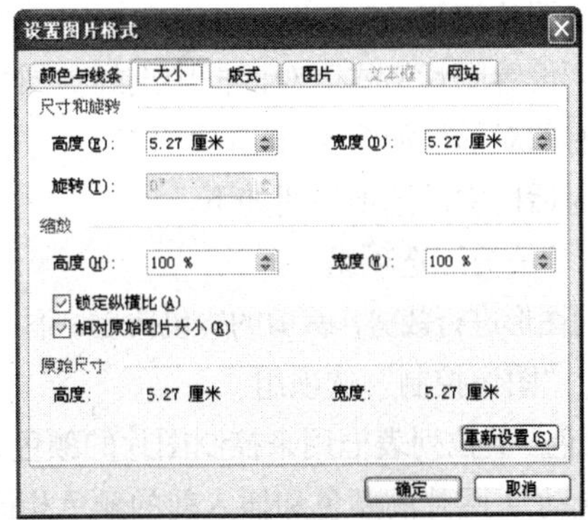

图 4-54　“设置图片格式”对话框的“大小”选项卡

该对话框中的选项说明如下。

- “尺寸和旋转”选项组

设置图片的高度、宽度和旋转角度。

- “缩放”选项组

用于缩放图片。若选定“锁定纵横比”复选框，则缩放时高度和宽度的缩放值将保持一致。

使用该对话框可精确地调整图片的大小。使用鼠标拖动，也可以调整，但不太精确。若使用鼠标调整图片大小，那么先选定它，将鼠标指针移动到控制点附近，当指针形状变为双向箭头时，拖动鼠标，这时鼠标指针变为“十”字形状，图片的边界轮廓也会随鼠标的拖动而移动，拖动到需要的大小时松开鼠标即可。在拖动时，按住【Alt】键可以锁定纵横比。

图4-55 “设置图片格式”对话框的“版式”选项卡

（3）图片的环绕方式。

插入图片后，若将正文文字环绕图片排列，使它们相互衬托，那么文档将更加生动、漂亮。

在“设置图片格式”对话框中选择“版式”选项卡，这时的对话框如图4-55所示。

该对话框中的选项说明如下。

- “环绕方式”选项组

可选择一种环绕方式：嵌入型、四周型、紧密型、浮于文字上方、衬于文字下方。

嵌入型：将对象置于文档的插入点处，使对象与文字处于同一层。

四周型：将文字环绕在所选对象的矩形边界框的四周。

紧密型：将文字紧密环绕在图像自身的边缘（而不是对象矩形边界框）的周围。

浮于文字上方：选择该选项会取消文字环绕格式，将对象置于文档中文字的上面，覆盖着部分文字，对象将浮动于自己的绘图层中。

衬于文字下方：选择该选项会取消文字环绕格式，将对象置于文本层之下的层，让文字覆盖对象。

- “水平对齐方式”选项组

用于设置对象与文档页面的水平对齐位置。可选择一种对齐方式：左对齐、居中、右对齐、其他方式。

（4）图片控制。

在“设置图片格式”对话框中选择“图片”选项卡，这时的对话框如图4-56所示。

该对话框中的选项说明如下。

- “裁剪”选项组

可对图形进行裁剪，裁剪的边包括上、下、左、右。

- “图像控制”选项组

图4-56 “设置图片格式”对话框的“图片”选项卡

“颜色”下拉列表框用来控制图片的颜色，其选项包括“自动”（图片的颜色和插入前的颜色相同）、“灰度”（指各种颜色按照灰度变成相应的灰色）、“黑白”（指图片只有黑、白两种颜色）、“水印”（指图片具有水印的效果）；“亮度”选项用来调整图片的亮度；“对比度”选项用来调整图片的对比度。若要在文档的每一页都设置相同的水印，那

么应当在页眉或页脚中插入图片，并将其设置为水印效果。

4.5.4　文本框

文本框是存放文本和图片的容器，它可放置在页面的任意位置，其大小可以由用户指定。文本框游离于文档正文之外，可以位于绘图层，也可以位于文本层的下层。用户还可以将多个文本框链接起来成为链接的文本框，这样当文字在一个文本框中放不下时，会自动排版到另一个链接的文本框中。

1. 插入文本框

在文档中插入文本框的操作步骤如下。

第 1 步：选择“插入”→“文本框”→“横排”或“插入”→“文本框”→“竖排”菜单命令，这时鼠标指针变为十字形。“横排”表示文本框中的文字水平排列，“竖排”表示文本框中的文字垂直排列。

第 2 步：将鼠标指针移到要插入文本框的左上角，按住鼠标并拖动到要插入文本框的右下角，画出一个文本框。

第 3 步：向文本框中输入文字。若输入的文字过多，有些文字在文本框中会暂时不可见，通过调整文本框的大小即可显示出其余的文字。

2. 调整文本框

插入文本框后，其大小可根据需要来调整。为此单击文本框可选定它，选定的文本框有 8 个控制点。文本框左右两边中间的控制点用于调整文本框的宽度，上下两边中间的控制点用于调整文本框的高度，4 个角的控制点用于同时调整文本框的高度和宽度。

将鼠标指针放在文本框边框上时，鼠标指针变为“十”字形状，拖动鼠标可移动文本框的位置。

删除文本框的操作与删除文字的操作一样，首先选定文本框，然后按【Delete】键即可。这时文本框及其中的内容将全部删除。

3. 设置文本框格式

选定文本框后，选择快捷菜单中的“设置文本框格式”菜单命令，会弹出“设置文本框格式”对话框，该对话框上的“颜色与线条”选项卡、“大小”选项卡、“版式”选项卡与前面介绍的“设置图片格式”对话框中的相应选项卡是相同的，操作也是相同的。“文本框”选项卡用于设置文本框内文字到文本框边框之间的上、下、左、右距离。

4. 链接文本框

将文本框链接起来，对编写一些特殊的文档（如出版物等）是很有用的。链接起来的文本框就像页面一样，在前一个文本框中装不下的文字将出现在第二个文本框的顶部；在一个文本框中插入或删除若干行文字，其后文本框中的文字会自动调整。链接的文本框数量是任意的。一个文档中可有多组链接的文本框，每组链接的文本框都可链接多个文本框，并且链接的方向可向前也可向后。

（1）创建链接文本框。

创建链接文本框采用下面的操作步骤。

第 1 步：选定链接的第一个文本框。

第 2 步：若屏幕上没有出现文本框工具栏，可选择“视图”→“工具栏”→“文本框”菜单命令，就会出现文本框工具栏。

第 3 步：单击文本框工具栏中的“创建文本框链接”按钮，这时鼠标指针变为直立的杯状。

第 4 步：将鼠标指针移动到要链接的第二个文本框上（这时直立的杯状鼠标指针变为倾斜的形状）单击，这样就将第一个文本框与第二个文本框链接起来了。这里的第一个文本框和第二个文本框是指链接的顺序，而不是文本框在文档中的位置顺序，它们可以是不同页面上的文本框。

第 5 步：要链接其他文本框，可单击要链接文本框的前一个，然后重复第 3～4 步，直至链接需要的全部文本框。

（2）断开链接文本框。

链接的文本框中，除了首尾两个文本框外，每个文本框都有一个指向前一个和后一个的链接。断开链接文本框可在其内任意两个之间进行。断开后则会生成两个链接的文本框。位于断点前后的链接保持不变，但其内的文本将在断点前的最后一个文本框终止，而第二个文本框是空的。

断开文本框的操作步骤如下。

第 1 步：选定在链接文本框中需要断开的第一个文本框，其方法是首先单击文本框，然后在文本框边框上移动，直到鼠标指针变为“十”字形箭头时再单击鼠标。

第 2 步：单击文本框工具栏上的“断开前向链接”按钮。

4.6 图形

Word 中除可以在文档中插入各种已有的图片外，还可以绘制图形，并对绘制的图形设置一些特殊的效果。绘图时可以使用绘图工具栏。

1. 绘制图形的基本方法

在 Word 中绘制图形的基本操作步骤如下。

第 1 步：确定需要绘制图形的轮廓，将图形分解为简单的图形组合，如直线、箭头、矩形或椭圆等。

第 2 步：单击绘图工具栏上简单图形对应的按钮，如“直线”按钮、“箭头”按钮、“矩形”按钮或“椭圆”按钮等，把鼠标指针移动到文本区，这时鼠标指针变为“十”字形。

第 3 步：选定绘制图形的起点，按住鼠标左键，然后拖动鼠标到需要的大小，这时就会产生需要的图形。

正方形和圆是矩形和椭圆的两个特例，在绘制前，先按住【Shift】键，然后用鼠标拖动，就能直接画出正方形和圆。

对图形的编辑方法和对文本的编辑方法类似。例如，先单击要编辑的图形，然后就可以进行复制、粘贴、移动等操作。移动方法与图片的移动操作是类似的。

2. 自选图形

使用 Word 中提供的自选图形功能，可以绘制几乎所有用户需要的图形。

（1）线条。

可绘制的线条包括：直线、箭头、双箭头、曲线、任意多边形、自由曲线等。

注意，曲线在绘制时，单击鼠标在文档区域中产生一个点，Word 会自动根据该点和前两点自动对曲线进行平滑处理，绘制完成时双击鼠标即可。其余绘制方法与基本图形的绘制方法相同。

（2）基本形状。

可绘制的基本形状有 32 个：矩形、平行四边形、梯形、菱形、圆角矩形、八边形、等腰三角形、右三角形、椭圆、六边形、十字形、正五边形、圆柱形、立方体、棱台、折角形、笑脸、同心圆、禁止符、空心弧、心形、闪电形、太阳形、新月形、弧形、双括号、双大括号、缺角矩形、左小括号、右小括号、左大括号、右大括号等。

（3）箭头总汇。

可绘制的箭头有 27 个：右箭头、左箭头、上箭头、下箭头、左右箭头、上下箭头、十字箭头、丁字箭头、圆角右箭头、手杖形箭头、直角双向箭头、直角上箭头、左弧形箭头、右弧形箭头、下弧形箭头、上弧形箭头、虚尾箭头、燕尾形箭头、五边形箭头、右箭头标注、左箭头标注、上箭头标注、下箭头标注、左右箭头标注、上下箭头标注、十字箭头标注、环形箭头等。

箭头总汇提供的箭头可用于绘制各种流程图及标注所用的箭头。

（4）流程图。

可绘制的流程图有 27 个：可选过程、决策、数据、预定义过程、内部存储、文档、多文档、终止、准备、人工输入、人工操作、联系、离页连接符、卡片、资料带、汇总连接、或者、对照、排序、摘录、合并、库存数据、延期、顺序访问存储器、磁盘、直接访问存储器、显示等。

使用流程图中的图形和合适的箭头就可以绘制出各种各样的流程图。

（5）星与旗帜。

可绘制的星与旗帜有 14 个：爆炸形 1、爆炸形 2、十字星、五角星、八角星、十六角星、二十四角星、三十二角星、上凸带星、前凸带星、竖卷形、横卷形、波形、双波形等。这些形状可用于特殊的场合。

（6）标注。

可绘制的标注有 20 个，分为线型标注和非线型标注。线型标注指的是带引出线的标注，它又可分为有边框、无边框、带强调线、带边框和强调线 4 类。

绘制出标注后，可以完全按文本框的操作来操作标注。

3. 改变图形形状

（1）选定图形。

选定单个图形用鼠标单击即可。选定图形后，图形周围出现的小方块称为控制点（又称“缩放块”）。如图 4-57 所示的图形是被选中的图形，它有 8 个控制点。

同时选定多个图形的操作方法是用鼠标单击第一个图形，然后按住【Shift】键，再单击每一个要选定的图形。或单击绘图工具栏中的“选择对象”按钮，拖动鼠标将需要选定的图形包含在鼠标拖动的矩形区域中。

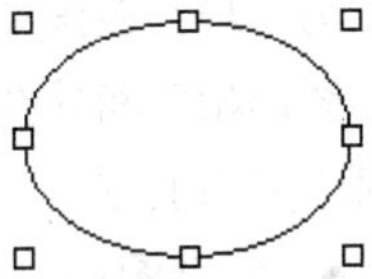

图 4-57　选定的图形

（2）改变图形的大小。

选定要改变大小的图形，将鼠标指针移到控制点上，鼠标指针变成双向箭头后拖动控制点即可。

（3）旋转图形。

选定要旋转的图形，再单击绘图工具栏上的“自由旋转”按钮，出现4个旋转顶点，当鼠标指针包围顶点时，拖动鼠标进行旋转即可。

（4）为图形添加阴影或立体效果。

选定要添加阴影或立体效果的图形，再单击绘图工具栏上的“阴影”或“三维效果”按钮，选择其中的一种样式即可。

（5）改变直线的形式。

直线除了可以旋转、添加阴影或立体效果外，还可以改变实（虚）线型和箭头样式。改变的方法：选定要改变形式的直线，再单击绘图工具栏中的线型或虚线线型按钮，选择样式即可。

另外，利用绘图工具栏中的绘图菜单，可对图形进行旋转、翻转、顶点编辑等操作。

4. 在图形上添加文字

在图形上可以添加文字，其操作方法如下。

第1步：选中图形，单击右键，在弹出的快捷菜单中选择“添加文字”菜单命令。注意，对于不能添加文字的图形，是没有该快捷菜单的。

第2步：输入文字即可。

5. 图形的格式

（1）设置图形的格式。

图形的格式包括图形的大小、布局、颜色和线条、环绕等，其操作与图片的操作类似。

（2）绘图的综合功能。

- 叠放次序

Word文档分为文本层、绘图层和文本层之下层3个层次，其作用如下。

文本层：用户在编辑文档时使用的层，插入的嵌入型图片或嵌入型剪贴画，都可以位于文本层。

绘图层：位于文本层之上。在Word中绘制图形时，先把图形对象放在绘图层，即让图形浮于文字上方。

文本层之下层：可以根据需要把有些图形对象放在文本层之下，称为图片衬于文字下方，使图形和文本产生层叠效果。

利用这3个层次，用户可将图片在文本层的上、下层之间移动，让图和文字混合编排，如生成水印图案等，以获得特殊的效果。

调整叠放次序的操作方法如下。

第1步：选定要调整叠放次序的图形。

第2步：单击绘图工具栏上的“绘图”按钮，打开菜单。

第3步：在该菜单的“叠放次序”菜单中选择合适的叠放次序。

图形相互间的叠放次序有6种：置于顶层、置于底层、上移一层、下移一层、衬于文字下方和衬于文字上方。

- 组合图形

图形组合起来后，可对这一组图形像一个图形那样操作。组合图形的操作步骤如下。

第1步：选定要组合的一组图形。

第 2 步：单击绘图工具栏上的“绘图”按钮，在打开的菜单中选择“组合”菜单命令即可。这时这一组图形只在最外围出现 8 个控制点，表明这一组图形已组合起来了。

4.7 打印文档

打印通常是文字处理的最后一步，打印出的文档可用来校对或正式使用。Word 具有强大的打印功能，在打印前可在屏幕上预览，看到打印的实际效果，预览时还可对文档进行修改。打印时，除打印文档外，还可以打印文档的一些属性信息。

1. 打印预览

Word 在打印前可在屏幕上预览，以看到打印的实际效果，对打印预览窗口还可进行一些设置，以满足用户对打印预览的要求。

要进行打印预览，单击常用工具栏中的“打印预览”按钮或选择“文件”→“打印预览”菜单命令，这时屏幕上就会出现打印预览窗口。

预览窗口顶部的打印预览工具栏中包括的按钮有：打印、放大镜、单页、多页、显示比例23%、查看标尺、缩至整页、全屏显示、关闭和帮助等。

（1）显示比例。

通常开始进行打印预览时，打印窗口中显示的是整页的效果。若要查看具体的细节，可使用“放大镜”按钮、“显示比例”下拉列表框23%及“全屏显示”按钮来实现。

使用“放大镜”按钮可以放大或缩小页面的显示。单击该按钮，将鼠标指针移动到页面上，这时的鼠标形状为一个放大镜。若放大镜为，则单击鼠标时页面会放大显示；若放大镜是，则单击鼠标时页面会缩小显示。

打印预览时，Word 是根据页面的情况自动设置预览比例的。其实，也可根据情况自己设置显示比例。“显示比例”下拉列表框23%中显示的是当前的显示比例，在该下拉列表框中可以选定其他的比例。

通常打印预览时，是在文档窗口中进行的，Word 的程序窗口仍然存在。这样显示的范围就有限，使用“全屏显示”按钮就可以在全屏幕范围内显示，也就是文档窗口占据屏幕的全部。当将鼠标指针移动到屏幕的顶端时，Word 的菜单条就会出现。

关闭全屏显示时可单击“关闭全屏显示”按钮。

（2）单页显示与多页显示。

在进入打印预览模式时，预览窗口中显示的是当前编辑页。若要同时显示多页，可使用多页显示方式。

多页显示使用“多页显示”按钮。单击该按钮后，拖动鼠标到需要的页数（被选中的页数在列表中高亮显示），松开鼠标后，预览窗口中就会显示所选的页数中的内容。

若要回到单页显示方式，可单击“单页显示”按钮。

（3）关闭预览。

在编辑文档时，若使用了标尺，则在预览时窗口中就会出现标尺。若不想看到标尺，单击“查看标尺”按钮即可。再次单击“查看标尺”按钮就会重新显示标尺。

预览完毕后，单击“关闭”按钮就会回到正常的文本编辑方式。

2. 打印文档

打印前，必须设置好所使用的打印机。

Word 可以以多种方式打印文档，如打印的范围、打印的份数等。

打印文档使用“文件”→“打印”菜单命令，这时出现的“打印”对话框如图 4-58 所示。

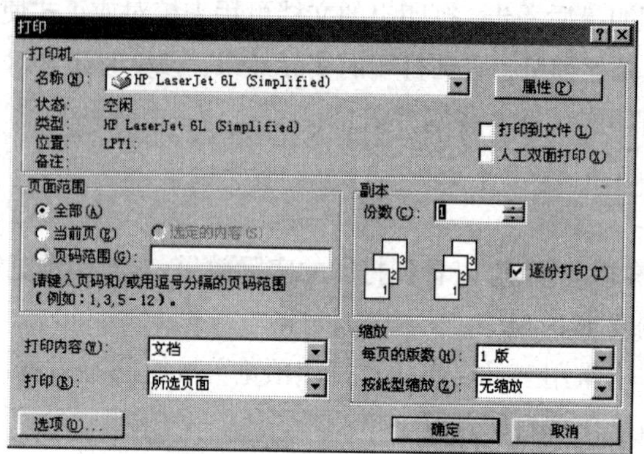

图 4-58 “打印”对话框

（1）打印文档的全部。

当打开“打印”对话框后，选择“全部”单选按钮，或在编辑时单击常用工具栏中的“打印”按钮就会打印文档的全部。

（2）一次打印多份文档。

在“打印”对话框的“份数”加减器中选择要打印的份数，Word 就会为用户打印多份文档。

多份文档的打印方式是由“打印”对话框中的“逐份打印”复选框确定的。若选定该复选框，则在打印了一份完整的文档后，再打印下一份；若不选定，则每页按份打印。

（3）打印文档的指定部分。

有时并不想打印全部文档，只要打印其中的一部分。可以打印指定的页，也可以打印指定的内容。

打印文档中的部分页，可以使用“打印”对话框的“页面范围”选项组中的单选按钮。可以打印当前页、某一页或指定范围的页。

若要打印某一页中的部分内容，可首先选定这些内容，然后选择“文件”→“打印”菜单命令，在“页面范围”选项组中选择“选定的内容”单选按钮。

（4）缩放打印。

从 Word 2000 开始，增加了缩放打印的功能，就像复印机的缩放功能一样。缩放打印使用“打印”对话框中“缩放”选项组中的选项。“缩放”选项组有两个下拉列表框，下面分别说明。

- “每页的版数”下拉列表框

可用来指定每一张打印纸上打印的页面数，通常为 1。指定为多少就在一张打印纸上打印指定的页面数。打印后的内容是放大还是缩小是由打印纸的大小来确定的。

- “按纸型缩放”下拉列表框

这里指定的纸张大小就是打印机中所放置的打印纸的大小。若打印纸的大小大于 Word 所设置的页面的大小，就是放大打印，否则就是缩小打印。

第5章 电子表格软件 Excel 2003

电子表格软件是用于数据处理的软件，它对由行和列构成的二维表格中的数据进行管理，能运算、分析、输出结果，并能制作出图文并茂的工作表格。电子表格中的每一个单元可以存储的数据并不是简单的数值，而是字符、数值、变量、公式、图像、声音等信息。

Excel 是目前最流行的，具有强大的数据处理、数据分析能力的电子表格应用程序。使用它可以处理文字、数据、图形、图表及其他多媒体对象，它广泛地应用在办公、财务和统计工作中，有助于提高人们的工作效率。

5.1 Excel 2003 概述

1. Excel 的主要特点

（1）表格编辑功能。

Excel 2003 可处理的表格数据行为 65 536 行，每个单元格中可输入 32 000 个字符。剪贴板最多可存储 24 个对象（与 Word 2003 是相同的）。

（2）表格管理。

包括工作表的查找、打开、关闭、重命名等操作及读工作簿的操作。

（3）设置工作表格式。

（4）生成工作表。

用图形的方式形象、直观地来表示表格中的数据。

（5）工作表管理功能。

提供类似于数据库的操作功能，如排序、筛选、分类汇总等。

（6）支持网络功能。

2. Excel 2003 的启动与退出

（1）启动 Excel 2003。

选择“开始”→“所有程序”→“Microsoft Office”→“Microsoft Office Excel 2003”菜单命令，就可以启动 Excel 2003。

（2）退出 Excel 2003。

使用 Excel 处理完电子表格后，就可以退出该应用程序。退出 Excel 应用程序前要保存编辑的电子表格，然后选择“文件”→“退出”菜单命令即可。

3. Excel 2003 的窗口

Excel 2003 启动后的窗口如图 5-1 所示。

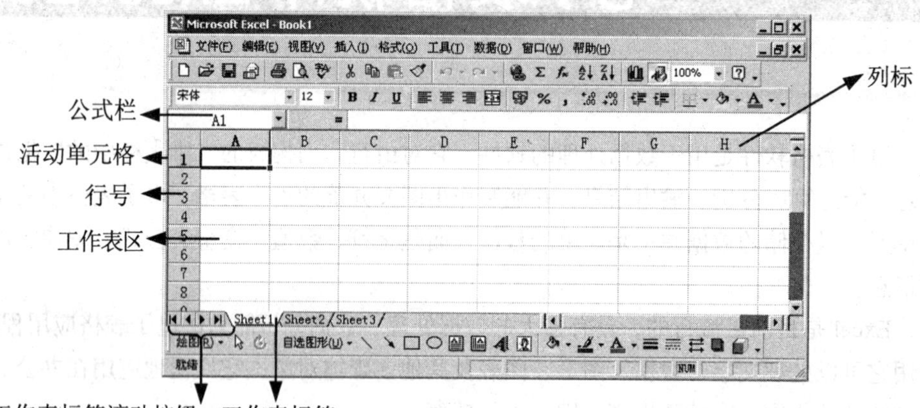

图 5-1　Excel 工作窗口

这里我们只说明一下 Excel 2003 窗口与第 3 章 Windows 操作系统中的窗口不同的地方。

（1）公式栏。

公式栏位于工具栏之下，其中包含名称框和编辑栏，如图 5-2 所示。

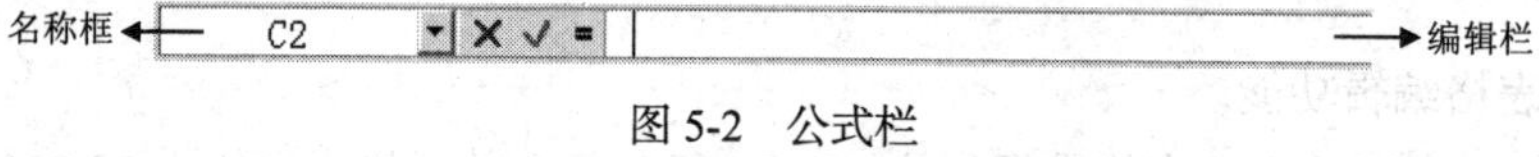

图 5-2　公式栏

名称框用于显示活动单元格地址（列标和行号、图表项或绘图对象），编辑栏用于编辑和显示活动单元格的内容（数据或公式），若单元格中含有公式，则公式的结果显示在单元格中，编辑栏中显示的是公式。

名称框与编辑栏中间的“√”或“×”按钮用于确认（与回车键功能相同）或取消（与【Esc】键功能相同）向单元格中输入的信息。

（2）工作表区。

工作表区是表格的编辑区，它包括单元格、网格线、列标和行号、工作表标签和滚动条。

每个工作表由 256 列和 16 384 行组成，行与列的相交处为单元格，它是存储数据的基本单位。单元格中含有粗边框线的称为活动单元格（例如，启动 Excel 后的 A1 单元格就是活动单元格），表示这时可以在该单元格中输入或编辑数据。活动单元格用一个粗轮廓线高亮显示，其地址显示

在名称框中，内容显示在编辑栏中。活动单元格粗边框线右下角的小黑方块称为填充柄，可用来填充某个单元格区域的内容。

（3）行号和列标。

工作表中单元格的地址用列标和行号表示，“列标”用字母 A～Z、AA～AZ、…、IA～IV 表示，它是位于各列上方的灰色字母区；“行号”用数字 1～65 536 表示，它是位于各行左侧的灰色编号区。因此，C5 就表示位于第 C 列第 5 行的单元格。

（4）工作表标签。

工作表标签用于提示正在使用的工作表。激活的工作表标签区底色为白色、文字带下划线。

当工作簿中包含了多张工作表时，可以滚动显示工作表标签，方法是使用标签栏左端的滚动按钮。

（5）工作簿。

工作簿是工作表的集合。Excel 启动后的工作表实际上是 Book1（系统默认名）的工作簿中的第一张工作表。一个工作簿最多可以有 255 张相互独立的工作表。系统启动后默认打开 3 张工作表，其名称分别为 Sheet1、Sheet2 和 Sheet3。在 Excel 中每个文件保存为一个工作簿。

要将数据输入到某个单元格中，或要对工作表进行操作，必须首先选定它，使其成为活动单元格。

5.2 工作表的建立与编辑

5.2.1 工作簿的创建、打开与保存

1. 创建工作簿文件

Excel 启动后自动创建名为 Book1 的工作簿文件，该工作簿中的第一张工作表显示在屏幕上。若要创建一个新的工作簿文件，选择“文件”→“新建”菜单命令，打开“新建工作簿”任务窗格，单击“空白工作簿”链接即可。与原来 Excel 版本的文档窗口不同，在 Excel 2003 中，每个文档窗口都包含在一个单独的 Excel 应用程序窗口中，在任务栏上都有一个单独的任务按钮，而在窗口菜单命令中仍有每个打开的文档的名称，可在文档窗口之间进行切换。

2. 打开工作簿文件

使用“文件”→“打开”菜单命令，在弹出的“打开”对话框中选择要打开的工作簿文件，即可将其打开。

3. 保存工作簿文件

对编辑的工作簿文件必须保存，保存时使用“文件”→“保存”菜单命令。若是对新建立的工作簿文件进行保存，则会出现“另存为”对话框，在该对话框中选择工作簿文件要保存的位置和文件名即可。

Excel 2003 中规定工作簿文件的扩展名默认为.xls。

5.2.2 输入数据

在建立表格之前，应该搞清楚表格的式样，如表头的内容、标题列的内容等。在 Excel 中建立表格的时候先建立一个表头，然后确定表的行标题和列标题，最后才是填入表的数据。

在工作表中有两类数据：一类是常量，可以是数值、文本、日期和时间；另一类是公式，由一串数值、单元格、函数和运算符等组成。Excel 可以自动判断出输入数据的类型，并进行适当的处理。

1. 输入数据的方法

Excel 提供了在单元格中或编辑栏中输入数据的方法。

在 Excel 中输入数据采用下面的操作步骤。

第 1 步：选定要输入数据的单元格。

第 2 步：在单元格中输入或修改数据，有两种方法，一种方法是双击单元格，这时鼠标指针变为竖条形状，即可输入或修改数据；另一种方法是单击编辑栏，这时鼠标指针也变为竖条形状，即可输入或修改数据。

第 3 步：输入数据后，在编辑栏的左边会出现"√"和"×"按钮。编辑完成后，单击"√"按钮或按回车键确认，并激活下一个单元格；单击"×"按钮或【Esc】键，则取消输入。

2. 输入文本

文本包括汉字、英文字母、数字、符号及其组合。每一个单元格中最多可以输入 32 767 个字符，单元格中只能显示 1 024 个字符，而编辑栏中可以显示全部 32 767 个字符。默认时输入的文本采用左对齐方式。

如果要在单元格中输入硬回车，可以按【Alt】+【Enter】快捷键（仅按【Enter】键将激活相邻单元格）。

若要将一个数字作为文本，如邮政编码、电话号码、产品代号等，输入时应在数字前加上一个单引号，或将数字用双引号括起来后，前面再加一个"="。因此，若要将数字 1 234 567 作为文本处理，可以输入"'1234567"，也可以输入"="1234567""。

3. 输入数值

数值是指可参与运算的数据，有效的数值只能包含下列字符：

0~9、+、-、(、)、/、$、%、.、,、E、e

输入数值时，Excel 自动将数值沿单元格右对齐。

输入的数值可以为一般的数值，也可以是采用科学计数法的数值。科学计数法一般由尾数部分、字母 E（或 e）及指数部分组成，如 2.11E15、4.141e-9 等。

输入负数时，在数值前面应加上"–"，或将数字用括号"()"括起来，如输入"–100"或"(100)"都可以得到–100。

输入分数时，应当在分数前加"0"及一个空格，以便与输入的日期区别开。

当输入一个较长的数值时，在单元格中显示为科学计数法。

4. 输入日期和时间

在 Excel 中，日期和时间均按数值处理，如可用来计算工龄、年龄、利息等。

输入时间的格式为：时:分:秒，如 15:30:40。

输入日期的格式为：年-月-日或年/月/日，如 1999/10/16。

若要在单元格中同时输入日期和时间，中间要用空格分开，先输入日期或先输入时间均可。

若要以 12 小时制输入时间，可以在时间后加一个空格并输入“AM”或“PM”（或“A”及“P”）。

5. 快速键入数据

Excel 提供了 3 种快速输入数据的方法，在输入的过程中，我们可以灵活地加以应用。

（1）记忆式键入。

在一个工作表的某一列输入许多相同的文本时，可以使用记忆式键入来简化重复性输入工作。若在单元格中键入的开始几个字符与该列中已键入的内容相同，Excel 可以自动填充其余的字符，这时按回车键接受建议的输入文本；若不想接受，就继续输入；若要删除自动提供的字符，可按【Backspace】键。

（2）自动填充数据。

自动填充数据可用来快速自动填充数据和快速复制数据。在 Excel 中提供的内置数据序列包括数值序列、星期序列和月份序列等，也可根据需要自定义序列。

自动填充数据采用下面的操作步骤。

第 1 步：选定要填充区域的第一个单元格，并在其中输入序列的起始值。

第 2 步：选定要填充区域的第二个单元格，并在其中输入序列的第二个值。

第 3 步：选定要填充区域的第一个和第二个单元格，然后拖动填充柄（单元格粗线框右下角的实心方块处，当鼠标指针移动到此位置后，鼠标指针将变为实心“十”字形状）经过待填充的区域。

注意，拖动的方向确定了序列的排列方式：由上向下或由左到右拖动，则按升序排列；由下向上或由右到左拖动，则按降序排列。

若要指定序列的类型，用鼠标右键拖动填充柄，松开鼠标后，在弹出的快捷菜单（如图 5-3 所示）中选择相应的命令即可。

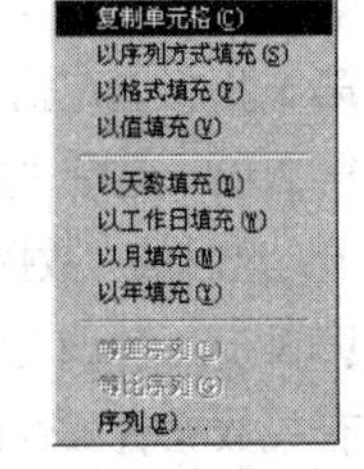

图 5-3 填充序列快捷菜单

【例】要输入学生的学号，其中第一位学生的学号已在 A2 单元格中输入，学号为 200245001，现在要在 A3～A51 单元格中分别填上 200245002～200245050，这时可以使用如下操作：选定 A2 单元格，将鼠标指针移到填充柄上，鼠标指针变成实心的十字形状时，按住【Ctrl】键，在 A 列中往下拖动鼠标至 A51 单元格中，松开鼠标，再松开【Ctrl】键。

【例】设 B2 单元格中数据为 5，向下以等比数列填充至 B10（步长为 3）单元格，其操作步骤如下。

第 1 步：在 B2 单元格中输入 5，选择 B2 单元格，用右键拖动填充柄至 B10 单元格。

第 2 步：在弹出的快捷菜单中选择“序列”，弹出“序列”对话框。

第 3 步：在“序列”对话框中选择“等比序列”并输入步长值 3，单击“确定”按钮即可。

【例】在单元格C2～C8内填充“Monday”至“Sunday”，其操作步骤如下。

第1步：在C2单元格中输入“Monday”（不包括引号）。

第2步：拖动填充柄到C8单元格即可。

（3）选择列表。

选择列表只适用于文本，它可以在某一列中重复输入文本，其操作步骤如下。

第1步：选定要输入文本的单元格。

第2步：用右键单击该单元格，在弹出的快捷菜单中选择“从下拉列表中选择”菜单命令。这时该列中所包含的所有不相同的文本就显示在列表中。

第3步：在列表中选择需要的文本，就可以添入选定的单元格中。

6. 批注

使用批注可以对单元格进行注释。插入批注后，当鼠标指针停留在单元格上时，就可以查看相应的批注。

为单元格添加批注采用下面的操作步骤。

第1步：选定需要添加批注的单元格。

第2步：选择“插入”→“批注”菜单命令。

第3步：在弹出的批注框中键入批注文本内容。

第4步：完成文本键入后，单击批注框外部的工作表区域，这时在该单元格的右上角会出现一个红色的三角块，表示该单元格中插有批注。

若要对批注进行编辑、删除、显示和隐藏等操作，可以选择快捷菜单中相应的菜单命令进行。

5.2.3 设置数据的有效性

数据的有效性是指允许在单元格中输入的数据类型和数据的范围，除可以设置数据的有效性外，还可以设置输入数据的提示信息和输入错误时的提示信息。

1. 数据的有效性设置

数据的有效性设置采用下面的操作步骤。

第1步：选定需要设置的单元格或单元格区域。

第2步：选择“数据”→“有效性”菜单命令，弹出“数据有效性”对话框，然后选择“设置”选项卡，这时的“数据有效性”对话框如图5-4所示。

第3步：在该对话框中设置数据的有效性。

有关数据有效性的设置，包括如下几个方面。

- 允许：指定可输入数据的类型，这些类型有任何值、整数、小数、序列、日期、时间、文本长度和自定义等。根据数据类型的不同，下面的数据、最小值、最大值的设置也有所不同。
- 数据：指定数据的限制条件，这些限制条件有介于、未介于、等于、不等于、大于、小于、

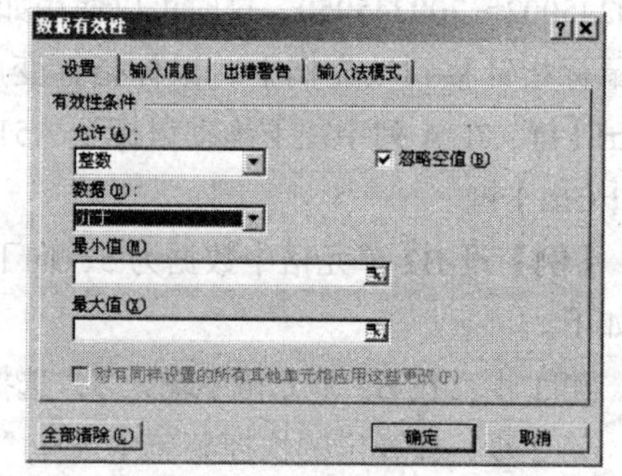

图5-4 “数据有效性”对话框的“设置”选项卡

小于等于、大于等于等。

● 最大值和最小值：指定数据的范围，可以在文本框中直接输入，也可以单击文本框右边的按钮，在单元格中选择。

● 全部清除：清除所有的有效性设置。

2. 数据有效性提示信息的设置

对设置数据有效性的单元格，还可以为其设置提示信息。这样选定了该单元格后，就可以显示出提示信息。

数据的有效性提示设置是在"数据有效性"对话框的"输入信息"选项卡里进行的，这时的对话框如图 5-5 所示。

在该对话框中首先选定"选定单元格时显示输入信息"复选框，然后在"标题"文本框中输入提示信息的标题，并在"输入信息"列表框中输入要提示的信息即可。

3. 数据输入错误警告信息设置

若输入的数据不在有效范围内，Excel 会给出错误警告。这些警告信息也可由用户来设置。

错误警告信息提示设置是在"数据有效性"对话框的"出错警告"选项卡里进行的，这时的对话框如图 5-6 所示。

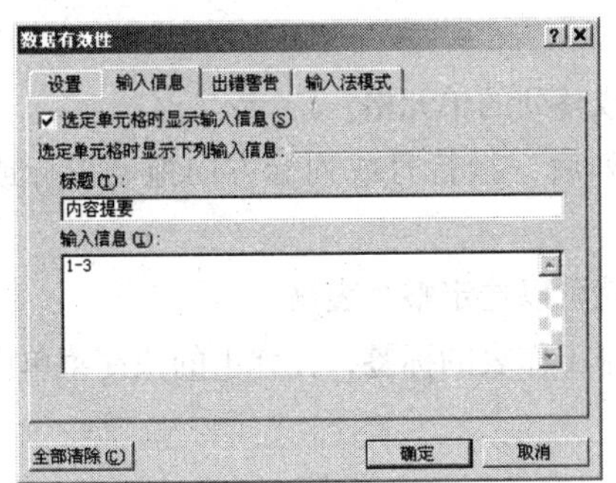

图 5-5　"数据有效性"对话框的"输入信息"选项卡

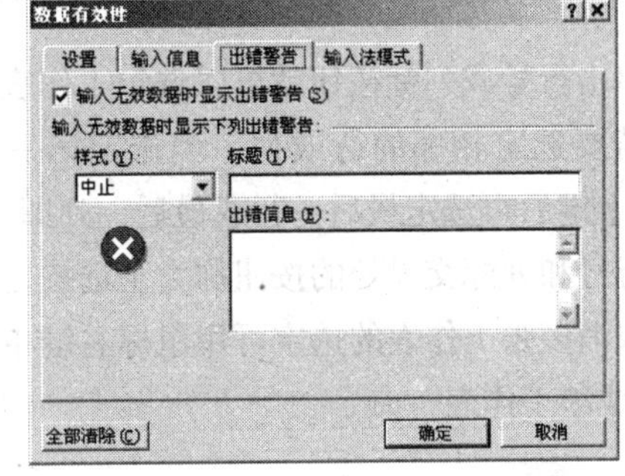

图 5-6　"数据有效性"对话框的"出错警告"选项卡

在该对话框中首先选定"输入无效数据时显示出错警告"复选框，然后在"样式"下拉列表框中选择错误的处理方式即终止、警告或信息，在"标题"文本框和"出错信息"列表框中输入错误提示的标题和出错信息即可。

5.2.4　工作区域的选定

在 Excel 中要进行工作，必须选定工作区域。工作区域是指工作表中若干个相邻或不相邻的单元格。

1. 选定单元格

用鼠标选定单元格时，单击该单元格就可以了。

使用键盘上的箭头键、【PgUp】、【PgDn】及其快捷键，可以快速地选定单元格，各个按键及其功能如表 5-1 所示。

表 5-1 使用键盘选定单元格

按　键	功　能
【←】【→】【↑】【↓】	向左、右、上或下方向移动一个单元格
【PgUp】	上移一屏
【PgDn】	下移一屏
【Home】	移动到当前行的第一个单元格
【Ctrl】+【←】	向左移动到由空白单元格分开的单元格
【Ctrl】+【→】	向右移动到由空白单元格分开的单元格
【Ctrl】+【↑】	向上移动到由空白单元格分开的单元格
【Ctrl】+【↓】	向下移动到由空白单元格分开的单元格
【Ctrl】+【Home】	移动到当前工作表中的 A1 单元格
【Ctrl】+【End】	移动到工作表中使用的最后一个单元格
【Tab】	横向移动到下一单元格
【Enter】	竖向移动到下一单元格

若要取消多个单元格的选定，可用鼠标单击任意一个单元格，或使用键盘上的光标移动键。

2. 选定整行、整列或整个工作表

单击行号或列标按钮就可以选定工作表中的整行或整列的单元格。

若要选定相邻的行或列，当选定第一行或第一列后，沿行号或列标方向拖动鼠标或按住【Shift】键后再选定最后一行或最后一列即可。

行号和列标交界处的按钮称为全选按钮，单击它就可以选定整个表格。

取消多张工作表的选定可用鼠标右键单击任意一张工作表的标签，在弹出的快捷菜单中选择“取消成组工作表”命令。

3. 选定单元格区域

若选定的单元格区域是连续的，那么可用鼠标单击该区域顶角的单元格，然后拖动到该区域的最后一个单元格或按住【Shift】键单击该区域的最后一个单元格。

若选定的单元格区域是不连续的，选定第一个单元格或单元格区域，然后按住【Ctrl】键，再选定其他的单元格或单元格区域。

5.2.5 编辑工作表

工作表建立后就可以使用 Excel 提供的编辑功能对工作表及其数据进行编辑，以满足用户的需要。

1. 编辑工作表数据

单击要修改的单元格，然后输入新的内容，则单元格中原有的数据就会被覆盖，按回车键即可完成编辑。

双击要修改的单元格或按【F2】键，插入点将出现在单元格中，对单元格中的数据可以进行编辑，编辑的方法与一般的文本编辑是相同的。

在单击要修改的单元格后，单元格的内容出现在编辑栏中，单击编辑栏可在编辑栏中对单元格中的数据进行编辑。

2. 单元格的移动和复制

若要将一个单元格或单元格区域的内容复制或移动到其他的位置，可使用拖动法和剪贴板，后者与 Word 中介绍的方法相同，这里主要介绍前者。

使用拖动法移动和复制单元格的操作步骤如下。

第 1 步：选定要移动和复制的单元格区域。

第 2 步：将鼠标指针移动到单元格的边框上，当鼠标指针由变为，拖动鼠标到需要的地方就可以完成移动的操作；若要复制，在拖动前按住【Ctrl】键，在拖动的过程中就会有一个与选定的单元格或单元格区域同样大小的虚线框跟着移动。

在单元格中包含公式、数值、格式、批注和有效数据等内容，因此，若使用剪贴板直接粘贴的话，是指粘贴所有这些内容，若要粘贴其中一项内容，可以选择“编辑”→“选择性粘贴”菜单命令，在弹出的“选择性粘贴”对话框中选择要粘贴的内容。比如单元格中的数据是由公式计算出来的，我们只需要计算的结果，不需要公式，就可以采用选择性粘贴的方法。

3. 插入行、列或单元格

对建立好的工作表可以插入一行、一列或单元格，从而对工作表进行调整。

（1）插入整行或整列。

插入整行或整列的操作步骤如下。

第 1 步：单击行号或列标，以选定整行或整列；或选定要添加行或列的任意单元格。

第 2 步：选择“插入”→“行”或“插入”→“列”菜单命令，就可以插入一整行或一整列。

（2）插入单元格或单元格区域。

插入单元格或单元格区域的操作步骤如下。

第 1 步：在要插入的位置选定单元格或单元格区域。

第 2 步：选择“插入”→“单元格”菜单命令，这时弹出的“插入”对话框如图 5-7 所示。

第 3 步：根据需要，在该对话框中选定“活动单元格右移”、“活动单元格下移”、“整行”或“整列”单选按钮，然后单击“确定”按钮。其中，各选项的含义如下。

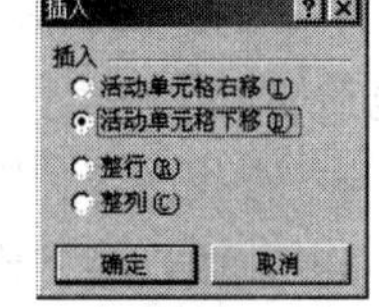

图 5-7　“插入”对话框

- 活动单元格右移：插入与选定单元格数量相同的单元格，并插在选定的单元格左侧。
- 活动单元格下移：插入与选定单元格数量相同的单元格，并插在选定的单元格上方。
- 整行：整行插入，插入的行数与选定单元格的行数相同，且插在选定的单元格上方。
- 整列：整列插入，插入的列数与选定单元格的列数相同，且插在选定的单元格左侧。

4. 删除行、列或单元格

对建立好的工作表可以删除一行、一列或单元格，从而对工作表进行调整。

（1）删除整行或整列。

删除整行或整列的操作步骤如下。

第1步：单击行号或列标，以选定整行或整列。

第2步：选择“编辑”→“删除”菜单命令，就可以删除一整行或一整列。

（2）删除单元格或单元格区域。

删除单元格或单元格区域的操作步骤如下。

第1步：在要删除的位置选定单元格或单元格区域。

第2步：选择“编辑”→“删除”菜单命令，这时弹出的“删除”对话框与图5-7类似。

第3步：根据需要，在该对话框中选定“右侧单元格左移”、“下方单元格上移”、“整行”或“整列”单选按钮，然后单击“确定”按钮。

5. 清除单元格

删除单元格是指将选定的单元格从工作表中删除，并且其相邻的单元格做相应的位置调整。而清除单元格是指从工作表中删除该单元格中的内容，单元格本身还留在工作表中。

选定单元格或单元格区域后按【Delete】键，就可以删除其中的内容，也可以选择“编辑”→“删除”菜单中的子菜单命令来删除单元格或单元格区域的内容、格式、附注或全部。“内容”是指单元格或单元格区域中的数据，“格式”是指其数据格式，“附注”是指附注信息，而“全部”是指数据格式、数据、附注这些信息。

6. 查找和替换单元格内容

在一张大的工作表中，若要查找某个单元格中的数据，逐个查找是非常麻烦的，使用Excel提供的查找与替换功能可以提高编辑处理的效率。

（1）查找单元格数据。

单元格数据包括内容、公式、文本和批注，因此，查找单元格数据就包括对这些内容的查找。

查找单元格数据的操作步骤如下。

第1步：选定要查找数据的单元格区域，默认为所有单元格。

第2步：选择“编辑”→“查找”菜单命令，这时弹出“查找和替换”对话框的“查找”选项卡，如图5-8所示。

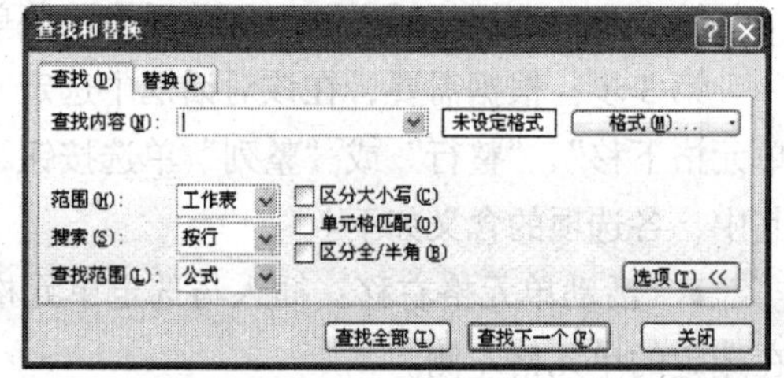

图5-8 “查找和替换”对话框的“查找”选项卡

第3步：在该对话框中设置查找选项，这些选项包括如下几个。

- 查找内容：输入要查找的内容。
- 范围：按工作表或工作簿查找。
- 搜索：选择搜索的方式，包括按行或按列进行搜索。
- 查找范围：确定查找内容的性质是值、公式或批注。
- 区分大小写：确定查找时是否区分大小写。
- 单元格匹配：确定查找时是否要求完全匹配。
- 区分全/半角：确定查找时是否区分全/半角。

第4步：单击“查找下一个”按钮，开始查找。Excel找到匹配的内容后，该单元格就成为

活动的单元格，这时单击“关闭”按钮就退出“查找和替换”对话框；单击“查找下一个”按钮就继续查找下一个匹配的内容。

（2）替换单元格数据。

替换单元格数据与查找的操作步骤类似，选择“编辑”→“替换”菜单命令，这时弹出“查找和替换”对话框的“替换”选项卡。

在“查找内容”文本框中输入要查找的内容，在“替换为”文本框中输入要替换的内容，其余的选项与“查找”选项卡中的内容类似，单击“查找下一个”按钮开始查找。查找到后，单击“替换”按钮可将单元格中的数据替换为新值，单击“全部替换”按钮则将表格中查找到的单元格中的数据全部用新值替换。

5.2.6　对整个工作表的操作——工作簿管理

使用 Excel 工作时，有时工作簿默认打开的工作表不够用，根据实际需要自己添加工作表，有时还要删除、重命名、复制、移动工作簿中的工作表等。

1. 选定工作表

单击工作表标签即可选定工作表，选定的工作表标签区底色为白色、文字带下划线。

也可选定多个工作表，与 Windows 中的操作相同，使用【Ctrl】键或【Shift】键即可。

2. 插入工作表

用户可以在选定的工作表前插入一张或数张空工作表。操作步骤是选定一张或多张连续的工作表，选择“插入”→“工作表”菜单命令，这时在选定的工作表左边就插入了与选定数目相同的空工作表。

3. 删除工作表

选定要删除的工作表，然后选择“编辑”→“删除工作表”菜单命令即可。

4. 重命名工作表

在工作表标签上右击，在弹出的快捷菜单中选择“重命名”菜单命令就可以对工作表名称重新命名。

5. 工作表的移动与复制

直接拖动工作表标签到需要的位置可以移动工作表，若在拖动的过程中按住【Ctrl】键，就可以复制工作表。

5.3　使用公式和函数

公式是电子表格的核心部分，它是对数据进行分析的等式。Excel 提供了许多类型的函数。在公式中利用函数可以进行简单或复杂的计算和数据处理。

使用公式和函数可以进行一般的算术运算，完成复杂的财务、统计及科学计算。输入公式的

操作与输入文本的操作类似，不同之处在于输入公式时是以等号（=）开始的，公式中可以包含各种运算符号、常量、变量、函数及单元格引用等。

5.3.1 公式

在 Excel 中，公式也是一种数据的形式，它可以存放在表格中，但存放公式的单元格显示的是公式的计算结果，其公式只有当该单元格成为活动单元格时才在编辑栏中显示出来。输入公式时必须以等号（=）开始，以便于与其他数据区分开来。

1. 创建公式

在单元格中创建公式采用下面的操作步骤。

第 1 步：单击要输入公式的单元格。

第 2 步：在单元格中先输入一个等号（=）。

第 3 步：输入公式中的内容。

第 4 步：输入完成后，按回车键或单击编辑栏中的“确认”（“√”）按钮。

如在 B6 单元格中输入公式“B2 + B3 + B4 + B5”，于是，计算公式显示在编辑栏中，计算结果显示在 B6 单元格中。

当更改了单元格 B2 中的数值时，Excel 会自动重新计算与 B2 有关的所有公式，也就是说 B6 中的数据会自动变化。

因为经常用到的公式是求和，因此，在 Excel 中提供了“自动求和”按钮Σ（在常用工具栏中）。单击“自动求和”按钮Σ，则在当前单元格中自动插入求和函数（SUM()），这时 Excel 会从当前单元格上面的单元格开始向上搜索，直到出现一个空白的单元格或非数值内容的单元格，然后对这些单元格中的数值求和。若当前单元格的正上方单元格中没有数值，则自动求和将用类似的方法在当前单元格所在行的左侧搜索并进行求和。另外，也可以在选择求和的单元格区域后，再单击“自动求和”按钮Σ。

2. 公式中的运算符及其运算次序

运算符用于对公式中的元素进行一定类型的运算。这些运算符包括引用运算符、算术运算符、文本运算符和比较运算符，其运算次序依次降低。表 5-2 中给出了 4 类运算符的优先次序（同一类别的运算符运算次序从左到右依次降低）及各种运算符号。

表 5-2　　Excel 中的运算符

类　别	运 算 符
引用运算符	:、,、空格
算术运算符	%、^、*、/、+、–
文本运算符	&
比较运算符	=、<、<=、>、>=、<>

使用比较运算符可以比较两个值。比较的结果是一个逻辑值，即 TRUE 或 FALSE。TRUE 表示比较的条件成立，FALSE 表示比较的条件不成立。

【例】公式 = 3 = 5，表示判断 3 是否等于 5，其结果显然是不成立的，故其值为 FALSE。

【例】公式 = 100 > 6，表示判断 100 是否大于 6，其结果显然是成立的，故其值为 TRUE。

引用运算是 Excel 中特有的运算符，引用运算符可以实现单元格区域的合并。下面对这些特有的运算符进行简单的说明。

（1）冒号（:）。

单元格区域引用，即通过冒号前后的单元格引用，引用一个指定的单元格区域（以左右两个引用的单元格为对角的矩形区域内的所有单元格）。如“A1:B2”是指引用了 A1、A2、B1、B2 4 个单元格。

（2）逗号（,）。

单元格联合引用，即多个引用合并为一个引用。如“C2，A1:B2”是指引用了 C2、A1、A2、B1、B2 5 个单元格。

（3）空格。

空格是交叉运算符，它取引用区域的公共部分（又称为交）。如=SUM（A2:B4 A4:B6）等价于=SUM（A4:B4），即为单元格区域 A2:B4 和单元格区域 A4:B6 的公共部分。

（4）连接（&）。

将两个字符连接成一个字符串。

在公式中使用文本运算符时，以等号开始，输入文本的第一段（文本或单元格引用），再加入文本运算符（&），然后输入下一段（文本或单元格引用）。若在公式中输入文本，应用引号将文本括起来。

如公式：="Windows"&"操作系统"，值为：Windows 操作系统。

3. 单元格的引用

单元格的引用表示工作表中的一个单元格或单元格区域，以便告诉 Excel 引用哪些单元格中的数据。

默认时，Excel 使用 A1 引用类型，这种引用类型用字母标识列，用数字标识行。若要引用单元格，可按顺序输入列字母和行数字。若要引用单元格区域，可输入区域左上角单元格的引用、冒号（:）和区域右下角单元格的引用。

在公式中经常要引用某一单元格或单元格区域中的数据，这时的引用方法有 3 种：相对引用、绝对引用和混合引用。

（1）相对引用。

相对引用指向相对于公式所在单元格相应位置的单元格。当该公式被复制到别的单元格时，Excel 可以根据复制的位置调节引用单元格。

如在 A3 单元格中输入公式“= A1 + A2”，选择“编辑”→“复制”菜单命令，将该公式复制下来；单击单元格 B3，然后选择“编辑”→“粘贴”菜单命令，则单元格 B3 的公式为“= B1 + B2”。这种对单元格的引用方法会随着公式所在单元格位置的改变而改变。但应注意，单元格公式移动时，不改变单元格地址。

（2）绝对引用。

绝对引用指向工作表中固定位置的单元格，它的位置与包含公式的单元格无关。如在复制单元格时，不想使某些单元格的引用随着公式位置的变化而改变，就要使用绝对引用。对于 A1 引用类型来说，在列标和行号前面都加上$符号，就表示绝对引用单元格。

如在A3单元格中输入公式“= A1 + A2”，然后将该公式复制到B3单元格，则B3单元格中的公式仍然为“= A1 + A2”。

（3）混合引用。

混合引用是指公式中既有相对引用，又有绝对引用。当含有公式的单元格因插入、复制等原因引起行、列引用变化时，公式中相对引用部分会随公式位置的变化而变化，绝对引用部分不随公式位置的变化而变化。

在Excel进行公式设计时，会根据需要在公式中使用不同的单元格引用方式，这时你可以用如下方法来快速切换单元格引用方式：选中包含公式的单元格，在编辑栏中选择要更改的引用，按【F4】键可在相对引用、绝对引用和混合引用间快速切换。例如，选中“A1”引用，反复按【F4】键时，就会在A1、A$1、$A1、A1之间切换。

（4）不同工作簿单元格的引用。

不同工作簿单元格的引用格式为

```
[工作簿名]工作表名!单元格引用
```

若工作表名不是Excel默认的Sheet1之类的名称，则“!”号可以省略。

【例】将工作表Sheet3中的A1～B6、C4～F9单元格区域中的数据求和，并将和存放在工作表Sheet1中的A1单元格内。其操作步骤如下。

第1步：选择工作表Sheet1，单击单元格A1。

第2步：输入公式“=SUM（Sheet3!A1:B6，Sheet3!C4:F9）”。

在引用时，若要表示某一行或几行，可以表示成“行号：行号”的形式，同样，若要表示某一列或几列，可以表示成“列标：列标”的形式。如5:5、5:10、B:B、H:K分别表示第5行、第5～10行共6行、B列、H～K列共4列。

4. 公式的自动填充

在一个单元格中输入公式后，若相邻的单元格要进行相同的计算，可以使用公式的自动填充功能。其操作方法为单击公式所在的单元格，拖动单元格右下角的填充柄到要进行同样计算的单元格区域即可。

如对单元格E4定义公式“= B4 +C4 + D4”后，对E5、E6、E7进行同样的计算，可以使用公式的自动填充功能，其结果如图5-9所示。

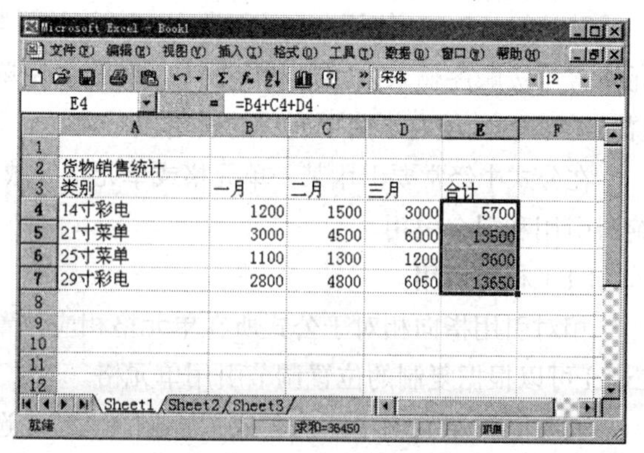

图5-9 公式的自动填充

5.3.2 函数

当设计一个工作表时，要用到各种各样复杂的运算，Excel中提供了一些已经定义好的公式，将它们称之为函数。Excel提供了丰富的函数，根据类型可分为：数学与三角函数、统计函数、

日期与时间函数、财务函数、数据库函数、信息函数、逻辑函数、文本函数和查找与引用函数等。用户也可以通过使用 Visual Basic for Applications 来创建自定义函数。

函数由函数名和参数组成，其一般形式为

函数名（参数 1，参数 2……）

函数名表示函数的功能，如 AVERAG 是求平均值的函数，SUM 是求和的函数，MAX 是求最大值的函数；参数是函数运算的对象，可以是数值、文本、逻辑值（TRUE 或 FALSE）、单元格引用，也可以是公式或函数，给定的参数必须能产生有效的值，用文本作参数时必须将文本用双引号括起来。

1. 函数的使用

使用函数时可以直接在编辑栏或单元格中输入，也可以使用 Excel 提供的粘贴函数功能。粘贴函数可以帮助用户建立函数。

使用粘贴函数建立函数的操作步骤如下（以求和函数为例进行说明）。

第 1 步：选定要输入函数的单元格，如选定单元格 F5。

第 2 步：单击常用工具栏中的“插入函数”按钮，弹出如图 5-10 所示的“插入函数”对话框。

第 3 步：在“或选择类别”下拉列表框中选择要插入的函数分类，在下面的“选择函数”列表框中选择函数名。这里函数类别选择“常用函数”，函数名选择“SUM”。

第 4 步：单击“确定”按钮，这时弹出所选函数的“函数参数”对话框，显示出了所选函数的名称、参数、函数的功能说明和参数的描述，如图 5-11 所示。

第 5 步：根据提示在相应文本框中输入函数的各个参数，若要单元格引用作为参数，可单击参数框右侧的暂时隐藏对话框按钮，从工作表中直接选定单元格（这里选定 B5:E5），然后再次单击该按钮，恢复“函数参数”对话框。

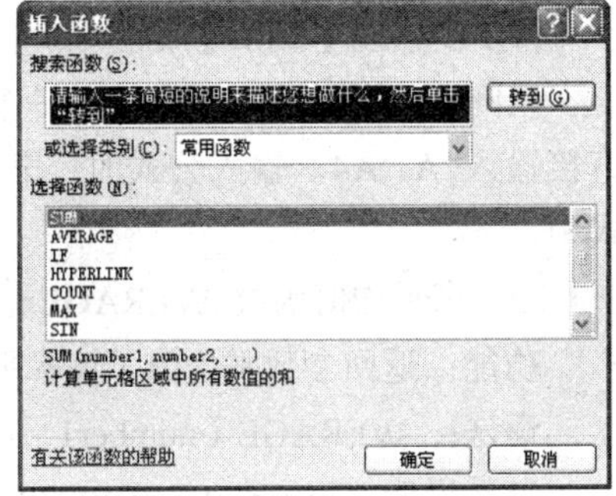

图 5-10　“插入函数”对话框

第 6 步：单击“确定”按钮完成函数的建立。

图 5-12 中所示的 F5 单元格和 B10 单元格中的值就是用求和函数计算的结果。

如果用户熟悉要使用的函数，则可以不利用“函数参数”对话框，直接在单元格或编辑栏中输入函数和参数。

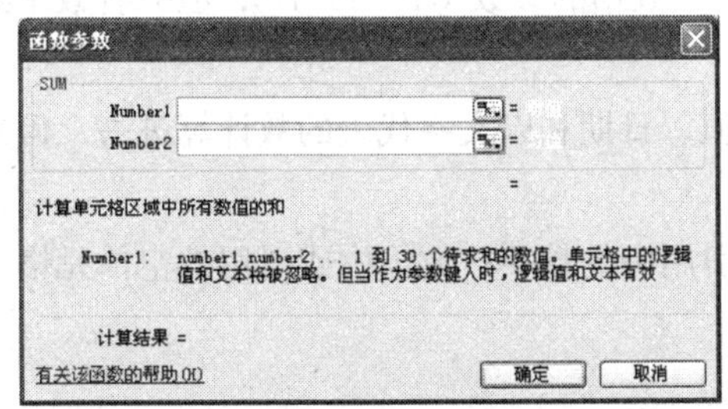

图 5-11　所选函数的“函数参数”对话框

Microsoft Excel - Book2

F5　=SUM(B5:E5)

	A	B	C	D	E	F
1						
2	1999年公司销售统计表					
3						
4	类别	一季度	二季度	三季度	四季度	合计
5	14寸彩电	2010	2500	2300	3500	10310
6	21寸彩电	2500	2000	1800	3000	9300
7	25寸彩电	3000	2800	3100	3500	12400
8	29寸彩电	2000	1700	1900	2100	7700
9	34寸彩电	1500	1300	1800	2000	6600
10	总计	11010	10300	10900	14100	46310

Sheet1 / Sheet2 / Sheet3

图 5-12　粘贴函数的计算结果

2. 常用函数简介

（1）求和函数 SUM。

功能：计算某个单元格区域中所有数字之和。

语法：SUM（number1，number2…）

参数说明：number1，number2…为 1～30 个需要求和的参数。

直接键入到参数表中的数字、逻辑值及数字的文本表达式将被计算；如果参数为数组或引用，只有其中的数字将被计算，数组或引用中的空白单元格、逻辑值、文本或错误值将被忽略；如果参数为错误值或为不能转换成数字的文本，将会导致错误。

【例】A1:A4 单元格中分别存放数据 1～4，如果在 A5 单元格中输入“=SUM（A1:A4，10）”，则 A5 单元格中的值为 20。输入公式的具体操作步骤如下。

第 1 步：选定 A5 单元格。

第 2 步：输入“=SUM(”。

第 3 步：选定单元格 A1:A4。

第 4 步：继续输入“,10)”。

第 5 步：按【Enter】键。

该例中，使用了两个参数，一个是单元格区域引用，另一个是常数。其中，第 3 步也可以直接输入 A1:A4。输入公式时，若用鼠标选定单元格，则对应的相对引用形式就会出现在公式中。

（2）求平均值函数 AVERAGE。

功能：返回参数平均值（算术平均）。

语法：AVERAGE（number1，number2…）

参数说明：number1，number2…为要计算平均值的 1～30 个参数。

参数可以是数字，或者是涉及数字的名称、数组或引用。

如果数组或单元格引用参数中有文字、逻辑值或空单元格，则忽略其值；如果单元格包含零值，则计算在内。

【例】A1:A4 单元格中分别存放数据 1～4，如果在 A5 单元格中输入“=AVERAGE（A1:A4，10）”，则 A5 单元格中的值为 4。

（3）计数函数 COUNT()。

功能：计算数组或单元格区域中数字项的个数。

语法：COUNT（value1，value2…）

参数说明：value1，value2…是包含或引用各种类型数据的参数（1～30 个），但只有数字类型的数据才被计数。

函数 COUNT 在计数时，将把数字、空值、逻辑值、日期和以文字代表的数计算进去，但是错误值或其他无法转换成数字的文字则被忽略。

如果参数是一个数组或引用，那么只统计数组或引用中的数字；数组中或引用的空单元格、逻辑值、文字或错误值都将被忽略。

（4）求最大值函数 MAX。

功能：返回数据集中的最大数值。

语法：MAX（number1，number2…）

参数说明：number1，number2…为需要找出最大数值的 1～30 个数值。

可以将参数指定为数字、空白单元格、逻辑值或数字的文本表达式。如果参数为错误值或不能转换成数字的文本，将产生错误。

如果参数为数组或引用，则只有数组或引用中的数字将被计算。数组或引用中的空白单元格、逻辑值或文本将被忽略。

如果参数不包含数字，那么函数 MAX 返回 0。

（5）求最小值函数 MIN。

功能：返回给定参数表中的最小值。

语法：MIN（number1，number2…）

参数说明：number1，number2…是要从中找出最小值的 1～30 个数值。

其他说明与 MAX 函数的说明相同。

【例】A2:F2 单元格中分别保存 9001、张小红、女、90、84 和 78，则= “MAX（D2:F2）” 和 “=MIN（D2:F2）” 的值分别为 90 和 78。

（6）条件函数 IF。

功能：执行真假值判断，根据逻辑测试的真假值，返回不同的结果。可以使用函数 IF 对数值和公式进行条件检测。

语法：IF（logical_test，value_if_true，value_if_false）

参数说明：logical_test 表示计算结果为 TRUE 或 FALSE 的任何数值或表达式。

value_if_true 表示 logical_test 为 TRUE 时函数的返回值。如果 logical_test 为 TRUE 并且省略 value_if_true，则返回 TRUE。value_if_true 可以为某一个公式。

value_if_false 表示 logical_test 为 FALSE 时函数的返回值。如果 logical_test 为 FALSE 并且省略 value_if_false，则返回 FALSE。value_if_false 可以为某一个公式。

在计算参数 value_if_true 和 value_if_false 后，函数 IF 返回相应语句执行后的返回值。

（7）逻辑求与函数 AND。

功能：所有参数的逻辑值为真时返回 TRUE，只要一个参数的逻辑值为假即返回 FALSE。

语法：AND（logical1，logical2…）

参数说明：logical1，logical2…为待检测的 1～30 个条件值，各条件值或为 TRUE，或为 FALSE。

参数必须是逻辑值，或者是包含逻辑值的数组或引用。

（8）逻辑求或函数 OR。

功能：在其参数组中，任何一个参数逻辑值为 TRUE，即返回 TRUE。

语法：OR（logical1，logical2…）

参数说明：logical1，logical2…为需要进行检验的 1～30 个条件值，分别为 TRUE 或 FALSE。

3. 出错信息

在 Excel 中不能正确计算输入的公式时，则在单元格中显示出错信息，出错信息以“#”开始，其含义如表 5-3 所示。

表 5-3　出错信息及原因

错 误 值	错 误 原 因
#DIV/0!	公式被零除
#N/A	遗漏了函数中的一个或多个参数或引用到目前无法使用的数值
#NAME?	在公式中输入了未定义的名字
#NULL?	指定的两个区域不相交
#NUM!	在数学函数中使用了不适当的参数
#REF!	引用了无效的单元格
#VALUE!	参数或操作数的类型有错

5.4 美化工作表

当建立并编辑了工作表之后，可以对工作表的外观进行设计，这就是美化工作表。Excel 提供了丰富的排版命令，包括文本的字体、字号大小、颜色、对齐方式和数字的显示方式等。

5.4.1 设置数据格式与对齐方式

1. 设置数据格式

选定要设置数据格式的单元格，然后选择“格式”→“单元格”菜单命令，弹出“单元格格式”对话框，如图 5-13 所示。在该对话框中就可以对选中的单元格进行数据格式的设置。

（1）设置数值格式。

数值格式包括小数的位数、是否使用千位分隔符和负数的显示方式。

【例】用户对某单元格设置了小数位为 3 位，使用千位分隔符的数值格式，当输入的数据为 350 607.141 926 时，Excel 就显示成 350 607.142。

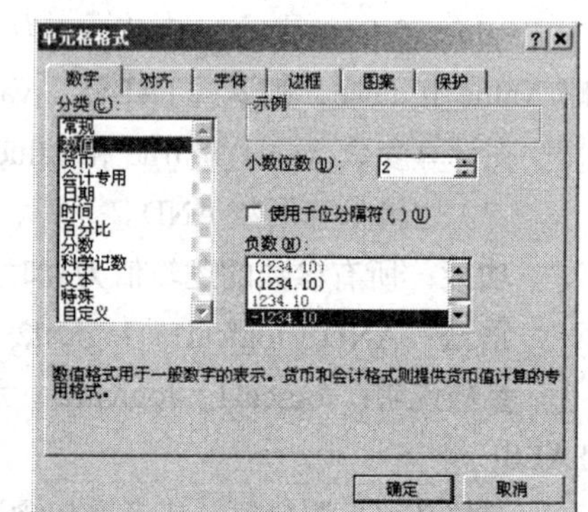

图 5-13　“单元格格式”对话框的“数字”选项卡

（2）设置货币格式。

货币格式包括小数的位数、使用的货币符号和负数的显示方式等。

对设置货币格式的单元格，若其中显示的为“#####”，则表示数据在单元格内显示不下，只要加宽该列就可以显示出全部的数据。

（3）设置日期格式。

日期格式就是选择日期的表示类型，若其中显示的为“#####”，则表示数据在单元格内显示不下，只要加宽该列就可以显示出全部的数据。

（4）设置时间格式。

时间格式就是选择时间的表示类型。

（5）设置分数格式。

分数格式就是选择分数的表示类型。

2. 对齐方式

默认情况下输入时，Excel 总是让文本向单元格的左边界对齐，数值向单元格的右边界对齐。数据的对齐方式可以修改，以满足用户对处理表格的特殊要求。

改变数据对齐方式采用下面的操作步骤。

第 1 步：选定要改变数据对齐方式的单元格或单元格区域。

第 2 步：单击格式工具栏中的“左对齐”按钮、“居中”按钮、“右对齐”按钮或“合并及居中”按钮。

也可以选择“格式”→“单元格”菜单命令，在弹出的“单元格格式”对话框中选择“对齐”选项卡，这时的对话框如图 5-14 所示。

在该对话框中可以选择数据的对齐方式。

“水平对齐”下拉列表框中的“左对齐”、“居中对齐”、“右对齐”容易理解，对“合并及居中（跨列居中）”方式的使用方法，以图 5-15 中的标题为例进行说明。该标题占用了 A 列到 F 列，为了使标题能够居于这些列的中间，首先选定单元格区域 A2:F2，然后单击“合并及居中”按钮。

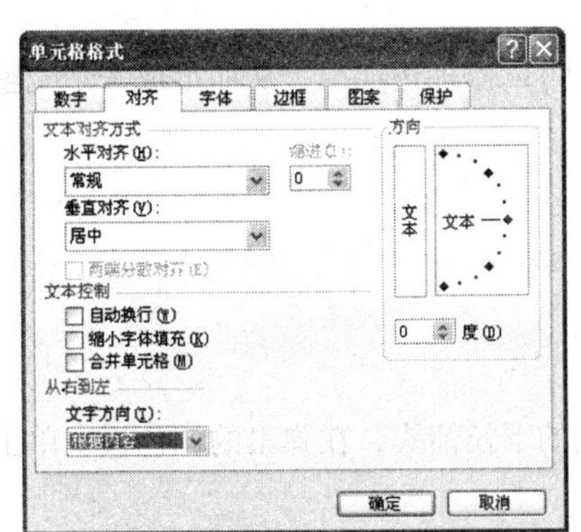

图 5-14　“单元格格式”对话框的“对齐”选项卡

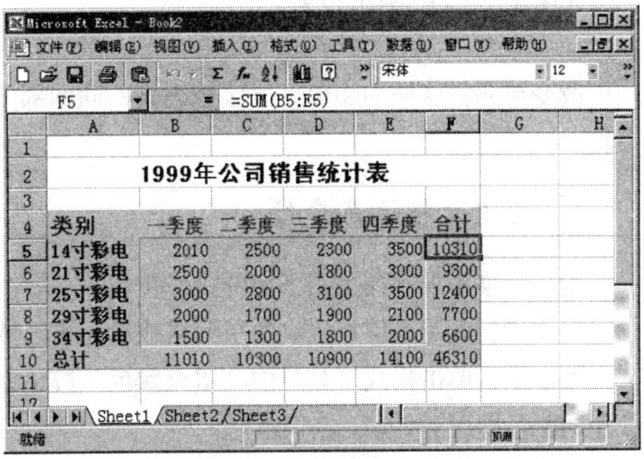

Microsoft Excel - Book2

F5　=SUM(B5:E5)

1999年公司销售统计表

类别	一季度	二季度	三季度	四季度	合计
14寸彩电	2010	2500	2300	3500	10310
21寸彩电	2500	2000	1800	3000	9300
25寸彩电	3000	2800	3100	3500	12400
29寸彩电	2000	1700	1900	2100	7700
34寸彩电	1500	1300	1800	2000	6600
总计	11010	10300	10900	14100	46310

图 5-15　美化工作表示例

虽然数据显示在其他单元格中，但要编辑该数据时，仍然要选定它原来的单元格。

使用“单元格格式”对话框，除了可以设置数据水平方向的对齐外，还可以设置垂直方向上的对齐方式以及文本的方向（从−90°到 90°）

5.4.2　改变行高和列宽

在建立工作表的过程中经常要改变行高或列宽，以适应不同的数据输入。如单元格中的信息太长，列宽就不够，一些内容将显示不出来；当选用的字号较大时，行高不够，字符会被消去顶部。

要改变某一行（一列）的高度（宽度），可将鼠标指针移动到该行号（列标）的下端（右端），

当鼠标指针变为 ÷（ ⫲ ）形状时，上下（左右）拖动鼠标即可。在拖动的时候会显示出行（列）的高度（宽度）。

使用菜单也可调整或自动匹配最佳的行高或列宽，或者隐藏行或列。下面以对行的操作为例进行说明，对列的操作步骤相同。

使用菜单改变行高的操作步骤如下。

第1步：选定要调整的行。

第2步：选择“格式”→“行”菜单中的子菜单命令，对行高进行调整。

这些子菜单命令及含义说明如下。

- 行高：选择该选项后将弹出“行高”对话框，可以输入行高。
- 最适合的行高：Excel将根据单元格的内容自动调整到最佳行高。
- 隐藏：隐藏选定的行，既不显示也不打印，与在“行高”对话框中输入0值效果相同。
- 取消隐藏：将选定区域中所有隐藏的行显示出来。

当隐藏行或列后，要取消隐藏，可选定隐藏行的前一行和后一行或选定隐藏列的前一列和后一列，然后选择“格式”→“行”→“取消隐藏”菜单命令，或“格式”→“列”→“取消隐藏”菜单命令即可。

5.4.3 边框和底纹

改变单元格区域的颜色可以区分表格不同的部分，也可以添加边框线，从而形成一个完整的表格。

1. 给单元格添加底纹

给单元格添加底纹采用下面的操作步骤。

第1步：选定要填充底纹的单元格或单元格区域。

第2步：单击格式工具栏中“填充颜色”按钮右侧的下拉箭头，在弹出的调色板中单击要使用的颜色即可。

或选择“格式”→“单元格”菜单命令，在弹出的“单元格格式”对话框中选择“图案”选项卡，这时的对话框如图5-16所示。

在该对话框的“颜色”选项板中选择颜色。另外，在“图案”下拉列表框中还可以选择底纹的图案。

2. 给单元格添加边框

给单元格添加边框采用下面的操作步骤。

第1步：选定要填充边框的单元格或单元格区域。

第2步：单击格式工具栏中“边框”按钮右侧的下拉箭头，在弹出的边框板中单击要使用的线型样式即可。

或选择“格式”→“单元格”菜单命令，在弹出的“单元格格式”对话框中选择“边框”选项卡，这时的对话框如图5-17所示。

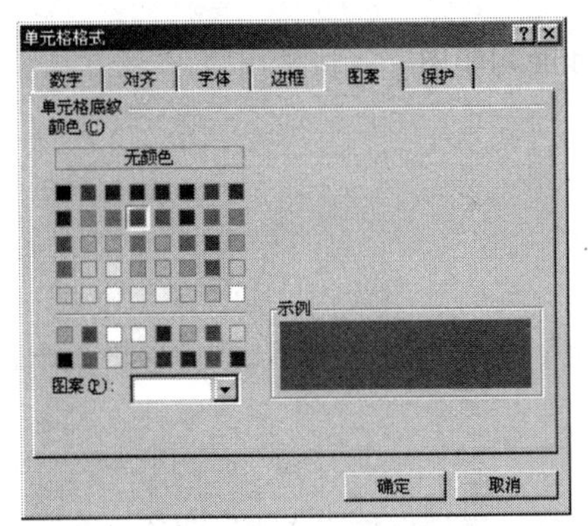

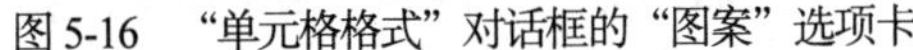
图 5-16 “单元格格式”对话框的“图案”选项卡

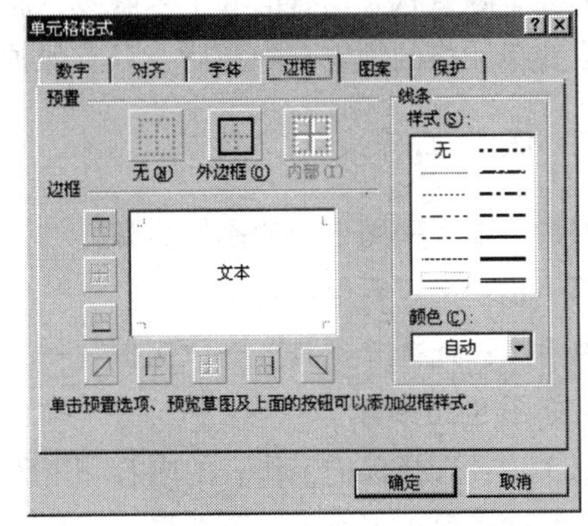

图 5-17 “单元格格式”对话框的“边框”选项卡

在该对话框中选择边框的样式，包括边框的位置、线条的样式和线条的颜色等。

5.4.4 使用自动套用格式美化工作表

Excel 中提供了自动套用格式的功能，可以根据预设的格式来美化工作表。

使用自动套用格式美化工作表的操作步骤如下。

第 1 步：选定要格式化的单元格区域。

第 2 步：选择“格式”→“自动套用格式”菜单命令，这时弹出的“自动套用格式”对话框如图 5-18 所示。

第 3 步：在列表框中选择要使用的格式。

第 4 步：单击“确定”按钮即可。

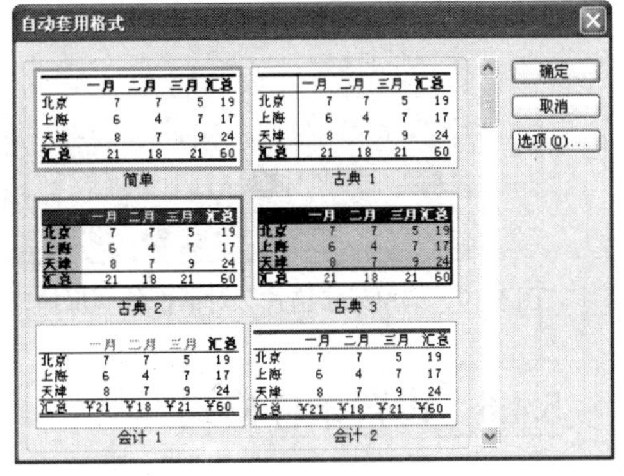

图 5-18 “自动套用格式”对话框

图 5-15 所示的示例就是选择三维效果 1 后得到的表格自动套用格式。

5.4.5 保护工作表

对于处于保护状态的工作表，该工作表中的所有单元格都不能进行修改。

1. 单元格的锁定与隐藏

选择“格式”→“单元格”菜单命令，将弹出“单元格格式”对话框，选定“保护”选项卡，这时的对话框如图 5-19 所示。

该对话框中包含“锁定”和“隐藏”两个复选框。“锁定”表示工作表中的单元格处于锁定状态，默认为锁定状态。可以使被保护的工作表中的单元格有的处于锁定状态，有的处于未锁定状态（选定单元格后，用该对话框进行设置）。“隐藏”表示工作表中的单元格处于隐藏状态，即只能在单元格中显示出它的值，无法通过编辑栏查看原值。这种方式对于存放有公式的单元格，只能看到公式的结果，无法查看公式本身。默认为未隐藏，用户可以使得被保护的工作表中的单元格有的处于隐藏状态，有的处于未隐藏状态。

设置单元格的锁定与隐藏后，只有保护工作表后才能起作用。

2. 保护工作表

保护工作表采用下面的操作步骤。

第 1 步：选定要保护的工作表。

第 2 步：选择“工具”→“保护”→“保护工作表”菜单命令，这时出现“保护工作表”对话框，如图 5-20 所示。

第 3 步：选择保护工作表的内容和密码。

若要撤销保护工作表，可选择“工具”→“保护”→“撤销保护工作表”菜单命令。若在保护工作表的第 3 步设置了密码，则在撤销保护工作表时，必须输入正确的密码才能撤销。

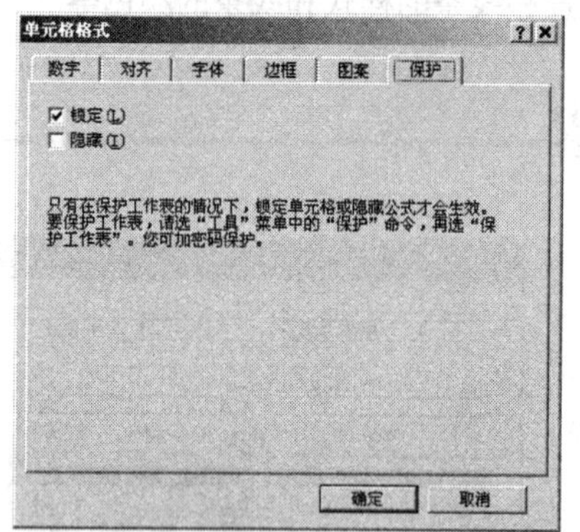

图 5-19 “单元格格式”对话框的“保护”选项卡

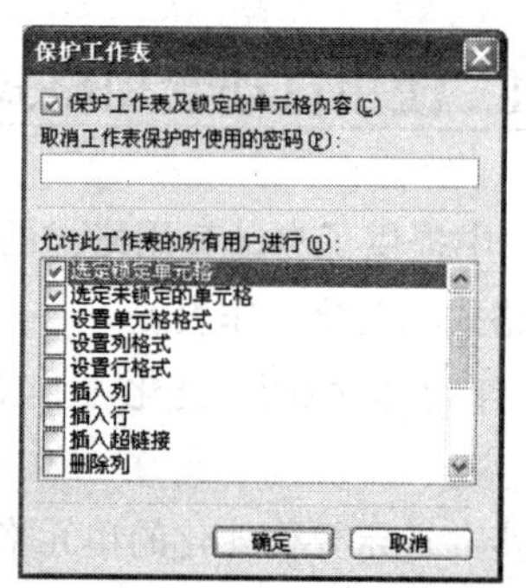

图 5-20 “保护工作表”对话框

5.4.6 设置条件格式

采用条件格式标记单元格可以突出显示公式的结果或某些单元格的值。用户可以对满足一定条件的单元格设置字型、颜色、边框和底纹等格式。

设置条件格式的操作步骤如下。

第 1 步：选定要设置格式的单元格区域。

第 2 步：选择“格式”→“条件格式”菜单命令，弹出“条件格式”对话框，如图 5-21 所示。

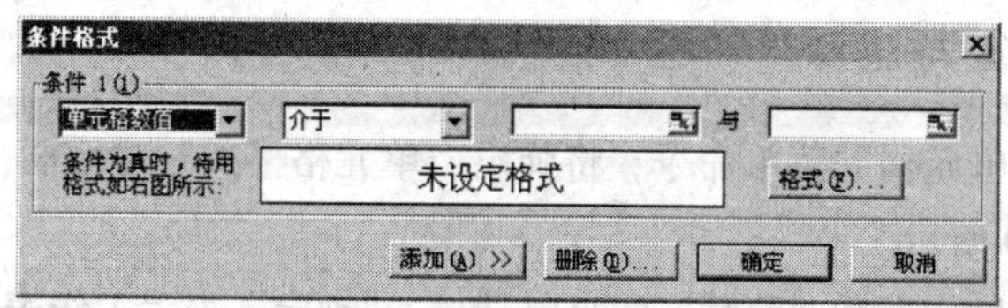

图 5-21 “条件格式”对话框

第 3 步：在“条件格式”对话框中确定条件，设置格式（利用“格式”按钮，打开含有字体、字型等格式的对话框）。

第 4 步：如果用户还要添加其他条件，可单击“添加”按钮，然后重复第 3 步。

第 5 步：单击“确定”按钮即可。

【例】若有一个学生成绩表，A 列和 B 列分别是语文和数学的成绩，C 列是总成绩，对语文和数学成绩小于 60 的分数，用红色倾斜显示，大于等于 90 的分数用浅蓝色背景显示。操作步骤如下。

第 1 步：选定 A 列和 B 列中包含数据的单元格。

第 2 步：选择“格式”→“条件格式”菜单命令，弹出“条件格式”对话框。

第 3 步：在“条件格式”对话框中的第 2 个下拉列表框中选定“大于或等于”，在右边的文本框中输入 90，单击“格式”按钮，在出现的对话框中选择“图案”选项卡，选择颜色为浅蓝色，单击“确定”按钮。

第 4 步：在“条件格式”对话框中单击“添加”按钮，然后在新的条件中的第 2 个下拉列表框中选择“小于”，在右边的文本框中输入 60，单击“格式”按钮，在出现的对话框的“字体”选项卡中选择“倾斜”且设置颜色为“红色”，单击“确定”按钮。

第 5 步：在“条件格式”对话框中单击“关闭”按钮即可。

5.5 建立图表

使用图表可以将数据显示成图表格式，使数据显得更清晰、直观。图表可以放在工作表上，也可放在工作簿的图表工作表上。直接出现在工作表上的图表称为嵌入图表，可以放在工作表的任何位置。图表工作表是工作簿中只包含图表的工作表。嵌入图表和图表工作表都与工作表数据相链接，并随工作表数据修改而变化。

创建图表前，先介绍一些有关图表的基本概念，图 5-22 所示是建立好的图表。

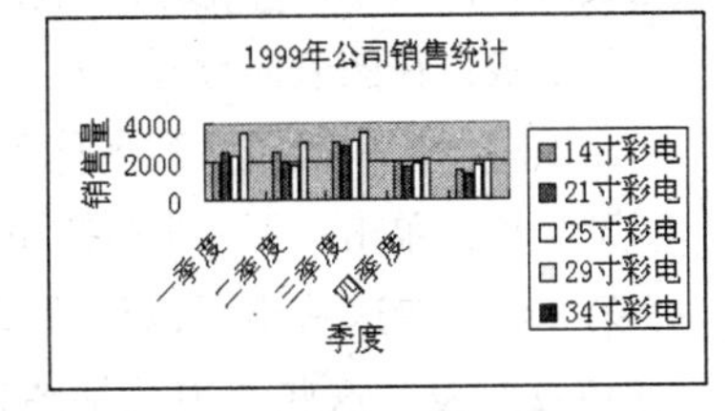

图 5-22 图表示例

图表中的“季度”称为“分类 *X* 轴标题”，“销售量”称为“分类 *Y* 轴标题”。

图表中的“1999 年公司销售统计”称为“图表标题”。

坐标轴下的“一季度……四季度”称为“分类 *X* 轴标志”。

图表右边的 14 寸彩电……34 寸彩电、图及方框称为“图例”，其中“14 寸彩电……34 寸彩电”又称为“系列名称”（或“图例文字”）。

直方块称为“数据系列”，一条条横线称为“网格线”。

用户可以将图表创建在工作表的任何地方，可以生成嵌入图表，也可以生成只包含图表的图表工作表。图表一般与对应数据链接，因此，当用户修改数据时，图表会自动更新。

5.5.1 创建嵌入图表与独立图表

1. 创建嵌入图表

图表可以由相邻或不相邻的单元格来生成。创建嵌入图表采用下面的操作步骤。

第 1 步：选定创建图表需要的单元格或单元格区域。

第 2 步：选择“插入”→“图表”菜单命令，或单击常用工具栏上的“图表向导”按钮，这时弹出的图表向导对话框如图 5-23 所示。

第 3 步：在该对话框中选定图表类型和子图表的类型。Excel 中提供了 14 种图表类型，每一类图表又有数个子表类型。比如选择柱形图中的簇状柱形图。

第 4 步：单击“下一步”按钮，在弹出的对话框中选择“数据区域”选项卡，这时的对话框如图 5-24 所示。

图 5-23　图表向导对话框的图表类型设置

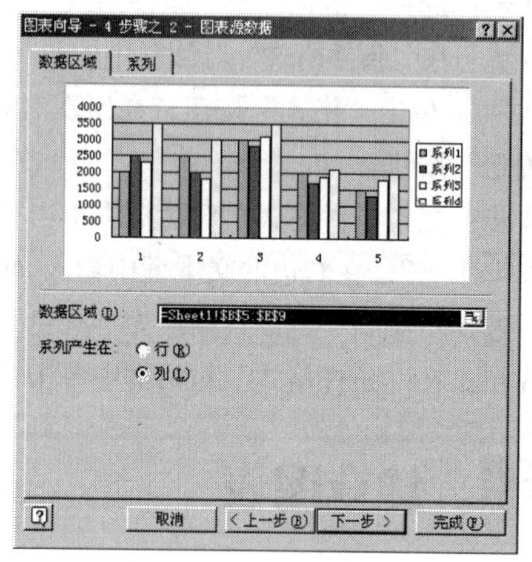

图 5-24　图表向导对话框的数据区域设置

第 5 步：在该对话框中可以选择要生成图表的数据区域。若对第 1 步的选择区域不满意，可执行这一步的操作，否则执行下一步的操作。

单击“数据区域”文本框右侧的“暂时隐藏”对话框按钮，在工作表中选定数据区域。选定完成后，再次单击按钮，返回到图表向导对话框。

第 6 步：在图表向导对话框中选择“系列”选项卡，这时的对话框如图 5-25 所示。

在该对话框中确定系列名称和分类 *X* 轴标志，其操作方法与第 5 步类似。

第 7 步：单击“下一步”按钮，这时弹出图表向导对话框的图表选项设置。

第 8 步：在这一步可以设置图表选项。这些选项包括标题、坐标轴、网格线、图例、数据标志和数据表。这些选项就是图表选项设置对话框中的 6 个选项卡，分别如图 5-26～图 5-31 所示。

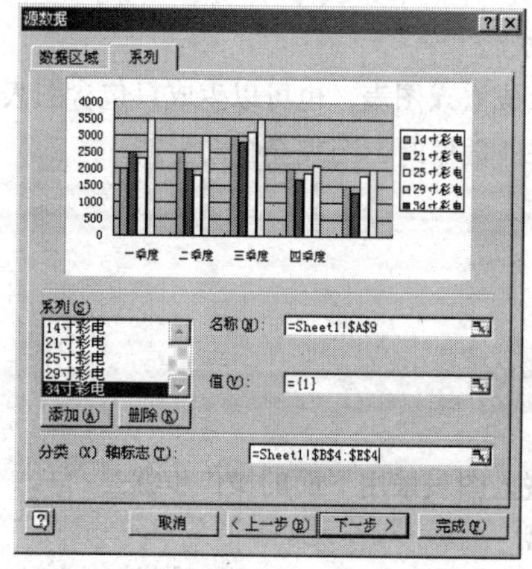

图 5-25　图表向导对话框的系列设置

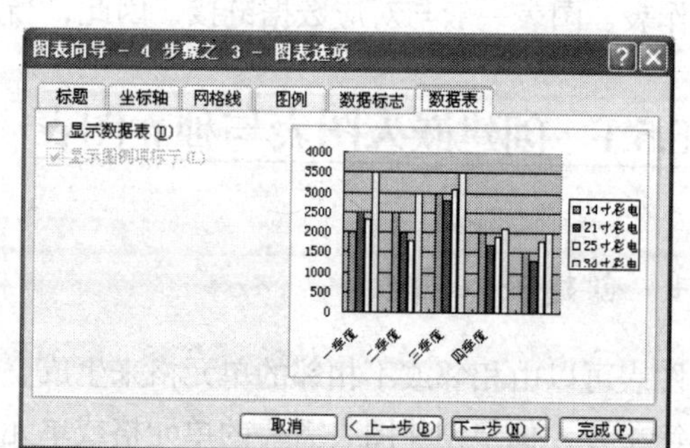

图 5-26　图表向导对话框的数据表设置

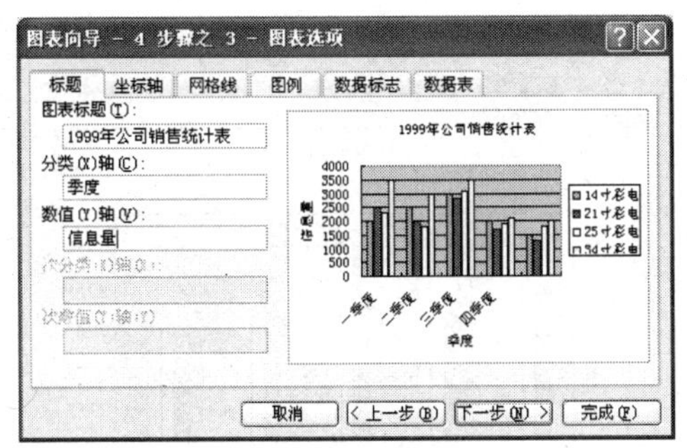

图 5-27　图表向导对话框的标题设置

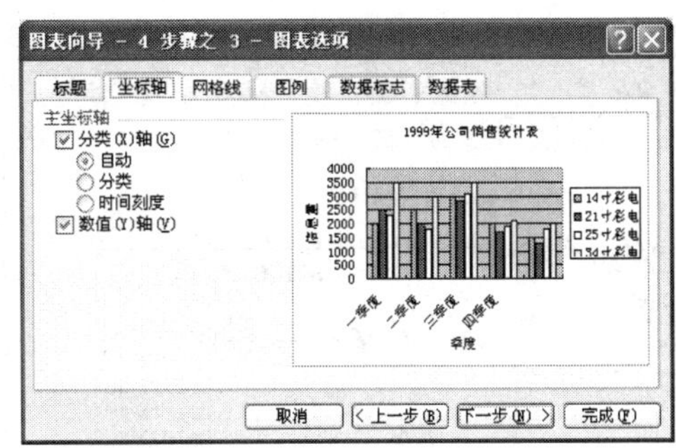

图 5-28　图表向导对话框的坐标轴设置

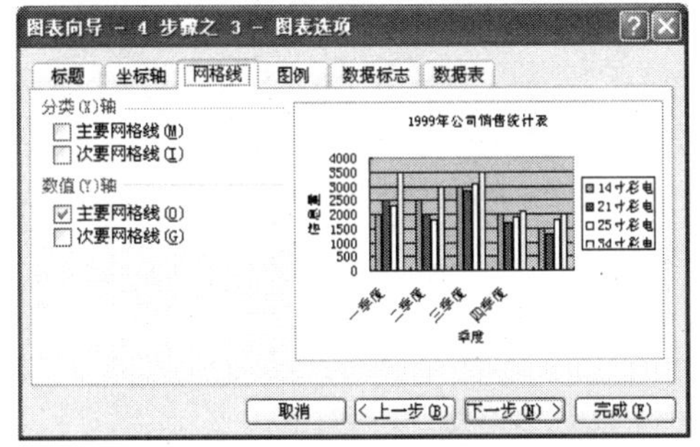

图 5-29　图表向导对话框的网格线设置

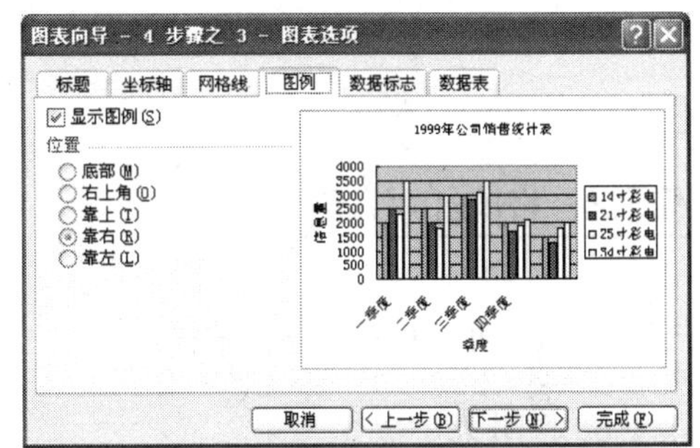

图 5-30　图表向导对话框的图例设置

第 9 步：单击“下一步”按钮，这时的图表向导对话框如图 5-32 所示。

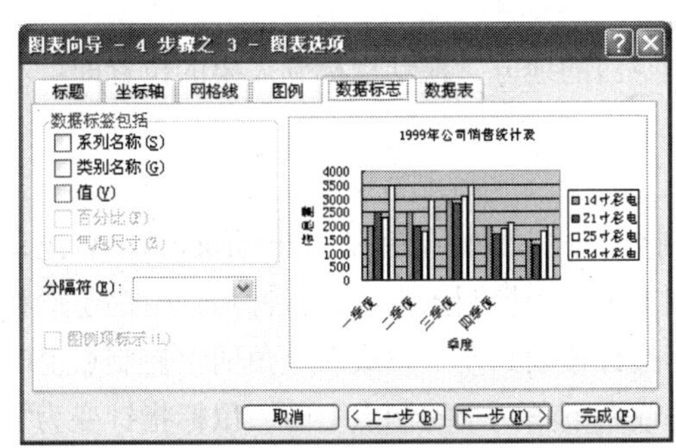

图 5-31　图表向导对话框的数据标志设置

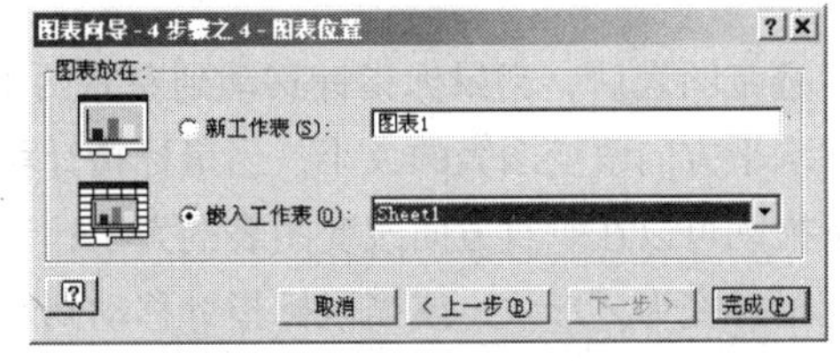

图 5-32　图表向导对话框的图表位置设置

第 10 步：选择“嵌入工作表”单选按钮。

第 11 步：单击“完成”按钮即可。

这时嵌入的图表如图 5-33 所示。

2. 创建独立的图表

独立的图表是指独立于工作表的图表，其实 Excel 仍将图表上的数据与工作表中的数据链接在一起，这样可以单独对图表进行打印。

创建独立的图表与创建嵌入图表的操作步骤是相同的，只是在第 10 步中选择“新工作表”单选按钮就可以了。

创建的独立的图表如图 5-34 所示。

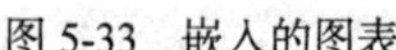
图 5-33　嵌入的图表

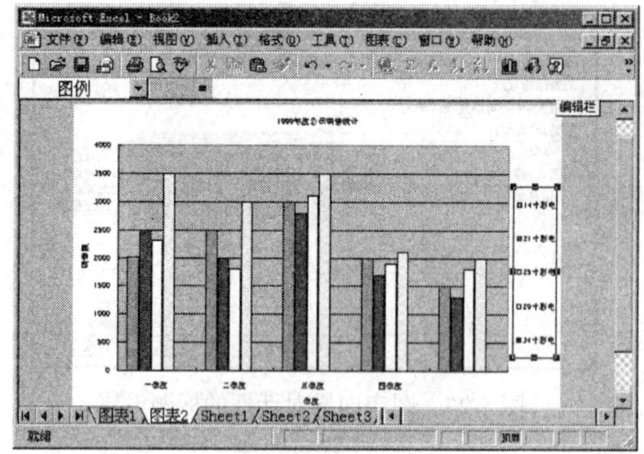

图 5-34　独立的图表

5.5.2　图表的编辑

建立图表后可以对图表进行编辑。

1. 选定图表

单击图表，则在图表的四周会出现 8 个黑色的小方块，称为控制点，如图 5-33 所示。

2. 移动图表

首先选定图表，然后将鼠标指针移动到图表中空白的地方，拖动鼠标到需要的位置即可。

3. 调整图表的大小

选定图表后，当鼠标指针移动到左右两个控制点上时，鼠标指针变为↔形状，左右拖动可以在水平方向改变图表的大小；当鼠标指针移动到上下两个控制点上时，鼠标指针变为↕形状，上下拖动可以在垂直方向改变图表的大小；当鼠标指针移动到左下角或右上角两个控制点上时，鼠标指针变为↗形状，或当鼠标指针移动到左上角或右下角两个控制点上时，鼠标指针变为↖形状，拖动鼠标可以在两个方向改变图表的大小。按住【Ctrl】键再拖动图表就可以复制图表。

4. 删除图表

选定图表后，按【Delete】键或选择“编辑”→“清除”→“全部”菜单命令即可删除图表。

5. 图表对象的编辑

单击图表中的对象，就可以选定该对象。在选定对象的快捷菜单中有“图表类型”、“数据源”、“图表选项”、“图表位置”等菜单命令，可对图表进行编辑，这与建立图表时的操作步骤是类似的。

6. 向图表中添加数据

向图表中添加数据的操作步骤如下。

第 1 步：选定添加的数据区域，并复制到剪贴板上。

第 2 步：选定图表，并使用“粘贴”命令。

7. 在图表中添加文字

有时为了需要，在图表中除了标题以外，还要添加其他文字，这时可采用下列方法之一：单击图表，在图表中添加文本框，然后输入文字；单击图表，直接输入文字，然后按【Enter】键，这样 Excel 自动在图表中间加入了文本框，用户可以根据需要将文本框拖到图表中合适的位置。

8. 删除数据

如果用户希望仅删除图表上的数据系列，不删除工作表中对应的数据，则操作为单击要删除的数据系列，再按【Delete】键。

5.6 窗口管理

Excel 2003 具有多窗口操作的功能，可以打开多个工作簿；对工作表窗口可以拆分和冻结，以满足不同的需要。

1. 新建和排列窗口

可以在多个文档窗口中打开一个或多个工作表，操作步骤如下。

第 1 步：选择“窗口”→“新建窗口”菜单命令，则打开了当前工作簿的另一个窗口。

第 2 步：选择“窗口”→“重排窗口”菜单命令，出现“重排窗口”对话框，在该对话框中选择窗口的排列方式，有平铺、水平并排、垂直并排和层叠 4 种。

2. 拆分窗口

通过拆分窗口，可以在屏幕上同时查看工作表中不同区域的内容。拆分窗口采用下面的操作步骤。

第 1 步：若要将窗口拆分为上下两部分，那么先选定需要拆分的行；若要将窗口拆分为左右两部分，那么先选定需要拆分的列；若要将窗口拆分为 4 个部分，那么先选定需要拆分的单元格。

第 2 步：选择“窗口”→“拆分”菜单命令。窗口拆分后，利用滚动条可以在各自的窗口中分别插入不同的数据。

若要取消拆分窗口，选择“窗口”→“撤销拆分窗口”菜单命令即可。

3. 冻结窗口

可以将拆分的某个窗口冻结，使得数据仅在另一个窗口中移动。冻结窗口采用下面的操作步骤。

第 1 步：拆分窗口。

第 2 步：选择“窗口”→“冻结窗口”菜单命令。对拆分为两个窗口的情况，其上部或左部窗口被冻结；对拆分为 4 个窗口的情况，其上部的左右两个窗口和左部窗口被冻结。

若要取消冻结窗口，选择“窗口”→“撤销冻结窗口”菜单命令即可。

5.7 数据库管理

数据清单是包含标题及相关数据的一组工作表数据行，可用来管理数据。它可以像数据库一样使用，其中的行表示记录、列表示字段。数据清单第一行的列标志是数据库中的字段名称。对数据的管理包括排序、筛选及分类汇总等。

5.7.1 创建数据清单的要求

为了发挥数据清单的分析和管理数据的功能，在数据清单中输入数据时要遵守下列的一些准则。

1. 数据清单的大小和位置应遵守的准则

- 一个工作表上建立一个数据清单，因为数据清单的一些处理（如筛选等）一次只能在同一个工作表的一个数据清单上使用。
- 在工作表的数据清单与其他的数据间至少留出一个空白列和一个空白行，这样在执行排序、筛选或插入自动汇总等操作时便于检测和选定数据。
- 避免将关键数据放到数据清单的左右两侧，因为这些数据在筛选数据清单时可能会被隐藏。
- 避免在数据清单中放置空白列和行。

2. 列标志

列标志相当于数据库中的字段名，用来标识每列的数据内容。

- 列标志必须在数据清单的第一行。
- 列标志的格式包括字体、对齐方式、格式、图案及边框等，应与数据清单中的其他数据格式区别开来。
- 若要使用高级筛选功能，每个列标志必须是唯一的。

3. 行和列的内容

- 在设计数据清单时应使同一列中的各行有近似的数据项。
- 在单元格的开始处不要插入多余的空格，多余的空格会影响排序和查找。
- 不要使用空白行将列标志和第一行的数据分开。

4. 数据清单与数据库

数据库是结构化的相关数据的集合，这些数据按一定的结构和组织方式存储在外存储器上，具有最小数据冗余的特点，可供多个用户共享。其中，关系模型的数据库以二维表格描述数据之间关系，一张二维表称为一个关系，表中的每一行称为一条记录，每一列具有相同的数据类型称为字段，每一个字段有一个字段名。

Excel在进行查询、排序或汇总数据等操作时，自动将数据清单当作数据库，并使用数据

清单元素来组织数据。数据清单与关系数据库中的表存在着一一对应关系。数据清单中的列对应着数据库表中的字段，列标志对应数据库表中的字段名，每一行对应了数据库表中的一条记录。

5.7.2　建立数据清单

通过记录单，可以用简捷的方法从数据清单中查看、修改、添加及删除记录，或根据指定的条件查找记录。一个记录单一次只显示一个完整的记录。在记录单中编辑的数据，Excel 将在数据清单中更改相应单元格中的数据。

1. 建立数据清单的标题行

在数据清单的标题行中输入各字段的名称。为了数据处理的方便，最好把标题行冻结起来。

2. 输入各个记录

可以直接在数据清单中输入各个记录。另外，Excel 还提供了“记录单”供用户输入记录。

使用记录单输入、编辑数据采用下面的操作步骤。

第 1 步：单击要管理的数据清单中的任意单元格。

第 2 步：选择“数据”→“记录单”菜单命令，这时出现的对话框如图 5-35 所示。

该对话框的标题栏中显示的是当前工作表的名称。记录单的左边显示的是各个字段名称，其右边的文本框中显示该字段的值，右上角显示当前总记录数和当前的记录号。

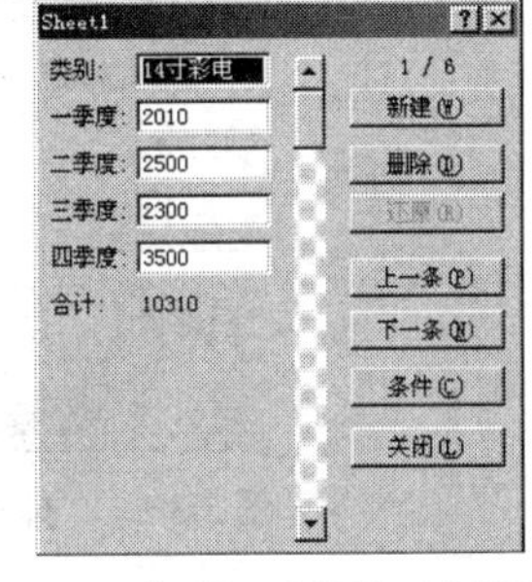

图 5-35　使用记录单管理数据清单

若要向数据清单中添加记录，可单击“新建”按钮，这时出现一个空白记录单，可在其中输入数据。Excel 将新添加的记录置于数据清单的末尾。

若要修改数据清单中的数据（不是公式产生的数据），使用记录单对话框中的滚动条显示出要修改的记录，然后在相应的文本框中进行修改。

若要删除数据清单中的数据，使用记录单对话框中的滚动条（也可单击“上一条”或“下一条”按钮）显示出要删除的记录，然后单击“删除”按钮。

若要查找记录，单击记录单对话框中的“条件”按钮，出现一个空白记录单，可在相应的文本框中输入查询条件，然后单击“下一条”按钮逐条显示满足条件的记录。找到后，不仅可以查看信息，还可以进行修改数据或删除记录的操作。

5.7.3　记录排序

可以根据一列或数列中的数值对数据清单排序。若数据清单是按列建立的，也可以按照某行中的数值对列排序。排序时，Excel 将使用列或指定的排序顺序重新设置行、列及各单元格。

在 Excel 中，对文本项一般按 ASCII 码或内码进行排序，如果是汉字，还可以按笔画多少进行排序。对于逻辑值，Excel 认为 FALSE 小于 TRUE。

排序的方式有升序（默认）和降序两种，升序为从小到大的顺序，即为递增，降序则反之，又称递减。

1. 根据一列的数据对数据行排序

根据一列的数据对数据行排序，可以使用常用工具栏中的“升序”和“降序”按钮。根据一列的数据对数据行排序采用下面的操作步骤。

第 1 步：在数据清单中选定排序数据列的任意单元格。

第 2 步：单击常用工具栏上的“升序”按钮或“降序”按钮。

2. 根据多列的数据对数据行排序

根据多列的数据对数据行排序采用下面的操作步骤。

第 1 步：在数据清单中选定排序数据列的任意单元格。

第 2 步：选择“数据”→“排序”菜单命令，这时出现的“排序”对话框如图 5-36 所示。

第 3 步：在该对话框中设置排序的选项。最多可以使用 3 列对数据进行排序，也就是在对话框中可以设置主要关键字、次要关键字、第三关键字，每一个关键字都可以按升序或降序排列。

为了防止数据清单的标题也参加排序，可在“当前数据清单”选项组中选择“有标题行”单选按钮。

若数据清单中的标题不在顶端行，而是在数据清单的左侧，就需要按行对数据排序，单击“选项”按钮，这时弹出的“排序选项”对话框如图 5-37 所示。

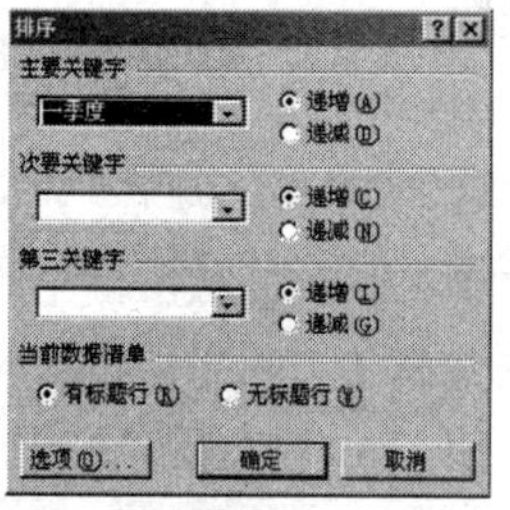

图 5-36 “排序”对话框

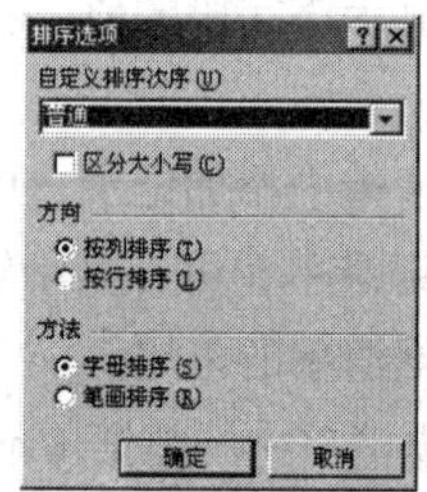

图 5-37 “排序选项”对话框

在“方向”选项组中可以选择按行或按列排序；在“自定义排序次序”下拉列表框中可以选择自定义的排序次序，如普通、星期、月份、季度等；在“方法”选项组中可以选择排序的方法，如按字母排序或按笔画排序。

【例】若建立了高考的数据清单，其中有各门课的成绩和总分，若要按总分从高到低排序，可单击总分的任意单元格，然后单击“降序”按钮。

5.7.4 记录筛选

用户往往需要查找或分析数据清单中的信息，通常要查看满足某种条件的所有信息行，Excel 提供了自动筛选和高级筛选的功能，通过筛选，可以压缩数据清单，隐藏不满足条件的信息行，而只显示符合条件的信息行。

“自动筛选”是一种简单、方便的压缩数据清单的方法，当用户确定了筛选条件后，它可以只显示符合条件的信息行。

自动筛选数据采用下面的操作步骤。

第 1 步：单击数据清单中的任意单元格。

第 2 步：选择“数据”→“筛选”→“自动筛选”菜单命令，这时每个列标题的右侧均出现一个下拉箭头，如图 5-38 所示。

第 3 步：从需要筛选的列标题下拉列表框中选择需要的项目，筛选后所显示的数据行的行号是蓝色的，数据列中的自动筛选箭头也是蓝色的。

第 4 步：若还要对另一列数值附加条件，重复第 3 步。

若要取消对某一列的筛选，可单击该列的自动筛选下拉按钮，从下拉列表框中选择“全部”选项。

撤销筛选与建立自动筛选一样，即选择“数据”→“筛选”→“自动筛选”菜单命令即可。

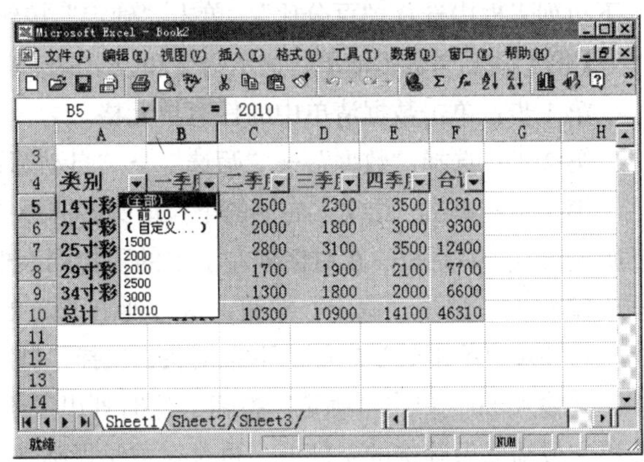

图 5-38　自动筛选数据时出现的下拉箭头

1. 自动筛选前 10 个

自动筛选下拉列表框中的“自动筛选前 10 个”选项也可用来查找所需的数据。如要查找销售额为前 10 名的公司，传统的方法是对销售额进行排序，但这种方法打乱了原来数据清单的排序，现在选择“自动筛选前 10 个”选项，就可以在不打乱原来数据清单排序的情况下获得这些数据。选择这一选项后出现的“自动筛选前 10 个”对话框如图 5-39 所示。

用户可以选择“项”或“百分比”显示数据清单中上限或下限范围内的指定数量的数据行，如显示该字段中值最小的 5 条记录。

2. 自定义自动筛选

自动筛选下拉列表框中的“自定义”选项可用来自动筛选数据清单的范围。选择该选项后，出现的“自定义自动筛选方式”对话框如图 5-40 所示。

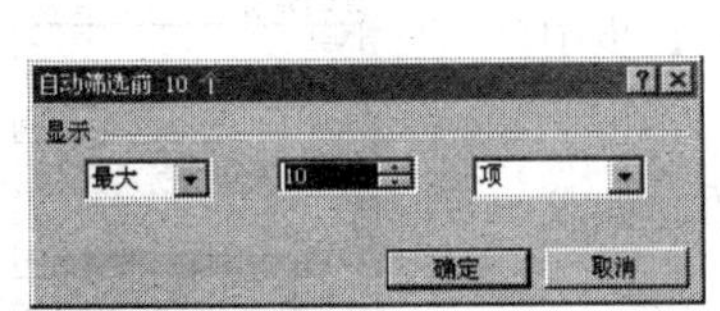

图 5-39　“自动筛选前 10 个”对话框

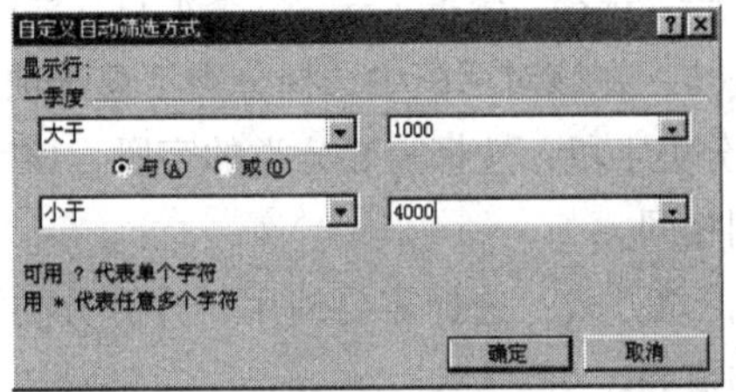

图 5-40　“自定义自动筛选方式”对话框

在该对话框中可以定义两个筛选条件以及它们之间的与、或关系。如可以筛选某字段值为 70～80 范围的记录。

【例】对高考数据清单，按总人数的 8%选出总分较高的数据记录，其操作步骤如下。

第 1 步：单击数据清单中的任意单元格。

第 2 步：选择“数据”→“筛选”→“自动筛选”菜单命令，这时标题行上出现下拉箭头。

第 3 步：单击总分右侧的下拉箭头，选择“前 10 个……”，弹出如图 5-39 所示的“自动筛选前 10 个”对话框。

第 4 步：在该对话框的左边的下拉列表框中选择“最大”，在中间的加减器中输入 8，在右边的下拉列表框中选择“百分比”，单击“确定”按钮即可。

【例】对高考数据清单，显示语文和数学成绩均大于等于 80 的数据记录，其操作步骤如下。

第 1 步：单击数据清单中的任意单元格。

第 2 步：选择“数据”→“筛选”→“自动筛选”菜单命令，这时标题行上出现下拉箭头。

第 3 步：单击“语文”右侧的下拉箭头，选择“自定义…”，弹出如图 5-40 所示的“自定义自动筛选方式”对话框，在对话框左上方的下拉列表框中选择“大于或等于”，在右上方的下拉列表框中输入 80，单击“确定”按钮，这时列出了语文成绩大于等于 80 的数据行。

第 4 步：单击数学右侧的下拉箭头，选择“自定义…”，同样方式在对话框中选择“大于或等于”并输入 80，单击“确定”按钮，这时列出了语文和数学均大于等于 80 的数据行，即相当于在语文成绩已做筛选的基础上，再次对数学做筛选。

【例】对高考数据清单，显示语文成绩大于 90 或小于 60 的数据记录，其操作步骤如下。

第 1 步：单击数据清单中的任意单元格。

第 2 步：选择“数据”→“筛选”→“自动筛选”菜单命令，这时标题行上出现下拉箭头。

第 3 步：单击语文右侧的下拉箭头，选择“自定义…”，在如图 5-40 所示的“自定义自动筛选方式”对话框左上方的下拉列表框中选择“大于”，在右上方的下拉列表框中输入 90，再选中“或”单选按钮，然后在对话框左下方的下拉列表框中选择“小于”，在右下方的下拉列表框中输入 60，单击“确定”按钮即可。

5.7.5 分类汇总

分类汇总是在数据清单中快速汇总数据的方法。在 Excel 中使用分类汇总，不需要创建公式，Excel 将自动创建公式、插入分类汇总与总和行，并自动分级显示数据。

对数据清单进行分类汇总的操作步骤如下。

第 1 步：对分类汇总的字段排序，排序后相同的记录集中在一起。

第 2 步：选择“数据”→“分类汇总”菜单命令，弹出如图 5-41 所示的“分类汇总”对话框。

第 3 步：在该对话框中选择分类汇总选项。这些选项如下。

- 分类字段：选择需要分类的字段，该字段应与第 1 步中的排序列相同。
- 汇总方式：选择需要的用于计算分类汇总的函数，如求和、求均值等。
- 选定汇总项：选择与需要汇总计算的数值列对应的复选框。
- 替换当前分类汇总：用新设置的分类汇总替换数据清单中原有的分类汇总，若要创建“嵌套”式多级分类汇总，则应取消对该复选框的选择。
- 每组数据分页：在每组分类汇总数据之后自动插入分页符。

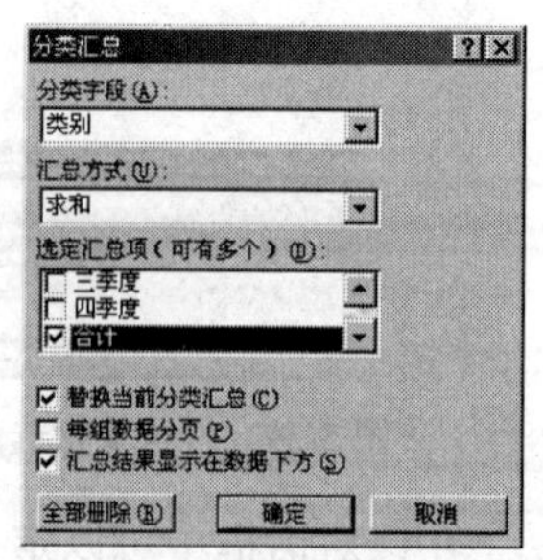

图 5-41 “分类汇总”对话框

- 汇总结果显示在数据下方：即在明细数据下面插入分类汇总行和总的汇总行。Excel 对分类汇总进行分级显示，其分级显示符号允许用户快速隐藏或显示明细数据。编辑明细后，分类汇总和总计值将自动重新计算。
- 全部删除：取消分类汇总。

分类汇总的例子如图 5-42 所示。

图 5-42　分类汇总的例子

在图 5-42 中，工作表左侧的小方块用于控制对各组数据和全体数据的隐藏和显示，称为分级显示符号，其操作方法就是单击它。

若要取消分类汇总，只要在“分类汇总”对话框中单击“全部删除”按钮就可以了。

5.7.6　数据透视表

在 Excel 中有多种从工作表中提取数据的方法：排序的方法、筛选的方法、分类汇总的方法。数据透视表可以将排序、筛选和分类汇总 3 项操作结合在一起，对数据进行数据汇总和分析。创建“数据透视表”以后，拖动数据字段和数据项可以重新组织数据。

在创建数据透视表前，必须将所有筛选和分类汇总的结果取消。创建数据透视表采用下面的操作步骤。

第 1 步：选定数据清单中的任意单元格。

第 2 步：选择“数据”→“数据透视表和图表报告”菜单命令，这时弹出“数据透视表和数据透视图向导”对话框，如图 5-43 所示。

第 3 步：指定待分析数据的数据源（这里选定“Microsoft Excel 数据清单或数据库”）和报表的类型（这里选定“数据透视表”），然后单击“下一步”按钮，这时的对话框如图 5-44 所示。

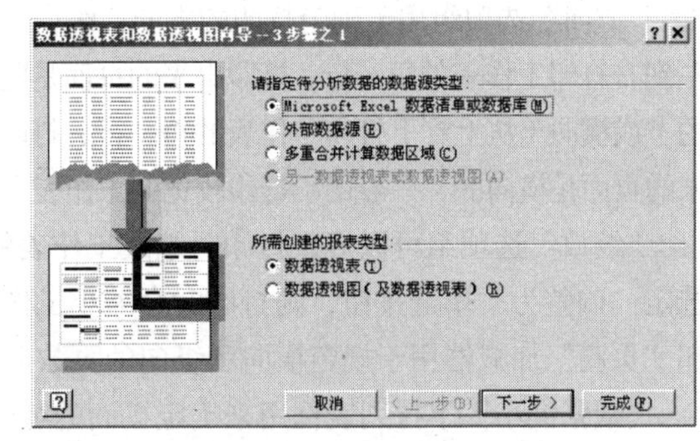

图 5-43　“数据透视表和数据透视图向导”对话框（1）

第 4 步：指定数据源的区域（一般 Excel 会自动把整个数据清单区域作为数据源区域），然后单击“下一步”按钮，这时的对话框如图 5-45 所示。

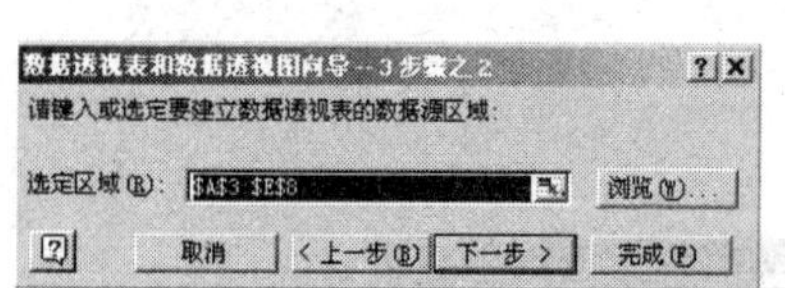

图 5-44 “数据透视表和数据透视图向导”对话框（2）

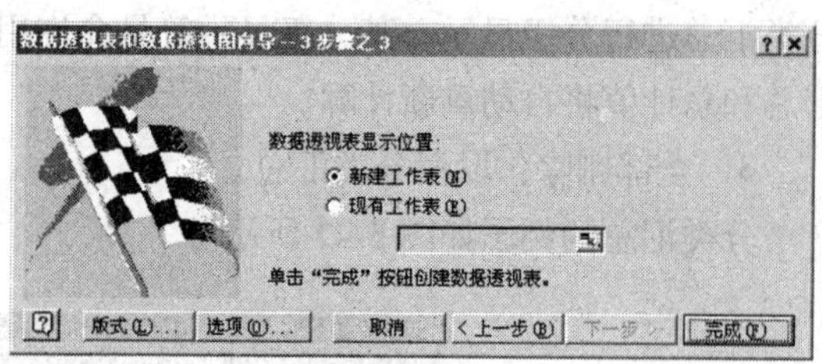

图 5-45 “数据透视表和数据透视图向导”对话框（3）

第 5 步：指定生成的数据透视表的位置，并可以设置版式，然后单击“完成”按钮。这时出现数据透视表工具栏。

第 6 步：指定数据透视表的结构。按屏幕要求将字段名称拖动到指定的位置，就可以生成指定结构的数据透视表。

在生成数据透视表后，若要修改数据透视表的结构，打开数据透视表工具栏就可以重新指定了。

5.8 打印

当建立、编辑和美化工作表之后，需要将其打印出来。为了使打印的表格清晰、美观，可以增加页眉、页脚等页面设置，还可以在屏幕上预览打印的效果。

1. 页面设置

页面设置可以控制打印工作表的外观或版面。

页面设置可选择“文件”→“页面设置”菜单命令，这时弹出的“页面设置”对话框如图 5-46 所示。

在该对话框中可以设置页面、页边距、页眉/页脚和工作表。

（1）页面。

在“页面设置”对话框中选择“页面”选项卡，这时的对话框如图 5-46 所示。

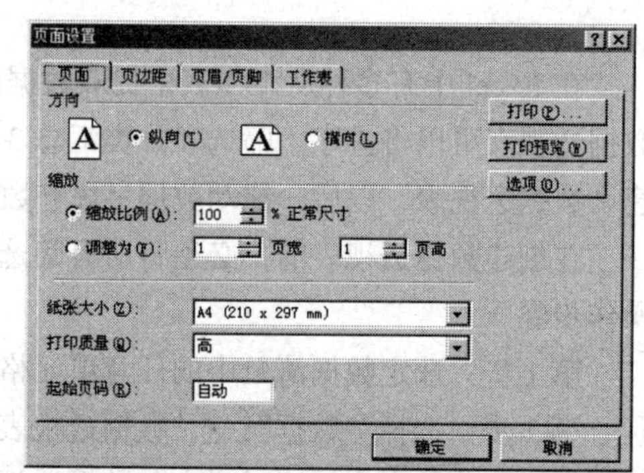

图 5-46 “页面设置”对话框的“页面”选项卡

“方向”选项组用于确定打印的方向：纵向（从左到右打印工作表的每一行，打印出来的页面是竖向的）或横向（从上到下打印工作表的每一行，打印出来的页面是横向的，一般用于打印较宽的工作表）。

“缩放”选项组可以规定打印时缩放工作表的比例，缩放范围是正常尺寸的 10%～400%。若选定“调整为”单选按钮，则打印时会缩小工作表所选区域的尺寸以适应所指定的页数。“页宽”和“页高”加减器用于规定横向和纵向的页数。

“纸张大小”下拉列表框用来确定页面的纸张大小。

“打印质量”下拉列表框用来确定打印的分辨率，数值越大，打印质量也就越高。

“起始页码”用于规定打印的起始页码。

（2）页边距。

在“页面设置”对话框中选择“页边距”选项卡，这时的对话框如图 5-47 所示。

在该对话框中可以设置数据到页边之间的距离，包括上、下、左、右，以及页眉和页脚与上下边之间的距离。设置的效果会出现在预览框中。

“居中方式”选项组用于设置报表的打印位置即水平居中和垂直居中。

（3）页眉和页脚。

在“页面设置”对话框中选择“页眉/页脚”选项卡，这时的对话框如图 5-48 所示。

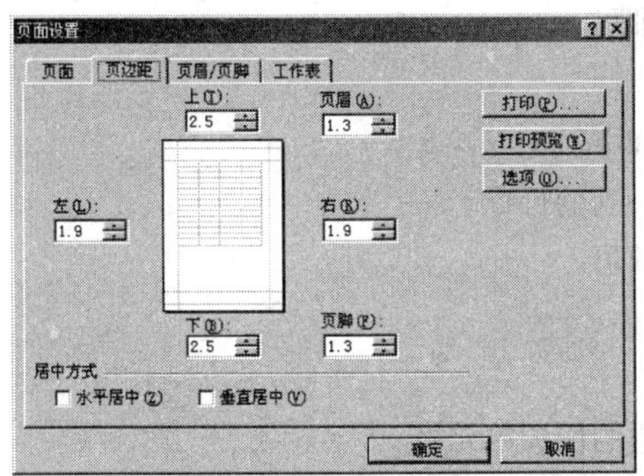

图 5-47　“页面设置”对话框的“页边距”选项卡

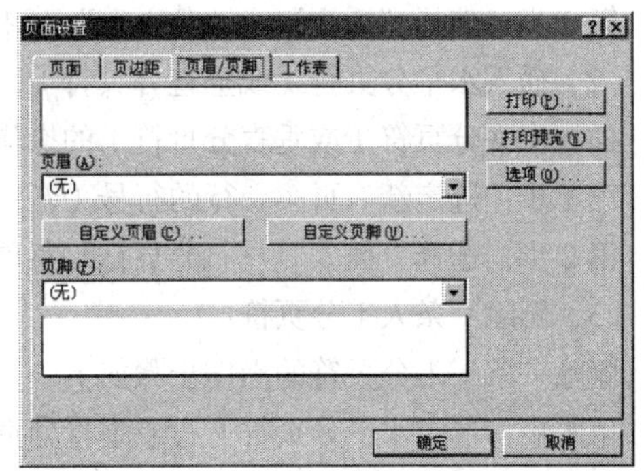

图 5-48　“页面设置”对话框的“页眉/页脚”选项卡

定义页眉或页脚的方法是在页眉或页脚下拉列表框中选择需要的页眉或页脚。若在页眉或页脚下拉列表框中没有需要的内容，则可以自定义页眉或页脚，其方法是单击“自定义页眉”或“自定义页脚”按钮，在弹出的“页眉”对话框（如图 5-49 所示）或“页脚”对话框（如图 5-50 所示）中来设置。

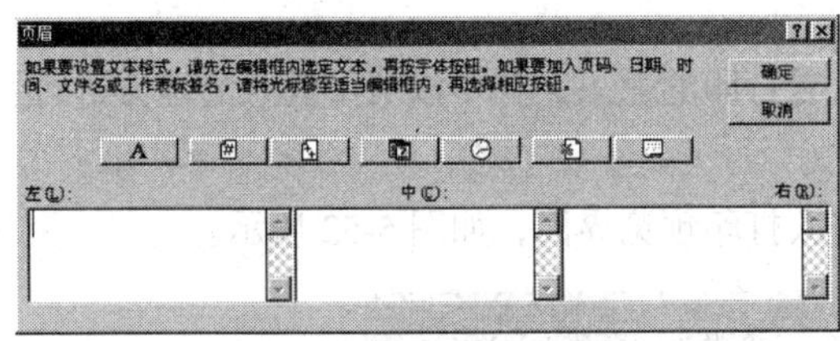

图 5-49　“页眉”对话框

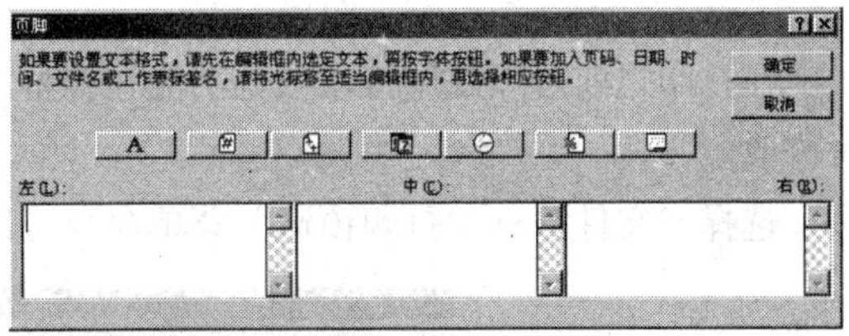

图 5-50　“页脚”对话框

按照“页眉”对话框或“页脚”对话框的提示就可以编辑页眉或页脚。

（4）工作表。

在“页面设置”对话框中选择“工作表”选项卡，这时的对话框如图 5-51 所示。

“打印区域”文本框和“打印标题”选项组用来确定打印的区域和标题，可单击“暂时隐藏对话框”按钮在工作表中选择打印的区域和标题。

在“打印”选项组中可以确定打印的选项，如是否打印网格线、行号列标、批注等。

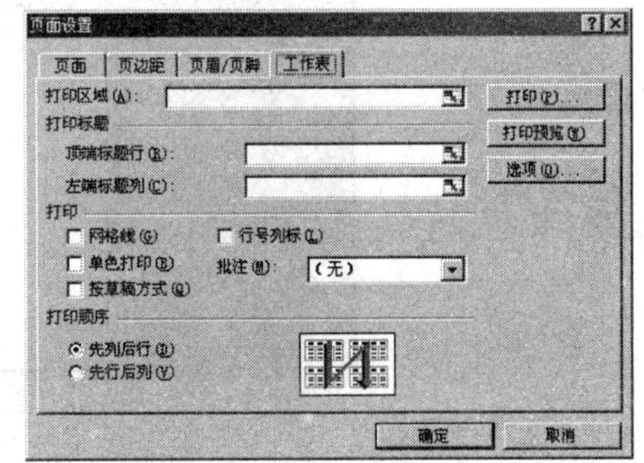

图 5-51　“页面设置”对话框的“工作表”选项卡

“打印顺序”是指打印超过一页时，是按先行后列，还是按先列后行打印。

2. 控制分页

当工作的内容多于一页时，Excel 会自动根据所设置的纸张大小、页边距等为工作表分页。但在需要强行分页的地方可以采用人工分页的方法。

（1）插入水平和垂直分页符。

插入水平和垂直分页符的操作步骤如下。

第1步：选定开始新一页的单元格。

第2步：选择“插入”→“分页符”菜单命令即可。

（2）插入水平分页符（或垂直分页符）。

插入水平分页符（或垂直分页符）的操作步骤如下。

第1步：选定新一页第一行的行号（新一页第一列的行标）。

第2步：选择“插入”→“分页符”菜单命令即可。

（3）删除一条人工分页符。

删除一条人工分页符的操作步骤如下。

第1步：选定水平分页符下边或垂直分页符右边的任意单元格。

第2步：选择“插入”→“删除分页符”菜单命令即可。

（4）删除所有人工分页符。

删除所有人工分页符的操作步骤如下。

第1步：选定工作表中的所有单元格。

第2步：选择“插入”→“删除所有分页符”菜单命令即可。

3. 打印预览

在打印之前可以使用打印预览功能在屏幕上查看打印的效果，并可以对不满意的地方进行及时修改。

选择“文件”→“打印预览”菜单命令可以进入打印预览界面，如图5-52所示。

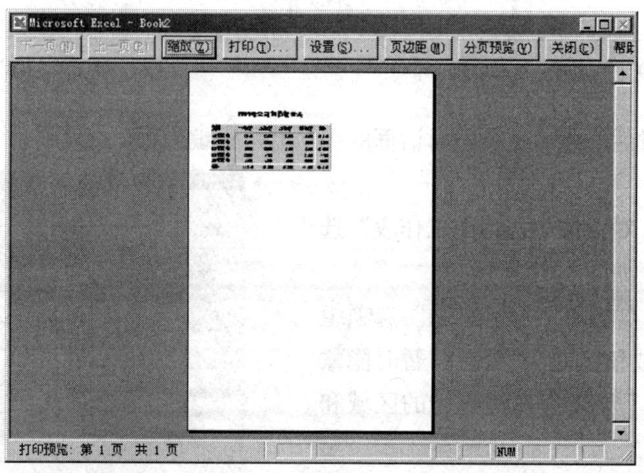

图5-52 打印预览界面

在该界面下多出了几个按钮，它们用来查看版面效果或调整版面。

“上一页”按钮和“下一页”按钮：可以显示上一页或下一页的内容。

“缩放”按钮：单击该按钮可以放大该页，这时可用滚动条来查看这一页的内容，再次单击该按钮将重新恢复为全页显示。

“打印”按钮：单击该按钮出现“打印”对话框，可用来打印工作表。

“设置”按钮：单击该按钮出现“页面设置”对话框，可用来设置页面。

“页边距”按钮：单击该按钮出现代表页边距的虚线，用鼠标拖动这些虚线就可以调整页边距。

“关闭”按钮：单击该按钮将关闭打印预览方式，返回到正常的显示方式。

4. 打印工作表

对于编排满意的工作表就可以进行打印了。

选择“文件”→“打印”菜单命令，这时弹出的“打印”对话框如图 5-53 所示。

图 5-53　“打印”对话框

在“范围”选项组中可以指定打印的范围，在“打印”选项组中可以指定打印的区域，然后单击“确定”按钮即可。

第6章 文稿演示软件 PowerPoint 2003

PowerPoint 是文稿演示和幻灯片制作工具，可以制作出集文字、图形、图像、声音以及视频剪辑等多媒体元素于一体的丰富多彩的演示文稿，是用户制作产品介绍、学术演讲、公司简介、计划、教学课件等电子演示文稿时十分有用的办公软件。PowerPoint 的输出包括打印、制成标准的幻灯片等，也可直接在计算机上进行演示。

6.1 PowerPoint 2003 概述

PowerPoint 是 Office 的一个组件，因此，与前面讲述的 Word、Excel 的通用操作以及相同按钮的功能及操作都是相同的。

6.1.1 初识 PowerPoint 2003

1. PowerPoint 的功能与特点

（1）安装和维护的方便性。

安装时，Microsoft PowerPoint 2003 可根据计算机上已安装和使用的程序来决定适合计算机的最佳安装。使用时，用户可能会看到许多并未安装的功能和加载项的快捷方式、图标和命令。如果需要这些功能，单击相应命令后就会安装这些功能或加载项。

（2）易于使用。

可以更方便地访问文档，可以使用剪贴板功能、个性化菜单等。

（3）绘图和图形功能的增强。

增加了新的“剪辑库”和自选图形，支持扫描仪和动画 GIF 图片。

（4）通过网络演示文稿。

可以在 Web 上创建演示文稿、传递演示文稿，通过 Web 与他人协同工作。

（5）改进的播放器（Microsoft Office PowerPoint Viewer）可进行高保真输出，并支持 PowerPoint 2003 图形、动画和媒体。新的播放器无需安装即可使用。

（6）打包成 CD 功能，可以方便地发布幻灯片，甚至直接刻录成 CD。

（7）经过改进的墨迹注释，不仅可以在播放演示文稿时保存所使用的墨迹，也可在将墨迹标记保存在演示文稿中之后打开或关闭幻灯片放映标记。

2. PowerPoint 2003 可创建的文稿类型

PowerPoint 2003 可组织、创建以下几类文稿。

- 电子演示文稿
- 投影幻灯片
- 35mm 幻灯片
- 演讲者备注、观众讲义和文件大纲
- Web 演示文稿

3. 制作演示文稿应考虑的因素

虽然使用 PowerPointer 可以制作精美的演示文稿，但要想使用演示文稿进行一次出色的演示，应在制作演示文稿前仔细规划，如确定演示对象和演示方法，在演示结束后，对演示进行认真的评估，以便发现问题并及时更正。

（1）确定演示对象。演示对象包括听众人数、年龄、角色及知识水平等。若演示的对象较少，通过计算机进行演示即可；若演示的对象较多，可以将计算机与投影仪连接起来，通过投影仪放映演示文稿。另外，听众的角色在演示中也起很大的影响，如针对一公司的演示，若演示对象是公司的高层管理人员，只需在演示中概括主体内容即可，若演示的对象是一线工作人员，则必须详细演示，不放过任何一个细节。

（2）确定演示方法。PowerPointer 提供 3 种演示方式：演讲者放映、观众自行浏览和在展台放映。制作演示文稿后，应根据演示对象确定演示方法，从而使制作出的演示文稿更加符合演示的环境。

（3）评估演示成果。对于经常使用演示文稿进行演示的人员，在演示过后应认真评估自己的演示，从而从一次一次的实践中吸取经验，以便在日后的工作中不断提高自己的演示水平。对演示的评估包括幻灯片的颜色和版式是否合适、幻灯片中的内容是否简单易懂、幻灯片是否能够吸引每一位观众的注意力、演示的时间长度是否合适、演讲者备注的信息是否安排得当，以及动画效果是否使演示更加生动等。

4. 演示文稿与幻灯片

Word 使用“页”来承载文字、图片等文章中的内容，PowerPointer 则使用幻灯片来承载需要演示的画面。在 PowerPointer 中的一个基本显示单元（又称视觉形象页）称为幻灯片，它和日常生活中传统的幻灯片并不是同一个概念，我们可以简单地将它理解成显示屏显示的一屏信息，而一篇演示文稿通常包含有许多张幻灯片。

PowerPointer 制作的每篇演示文稿都是由若干张围绕演讲主题的幻灯片构成的计算机文件。同写文章需要有特定的主题一样，演示文稿也不是许多杂乱无章的幻灯片的堆砌，演示文稿也有围绕演讲者演讲中心的主题，通过对幻灯片的颜色、字体、布局设计等平面设计要素的灵活运用来吸引听众，达到演讲者的演讲目标。

因此，演示文稿与幻灯片的关系是，演示文稿是由许多张幻灯片组成的。每张幻灯片主要由文字、图片、图表、表格等多种对象组成。

5. 演示文稿的制作流程

制作一篇成功的演示文稿，前期必须进行总体策划、收集素材等准备工作，之后再用 PowerPointer 进行制作。

（1）总体策划。如演示文稿的主题、组成内容、切入点、用哪些元素表达、要达到的效果等，做到心中有数，然后再确定总体结构。

（2）收集素材。收集素材包括图片、文字和声音等。

（3）开始制作。制作幻灯片的基本步骤包括：创建演示文稿，在幻灯片中插入文本、格式化文本、插入图片、设置动画效果和放映效果等。

制作中对于颜色的选择一般不应超过 3 种，应做到协调配色。

制作幻灯片在表现形式上一定要灵活。制作时，尽量少出现文字，能用图片等多媒体对象代替的绝对不要使用文字。

6. PowerPoint 2003 的启动与退出

（1）启动 PowerPoint 2003。

选择“开始”→“所有程序”→“Microsoft Office”→“Microsoft Office PowerPoint 2003”菜单命令，就可以启动 PowerPoint 2003。

（2）退出 PowerPoint 2003。

使用 PowerPoint 2003 处理完演示文稿后，就可以退出该应用程序。退出 PowerPoint 2003 应用程序前要保存编辑修改的演示文稿，退出时可选择“文件”→“退出”菜单命令。

6.1.2 PowerPoint 2003 的基本操作

1. 新建演示文稿

每个演示文稿可以包含多张幻灯片，每张幻灯片可以存放各种类型的信息。

启动 PowerPoint 2003 后，窗口的右侧会出现如图 6-1 所示的“新建演示文稿”任务窗格。

新建演示文稿可以使有 5 种方式：空演示文稿、根据设计模板、根据内容提示向导、根据现有演示文稿新建、相册。

（1）使用“空演示文稿”创建演示文稿。

空演示文稿是空白的，由没有预先设计底板图案色彩但可以有布局格式的幻灯片组成。如果用户需要建立自己风格的演示文稿，这是很方便的。

在“新建演示文稿”任务窗格中单击“空演示文稿”链接，这时的任务窗格变为“幻灯片版式”，如图 6-2 所示。在该任务窗格中选择一种幻灯片版式进行自己的幻灯片设计即可。

（2）使用“根据内容提示向导”创建演示文稿。

对于一般用户来说，最好使用“根据内容提示向导”来创建演示文稿。在向导中提示内容、目

的、样式、讲义和输出信息，以帮助用户创建一份新的演示文稿。新演示文稿内含示例文本，用自己的文本将它替换掉即可。

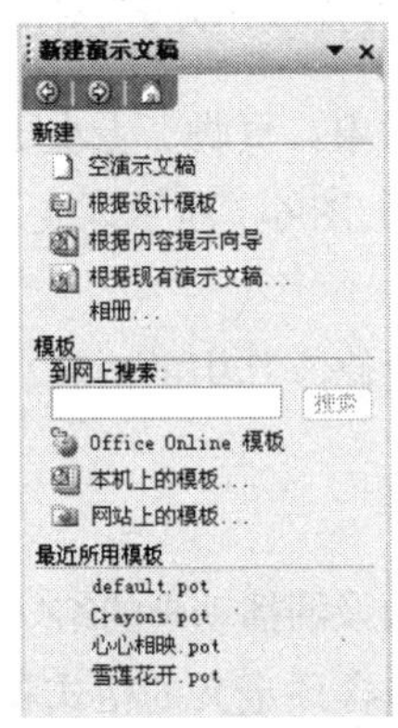

图 6-1　“新建演示文稿”任务窗格

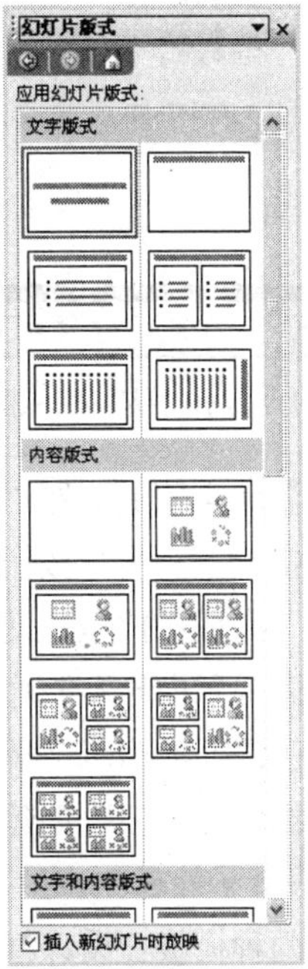

图 6-2　“幻灯片版式”任务窗格

使用“根据内容提示向导”创建演示文稿的操作步骤如下。

第 1 步：在“新建演示文稿”任务窗格中单击“根据内容提示向导”链接，打开“内容提示向导”对话框，如图 6-3 所示。该对话框的左侧列出了该向导的整个流程。

第 2 步：单击“下一步”按钮，“内容提示向导”对话框如图 6-4 所示。

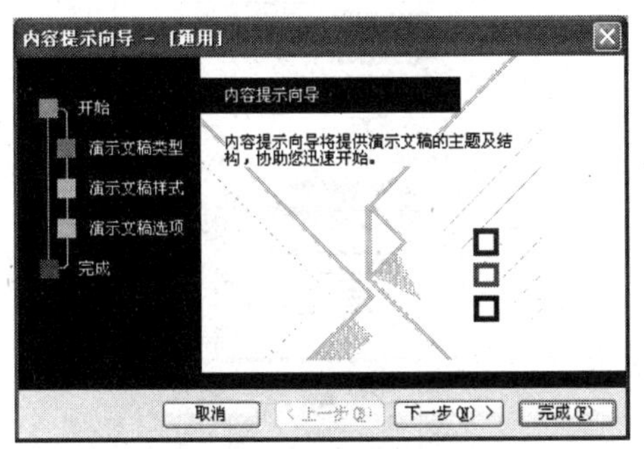

图 6-3　“内容提示向导”对话框（1）

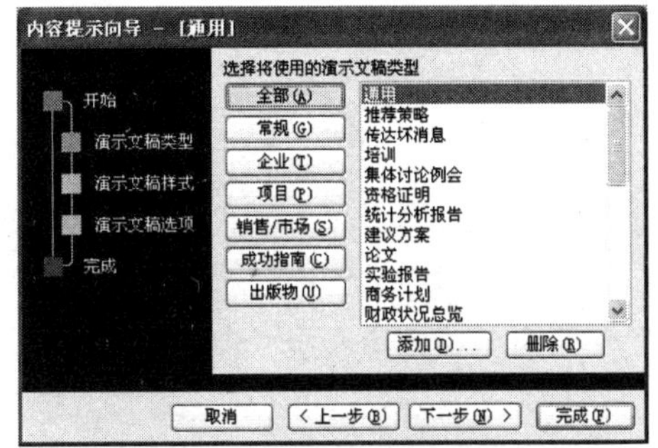

图 6-4　“内容提示向导”对话框（2）

在该对话框中提供了全部、常规、企业、项目、销售/市场、成功指南、出版物共 7 类演示文稿，每一类又有各自的子类型。

使用“添加”、“删除”按钮可以添加或删除演示文稿类型。

第 3 步：选择演示文稿的类型，然后单击“下一步”按钮，“内容提示向导”对话框如图 6-5 所示。

在该对话框中显示出了演示文稿的输出类型。

第 4 步：选择输出类型，然后单击“下一步”按钮，“内容提示向导”对话框如图 6-6 所示。

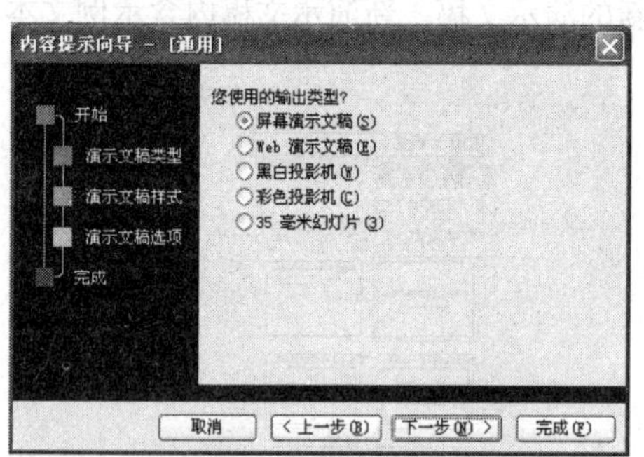

图 6-5 “内容提示向导”对话框（3）

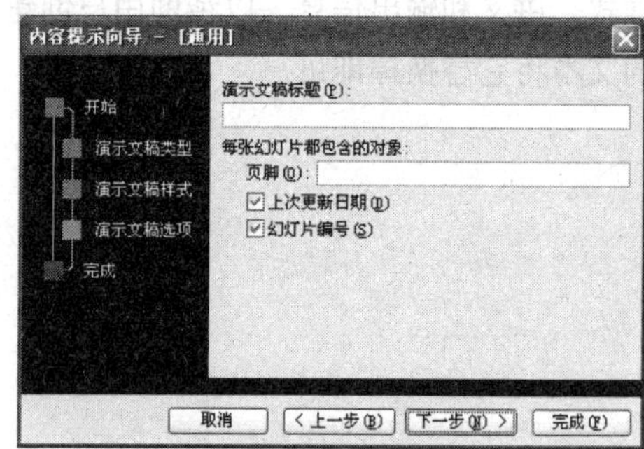

图 6-6 “内容提示向导”对话框（4）

第 5 步：输入演示文稿的标题，设置每张幻灯片都包含的对象：页脚、上次更新日期、幻灯片编号等，然后单击“下一步”按钮，“内容提示向导”对话框如图 6-7 所示。

第 6 步：单击“完成”按钮，即可完成演示文稿的制作。

使用“根据内容提示向导”制作演示文稿后，可以根据需要修改其中的内容，或添加新的幻灯片，以便得到自己需要的演示文稿。

（3）使用“根据设计模板”创建演示文稿。

模板是指预先设计了外观、标题、文本图形格式、位置、颜色以及演播动画的幻灯片的待用文档。

PowerPoint 有两种模板：设计模板和内容模板，设计模板包含预定义的格式和配色方案，可以应用到任何演示文稿中创建独特的外观；内容模板不仅包含了与设计模板类似的格式和配色方案，而且还加上了带有文本的幻灯片，这些文本包含了针对特定主题提供的建议。

使用“根据设计模板”创建演示文稿的操作步骤如下。

第 1 步：在“新建演示文稿”任务窗格中单击“根据设计模板”链接，这时的任务窗格变为“幻灯片设计”，如图 6-8 所示。

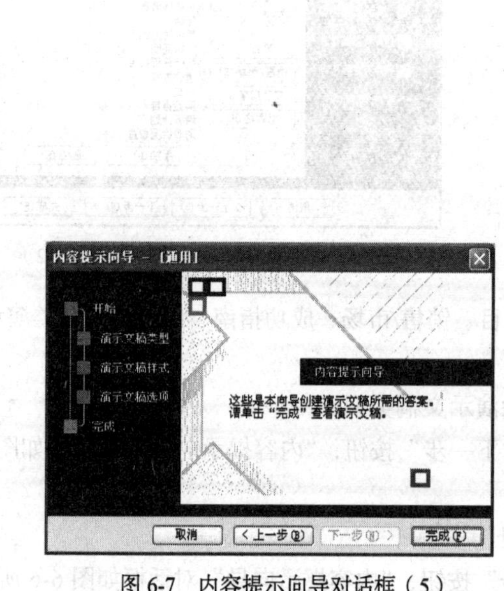

图 6-7 内容提示向导对话框（5）

图 6-8 “幻灯片设计”任务窗格

第 2 步：在“应用设计模板”列表框中选择需要的设计模板，单击右侧的下箭头按钮，在弹出的菜单中选择“应用于所有幻灯片”即可。

（4）根据现有演示文稿新建。

第 1 步：在“新建演示文稿”任务窗格中单击“根据现有演示文稿新建”链接，打开“根据现有演示文稿新建”对话框，如图 6-9 所示。

第 2 步：在该对话框中选择一种模板，可以是系统提供的模板，也可以是用户自定义的模板，然后单击“创建”按钮，就可以根据选择的模板进行演示文稿的设计了。

（5）创建相册。

创建相册采用下面的操作步骤。

第 1 步：在“新建演示文稿”任务窗格中单击“相册”链接，打开“相册”对话框，如图 6-10 所示。

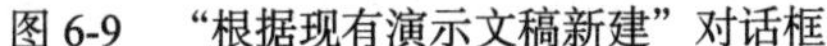
图 6-9　“根据现有演示文稿新建”对话框

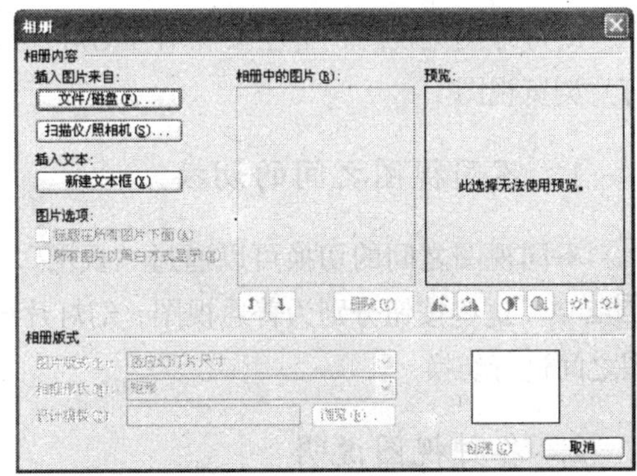

图 6-10　“相册”对话框

第 2 步：相册中的照片可以来自文件/磁盘或扫描仪/相机，若单击“文件/磁盘”按钮，打开“插入新图片”对话框，在该对话框中选择要插入相册的图片，然后返回到“相册”对话框。

第 3 步：单击“创建”按钮，即可创建相册。

相册功能是 PowerPoint 2003 新增加的功能。

2. 打开演示文稿

启动 PowerPoint 后，若要对已有的演示文稿进行编辑，必须首先打开它。

打开演示文稿的操作步骤如下。

第 1 步：选择“文件”→“打开”菜单命令，这时屏幕上出现“打开”对话框。

第 2 步：在“查找范围”下拉列表框以及其下的列表框中，选定要打开文档所在的位置：驱动器、文件夹、Internet 位置、收藏夹、Web 文件夹等。

第 3 步：在“文件类型”下拉列表框中，选定要打开文件的类型。

第 4 步：在“文件名”下拉列表框中输入要打开的文件名或在其上的列表框中选定文件名，选定的文件名出现在“文件名”下拉列表框中。

第 5 步：单击“打开”按钮，指定的文件就显示在 PowerPoint 窗口中。

3. 保存演示文稿

保存演示文稿是把演示文稿作为一个文件保存在磁盘上。正在编辑的演示文稿是驻留在内存

和磁盘上的临时文件，只有保存了演示文稿，编辑修改工作才能保存下来。否则，退出 PowerPoint 后，所编辑修改的演示文稿就会丢失。

使用“文件”→“保存”菜单命令，可以用当前的文件名保存。对于新建的文件，使用“保存”菜单命令时会出现“另存为”对话框，要求输入保存文件的驱动器、文件夹、文件类型、文件名等信息，操作方法与打开文件类似。PowerPoint 2003 默认的文件扩展名为.ppt。

使用“文件”→“另存为”菜单命令，可以将当前编辑的文件以另一文件名保存。使用“另存为”菜单命令，对于要创建一个在原来文件基础上稍做修改的文件来说是非常有用的。

6.2 PowerPoint 的视图

Microsoft PowerPoint 具有许多不同的视图，方便用户创建演示文稿。这些视图包括：普通视图、幻灯片浏览视图、备注页视图和幻灯片放映视图，其中最常使用的两种视图是普通视图和幻灯片浏览视图。

1. 不同视图之间的切换

不同视图之间的切换可以通过“视图”中的菜单命令完成，或单击水平滚动条左边的按钮 （这些按钮分别为普通视图、幻灯片浏览视图、从当前幻灯片开始放映）也可在常见的视图之间进行切换。

2. 各种视图说明

（1）普通视图。

普通视图如图 6-11 所示。

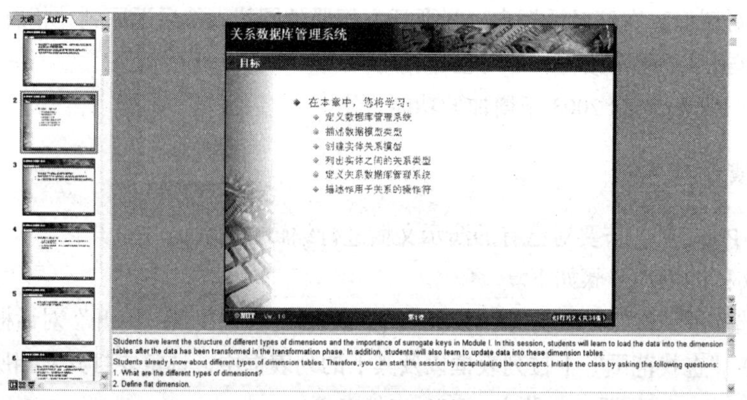

图 6-11 普通视图（1）

普通视图包含 3 个窗格：大纲/幻灯片窗格（左）、幻灯片窗格（右上）和备注窗格（右下）。这些窗格使得用户可以在同一位置使用演示文稿的各种特征。拖动窗格边框可调整窗格的大小。

普通视图的大纲窗格可用来组织和创建演示文稿中的内容。可以键入演示文稿中的所有文本，然后重新排列项目符号、段落和幻灯片。

从图 6-12 可以看出，在大纲窗格中，显示各张幻灯片中的文字，不包含图形等其他对象。图 6-12 目前显示第 1 张到第 6 张幻灯片中的文字，若要显示其他幻灯片中的文字，可以拖动右边

的滚动条。幻灯片左边的数字表示幻灯片序号，右边的文字为幻灯片的各级标题。

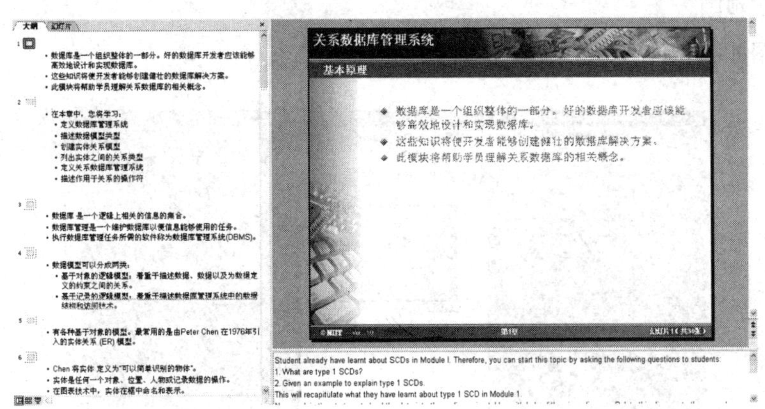

图 6-12　普通视图（2）

在大纲窗格中幻灯片标记是最高级别的标题，用户可以根据需要将它的级别降低；最低级别为第 6 级，用户可以将它提升；其他级别的标题既可以提升也可以降低。

提升标题的方法是按【Shift】+【Tab】快捷键，或单击“大纲”工具栏中的“升级”按钮，则所选段落提升到上一个较高的标题级别，同时文字向左侧移动。

降低标题的方法是按【Tab】键，或单击“大纲”工具栏中的“降级”按钮，则所选段落降低到下一个较低的标题级别，同时文字向右侧移动。

在幻灯片窗格中，可以查看每张幻灯片中文本的外观，并可以在单张幻灯片中添加图形、影片和声音，并创建超级链接以及向其中添加动画。

使用备注窗格可以添加与观众共享的演说者备注或信息。如果需要在备注中含有图形，必须在备注页视图中添加。

（2）幻灯片浏览视图。

幻灯片浏览视图如图 6-13 所示。

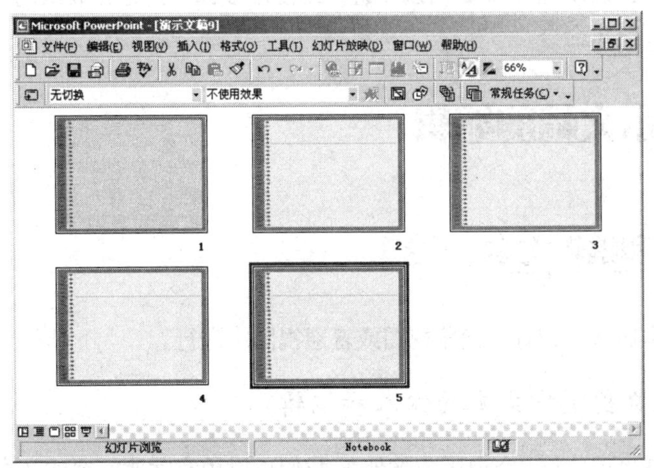

图 6-13　幻灯片浏览视图

幻灯片浏览视图可以在屏幕上同时看到演示文稿中的所有幻灯片，这些幻灯片是以缩略图显示的。这样，就可以很容易地在幻灯片之间添加、删除和移动幻灯片以及选择动画切换，还可以预览多张幻灯片上的动画。

（3）备注页视图。

备注页视图如图6-14所示。

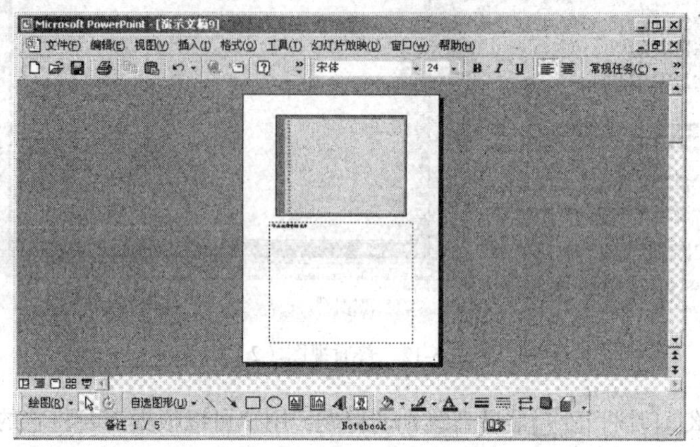

图6-14 备注页视图

备注页一般提供给演讲者使用，可以记录演讲者演讲时所需要的重点提示。备注页视图主要用来进行备注文字的编辑。备注页视图的画面被分为上下两个部分，上面是幻灯片，下面是一个文本框。这个文本框用来输入和编辑备注内容，并且可以打印出来作为演讲稿。

在备注页视图中，用户不能对上方的幻灯片进行编辑，若要编辑，则应切换到普通视图或幻灯片浏览视图。用户也可以直接双击上方的幻灯片，这时PowerPoint会自动切换到普通视图。

（4）幻灯片放映视图。

幻灯片放映视图就像一个幻灯放映机，整个屏幕只显示一张幻灯片。同时还可以看到其他视图中看不到的动画、定时效果。

在放映的过程中，可以通过设置绘图笔加入屏幕注释或指定切换到特定的幻灯片。

若要结束幻灯片的放映，可以按【Esc】键，或使用鼠标右击正在放映的幻灯片，在快捷菜单中选择“结束放映”菜单命令。

6.3 演示文稿的编辑

6.3.1 输入和编辑文本

输入和编辑文本通常在幻灯片浏览视图或普通视图中进行。

1. 幻灯片浏览视图中文本的输入和编辑

幻灯片中包括许多占位符（空白版式除外），我们可以用实际所需要的文本取代占位符中的文本。所谓占位符就是预设了格式、字形、字号、颜色、图形位置的文本框（因此，对这些文本框的操作与Word中类似）。在占位符中输入文本的操作步骤如下。

第1步：单击占位符，这时在占位符中出现文本插入点。

第 2 步：输入文本。在输入文本的过程中，PowerPoint 会自动将超出占位符的部分转到下一行，或按回车键开始新的文本行。

第 3 步：输入完成后，单击幻灯片的空白区域即可。

若要在占位符之外添加文本，则必须首先插入文本框。操作方法与在 Word 中是相同的。

对当前幻灯片输入和编辑文本后，选择“插入”→“新幻灯片”菜单命令，再进行下一张幻灯片的输入和编辑文本工作。

2. 普通视图中文本的输入和编辑

在普通视图的大纲窗格中可以输入文本并对其进行编辑，也可以将 Word 等字处理系统创建的文档插入到 PowerPoint 中。此外还可以利用“大纲”工具栏对幻灯片的次序进行重排、展开或压缩幻灯片的文本、改变幻灯片中各标题的缩进级别等。

（1）提高/降低标题的级别。

在大纲窗格中，每一行文本都可以是标题或带标记（或不带标记）的正文。左边的数字是幻灯片的顺序编号。标题是按级别从上到下、从左到右逐行缩进的。左边的级别较高，缩进量相同的级别也相同，不同级别的行均以不同的标记区别开来。

“大纲”工具栏的“升级”按钮可以提高当前标题的级别。操作方法：先选定要升级的标题，然后单击“升级”按钮。单击一次，级别提高一次。

“大纲”工具栏的“降级”按钮与“升级”按钮正好相反，操作是类似的。

若对最高级别标题再提升，则该标题会脱离原来的幻灯片而生成一张新的幻灯片；若单击幻灯片编号，则幻灯片的内容均被选定，再单击“降级”按钮，则全部内容均降低一级并加入上一张幻灯片中，原有幻灯片被撤销。

（2）标题上移/下移。

若要将当前标题向上/向下移动一个标题行，可使用“上移”按钮/“下移”按钮。操作方法与上述方法类似。若当前标题带有小标题，则一起上/下移动，移动过程中各标题的级别不变。

（3）幻灯片内容的折叠与展开。

折叠是指只显示幻灯片的标题，展开则可显示幻灯片的全部内容。在“大纲”工具栏中有“折叠”按钮、“展开”按钮、“全部折叠”按钮、“全部展开”按钮可用。

（4）摘要幻灯片。

摘要幻灯片是指根据当前幻灯片的标题产生一个摘要幻灯片，操作方法：单击“大纲”工具栏中的“摘要幻灯片”按钮。在这些标题上添加超级链接后就可以方便地实现内容的跳转。

（5）显示格式。

这里的格式是指文本字符的格式（如字型、字号、阴影等特性），使用“大纲”工具栏中的“显示格式”按钮可以在显示/隐藏文本的字符格式之间进行切换。当隐藏格式时并不是无格式，在其他视图中仍然显示格式。

3. 将 Word 的大纲文件创建为演示文稿

在 Word 中创建好的文档可以直接发送到 PowerPoint 的大纲视图中，以该文档作为新的演示文稿的大纲。将 Word 的大纲文件创建为演示文稿的操作步骤如下。

第1步：在Word中创建或打开已有的文档。

第2步：选择“文件”→“发送”→“Microsoft PowerPoint”菜单命令，这时在PowerPoint中将打开一个新的演示文稿。

若Word文档为大纲格式文件，并且在该文件中采用了“标题”样式，那么只有“标题1”、“标题2”等样式的文本进入到PowerPoint的大纲视图中，其他的文本被忽略。

也可以在PowerPoint中导入一个Word的大纲文件，其操作步骤如下。

第1步：在PowerPoint中选择“文件”→“打开”菜单命令，出现“打开”对话框。

第2步：在“文件类型”下拉列表框中选择“所有大纲”类型。

第3步：选择要打开的Word大纲文件，单击“打开”按钮。这时会出现一个演示文稿，也就是由所选的Word大纲文件生成的演示文稿。

4. 文本和段落（标题）的格式化

在PowerPoint中要对文本和段落进行格式化，其操作与在Word中的操作是相同的。幻灯片中的文本一般属于不同级别的标题，相当于Word中的段落，因此对标题的格式化，与对段落的格式化是相同的。

6.3.2 插入、删除、移动、复制幻灯片

1. PowerPoint中的选定操作

在Word和Excel中，对对象进行删除、移动、复制、设置格式等，都要先进行选择操作，PowerPoint也是如此。在PowerPoint中对文字进行选择与在Word中的操作一样。

在PowerPoint中还可以选定整张幻灯片或几张连续的幻灯片，方法如下：

在普通视图的大纲窗格中，单击幻灯片标记▭或其左侧，就可以选择整张幻灯片。若要选择几张连续的幻灯片可以先单击第一张幻灯片标记▭或其左侧，再按住【Shift】键，单击最后一张幻灯片标记▭或其左侧即可。

事实上，当用户在大纲窗格中，单击任一个标题行的项目符号或其左侧，就会选中该标题以及它的各层子标题。

在幻灯片浏览视图中，单击幻灯片就可以选择整张幻灯片。若要选择几张连续的幻灯片可以先单击第一张幻灯片，再按住【Shift】键，单击最后一张幻灯片。

2. 插入幻灯片

可以在幻灯片窗格、大纲窗格和幻灯片浏览视图中，为已存在的演示文稿插入新幻灯片，插入幻灯片可使用下列方法之一。

- 选择“插入”→“新幻灯片”菜单命令。
- 选择“插入”→“幻灯片副本”菜单命令，可在当前幻灯片后插入一张和当前幻灯片相同的幻灯片。然后在副本上进行编辑、修改。
- 在大纲窗格中，单击幻灯片标记▭（标题文字的左侧）后按【Enter】键，可在该幻灯片前插入一张新幻灯片。

在大纲窗格中，用户选择“插入”菜单中的命令，若原来插入点在标记□右边，新幻灯片插在该幻灯片之前，否则插在该幻灯片之后。

也可以通过插入文件的方法将另一个演示文稿中的全部或部分幻灯片插入到当前幻灯片的后面，其操作步骤如下。

第 1 步：打开需要插入幻灯片的演示文稿，并设置插入点位置。

第 2 步：选择“插入”→“幻灯片（从文件）”菜单命令，弹出 “幻灯片搜索器”对话框，如图 6-15 所示。

在“选定幻灯片”列表框中显示幻灯片缩略图，或显示幻灯片的标题，用户可以根据需要利用对话框中的 或 按钮，切换这两种显示方式。如果没有显示幻灯片，可以单击“显示”按钮。

第 3 步：利用幻灯片缩略图或幻灯片标题选择要插入的幻灯片，单击“插入”按钮。

用户可以选择需要的一张或多张（利用【Shift】或【Ctrl】键）幻灯片，如果要插入整个演示文稿，则可以单击“全部插入”按钮。

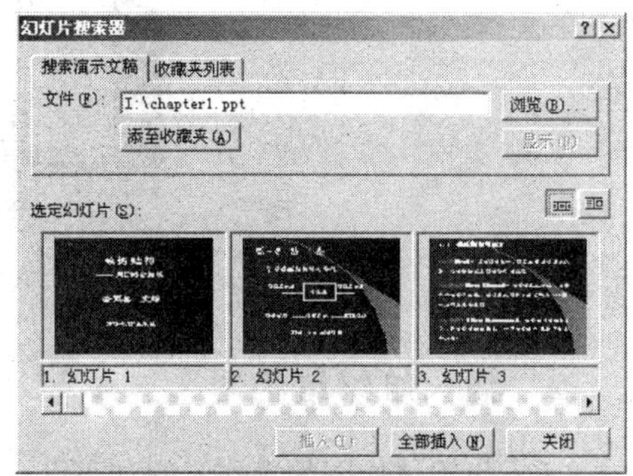

图 6-15　“幻灯片搜索器”对话框

3. 删除幻灯片

在大纲窗格或幻灯片浏览视图中选择了一张或多张幻灯片后，按【Delete】键即可。

4. 移动和复制幻灯片

移动和复制幻灯片可以使用剪贴板方法或采用鼠标拖动的方法。

在大纲窗格中，用户还可以利用“大纲”工具栏中的工具移动幻灯片或部分标题，方法是：选择要移动的内容，单击“大纲”工具栏中的“上移”按钮或“下移”按钮。用户也可以在幻灯片浏览视图中选择若干张幻灯片，拖动鼠标以调整幻灯片的位置。

6.3.3　插入对象

在 PowerPoint 中可以插入多种对象，这些对象包括：剪贴画、图形、图片、图表、表格、视频剪辑、数学公式、组织结构图、地图、AutoCAD 文件等。这些对象的插入操作与在 Word 中的插入操作类似。下面讲解的是在 Word 中没有讲解的对象的插入。

1. 插入图表

插入图表的操作步骤如下。

第 1 步：选择“插入”→“图表”菜单命令，出现如图 6-16 所示的编辑图表界面。

该界面的上半部分是要插入的图表，下半部分是数据表中的数据示例。

第 2 步：将数据表中的数据修改成自己的数据。

第 3 步：关闭数据表。

第4步：调整图表的大小、位置。

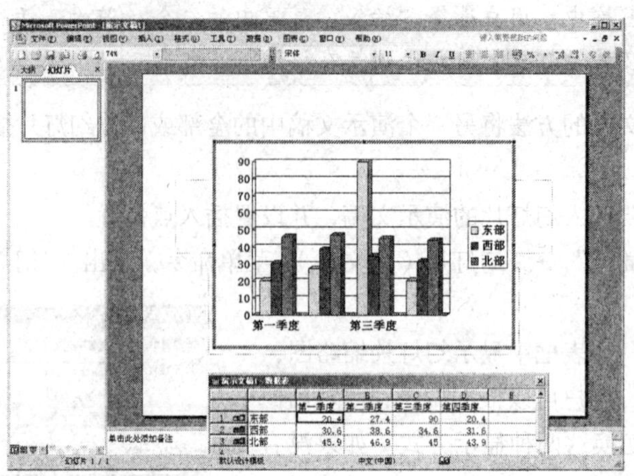

图6-16　编辑图表界面

2. 插入组织结构图

插入组织结构图的操作步骤如下。

第1步：选择“插入”→“图片”→“组织结构图”菜单命令，这时幻灯片如图6-17所示。

第2步：单击该窗口中的文本框可以输入文本，也可以利用该窗口中的菜单或工具栏上的按钮插入或删除文本框、改变组织结构图的样式等。

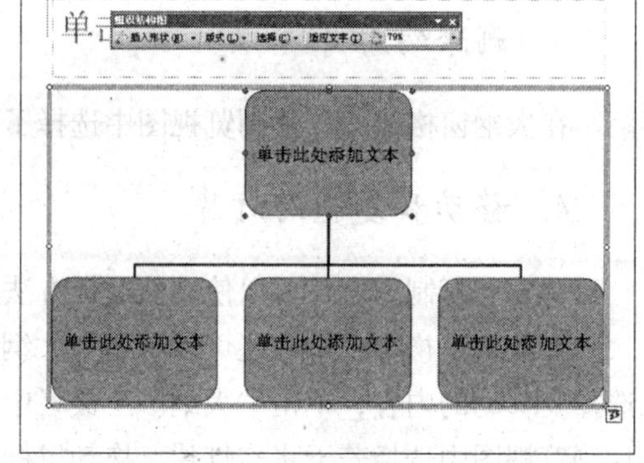

图6-17　组织结构图幻灯片

3. 插入影片和声音

可以在幻灯片上插入影片，插入影片的操作步骤如下。

第1步：选择要插入影片的幻灯片。

第2步：选择“插入”→“影片和声音”→“文件中的影片”菜单命令，出现“插入影片”对话框。

第3步：选择要插入的影片文件，单击“确定”按钮，这时询问在播放影片时是自动播放还是单击时播放。

这时幻灯片上出现该影片文件的开始画面，可以为影片加上说明文字。

放映幻灯片时，单击放映画面，则放映暂停，再单击则继续放映。

可以在幻灯片上插入声音，插入声音的操作步骤如下。

第1步：选择要插入声音的幻灯片。

第2步：选择“插入”→“影片和声音”→“文件中的声音”菜单命令，出现“插入声音”对话框。

第3步：选择要插入的声音文件，单击“确定”按钮，这时询问在播放声音时是自动播放还是单击时播放。

这时幻灯片上出现代表该声音文件的喇叭图标，可以为声音加上说明文字。

6.3.4　超链接和动作按钮

像 Web 页面一样，我们也可以在演示文稿中插入超链接，从而在幻灯片放映时，可以从当前幻灯片跳转到其他位置：某个文件或 Web 页面、本演示文稿的其他位置、新建文档、电子邮件地址等。

可以为幻灯片上的某个对象（文本、图形、图表、图片等）建立超链接。建立超链接的一般操作步骤如下。

第 1 步：选定要建立超链接的对象。

第 2 步：选择“插入”→“超链接”菜单命令，或单击常用工具栏上的“插入超链接”按钮，这时出现“插入超链接”对话框，如图 6-18 所示。

第 3 步：在该对话框中进行相关设置。

该对话框的“链接到”列表框中有 4 个按钮，分别用来设置：原有文件或网页、本文档中的位置、新建文档、电子邮件地址。

第 4 步：单击“确定”按钮。

在幻灯片放映时，超链接的操作与 Web 页面上超链接的操作是一样的。

1. 链接到某个文件或 Web 页

单击“插入超链接”对话框的“链接到”下的“原有文件或网页”按钮，这时的对话框如图 6-18 所示。

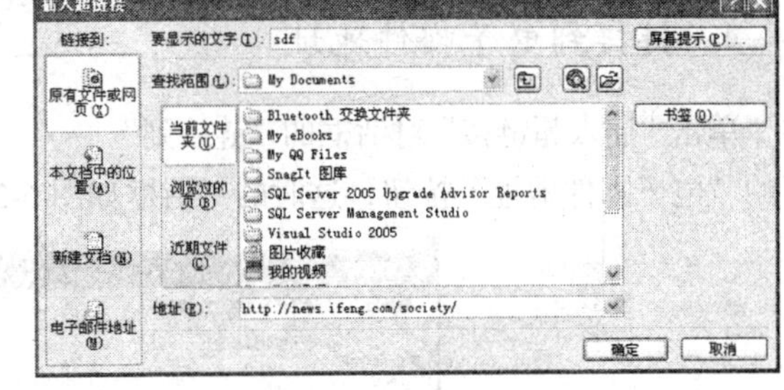

图 6-18　“插入超链接”对话框（1）

链接到的某个文件的文件路径或 Web 页的地址，可用下列方法之一来设置。

- 直接输入

在“地址”栏中直接输入。

- 从列表中选取

在“查找范围”下拉列表框及其下的左侧列表框中选择一项：当前文件、浏览过的页、近期文件，在右侧的列表框中选取文件或 Web 页。

- 查找文件或 Web 页

单击该对话框“查找范围”右侧的“浏览文件”按钮或“浏览 Web”按钮查找一个要链接的文件或 Web 页。

若要在幻灯片放映、鼠标指针停留在建立超链接的对象上时，能自动显示一些提示信息，可以单击该对话框上的“屏幕提示”按钮，然后输入提示文字。若不输入提示文字，系统默认使用文件的路径或 Web 页地址作为屏幕提示。

2. 链接到本文档中的某个位置

单击“插入超链接”对话框的“链接到”下的“本文档中的位置”按钮，这时的对话框如图 6-19 所示。

在该对话框的“请选择文档中的位置”列表框中，可以选择本演示文稿的位置：第一张幻灯片、最后一张幻灯片、下一张幻灯片、上一张幻灯片，或根据幻灯片标题来选择某张幻灯片。

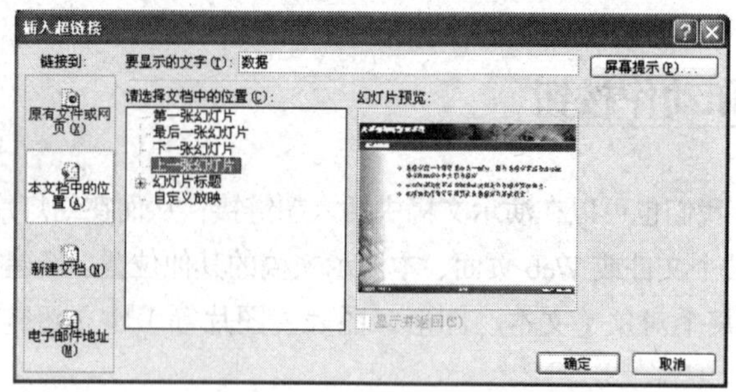

图 6-19 “插入超链接”对话框（2）

这里的屏幕提示若不设置，则无提示信息显示。

3. 链接到新建文档

单击“插入超链接”对话框的“链接到”下的“新建文档”按钮，这时的对话框如图 6-20 所示。

在“新建文档名称”文本框中输入文件的文件名，其路径可通过“更改”按钮进行选择。对新建文档的编辑时间，可以通过“何时编辑”下的单选按钮来确定。

这里的屏幕提示若不设置，则使用新文档的路径作为屏幕提示。

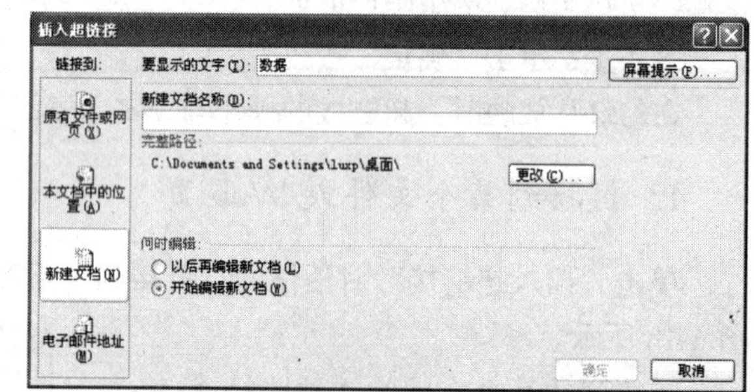

图 6-20 “插入超链接”对话框（3）

4. 链接到电子邮件地址

单击“插入超链接”对话框的“链接到”下的“电子邮件地址”按钮，这时的对话框如图 6-21 所示。

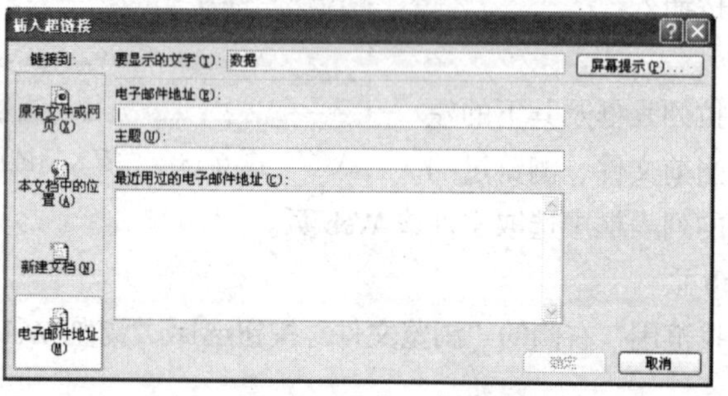

图 6-21 “插入超链接”对话框（4）

在“电子邮件地址”文本框中输入要链接的电子邮件地址，或在“最近用过的电子邮件地址”列表框中选择一个要链接的电子邮件地址。在“主题”文本框中输入电子邮件的主题。

这里的屏幕提示若不设置，则使用电子邮件地址和主题文本框中的内容作为屏幕提示。

5. 编辑或删除超链接

对于已存在的超链接，可以进行编辑或删除操作，其操作步骤如下。

第 1 步：将插入点移动到超链接对象，或选中超链接对象。

第 2 步：选择“插入”→“超链接”菜单命令，或单击常用工具栏上的“插入超链接”按钮，

这时出现“编辑超链接”对话框，该对话框和“插入超链接”对话框是一样的。

第 3 步：编辑或删除超链接即可。

6. 动作按钮

PowerPoint 提供了一些动作按钮，用户可以将动作按钮插入到幻灯片中，并为这些按钮定义超链接。

动作按钮包括一些易于理解的符号，可以使幻灯片在演示时，通过单击鼠标迅速转移到下一张、上一张、第一张和最后一张等。

创建动作按钮的操作步骤如下。

第 1 步：选择要创建动作按钮的幻灯片。

第 2 步：选择“幻灯片放映”→“动作按钮”子菜单中相应的动作按钮。

第 3 步：在幻灯片的适当位置拖动鼠标，画出按钮。释放鼠标，会出现一个如图 6-22 所示的对话框。

第 4 步：在“动作设置”对话框中设置超链接或播放声音，也可以运行应用程序、播放宏等。

图 6-22　“动作设置”对话框

【例】 在第 3 张幻灯片的左上角创建动作按钮，用于在运行幻灯片时启动计算器进行一些计算操作，具体操作步骤如下。

第 1 步：将第 3 张幻灯片显示在幻灯片窗格中。

第 2 步：选择“幻灯片放映”→“动作按钮”→“”菜单命令。

第 3 步：在幻灯片的左上角拖曳鼠标，弹出“动作设置”对话框。

第 4 步：选中“运行程序”单选按钮，再单击“浏览”按钮，找到文件 Calc.exe（该文件一般在系统盘的 Windows\System32 文件夹下），单击“确定”按钮回到“动作设置”对话框。

第 5 步：单击“确定”按钮完成动作按钮的创建。

这样，当用户运行到第 3 张幻灯片时，单击左上角的动作按钮，就会启动计算器。

若要编辑动作按钮，首先选中该按钮，选择快捷菜单中的“超链接”→“编辑超链接”菜单命令，再次打开“动作设置”对话框进行编辑即可。

若要删除动作按钮，选中动作按钮后按【Delete】键即可。

6.3.5　设计外观统一的演示文稿

PowerPoint 的一大特色就是可以使演示文稿中的所有幻灯片具有一致的外观，实现方法有 4 种：设计模板、母版、配色方案和幻灯片版式。

1. 设计模板

设计模板包含配色方案、具有一定格式的幻灯片和标题母版以及字体样式，可用来创建特殊的外观。

PowerPoint 提供了大量专业的设计模板，演示文稿应用设计模板后，新幻灯片的母版、标题母版和配色方案将取代原演示文稿的母版、标题母版和配色方案。应用设计模板后，添加的每张新幻灯片都会拥有相同的外观。

选择“格式”→“幻灯片设计”菜单命令，打开“幻灯片设计”任务窗格，如图6-8所示。在“应用设计模板”列表框中选择需要的设计模板，单击右侧的下箭头按钮，在弹出的菜单中选择“应用于所有幻灯片”即可。

设计模板文件的后缀为.pot。

图6-23所示就是套用了“应用设计模板”中的“Nature.pot”模板后的效果。

图6-23 “应用设计模板”示例

2. 母版

母版表示某类项目的版式，PowerPoint中的母版有幻灯片母版、讲义母版、备注母版。

幻灯片母版是一张特殊的幻灯片，控制着幻灯片中标题和文本的格式及类型。幻灯片母版包含了设定格式的占位符，这些占位符是为标题、主要文本和所有幻灯片中出现的前景项目而设置。如果要修改多张幻灯片的外观，不必一张张进行修改，只需在幻灯片母版上进行一次修改即可。PowerPoint将自动更新已有的幻灯片，并对以后新添加的幻灯片应用这些更改。如果要更改文本格式，可选择占位符中的文本并进行更改。例如，将占位符中文本的颜色改为蓝色将使已有幻灯片和新添幻灯片的文本自动变为蓝色。

若要更改讲义中页眉和页脚的文本、日期或页码的外观、位置和大小，可以更改讲义母版。若要使讲义的每页中都显示名称或徽标，将其添加到讲义母版中即可。

若要备注应用于演示文稿中的所有备注页，可以更改备注母版。例如，要在所有的备注页上放置公司徽标或其他艺术图案，可将其添加到备注母版中。或若要更改备注所使用的字型，在备注母版中更改即可。还可以更改幻灯片区域、备注区域、页眉、页脚、页码以及日期的外观和位置等。

修改母版的方法：选择“视图”→“母版”中相应的命令（幻灯片母版、讲义母版、备注母版等）进行修改。这时母版幻灯片就会显示在窗口中，我们可以像在幻灯片窗格中编辑幻灯片一样，编辑、修改母版。修改完成后，单击“母版”工具栏上的“关闭”按钮。

图6-24和图6-25所示分别是“Nature.pot”模板的“幻灯片母版”和“讲义母版”。

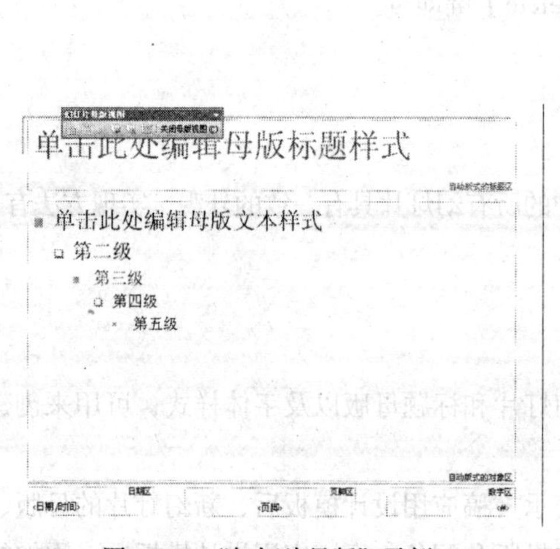

图6-24 “幻灯片母版”示例

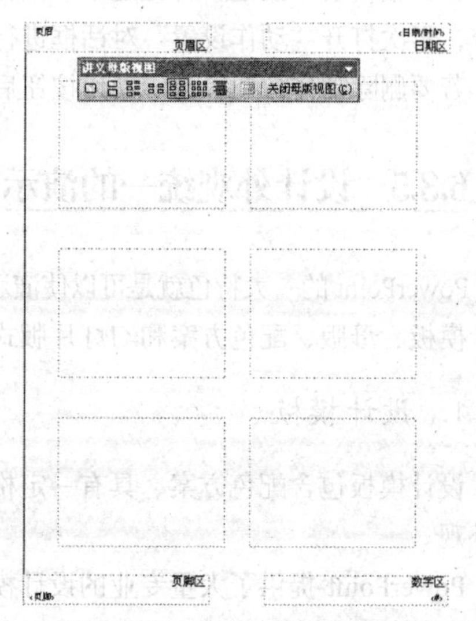

图6-25 “讲义母版”示例

【例】 要在每张幻灯片的左下方显示演示或制作幻灯片的日期，具体操作步骤如下。

第 1 步：打开幻灯片母版，将鼠标指针移到日期区内变成“I”形状时单击。

第 2 步：选择“插入”→“日期和时间”菜单命令（与在 Word 中的操作一样），在对话框中选择一种格式，如果需要使用演示的日期，则还应选中“自动更新”复选框，最后单击“确定”按钮。

3. 配色方案

配色方案可以更改 8 项元素的颜色（见图 6-26），如文本和线条、背景、填充、强调文字和超链接等。

可以选择一种配色方案用于某张幻灯片或整个演示文稿。选择或改变幻灯片配色方案的操作步骤如下。

第 1 步：选择要改变配色方案的幻灯片。

第 2 步：选择“格式”→“幻灯片设计”菜单命令，这时出现“幻灯片设计”任务窗格，在“应用配色方案”列表框中选定的就是目前打开的幻灯片的配色方案。

第 3 步：单击“编辑配色方案”链接，弹出“编辑配色方案”对话框，该对话框包括“标准”和“自定义”两个选项卡，分别如图 6-26 和图 6-27 所示。

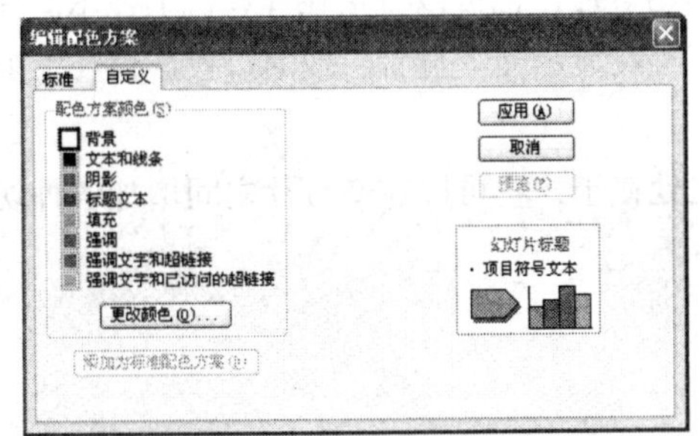

图 6-26　“编辑配色方案”对话框的“自定义”选项卡

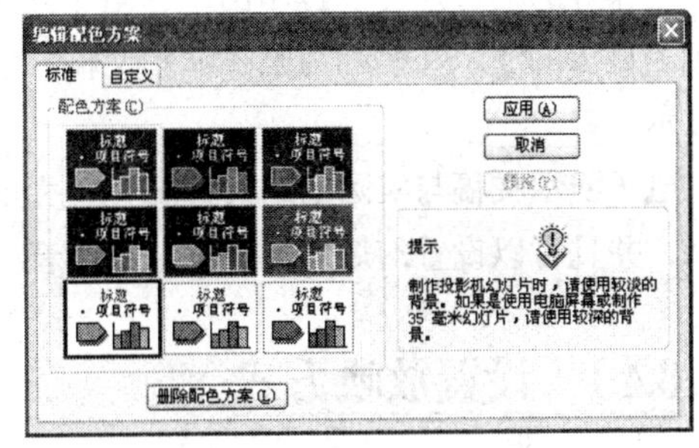

图 6-27　“编辑配色方案”对话框的“标准”选项卡

第 4 步：若要选择配色方案，使用“标准”选项卡。在“配色方案”列表框中选择一种配色方案。

若要自定义配色方案，使用“自定义”选项卡。在“配色方案颜色”中选择要自定义的元素，单击“更改颜色”按钮，在打开的对话框中选择需要的颜色。

例如，定义标题文本颜色为红色，可在“自定义”选项卡中单击“标题文本”左边的■图标，再单击“更改颜色”按钮，在打开的对话框中选择红色，单击“确定”按钮返回到“自定义”选项卡。

第 5 步：单击“应用”按钮。

4. 幻灯片版式

创建新幻灯片时，可以从 PowerPoint 预先设置好的幻灯片版式中进行选择。接下来对幻灯片进行编辑即可，若对幻灯片版式不满意的话，可以应用一个新的版式，这时所有的文本和对象仍保留在幻灯片中，但是要重新排列它们以适应新的版式。

选择“格式”→“幻灯片版式”菜单命令，出现“幻灯片版式”任务窗格，选择需要的版式后单击右侧的下箭头按钮，选择“重新应用样式”命令即可应用幻灯片版式。

5. 幻灯片背景

可以通过更改幻灯片的颜色、阴影、图案或纹理来改变幻灯片的背景，也可以使用图片作为幻灯片的背景，但在一张幻灯片中只能使用一种背景类型。

添加背景的操作步骤如下。

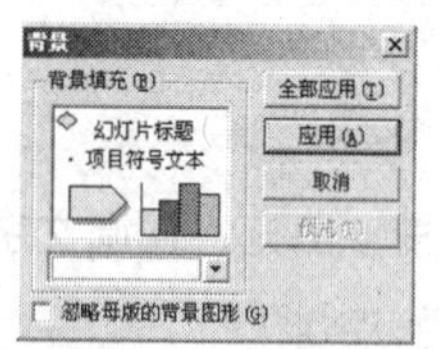

图 6-28 “背景”对话框

第 1 步：选择需要添加背景的幻灯片。

第 2 步：选择“格式”→“背景”菜单命令，弹出“背景”对话框，如图 6-28 所示。

第 3 步：在“背景填充”选项组的下拉列表框中选择颜色；若没有满意的颜色可以单击“其他颜色”选项，另外选择颜色；也可选择“填充效果”选项，填充效果包括：过渡、纹理、图案、图片等。

第 4 步：若只将背景应用于当前幻灯片，单击“应用”按钮即可；若要将背景应用于全部幻灯片，则单击“全部应用”按钮。

6.4 放映幻灯片

制作好的幻灯片可以打印出来，制作成 35mm 的幻灯片，也可以直接在计算机上显示。在计算机上显示的演示文稿称为电子演示文稿，它可以直接在显示器上显示，或通过投影仪在大屏幕上显示。

电子演示文稿与实际的幻灯片相比最大的不同之处在于，它可以在幻灯片之间增加各种切换效果，并且可以设置幻灯片本身的背景声音。

6.4.1 设置放映方式

选择“幻灯片放映”→“设置放映方式”菜单命令，弹出的“设置放映方式”对话框如图 6-29 所示。

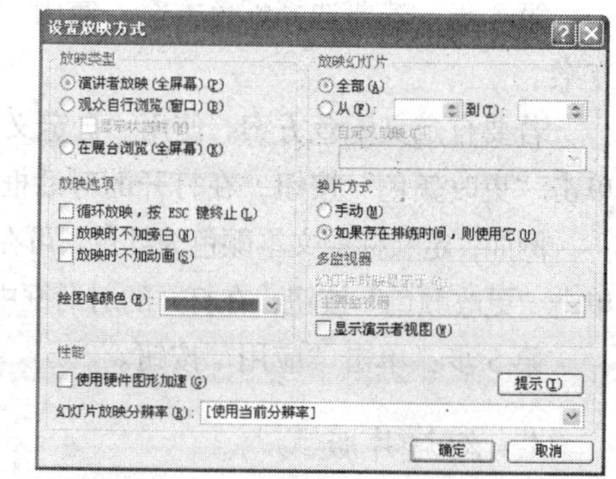

图 6-29 “设置放映方式”对话框

在该对话框中可以设置下列内容。

1. 放映类型

在 PowerPoint 中用户可以选择 3 种不同的幻灯片放映方式。

（1）演讲者放映（全屏幕）。

这是常规的全屏幻灯片放映方式，通常用于演讲者亲自播放演示文稿。可以手动控制幻灯片和动画，或使用“幻灯片放映”→“排练计时”菜单命令设置时间进行放映。演讲者可以将演示文稿暂停、添加会议细节，也可以在放映的过程中录下旁白。

（2）观众自行浏览（窗口）。

用于在标准窗口中观看放映，包含自定义菜单和命令，便于观众自己浏览演示文稿。在浏览时可以对幻灯片进行移动、编辑、复制和打印等操作，可以使用滚动条从一张幻灯片移动到另一张幻灯片。

（3）在展台浏览（全屏幕）。

用于自动全屏放映，而且 5 分钟内若没有用户指令会重新开始。观众可以更换幻灯片，或单击超链接和动作按钮，但不能更改演示文稿。如果选择此方式，PowerPoint 会自动选中“循环放映，按 ESC 键终止”复选框。

在展会现场或会议中，如果摊位、展台或其他地点需要运行无人管理的幻灯片，可以将演示文稿设置为这种方式。

2. 幻灯片放映范围

幻灯片放映的范围包括全部放映，或指定放映范围。

若创建了自定义放映，则可以选择“自定义放映”单选按钮，并在下面的下拉列表框中选择自定义放映的名称。如果该演示文稿没有创建过自定义放映，则该选项不可用。

3. 换片方式

换片方式有两种：一种是根据预设的时间进行自动放映，另一种是人工放映。

默认的换片方式是“如果存在排练时间，则使用它”，即如果已经设置了放映时间，则按放映时间演示幻灯片，否则就按人工方式切换幻灯片。

采用人工方式切换幻灯片时，可单击鼠标或使用快捷菜单中的“下一页”命令，或使用键盘上的【↑】、【↓】、【←】、【→】、【PgUp】和【PgDn】键。

6.4.2　动画设计

当幻灯片中的对象，如文本、形状、声音、图像等出现时可以设置动画效果，从而提高演示文稿的趣味性。如可以让每个对象单独出现、让对象逐个出现，还可以设置每个对象出现在幻灯片上的方式。

设置动画效果可以使用动画效果工具栏，也可以使用菜单命令。其操作方法：首先选中需要动态显示的对象，然后使用动画效果工具栏或菜单命令。

1. 动画方案

选中需要动态显示的对象后，选择“幻灯片放映”→“动画方案”菜单命令，出现“幻灯片设计”任务窗格，在动画方案列表框中包含大量的动画方案，单击其中一种方案，在幻灯片窗格中就可以预览到实际的效果。

【例】在幻灯片中已经插入了一幅图片，当幻灯片放映时，希望具有“溶解”的效果，具体操作步骤如下。

第 1 步：找到含有该图片的幻灯片，并选中图片。

第 2 步：选择“幻灯片放映”→“预设动画”菜单命令，在任务窗格的列表框中选择“溶解”动画方案。

2. 自定义动画

使用“动画方案”菜单命令设计动画时，对象出现的次序与设置的次序是一致的，并且每个对

象的播放时间是固定的，而且当用户在内容占位符中输入多级标题时，只能让子标题与最高级标题同时出现。使用“自定义动画”菜单命令，则可以较为灵活地更改幻灯片上对象出现的顺序，并设置每个对象播放的时间，动态地显示幻灯片中的诸元素。

选择“幻灯片放映”→“自定义动画”菜单命令，出现的“自定义动画”任务窗格如图 6-30 所示。

在幻灯片窗格中选中一个对象，在“自定义动画”任务窗格中单击“添加效果”按钮菜单中的相应效果，则设置的效果出现在下面的列表框中。该效果的开始方式、方向、速度可通过“开始”、“方向”、“速度”下拉列表框进行设置。对象按设置顺序出现在列表框中，并在前面显示编号。若要改变这些对象的顺序，首先选中对象，单击任务窗格“重新排序”的上、下箭头进行顺序调整。若要查看设置的效果，单击“播放”按钮即可。对于不需要的动画效果，选中后单击“删除”按钮即可。

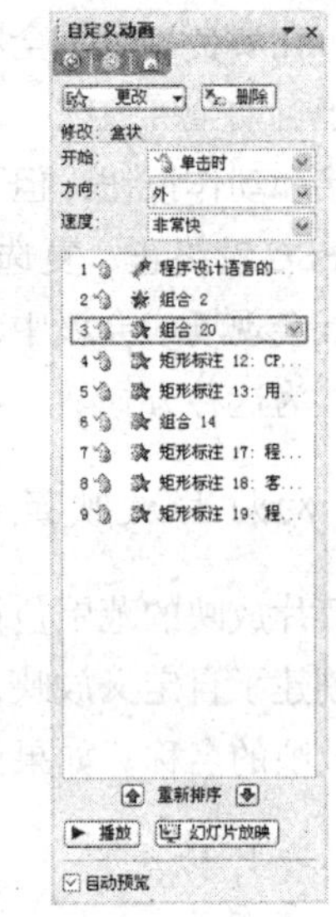

图 6-30 “自定义动画”任务窗格

6.4.3 幻灯片切换和排练计时

1. 幻灯片切换

幻灯片切换是指从一张幻灯片切换到另一张幻灯片的过程，也称为换页。在 PowerPoint 中可以设置换页的方式、换页时的显示效果及伴音等换页效果。设置换页效果可以在普通视图或幻灯片浏览视图中进行。

设置幻灯片切换采用下面的操作步骤。

第 1 步：选择“幻灯片放映”→“幻灯片切换”菜单命令，出现的“幻灯片切换”任务窗格如图 6-31 所示。

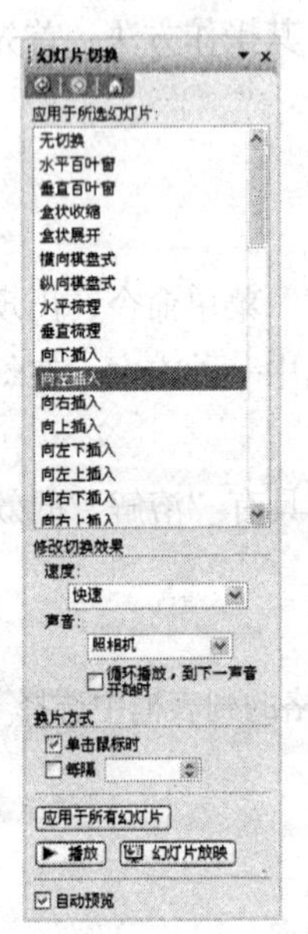

图 6-31 “幻灯片切换”任务窗格

第 2 步：在该任务窗格中设置换页效果，这些效果包括：

- 换片方式

“换片方式”选项组包括“单击鼠标时”换片和“每隔”一定时间自动换片两种。若希望在幻灯片放映中，单击鼠标和经过预定时间后都能换片，并以较早发生者为准，则可同时选中这两个复选框；若希望在幻灯片放映中，只有选择快捷菜单中的“下一页”菜单命令时才换片，则不选中这两个复选框。

- 切换效果

列表框可用来选择各种切换效果，可根据需要选择一种。

- 修改切换效果

在“修改切换效果”选项组中可以修改切换的速度和声音。

第 3 步：当前切换效果的选择只应用于当前幻灯片，若要将当前的选择应用到所有的幻灯片，则单击“应用于所有幻灯片”按钮。

2. 排练计时

演示文稿的放映速度会影响观众的反应，速度过快，观众会跟不上；太慢，观众又会不耐烦。可以在正式放映演示文稿之前，在“幻灯片切换”任务窗格中设置时间，也可以先进行排练，掌握最理想的放映速度。

用排练方式放映幻灯片，可以在排练时设置或更改幻灯片放映的时间。方法是选择“幻灯片放映”→“排练计时”菜单命令。

这时，在演示幻灯片的同时出现如图 6-32 所示的“预演”工具栏，可以使用“预演”工具栏中的不同按钮暂停放映、重播幻灯片以及切换到下一张幻灯片。PowerPoint 会记录每一张幻灯片出现的时间，并设置放映的时间。

图 6-32　“预演”工具栏

若不止一次地显示同一张幻灯片，则 PowerPoint 会记录这张幻灯片最后一次放映的时间。完成排练之后，会出现消息框，单击“是”按钮接受该时间即可。

事实上，在排练时也可检查幻灯片的视觉效果。一张幻灯片中包含太多的文本或者图片都会让观众分心；如果发现使用了太多的文本，可以将一张幻灯片分成几张，并将字体加大。

6.4.4　自定义放映

有时同一个演示文稿需要针对不同的观众制订不同的演示内容，这时可以通过自定义放映来实现，把不同的幻灯片组合起来并加以命名（而不用再针对不同的观众创建多个几乎完全相同的演示文稿），然后在演示的过程中跳转到这些幻灯片上。

1. 创建自定义放映

创建自定义放映的操作步骤如下。

第 1 步：选择“幻灯片放映”→“自定义放映”菜单命令，弹出“自定义放映”对话框，如图 6-33 所示。

第 2 步：单击“新建”按钮，弹出“定义自定义放映”对话框，如图 6-34 所示。

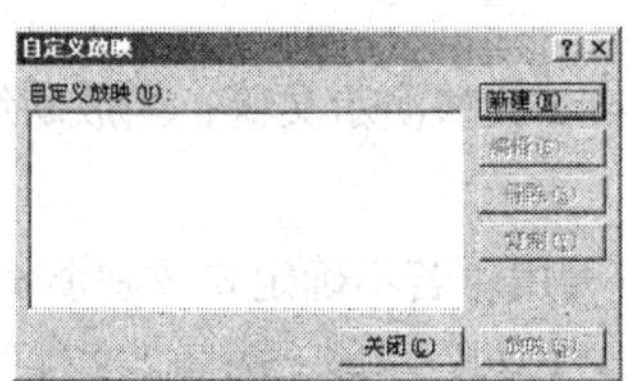

图 6-33　“自定义放映”对话框

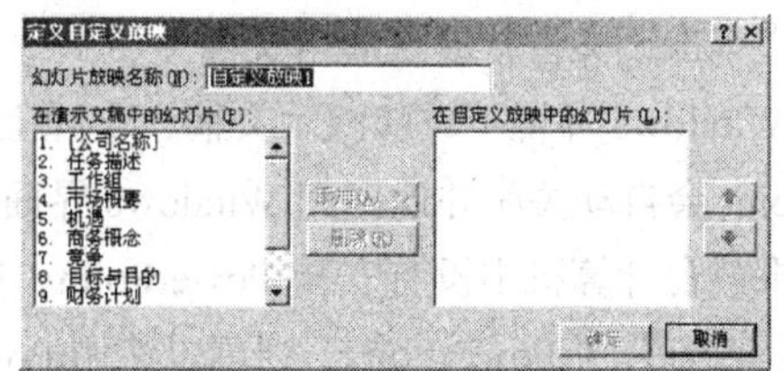

图 6-34　“定义自定义放映”对话框

第 3 步：定义自定义放映，这些定义包括如下几个部分。

- 幻灯片放映名称

在该文本框中输入幻灯片放映的名称。

- 选择要添加到自定义放映的幻灯片

“在演示文稿中的幻灯片”列表框中选中要添加到自定义放映的幻灯片，然后单击“添加”按钮，幻灯片将出现在“在自定义放映中的幻灯片”列表框中。列表框右侧的上下箭头按钮可用来调整幻灯片显示的顺序。

若要建立几组自定义放映，可以重复第 2 步到第 3 步的操作。

2. 设置隐藏幻灯片

使用自定义放映，可以从演示文稿中选出部分幻灯片，构成一个可以放映的组；也可以根据需要，让演示文稿中的某些幻灯片在放映时不显示，使用的方法是对不要显示的幻灯片进行隐藏。

隐藏幻灯片采用下列方法之一。

- 选定要隐藏的幻灯片，选择“幻灯片放映”→“隐藏幻灯片”菜单命令。
- 在幻灯片浏览视图中，选定要隐藏的幻灯片，单击“幻灯片浏览”工具栏中的“隐藏幻灯片”按钮。

取消隐藏幻灯片的方法与设置类似。

6.4.5 幻灯片放映

在完成了一系列的制作后，就可以放映幻灯片了。放映幻灯片可以在 PowerPoint 中进行，也可以不进入 PowerPoint，直接在 Windows 环境下进行。

1. 在 PowerPoint 中启动幻灯片放映

在 PowerPoint 中启动幻灯片放映可使用下列方法之一。

- 单击 PowerPoint 左下角的按钮（或按【Shift】+【F5】快捷键），这时一般从插入点所在幻灯片开始放映。
- 选择“幻灯片放映”→“观看放映”菜单命令，从第一张幻灯片开始放映。
- 选择“视图”→“幻灯片放映”菜单命令。

2. 通过放映方式的演示文稿文件放映幻灯片

保存演示文稿时，在“保存类型”下拉列表框中选择“PowerPoint 放映（*.pps）”，将演示文稿保存为幻灯片放映文件（扩展名为 .pps）后，就可以通过在“我的电脑”或“Windows 资源管理器”中双击该文件，放映演示文稿。

在 Windows 环境下放映演示文稿，实际上是利用 PowerPoint 放映演示文稿，当放映结束时，PowerPoint 会自动关闭并返回到 Windows 界面。

如果某台计算机中没有安装 PowerPoint，则这些方法均不可用。若不确定要放映演示文稿的计算机是否安装了 PowerPoint，则可以使用 PowerPoint 提供的“打包”功能（选择“文件”→“打包成 CD” 菜单命令进行操作，见“6.6 演示文稿的打包”中说明）。

3. 放映菜单

在放映演示文稿时，移动鼠标后，屏幕左下角会出现、、、按钮，这 4 个按钮分别是“上一张”、“绘图笔”、“放映菜单”、“下一张”按钮。

单击“放映菜单”按钮或在幻灯片上单击右键，会出现如图 6-35 所示的菜单。在该菜单中用户可以定位放映某一张幻灯片，可以查看该幻灯片的备注内容，还可以利用绘图笔在演示的幻灯片上画图、在重点内容下画线或画圈等。

（1）定位幻灯片。

可以利用放映菜单定位到下一张或上一张幻灯片，不过定位到下一张或上一张幻灯片使用键盘上的【PgUp】、【PgDn】、【←】、【→】、【↑】、【↓】键更方便。

如果在放映幻灯片时，要定位到其他不相邻的幻灯片，可以使用放映菜单中的“定位至幻灯片”子菜单中的命令。

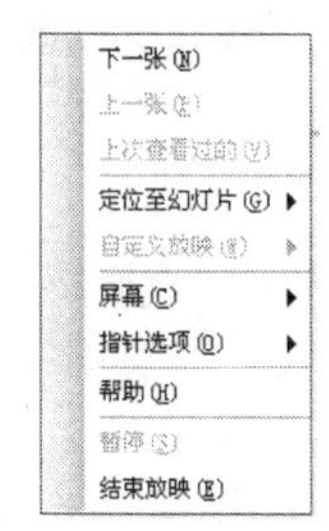

图 6-35　放映菜单

（2）绘图。

可以利用绘图笔，一边演示，一边画出重点或绘制简单图形，用绘图笔在幻灯片上绘制的内容可以保存在演示文稿中。

使用绘图笔的方法：在放映菜单中选择“指针选项”中相应的命令，或单击“绘图笔”按钮进行选择。这时鼠标指针变成绘图笔状，可以通过在幻灯片上拖动鼠标来画线、作图，就像用铅笔在纸上画线、作图一样。

还可以改变绘图笔的颜色，其方法是选择“指针选项”→“墨迹颜色”中的颜色项。

若用户要擦除幻灯片上用绘图笔绘制的内容，可以选择“指针选项”→“橡皮擦”或“擦除幻灯片生的所有墨迹”菜单命令。

6.5 打印幻灯片

制作好的幻灯片，除了可以在屏幕上放映外，还可以将其打印出来，制作成彩色或黑色 35mm 幻灯片，打印整份的演示文稿、幻灯片、大纲、演讲者备注以及观众讲义等。

1. 页面设置

在打印之前可以进行页面设置，这些设置包括幻灯片、备注页、讲义和大纲在屏幕上和打印纸上的大小和放置方向等。

页面设置的操作步骤如下。

第 1 步：打开要设置页面的演示文稿。

第 2 步：选择“文件”→“页面设置”菜单命令，弹出的“页面设置”对话框如图 6-36 所示。

第 3 步：在该对话框中进行以下相应设置。

- 幻灯片大小

在该下拉列表框中选择幻灯片的打印尺寸，这些尺寸包括：屏幕显示、Letter 纸张、A4 纸张、35mm 幻灯片、摄影机、横幅、自定义等。当选择“自定义”选项时可以在“宽度”和“高度”数值框中输入幻灯片的大小。

- 幻灯片编号起始值

在此设置幻灯片编号的起始值。

- 方向

包括幻灯片的方向，备注、讲义和大纲的方向。对幻灯片来说，演示文稿中的所有幻灯片必须保持同一方向。

2. 打印

打印演示文稿的操作步骤如下。

第 1 步：选择“文件”→“打印”菜单命令，出现的“打印”对话框如图 6-37 所示。

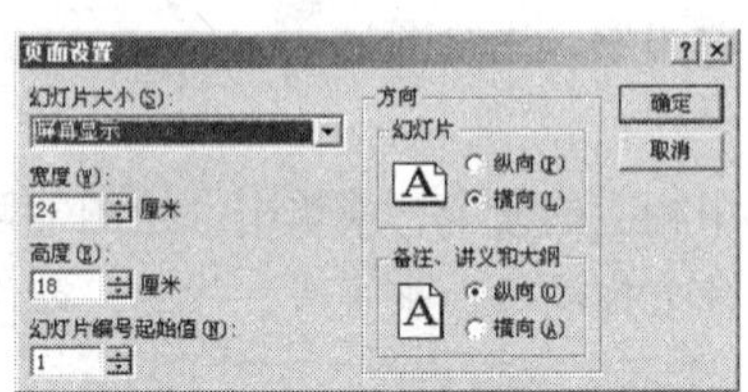

图 6-36 “页面设置”对话框

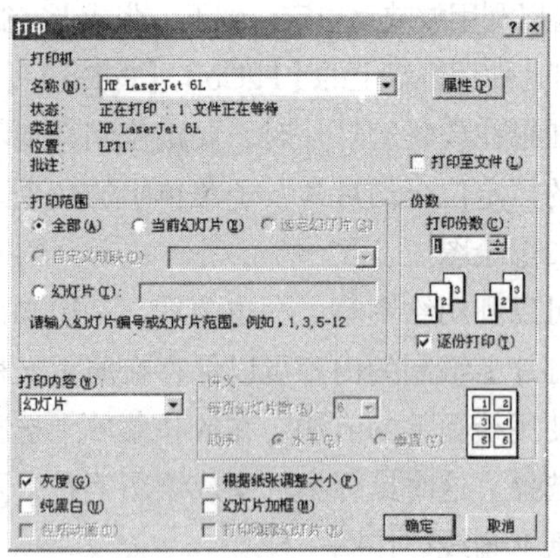

图 6-37 “打印”对话框

第 2 步：在“打印”对话框中设置打印选项，包括以下几个部分。

- 打印机

选择要使用的本地或网络上的打印机。

- 打印范围

可以全部打印、打印当前幻灯片、打印选定幻灯片、打印自定义放映的幻灯片、打印指定的幻灯片。

- 打印内容

打印的内容包括：幻灯片、讲义、备注页、大纲视图等。

第 3 步：打印选项设置好后，单击“确定” 按钮开始打印。

6.6 演示文稿的打包

若要在其他计算机上放映幻灯片，而该计算机上未安装 Microsoft PowerPoint，则无法放映。这时可使用“打包成 CD”命令，将演示文稿中使用的所有文件和字体全部打包到文件中或 CD 上，使用这些文件就可以播放演示文稿。

打包的操作步骤如下。

第 1 步：选择“文件”→“打包成 CD”菜单命令，出现“打包成 CD”对话框，如图 6-38 所示。

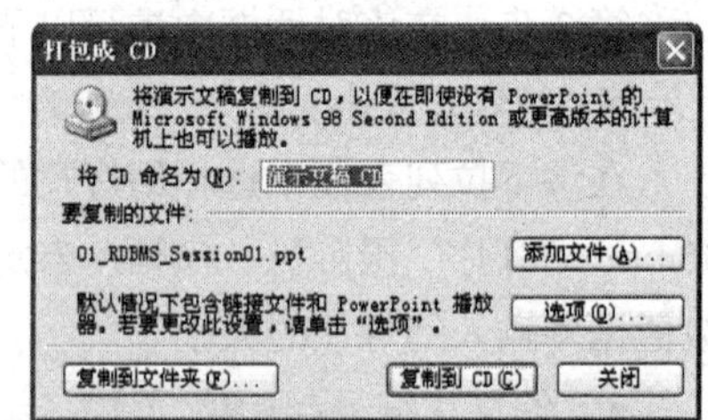

图 6-38 “打包成 CD”对话框

第 2 步：对当前的演示文稿进行打包，若还要对其他演示文稿打包的话，单击“添加文件”按钮，在弹出的对话框中选择要添加的演示文稿文件。

第 3 步：若要将打包的文件放到磁盘文件上，单击“复制到文件夹”按钮；若要将打包的文件复制到 CD 上，单击“复制到 CD”按钮。

对于打包的演示文稿，播放时只需执行“play.bat”文件即可。

第7章 计算机网络基础

计算机的微型化使它广泛地应用在各个领域，是计算机发展历史中的革命性进步。网络化则把一个个分散的计算机连接起来，使它们可以交换数据和信息，从而极大地加快了信息的传递和利用，这更成为计算机发展历史中的革命性进步。

7.1 网络基础知识

计算机网络已经成为现代信息社会的重要标志之一。使用计算机网络可以实现资源的共享，这是任何媒体无法与其媲美的。

7.1.1 计算机网络基础知识

1. 计算机网络的定义、特点及功能

（1）计算机网络的概念。

计算机网络是现代通信技术与计算技术相结合的产物，是若干个独立计算机的互连集合。也就是说，将分配在不同地理位置上的具有独立功能的数台计算机、终端及其附属设备，用通信设备和通信线路连接起来，再配置相应的网络软件，以实现计算机资源共享和信息交换，这样的系统就是计算机网络。

（2）计算机网络的特点。

计算机网络的发展经历了具有通信功能的单机系统、具有通信功能的多机系统和计算机网络 3 个阶段。从 20 世纪 80 年代开始，光纤通信、多媒体技术、综合业务数据网络（ISDN）和人工智能网络的出现，使计算机网络的发展进入了一个新的阶段。尤其是 Internet 的出现，推动了计算机网络的飞速发展。

未来的计算机网络将会有以下几个特点。

- 开放式的网络体系结构，使不同的软硬件环境、不同网络协议的计算机可以互连，真正达到资源共享、数据通信和分布处理的目的。
- 向高性能发展。
- 计算机网络的智能化。

（3）计算机网络的功能。

- 资源共享

资源包括硬件资源（如大型存储器、外设等）、软件资源（如语言处理程序、服务程序和应用程序）和数据信息（包括数据文件、数据库和数据库软件系统）。资源共享是指在网络上的用户可以部分或全部地享受这些资源，从而大大提高系统资源的利用率。

- 信息传送与集中处理

信息传送可用来实现计算机与终端或别的计算机之间各种数据信息的传输。利用这一功能，对地理位置分散的生产单位或业务部门，可通过计算机网络连接起来进行集中的控制与管理。

- 均衡负荷与分布处理

网络中的计算机一旦发生故障，它的任务就可以由其他的计算机代为处理，这样网络中的各台计算机可以通过网络彼此互为后备机，系统的可靠性大大提高。当网络中的某台计算机任务过重时，网络可以将新的任务转交给其他较空闲的计算机去完成，也就是均衡各计算机的负载，提高每台计算机的可用性。对于大型的综合问题，通过一定的算法可以将任务交给不同的计算机来完成，从而达到均衡使用网络资源，实现分布处理的目的。

- 综合信息服务

计算机网络可以向全社会提供各种经济信息、科研情报和咨询服务。如 Internet 中的 WWW 就是如此，ISDN 就是将电话机、传真机、电视机和复印机等办公设备纳入计算机网络中，向用户提供数字、语音、图形和图像等多种信息的传输。

（4）计算机网络的应用。

计算机网络除了拥有基本的数据交换功能外，还具有下列方面的功能。

- 远程登录

从一个地点的计算机上登录到另一个地点的计算机上，作为后者的终端使用，进行交互对话、数据交换等。

- 电子邮件

通过网络发送和接收电子邮件。邮件中可以包含文字、声音、图形和图像等信息。

- 电子数据交换

电子数据交换（EDI）是计算机在商业中的应用。在网上进行交易时，它以共同认可的数据格式，在贸易双方的计算机之间传输数据，提高工作效率。

- 联机会议

会议的人员在各自的计算机上参加会议的讨论与发言，并可以将文本、声音和图像等信息传送到其他的计算机上。

2. 计算机网络的分类

计算机网络可按网络覆盖的地理范围、网络的拓扑结构、互连介质、传送速率、网络的通信协议和网络的应用目的等多种方法进行分类。

（1）按网络覆盖的地理范围对网络的分类。

按网络覆盖的地理范围，通常将其分为局域网（LAN）、城域网（MAN）和广域网（WAN），Internet 可以看作为世界范围内的最大的广域网。

- 局域网（Local Area Network，LAN）

其规模相对小一些，通信线路不长，距离在几十公里以内，采用单一的传输介质，通常安装在一个建筑物内或一群建筑物内（如一个工厂内）。

- 城域网（Metropolitan Area Network，MAN）

它与局域网相比规模要大一些，通常覆盖一个地区或一个城市，地域范围为几十公里到上百公里。城域网通常采用不同的硬件、软件和通信传输介质来构成。

- 广域网（Wide Area Network，WAN）

顾名思义，广域网就是非常大的网络，又称远程网。能跨越大陆海洋，甚至形成全球性的网络。

（2）按网络的使用者划分。

- 公用网

一般由国家机关或行政部门组建，供大众使用的网络。如电信公司建设的各种公用网，就是为所有用户提供服务的。

- 专用网

由某个单位或公司组建的，专门为自己服务的网络。如银行系统建设的金融专用网络。

（3）按网络的传输距离和速率划分。

按网络的传输距离可以分为远程网和局域网。

按传输速率分类，传输速率快的称为高速网，传输速率慢的称为低速网。传输速率的单位是 bit/s（每秒比特数，英文缩写为 bps）。一般将传输速率在 kbit/s～Mbit/s 范围的网络称为低速网，传输速率在 Mbit/s～Gbit/s 的网称为高速网。也可以将 kbit/s 传输的网络称为低速网，将 Mbit/s 传输的网络称为中速网，将 Gbit/s 传输的网络称为高速网。网络的传输速率与网络的带宽有直接关系。带宽是指传输信道的宽度，带宽的单位是 Hz（赫兹）。按照传输信道的宽度可分为窄带网和宽带网。一般将 kHz～MHz 带宽的网称为窄带网，将 MHz～GHz 的网称为宽带网，也可以将 kHz 带宽的网称窄带网，将 MHz 带宽的网称中带网，将 GHz 带宽的网称宽带网。通常情况下，高速网就是宽带网，低速网就是窄带网。

（4）按照网络的拓扑结构。

按照网络的拓扑结构可以将网络划分为环型网、星型网和总线型网等。

（5）按照通信传输的介质来划分。

传输介质是指数据传输系统中发送装置和接收装置间的物理媒体，按其物理形态可以划分为有线和无线两大类。

- 有线网

传输介质采用有线介质连接的网络称为有线网，常用的有线传输介质有双绞线、同轴电缆和光纤。

- 无线网

采用无线介质连接的网络称为无线网。目前无线网主要采用 3 种技术：微波通信、红外线通信和激光通信。这 3 种技术都是以大气为介质的。其中，微波通信用途最广，目前的卫星网就是

一种特殊形式的微波通信，它利用地球同步卫星作中继站来转发微波信号，一个同步卫星可以覆盖地球表面的 1/3 以上，3 个同步卫星就可以覆盖地球上全部通信区域。

7.1.2 网络的拓扑结构

网络的拓扑结构就是网络中各个结点相互连接的方法和型式。拓扑是 topology 的音译。

网络拓扑可以进一步分为物理拓扑和逻辑拓扑两种。物理拓扑指介质的连接形状。逻辑拓扑指信号传递路径的形状。

常用的网络拓扑结构有：总线结构、环型结构、星型结构、树型结构等。

1. 星型拓扑结构

星型拓扑结构也称集中型结构，如图 7-1（a）所示。它由一个中心结点和分别与它单独连接的其他结点组成，任意两个结点的通信都必须通过这个中心结点。这种拓扑结构通常使用集线器（Hub）作为中心设备。

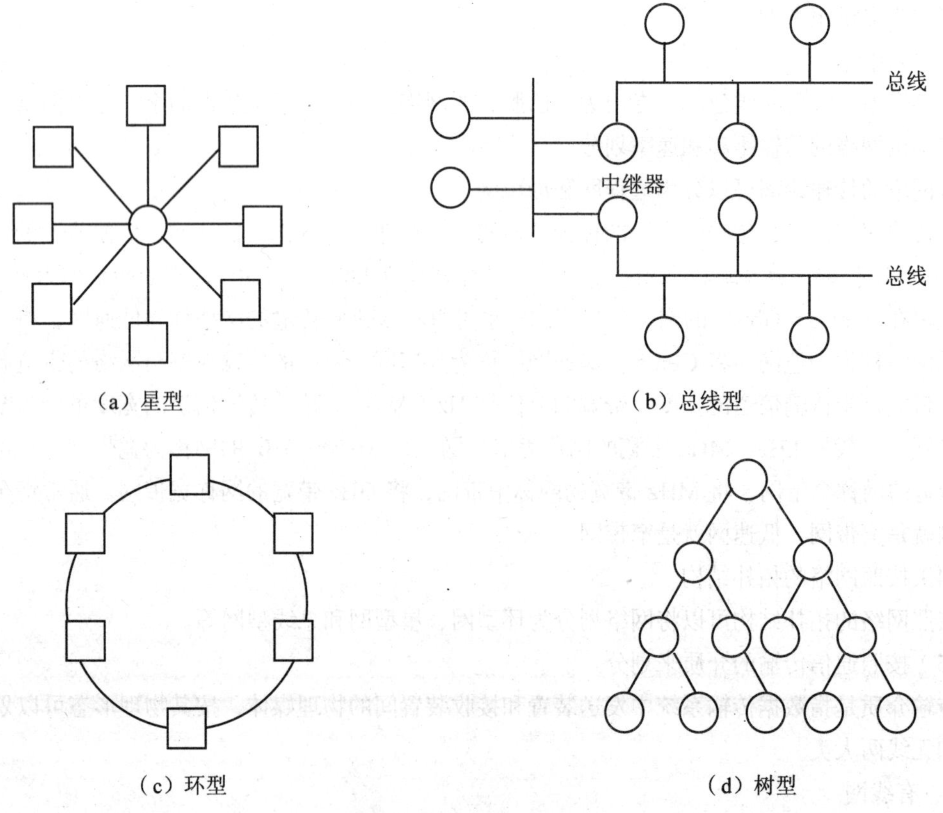

（a）星型　（b）总线型　（c）环型　（d）树型

图 7-1　拓扑结构示意图

采用星型结构的优点：采用集中式控制，容易提供服务，容易重组网络；每个结点与中心点都有单独的连线，因此即便中心结点与某一结点的连线断开，也只影响该结点，对其他结点没有影响，即局部的连接失败并不影响全局。

采用星型结构的缺点：电缆总的长度较大，增加了投资；对中心结点的依赖性很强，中心结点故障，则整个网络就会停止工作。

2. 总线拓扑结构

总线拓扑结构采用一条公共总线作为传输介质，各个结点都接在总线上，如图 7-1（b）所示。

采用总线结构的优点：总线网的通信电缆投资少，整个网络结构简单、灵活，易于扩充，是一种具有弹性的体系结构。缺点是总线故障诊断和隔离困难，网络对总线故障较为敏感。

3. 环型拓扑结构

环型结构又称分散型结构。它的每个结点仅有两个邻接结点，这种网络结构中的数据总是按一个方向逐结点沿环传递，即一个结点接收上一个结点传来的数据，由它再发送给下一个结点。IBM 的令牌环网就是采用环型结构的网络。环型拓扑结构如图 7-1（c）所示。

采用环型结构的优点：由于需要的连接少，增加了网络的可靠性。

采用环型结构的缺点：由于本身结构的特点，当一个结点出故障时，整个网络就不能工作；对故障的诊断困难，网络重新配置也比较困难。

4. 树型拓扑结构

树型拓扑结构如图 7-1（d）所示，该结构中的任何两个用户都不能形成回路，每条通信线路必须支持双向传输。这种网络结构的优点是可以较充分地利用计算机的资源；缺点是数据要经过多级传输，系统的响应时间较长。

7.1.3　计算机网络的体系结构

通过通信信道和设备互连起来的多个不同地理位置的计算机系统，要使其能协同工作以实现信息交换和资源共享，它们之间必须具有共同的语言。交流什么、怎样交流及何时交流，都必须遵循某种互相都能接受的规则。

1. 网络协议

协议（Protocol）是计算机通过网络通信所使用的语言，是为网络通信中的数据交换制定的共同遵守的规则、标准和约定，是一组形式化的描述，是计算机网络软、硬件开发的依据。只有使用相同协议（不同协议要经过转换），计算机才能彼此通信。网络通信的数据在传送中是一串位（bit）流，位流在网络体系结构的每一层中的任务需要专门制定一些特定的规则，在计算机网络分层结构体系中，通常把每一层在通信中用到的规则与约定称为协议。因此，网络体系结构可以描述为计算机网络各层和层间协议的集合。

协议一般是由网络标准化组织和厂商制定出来的。

一个网络协议通常由语义、语法和变换规则 3 部分组成，语义规定了通信双方彼此之间准备“讲什么”，即规定了协议元素的类型；语法规定了通信双方彼此之间“如何讲”，即确定协议元素的格式；变换规则用来规定通信双方彼此之间的“应答关系”，即确定通信过程中的状态变化，通常可以使用状态变化图来描述。

2. 网络的体系结构及其划分所遵循的原则

计算机网络系统是一个十分复杂的系统，将一个复杂系统分解为若干个容易处理的子系统，然后“分而治之”，这种结构化设计方法是工程设计中常见的手段。分层就是系统分解的最好方法之一。

在图 7-2 所示的一般分层结构中，n 层是 $n-1$ 层的用户，又是 $n+1$ 层的服务提供者。$n+1$ 层虽然只直接使用了 n 层提供的服务，但实际上它通过 n 层还间接地使用了 $n-1$ 层及以下所有各层的服务。

层次结构的好处在于使每一层实现一种相对独立的功能。分层结构还有利于交流、理解和标准化。

网络的体系结构（Architecture）就是计算机网络各层次及其协议的集合。层次结构一般以垂直分层模型来表示，如图 7-3 所示。

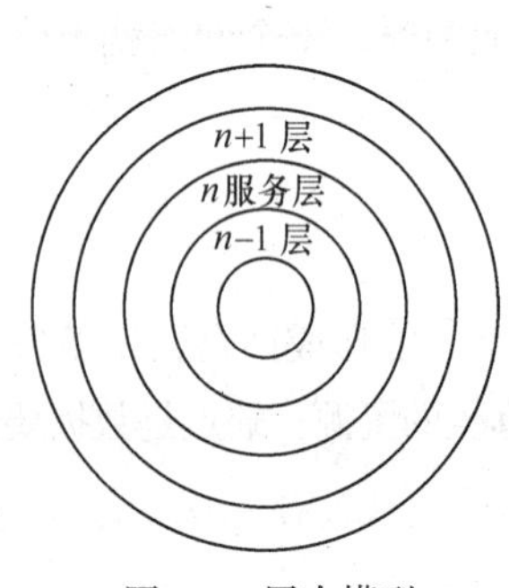

图 7-2　层次模型

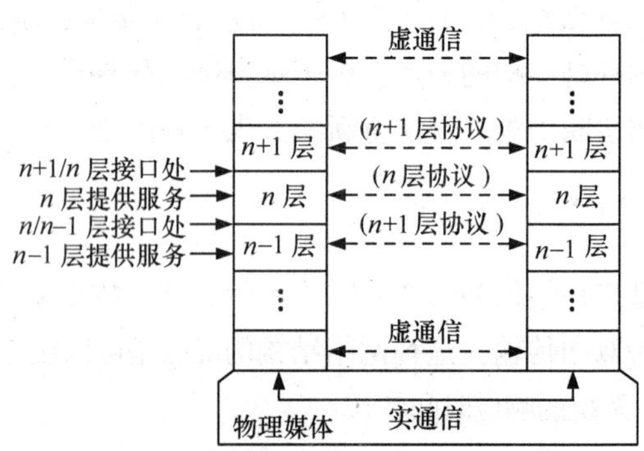

图 7-3　计算机网络的层次模型

层次结构的要点如下。

- 除了在物理媒体上进行的是实通信之外，其余各对等实体间进行的都是虚通信。
- 对等层的虚通信必须遵循该层的协议。
- n 层的虚通信是通过 $n/n-1$ 层间接口处 $n-1$ 层提供的服务及 $n-1$ 层的通信（通常也是虚通信）来实现的。

层次结构划分的原则如下。

- 每层的功能应是明确的，并且是相互独立的。当某一层的具体实现方法更新时，只要保持上、下层的接口不变，便不会对“邻居”产生影响。
- 层间接口必须清晰，跨越接口的信息量应尽可能少。
- 层数应适中。若层数太少，则造成每一层的协议太复杂；若层数太多，则体系结构过于复杂，使描述和实现各层功能变得困难。

网络体系结构的特点如下。

- 以功能作为划分层次的基础。
- 第 n 层的实体在实现自身定义的功能时，只能使用第 $n-1$ 层提供的服务。
- 第 n 层在向第 $n+1$ 层提供服务时，此服务不仅包含第 n 层本身的功能，还包含由下层服务提供的功能。
- 仅在相邻层间有接口，且所提供服务的具体实现细节对上一层完全屏蔽。

3. OSI（开放系统互联参考模型）

由于各种局域网的不断出现，迫切需要异种网络及不同机种互联，以满足信息交换、资源共享及分布式处理等需求，这就要求计算机网络体系结构的标准化。

1984 年，国际标准组织（International Organization for Standardization，ISO）公布了一个作为未来网络体系结构的模型，该模型被称为开放系统互联参考模型（OSI）。目前完全遵循 OSI 的网络产品还没有，但 OSI 提供了一个概念上和功能上的框架，可以作为学习网络知识的依据，作为网络实现的参考。这一系统标准将所有互联的开放系统划分为功能上相对独立的 7 层，从最基本的物理连接直到最高层次的应用。

OSI 模型描述了信息流自上而下通过源设备的 7 个结构层次，然后自下而上穿过目标设备的 7 层模型，这 7 个层次从高到低依次为

第七层　应用层
第六层　表示层
第五层　会话层
第四层　传输层
第三层　网络层
第二层　数据链路层
第一层　物理层

信息交换在低层由硬件实现，而到了高层（4～7 层）则由软件实现。如通信线路及网卡就是承担物理层和数据链路层两层协议所规定的功能。

采用层次思想的计算机网络体系结构的标准化，为网络的构成提出了最终的依据，成为各类网络软件的设计基础。

下面是各个层的简单描述。

（1）物理层。

实现两个计算机间的物理连接，在它们之间传输二进制数据。本层描述传输媒介，规定电缆类型、信号电平和传输速率。它定义了通信电缆如何连接到网卡、用何种传输技术传输数据，同时定义了位同步与检查。

（2）数据链路层。

建立相临结点之间的链路，并管理该链路。在本层中，把来自物理层的数据组装成帧，然后把这些数据帧在计算机间无差错地传递。换言之，起一个转换的作用，就是把来自物理层的、位流形式的数据加工成为帧，发送到上层，同时也把来自上层的帧拆分为位组，转发到物理层。从这个意义上说，本层像一个铁路上的编码与转运站。因此，本层规定帧的格式并进行差错检查。同时，本层还包括标识网络设备、控制介质访问权、定义网络逻辑拓扑模型及控制数据流。

也可把本层再分为两个子层：介质访问控制（Medium Access Control，MAC）和逻辑链路控制（Logical Link Control，LLC）。

（3）网络层。

控制在数据链路层与传输层间的信息转发，建立、维持和终止网络连接。数据链路层主要解决同一网络内设备之间的通信，而本层主要解决不同子网间的通信。因此，就必须涉及路由（不严格地说，路由就是从一个网络中的某一结点到另一个网络中的某一结点的路径）。要在不同网络

间通信，必须考虑以下几个方面。

- 寻址。必须对各不同子网络中的每一个网络设备分配唯一的地址，这样才能找到这些设备。
- 交换。规定不同子网的信息交换方式。交换技术有电路交换、报文交换和分组交换，以分组交换最为常用。
- 路由算法。即选择分组交换的路径的算法。
- 连接服务。控制流量（如防止阻塞）、差错检测等。
- 网关。协调不同网络中的、遵循不同规则的网络设备的通信。

（4）传输层。

保证信息的可靠传递，即检测传输错误，并处理传输错误。为此，可以对信息重新分组，也可把信息还原。常见的协议有：TCP/IP 中的 TCP，Novell 网中的 SPX 及 MS 的 NetBIOS/NetBEUI。

（5）会话层。

组织和协调两个实体之间的对话，并支持它们的数据交换。管理会话的两台机器中谁发送、何时发送、占用多长时间等。

（6）表示层。

对应用层送来的命令和数据加以解释，并对各种语法赋予相应的意义。把应用层的信息格式化以供网络通信之用，即把应用程序数据排列为有意义的格式提供给会话层。该层可以压缩数据，来减少网络数据的传输量，还可以加密数据以保证网络的安全性。

（7）应用层。

协调各个应用程序的工作。如电子邮件、数据库等都利用应用层来传送信息。它是直接为用户服务的，提供应用进程能直接接收的服务。

值得注意的是，OSI 模型是一个理想的模型，很少有网络系统能完全遵循它。

4. Internet 的协议

Internet 采用的是 TCP/IP。实际上，只要所用的计算机遵守 TCP/IP，具备必要的硬件，无论在哪里，都可以连接到 Internet。TCP/IP 是 Internet 的通行证，是 Internet 通信的世界语。

TCP/IP 由 TCP（Transmission Control Protocol，传送控制协议）和 IP（Internet Protocol，网际协议）组合而成，实际是一组工业标准协议。TCP 和 IP 是其中主要的两个协议。TCP/IP 最初为 ARPANet 网络设计，现已成为全球性 Internet 所采用的主要协议。TCP/IP 的特点主要有：标准化，几乎任何网络软件或设备都能在该协议上运行；可路由性，这使得用户可以将多个局域网连成一个大型互联网络。

IP 的作用是保证将信息从一个地址传送到另一个地址，但不能保证传送的正确性，它对应于 OSI 7 层协议的网络层；TCP 则用来保证传送的正确性，对应于 OSI 7 层协议的传输层。

在 Internet 运行机制内部，信息的传输不是以恒定的方式进行的，而是把数据分解成较小的数据包。比如传送一个很长的信息给网上另一端的接收者，TCP 负责把这个信息分解成许多个数据包，每一个数据包用一个序号和接收地址来设定，其中还加入一些纠错信息；IP 则将数据包传给网络，负责把数据传到另一端；在另一端 TCP 接收到一个数据包即检查错误，若检测有误，TCP 会要求重发这个特定的数据包，在所有的属于这个信息的数据包都被正确地接收后，TCP 用序号来重构原始信息，完成整个传输过程。

TCP/IP 把 Internet 网络系统描述成具有 4 层（按从低到高的顺序）功能的网络模型。

第一层：网络接口层，其功能是提供网络相邻结点间的信息传输及网络硬件和设备的驱动。

第二层：网络层，遵守 IP，负责计算机之间的通信，处理来自传输层的分组发送请求，首次检查其合法，将数据报文发往适当的网络接口，进行寻址转发、流量控制、拥挤阻塞控制等工作。

第三层：传输层，遵守 TCP，提供应用程序间（即端到端）的通信，其功能是利用网络层传输格式化的信息流，提供连接的服务。它对发送的信息进行数据包分解，保证可靠性传送并按序组合。

第四层：应用层，位于 TCP/IP 的最高层，它提供一些常用的应用程序，如电子邮件（SMTP）服务、文件传输（FTP）服务、Telnet 服务等。

7.2 计算机网络的组成

计算机网络是一个非常复杂的系统，计算机硬件及通信设备是它组成的物质基础，而要将这些设备有效地使用和运作还需要配以计算机网络软件。

7.2.1 局域网的硬件

局域网的硬件主要有以下几种。

1. 网卡（Network Interface Card，NIC）

网卡又称网络适配器或网络接口卡，是计算机联网的设备。在计算机局域网中，如果有一台计算机没有网卡，那么这台计算机将不能和其他计算机通信，也就是说，这台计算机是孤立于网络的。

网卡插在计算机主板插槽中，负责将用户要传递的数据转换为网络上其他设备能够识别的格式，然后通过网络介质传输。它的主要技术参数为带宽、总线方式、电气接口方式等。它的基本功能为：从并行到串行的数据转换，包的装配和拆装，网络存取控制，数据缓存和网络信号。

网卡接收数据的方式有有线的或无线的两种，后者称为无线网卡。

网卡按照工作对象的不同，可分为服务器专用网卡、PC 网卡和笔记本网卡（PCMCIA 网卡）。

服务器专用网卡是为了尽可能降低服务器芯片的负荷，适应网络服务器的工作特点而设计的网卡，一般带有控制芯片，并提供宽带汇聚技术，具有数据传送速度快、CPU 占用率低、安全性能高等特点，但价格较贵，要构建大型的网络，可以考虑使用这种网卡。

PC 网卡适用于台式机，接口类型有 PCI、ISA、EISA 等，价格便宜，工作稳定。

笔记本网卡（PCMCIA 网卡）是专为笔记本电脑设计的网卡，PCMCIA 是笔记本专用的外接扩展口，可连接硬盘、Modem、网卡等设备。笔记本网卡在性能上与 PC 网卡基本相同。

2. 传输介质

传输介质为数据传输提供信道，网络中使用的传输介质有两类：有线传输介质和无线传输介质。局域网常用的有线传输介质有双绞线、同轴电缆和光缆。无线传输介质（如微波、红外线和激光等）在计算机网络中也逐渐显示出它的优势及广泛用途，从网络发展的趋势来看，网络上使用的传输介质由有线介质逐渐向无线介质方向发展。

3. 服务器

服务器（Server）是为网络上的其他计算机提供信息资源的功能强大的计算机。根据服务器在网络中所起的作用，可进一步划分为文件服务器、打印服务器、通信服务器等。

文件服务器可提供大容量磁盘存储空间为网上各计算机用户共享；打印服务器负责接收来自客户机的打印任务，管理安排打印队列和控制打印机的打印输出；通信服务器负责网络中各客户机对主计算机的联系，以及网与网之间的通信等。

在基于 PC 的局域网中，网络的核心是服务器。服务器可由高档计算机、工作站或专门设计的计算机（即专用服务器）充当。各类服务器的职能主要是提供各种网络上的服务，并实施网络的各种管理。

4. 客户机

客户机（Client）是网络中用户使用的计算机，可使用服务器所提供的各类服务，从而提高单机的功能。

5. 中继器（Repeater）/集线器（Hub）/交换机（Switch）

中继器（Repeater）用于同一网络中两个相同网络段的连接。对传输中的数字信号进行再生放大，用以扩展局域网中连接设备的传输距离。

集线器（Hub）用于局域网内部多个工作站与服务器之间的连接，可以提供多个计算机连接端口，在工作站集中的地方使用 Hub，便于网络布线，也便于故障的定位与排除。集线器还具有再生放大和管理多路通信的功能。它工作于 OSI（开放系统互联参考模型）的第一层，即物理层。

交换机（Switch）用于网络设备的多路对多路的连接，采用全双工的传输方式，和集线器一对多的连接方式相比，交换机的多对多连接增加了通信的保密性，在两点之间通信时对第三方完全屏蔽。交换机具有路由的功能，它工作在 OSI（开放系统互联参考模型）的第二层，即数据链路层。

7.2.2 网络互联设备

网络间的互联分为同种局域网间、异种子网间及局域网与广域网的连接。网络互联的接口设备称为网络互联设备。常用的互联设备有网桥（Bridge）、路由器（Router）和网关（Gateway）等。

1. 网桥

网桥适用于同种类型局域网间的连接设备。它将一个网的帧格式转换为另一个网的帧格式并进入另一个网中（典型的帧为几百个字节）。

网桥在 OSI（开放系统互联参考模型）的第二层，即数据链路层。网桥可以将大范围的网络分成几个相互独立的网段，使得某一网段的传输效率提高，而各网段之间还可以通过网桥进行通信和访问。通过网桥连接局域网，可以提高各子网的性能和安全性。网桥从应用上可分为：本地网桥，用于连接两个或两个以上的局域网；远程网桥，用于连接远程局域网。

2. 路由器

路由器是在 OSI（开放系统互联参考模型）的第三层，即网络层上实现多个网络互联的设备。路由器的功能可以由硬件实现，也可以由软件实现，或者部分功能由软件实现，另一部分功能由硬件实现。路由器具有判断网络地址和选择路径、数据转发和数据过滤的功能，它的作用是在复杂的网络互联环境中建立非常灵活的连接。路由器工作在网络层，它在接收到数据链路层的数据包时都要"拆包"，查看网络层的 IP 地址，确定数据包的路由，然后再对数据链路层信息"打包"，最后将该数据包转发。

由路由器互联的网络经常被用于多个局域网、局域网与广域网及不同类型网络的互联。例如，在校园网同 CERnet（中国教育和科研计算机网）的连接中，一般都要采用路由器。目前，有不同标准的路由器协议，如 IGRP、RID 和 OSPF 等。

路由器包括有线路由器和无线路由器。

3. 网关

网关具有路由器的全部功能，它连接两个不兼容的网络，主要的职能是通过硬件和软件完成由于不同操作系统的差异引起的不同协议之间的转换，它工作在网络传输层或更高层，主要用于不同体系结构的网络或局域网同大型计算机的连接，例如，局域网需要网关将它连接到广域网（Internet 上）。由于网关是针对某一特定的两个不同的网络协议的应用，所以不可能有一种通用网关。局域网通过网关可以使上网用户省去同大型计算机连接的接口设备和电缆，却能共享大型计算机的资源。

4. 调制解调器

通过电话线拨号上网，需要使用调制解调器。其作用是把计算机输出的数字信号转换为模拟信号，这个过程叫做"调制"，经调制后的信号通过电话线路进行传输；把从电话线路中接收到的模拟信号转换为数字信号输入计算机，这个过程叫做"解调"。

衡量 Modem 性能优劣的主要指标是传输速率。目前常见的 Modem 的速率有 14.4kbit/s、28.8kbit/s、33.6kbit/s、56kbit/s 及更高。一般来说，速率越高，价格越贵。

Modem 通常分为内置式、外置式、主板集成式和笔记本专用等几类。

内置式 Modem 是一个可以插入计算机主板扩展槽的板卡。它不需要专门的外接电源，只要打开计算机主机箱，插入扩展槽中即可。其主要缺点是无法观察 Modem 的工作状况。

外置式 Modem 也叫做台式 Modem。它需要自己外接电源，用通信电缆与计算机的通信口（COM1、COM2 或 USB）相连接。外置式的 Modem 安装简便，工作状态直观，但价格较内置式的高。

外置式 Modem 前面板上有一些指示灯，可指示其工作状态，分别如下。

- RD（Receive Date）：接收数据时，此指示灯亮。
- TD（Transmit Date）：发送数据时，此指示灯亮。
- CD（Carrier Detect）：在线连接时，此指示灯亮。
- OH（Off Hook）：拨号时，此指示灯亮。
- AA（Auto Answer）：设置为自动应答时，此指示灯亮。

- HS（High Speed）：以 9 600bit/s 以上速度工作时，此指示灯亮。
- DTR（Data Terminal Ready）：串口有信号时，此指示灯亮。
- MR（Modem Ready）：准备就绪时，此指示灯亮。
- PW（Power）：电源接通时，此指示灯亮。

PCMCIA 式是供笔记本电脑专用的 Modem。

主板集成式是在主板上直接集成了 Modem。这样，用户就不需要再另外购买 Modem 了。

5. ADSL Modem

ADSL（Asymmetrical Digital Subscriber Loop）中文名称为非对称数字用户环路技术。现在 ADSL Modem 的接口形式有以太网、USB 和 PCI 3 种。采用 ADSL 技术时，电话线上将产生 3 个信息通道：一个速率是 1.5～9Mbit/s 的高速下行通道，用于下载信息；第 2 个是速率为 16kbit/s～1Mbit/s 的中速双工通道，供用户上传信息；第 3 个通道用于普通电话服务。

这 3 个通道可以同时工作，传输距离达 3～5km。这意味着可以在下载文件的同时在网上观赏点播的大片，并且可以通过电话和朋友对大片进行一番评论。最诱人的是这一切都是在一根电话线上同时进行的。

6. Cable Modem

通过有线电视电缆接入 Internet 要使用 Cable Modem。

Cable Modem 即电缆调制解调器，又称为线缆调制解调器。有了它，就可以利用有线电视网进行数据传输。电缆调制解调器主要是面向计算机用户的终端。它连接有线电视同轴电缆与用户计算机之间的中间设备。目前的有线电视节目传输所占用的带宽一般在 50～550MHz，有很多的频带资源没有得到有效利用。由于大多数新建的 CATV 网都采用光纤同轴混合网络（HFC 网，即 Hybrid Fiber/Coax Network），使原有的 550MHz CATV 网扩展为 750MHz 的 HFC 双向 CATV 网，其中有 200MHz 的带宽用于数据传输，接入国际互联网。这种模式的带宽上限为 860～1 000MHz。电缆调制解调器技术就是基于 750MHZ HFC 双向 CATV 网的网络接入技术。

7.2.3 网络操作系统

网络操作系统（Network Operating System）是网络用户与计算机网络之间的接口，是管理网络软件、硬件的灵魂。网络操作系统除了具有一般操作系统的处理机管理、存储管理、设备管理、作业管理和文件管理的功能外，还应具有网络通信、网络服务（如远程作业、文件传输、电子邮件、远程打印等）的功能。

目前广泛使用的计算机网络操作系统有 UNIX、NetWare、Windows NT、Windows 2000 Server、Windows Server 2003、Windows Vista 及 Linux 等。UNIX 网络操作系统可跨越微机、小型机、大型机；Windows NT/2000 Server / Server 2003/Vista 是 Microsoft 公司推出的可运行在微机和工作站上的、面向分布式图形应用的网络操作系统；NetWare 是由 Novell 公司提供的、主要面向微机的网络操作系统。

7.3 Internet 基础

Internet 原来翻译为“互联网”，后来由国家名词委员会正式定名为“因特网”。从“互联网”这个名字就可以看出，它是指把计算机相互连接而成的一种网络。这种连接而成的网络有其最主要的特点：连入的计算机几乎覆盖了全球 180 个国家和地区并且存储了最丰富的信息资源。通俗地说，Internet 就是把全球上亿台计算机连接而成的一个超大网络。Internet 是一个全球性的、开放的计算机互联网络。

人们通常把连入 Internet、使用其资源通俗地叫做“上网”或“网上冲浪”。

7.3.1 Internet 简介

1. 信息高速公路与 Internet

信息高速公路是指数字化大容量光纤通信网络或无线通信网络、卫星通信网络与各种局域网组成的高速信息传输通道。它的组成包括：高速信息传输通道（如光缆、无线通信网、卫星通信网、电缆通信网）、网络通信协议、通信设备和多媒体软硬件等。Internet 是美国“高速公路”的主干网。信息高速公路实现后，将会大大改进人类的工作方式和生活方式，推动人类社会走向信息文明的时代。

信息高速公路是美国政府于 1993 年 9 月提出的，它是美国政府面对新世纪全球发展而提出的战略计划，其目的是要重振美国经济，改变信息传输的带宽问题，增强美国的国际竞争力。

各国政府对信息高速公路都非常重视，纷纷制定自己的信息高速公路计划，并为此投入了大量的人力、物力和财力。

Internet 开始只是美国一个国家的网络。它产生于 1969 年初，其前身是 ARPA 网，是美国国防部高级研究计划署（ARPA）为了军事目的而建立的网络。1972 年这个系统连接了美国 50 所大学和研究机构的计算机。同时 APRA 制定了 TCP/IP，并把该协议装入了 UNIX 内核（1980 年），使之成为标准的 UNIX 通信模块。这样局域网可以很容易地连接到 ARPA 网上。

在 ARPA 网发展的同时，美国宇航局（NASA）、能源部和美国国会科学基金会（NSF）等政府部门，在 TCP/IP 的基础上相继建立或扩充了自己的全国性网络，如 NSF 的 NSFnet 在向全美的大学和研究机构开放的同时，还对非学术和研究领域的用户开放，因而吸引了大量的用户，终于在 1986 年形成了 Internet。

Internet 由商业组织或政府机构提供资金。Internet 上具有各种数据库，信息媒体包括文字、数据、图像、声音等。信息属性包括软件、图书、报纸、杂志、档案等。内容涉及政治、经济、科学、教育、法律、军事、文艺、体育等社会生活的各个方面，可提供全球性的信息交流和资源共享。

2. Internet 在中国的发展

中国是加入 Internet 的第 71 个国家。1994 年 5 月，中国国家计算机网络设施（The National Computing and Networking Facility of China，NCFC）与 Internet 接通。目前我国与 Internet 互联的 4 个主干网络如下。

（1）中国教育科研网。

简称 CERnet，由教育部主管。它由国家网络中心、地区子网和校园网 3 个层次构成。国家网络中心设在清华大学，地区子网中心分别设在上海交通大学、西安交通大学、成都电子科技大学等 6 所学校。如陕西的高等院校要连接到 Internet，首先要把自己的校园网连接到西安交通大学的地区子网上，然后才能通过 CERnet 与 Internet 连接。

（2）中国科学技术网。

简称 CASnet，由中国科学院网络中心主管。

（3）中国公用计算机互联网。

简称 CHINAnet，由中国电信主管。它是连接几大网络的骨干网。

（4）金桥网。

简称 GBnet，由吉通公司主管。

3. Internet 提供的服务

（1）电子邮件。

电子邮件（E-mail）是 Internet 中目前使用最频繁、最广泛的服务之一，利用电子邮件不仅可以传送文本信息，还可以传送声音、图像等。它对网络连接及协议结构要求较低，这往往使它在网络的各种服务功能中成为可以首先开通的业务。用户也可以以较简单的终端方式来实现这一功能。

邮件服务器有两种服务类型：发送邮件服务器（SMTP 服务器）和接收邮件服务器（POP3 服务器）。发送邮件服务器采用 SMTP（Simple Mail Transfer Protocol），其作用是将用户的电子邮件转交到收件人邮件服务器中。接收邮件服务器采用 POP3（Post Office Protocol），用于将发送的电子邮件暂时寄存在接收邮件服务器里，等待接收者从服务器上将邮件取走。E-mail 地址中“@”后的字符串就是一个 POP3 服务器名称。

很多电子邮件服务器既有发送邮件的功能，又有接收邮件的功能，这时 SMTP 服务器和 POP3 服务器的名称是相同的。

（2）FTP（文件传输协议）。

FTP（File Transfer Protocol）允许用户把自己所用的计算机连接到远程服务器上。这时，用户的计算机就成为远程服务器的一个终端，可以使用服务器的资源，如查看服务器上的文件、运行服务器中的程序等。既可以把服务器上的文件传输到自己的计算机上（这个过程叫做“下载”，英文是“download”），也可把本地计算机上的信息发送到远程服务器上（这个过程叫做“上载”，英文是“upload”）。

FTP 服务由 TCP/IP 的文件传输协议支持。FTP 服务采用典型的客户机/服务器工作模式，访问 FTP 服务器，用户需先登录，登录分匿名用户和注册用户两种，匿名登录一般不需要输入用户名和密码，如果需要输入可以用“Anonymous”作为用户名，用“Guest”作为密码登录；FTP 在 URL 的命令行模式是“ftp:”，后跟以 ftp 开头的 IP 地址。

例如：ftp:// ftp.pku.edu.cn。

常用的 FTP 专用工具有：CuteFTP、FlashGET、FlashFXP、LeapFTP 等。

（3）BBS（电子公告板）。

BBS（Bulletin Board System）是网络用户交换信息的地方。在这里，网络用户可以自由地发表意见，可以聊天，也可以讨论。这些都是在线和实时的。目前有许多专题讨论区和聊天室，用

户可以根据自己的喜好选择参加。如喜欢足球的用户可以参加足球专题的讨论和聊天。另外，通过 BBS，也可以向其他人请教，往往可以得到高手的指点。如果自己创作了一些文学作品，也可在 BBS 中发表。

（4）WWW。

万维网 WWW（World Wide Web）是欧洲粒子物理研究所（CERN）发明的，它使得 Internet 上信息的浏览更加容易。使用 WWW 的服务不仅可以提供文本信息，还可以提供包括声音、图像等多媒体信息。在 WWW 中还设置了一个超链接的功能，能够指向别的网址，帮助用户方便地定位链接网上的服务器。利用浏览器，就可以浏览一个网页（Web Page），网页是由一种称为 HTML 的超文本置标语言编写的界面，在这个界面中，图、文、声信息并存且网页之间都有链接，通过单击链接，WWW 就可以转换到该链接指向的另一个网页。

下面介绍一些相关概念。

- HTML

HTML（Hyper Text Markup Language）中文的意思为超文本置标语言，是国际标准化组织设定的 ISO—8879 标准的通用型标记语言 SGML 的一个应用，用来描述如何将文本界面格式化。使用时通过任何纯文本编辑器将标记命令语言写在 HTML 文件中，任何 WWW 浏览器都能够阅读 HTML 文件并把它构成 Web 页面。

- HTTP

HTTP（Hyper Text Transmission Protocol）中文的意思为超文本传输协议，是标准的万维网传输协议，是用于定义万维网的合法请求与应答的协议。

- URL

URL（Uniform Resource Locator）中文的意思为统一资源定位器。URL 由 3 部分组成，例如，一个 URL 可表示为 http://www.shnet.edu.cn/index.html。这里分别由协议（http）、服务器的主机（www.shnet.edu.cn）和路径与文件名（index.html）3 部分组成。

当用户通过 URL 发出连接请求时，浏览器在域名服务器的帮助下，获取了该连接方的 IP 地址，远程服务器由连接的地址按照指定的协议发送网页文件。URL 不仅识别 HTTP 的传输，对其他各种不同的常见协议 URL 都能开放识别。如：

```
文件传输（FTP）        ftp://ftp.pku.edu.cn/pub/document/test.c
Gopher                 gopher://gopher.Cernet.edu.cn
远程登录（Telnet）     telnet://bbs.nankai.edu.cn
发送电子邮件           mailto:hhc@163.net
本地文件               c:/windows/desktop / user.txt
```

（5）Telnet（远程登录）。

Telnet 允许用户将自己的计算机与远程的服务器进行连接，使本地机就像远程服务器的终端一样，可以执行远程服务器上的命令。之所以称为 Telnet 是因为与它对应的通信协议为 Telnet。这种服务器开放许多资源，如许多大学的图书馆通过 Telnet 对外提供联机检索服务。

（6）Gopher（信息查询服务）。

在 Internet 上的查询有 3 代，第一代是 Archie，第二代是 Gopher，第三代是 WWW。

4. Internet 的地址

Internet 中每一台上网计算机是靠分配的标识来定位的，Internet 为每一个入网用户单位分配一个识别标识，这样的标识可表示成 IP 地址和域名地址。

（1）IPv4 地址。

目前 Internet 使用的地址都是 IPv4 地址。

IP 地址的长度为 32 位二进制数，分成 4 个 8 位二进制组，由“.”分隔，为了便于阅读，每个 8 位组用十进制数 0～255 表示，这种格式称为点分十进制（dotted decimal notation）。例如，浙江大学主机的 IP 地址用二进制表示为 11010010.00100000.10000101.10010110，用点分十进制表示为 210.32.133.150。IP 地址由两部分构成，一部分是网络号，它标识一个网络，其中的某些信息还代表网络的种类；另一部分是主机号，主机号标识这个网络中的一台主机，可以用式子表示为如下形式。

IP 地址 = Network ID + Host ID

可缩写为：IP 地址 = NID + HID

Internet 的网络地址分为 5 类，A、B、C、D 和 E，目前常用的为前 3 类。每类网络中 IP 地址的网络号长度和主机号长度都有所不同，如图 7-4 所示。

各类 IP 地址的主要区别在于网络号和主机号所占的位数不同，这样就可以照顾到不同的情况。如 A 类地址，由于可供分配的网络号少（1～126，其中 0 和 127 保留），而主机号多（16 387 046 个），因此适用于网络数较少而网内配置大量主机的情况；B 类地址用于中等规模网络配置的情况（第一段取值为 128～191，这类地址共有 16 384 个，每个可连接的主机数为 64 516 个）；而 C 类地址用于主机数较少的地方（这类地址共有 2 097 151 个，每个可连接的主机数为 254 个）。

位	0	1	2	3	4……7	8……15	16……23	24…… 31
A 类地址：	0	网络号 1～126				主机号		
B 类地址：	1	0	网络号 128.0～191.255				主机号	
C 类地址：	1	1	0	网络号 192.0.0～223.255.255				主机号
D 类地址：	1	1	1	0	多站播送地址			
E 类地址：	1	1	1	1	0	保　留		

IP 地址的结构

图 7-4　IP 地址的结构

所有 Internet 的地址都由 Internet 的网络信息中心分配，但网络信息中心只分配 Internet 地址的网络号，地址中的主机号则由申请单位自己负责规划。

IP 地址由“网络部分”和“主机部分”表示，目的是为了便于寻址，即先找到网络号，再在该网络中找到计算机的地址。

（2）IPv6 地址。

IPv6 地址的长度为 128 位，也就是说可以有 2^{128} 的 IP 地址，约为 10^{38} 个 IP 地址，如此庞大的地址空间，足以保证地球上每个人拥有一个或多个 IP 地址。

对于 128 位的 IPv6 地址，考虑到 IPv6 地址的长度是原来的 4 倍，RFC1884 规定的标准语法建议把 IPv6 地址的 128 位（16 个字节）写成 8 个 16 位的无符号整数，每个整数用 4 个十六进制位表示，这些数之间用冒号（:）分开，例如，3ffe:3201:1401:1:280:c8ff:fe4d:db39。

通过手工管理 IPv6 地址的难度太大了，DHCP 和 DNS 的必要性在这里显得更加明显。为了简化 IPv6 的地址表示，只要保证数值不变，就可以将前面的 0 省略。

比如 1080:0000:0000:0000:0008:0800:200C:417A，可以简写为：1080:0:0:0:8:800:200C:417A。

另外，还规定可以用符号“::”表示一系列的“0”。那么上面的地址又可以简化为：1080::8:800:200C:417A。

IPv6 的地址前缀（Format Prefix，FP）的表示和 IPv4 地址前缀在 CIDR 中的表示方法类似。比如 0020:0250:f002::/48 表示一个前缀为 48 位的网络地址空间。

（3）域名系统。

Internet 域名系统的设立，使人们能够采用具有直观意义的字符串来表示既不形象、又难记忆的数字地址，如用 zju.edu.cn 表示浙江大学的具体 IP 地址 210.32.133.150。这种英文字母书写的字符串称作域名地址。

域名系统采用层次结构，按地理域或机构域进行分层。字符串的书写采用圆点将各个层次域隔开，分成层次字段。从右到左依次为最高层域名、次高层域名等，最左的一个字段为主机名，如 mail.hz.zj.cn 表示杭州电信局里的一台电子邮件服务器，其中 mail 为服务器名，hz 为市级域名，zj 为省级域名，最高域名 cn 为中国国家域名。又可从右到左依次称做顶级域名、二级域名、三级域名、主机名。

最高层域名分为两大类：机构性域名和地理性域名。目前共有 14 种机构性域名：com（营利性的商业实体）、edu（教育机构或设施）、gov（非军事性政府或组织）、int（国际性机构）、mil（军事机构或设施）、net（网络资源或组织）、org（非营利性组织机构）、firm（商业或公司）、store（商场）、web（和 WWW 有关的实体）、arts（文化娱乐）、arc（消遣性娱乐）、infu（信息服务）和 nom（个人）。

地理性域名指明了该域名的国家或地区，用国家或地区的字母代码表示。如中国（cn）、加拿大（ca）、德国（de）等，美国例外。

在 Internet 中，每个域都有各自的域名服务器，它们管辖着注册到该域的所有主机，是一种树型结构的管理模式，在域名服务器中建立了本域中的主机名与 IP 地址的对照表。当该服务器收到域名请求时，将域名解释为对应的 IP 地址，对于本域内不存在的域名则回复没有找到相应域名项信息；而对于不属于本域的域名则转发给上级域名服务器去查找对应的 IP 地址。从中可看出在 Internet 中，域名和 IP 地址的关系并非一一对应。注册了域名的主机一定有 IP 地址，但不一定每个 IP 地址都在域名服务器中注册域名。

7.3.2 接入 Internet 的常用方法

在接入网时，目前可供选择的接入方式主要有 PSTN、ISDN、DDN、LAN、ADSL、VDSL、Cable-Modem、PON 和 LMDS 9 种，它们各有各的优缺点。

1. PSTN 拨号：使用最广泛

PSTN（Published Switched Telephone Network，公用电话交换网）技术是利用 PSTN 通过调制解调器拨号实现用户接入的方式。这种接入方式是大家非常熟悉的一种接入方式，目前最高的速率为 56kbit/s，已经达到香农定理确定的信道容量极限，这种速率远远不能够满足宽带多媒体信息的传输需求；但由于电话网非常普及，用户终端设备 Modem 很便宜，而且不用申请就可开户，只要家里有电脑，把电话线接入 Modem 就可以直接上网。因此，PSTN 拨号接入方式比较经济，至今仍是网络接入的主要手段。

2. ISDN 拨号：通话上网两不误

ISDN（Integrated Service Digital Network，综合业务数字网）接入技术俗称“一线通”，它采用数字传输和数字交换技术，将电话、传真、数据、图像等多种业务综合在一个统一的数字网络

中进行传输和处理。用户利用一条 ISDN 用户线路，可以在上网的同时拨打电话、收发传真，就像两条电话线一样。ISDN 基本速率接口有两条 64kbit/s 的信息通路和一条 16kbit/s 的信令通路，简称 2B + D，当有电话拨入时，它会自动释放一个 B 信道来进行电话接听。

就像普通拨号上网要使用 Modem 一样，用户使用 ISDN 也需要专用的终端设备，主要由网络终端 NT1 和 ISDN 适配器组成。网络终端 NT1 好像有线电视上的用户接入盒一样必不可少，它为 ISDN 适配器提供接口和接入方式。ISDN 适配器和 Modem 一样又分为内置和外置两类，内置的一般称为 ISDN 内置卡或 ISDN 适配卡，外置的 ISDN 适配器则称之为 TA。

3. DDN 专线：面向集团企业

DDN 是 Digital Data Network 的缩写，这是随着数据通信业务发展而迅速发展起来的一种新型网络。DDN 的主干网传输媒介有光纤、数字微波、卫星信道等，用户端多使用普通电缆和双绞线。DDN 将数字通信技术、计算机技术、光纤通信技术及数字交叉连接技术有机地结合在一起，提供了高速度、高质量的通信环境，可以向用户提供点对点、点对多点透明传输的数据专线出租电路，为用户传输数据、图像、声音等信息。DDN 的通信速率可根据用户需要在 $N\times$ 64kbit/s（N = 1～32）之间进行选择，当然速度越快租用费用也越高。

用户租用 DDN 业务需要申请开户。DDN 的收费一般可以采用包月制和计流量制，这与一般用户拨号上网的按时计费方式不同。DDN 的租用费较贵，普通个人用户负担不起，DDN 主要面向集团公司等需要综合运用的单位。DDN 按照不同的速率带宽收费也不同，例如，在中国电信申请一条 128kbit/s 的区内 DDN 专线，月租费大约为 1000 元，因此它不适合社区住户的接入，只对社区商业用户有吸引力。

4. ADSL：个人宽带流行风

ADSL（Asymmetrical Digital Subscriber Line，非对称数字用户环路）是一种能够通过普通电话线提供宽带数据业务的技术，也是目前极具发展前景的一种接入技术。ADSL 素有“网络快车”之美誉，因其下行速率高、频带宽、性能优、安装方便、不需缴纳电话费等特点而深受广大用户喜爱，成为继 Modem、ISDN 之后的又一种全新的高效接入方式。

ADSL 方案的最大特点是不需要改造信号传输线路，完全可以利用普通铜质电话线作为传输介质，配上专用的 Modem 即可实现数据高速传输。ADSL 支持上行速率 640kbit/s～1Mbit/s，下行速率 1～8Mbit/s，其有效的传输距离在 3～5km。在 ADSL 接入方案中，每个用户都有单独的一条线路与 ADSL 局端相连，它的结构可以看做是星型结构，数据传输带宽是由每一个用户独享的。

5. VDSL：更高速的宽带接入

VDSL 比 ADSL 还要快。使用 VDSL，短距离内的最大下传速率可达 55Mbit/s，上传速率可达 2.3Mbit/s（将来可达 19.2Mbit/s，甚至更高）。VDSL 使用的介质是一对铜线，有效传输距离可超过 1 000m。但 VDSL 技术仍处于发展初期，长距离应用仍需测试，端点设备的普及也需要时间。

目前有一种基于以太网方式的 VDSL，接入技术使用 QAM 调制方式，它的传输介质也是一对铜线，在 1.5km 的范围之内能够达到双向对称的 10Mbit/s 传输，即达到以太网的速率。

6. Cable-Modem：用于有线网络

Cable-Modem（线缆调制解调器）是一种超高速 Modem，它利用现成的有线电视（CATV）网进行数据传输。随着有线电视网的发展壮大和人们生活质量的不断提高，通过 Cable-Modem 利用有线电视网访问 Internet 已成为越来越受业界关注的一种高速接入方式。

由于有线电视网采用的是模拟传输协议，因此网络需要用一个 Modem 来协助完成数字数据的转换。Cable-Modem 与以往的 Modem 在原理上都是将数据进行调制后在 Cable（电缆）的一个频率范围内传输，接收时进行解调，传输机理与普通 Modem 相同，不同之处在于它是通过有线电视的某个传输频带进行调制解调的。

Cable-Modem 连接方式可分为两种：对称速率型和非对称速率型。前者的 Data Upload（数据上传）速率和 Data Download（数据下载）速率相同，都在 500kbit/s～2Mbit/s；后者的数据上传速率在 500kbit/s～10Mbit/s，数据下载速率为 2～40Mbit/s。

采用 Cable-Modem 上网的缺点：由于 Cable-Modem 模式采用的是相对落后的总线型网络结构，这就意味着网络用户共同分享有限带宽；另外，购买 Cable-Modem 和初装费也都不算很便宜，这些都阻碍了 Cable-Modem 接入方式在我国的普及。但是，它的市场潜力是很大的，毕竟中国 CATV 网已成为世界第一大有线电视网，其用户已达到 8 000 多万。

另外，Cable-Modem 技术主要是在广电部门原有线电视线路上进行改造时采用，此种方案与新兴宽带运营商的社区建设进行成本比较没有意义。

7. 无源光网络接入：光纤入户

PON（无源光网络）技术是一种点对多点的光纤传输和接入技术，下行采用广播方式，上行采用时分多址方式，可以灵活地组成树型、星型、总线型等拓扑结构，在光分支点不需要结点设备，只需要安装一个简单的光分支器即可，具有节省光缆资源、带宽资源共享、节省机房投资、设备安全性高、建网速度快、综合建网成本低等优点。

8. LMDS 接入：无线通信

这是目前可用于社区宽带接入的一种无线接入技术。

在该接入方式中，一个基站可以覆盖直径 20km 的区域，每个基站可以负载 2.4 万用户，每个终端用户的带宽可达到 25Mbit/s。但是，它的带宽总容量为 600Mbit/s，每基站下的用户共享带宽，因此一个基站如果负载用户较多，那么每个用户所分到的带宽就很小了。故这种技术对于社区用户的接入是不合适的，但它的用户端设备可以捆绑在一起，可用于宽带运营商的城域网互联。其具体做法是在汇聚点机房建一个基站，而汇聚机房周边的社区机房可作为基站的用户端，社区机房如果捆绑 4 个用户端，那么汇聚机房与社区机房的带宽就可以达到 100Mbit/s。

9. LAN：技术成熟成本低

LAN 方式接入是利用以太网技术，采用光缆+双绞线的方式对社区进行综合布线。具体实施方案：从社区机房铺设光缆至住户单元楼，楼内布线采用五类双绞线铺设至用户家里，双绞线总长度一般不超过 100m，用户家里的电脑通过五类跳线接入墙上的五类模块就可以实现上网。社区机房的出口是通过光缆或其他介质接入城域网的。

7.3.3 拨号上网

采用拨号方式上网前要先安装内置式或外置式调制解调器。

如安装的是 ADSL 宽带上网或有线通，除了在计算机的 ISA 插槽或 PCI 插槽中（视网卡的种类而定）插入网卡外，还需连接一个 ADSL Modem（ADSL Modem 的一端与电话线相连，另一端与网卡连接，另接电源）或 Cable Modem（Cable Modem 的一端与有线电视相连，另一端与网卡连接，另接电源）。

1. 调制解调器的安装与设置

这里以外置 Modem 为例，说明 Modem 的安装方法。

外置式 Modem 后面有 4 个插座，分别是连接电话线的 Line 插座、连接电话机的 Phone 插座、连接电源的 Power 插座及连接计算机的 DTE 插座。

把电话线的进线插头（水晶头）直接插入 Line 插座内，要插到底，听见“咔嗒”声。如果还要在这条电话线上连接电话机，则把电话机的进线头插到 Phone 插座中。用附带的电缆把 DTE 与计算机的通信口（COM1 或 COM2）连接起来。

Modem 带有一个变压器，把 220V 的交流电变成 Modem 适用的直流电。把变压器的输入头插入到 Power 插座中（这是唯一的，不会插错），把另一端直接插到交流电源插座上。

如果用户使用的是“即插即用”型的 Modem，则 Windows XP 会自动检测到 Modem。若没有检测到 Modem，则执行下面的操作步骤，安装 Modem 的驱动程序。

第 1 步：单击“控制面板”中的“网络和 Internet 连接”链接，打开“网络和 Internet 连接”窗口，在该窗口的“请参阅”任务窗格中单击“电话和调制解调器选项”链接，打开“电话和调制解调器选项”对话框，选择“调制解调器”选项卡，如图 7-5 所示。

第 2 步：单击“添加”按钮，这时出现“添加/删除硬件向导”对话框，如图 7-6 所示。

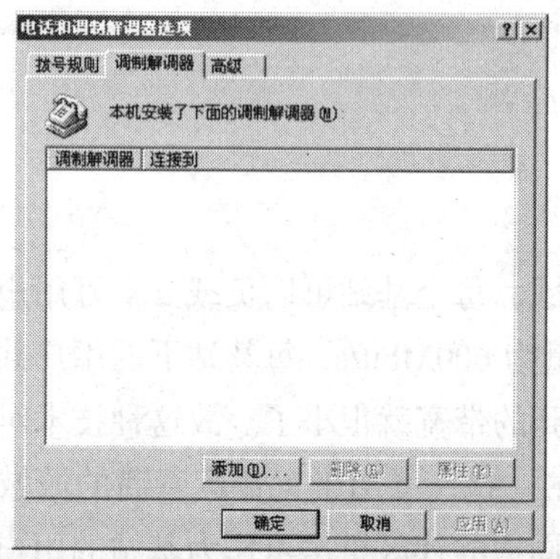

图 7-5 “电话和调制解调器选项”对话框

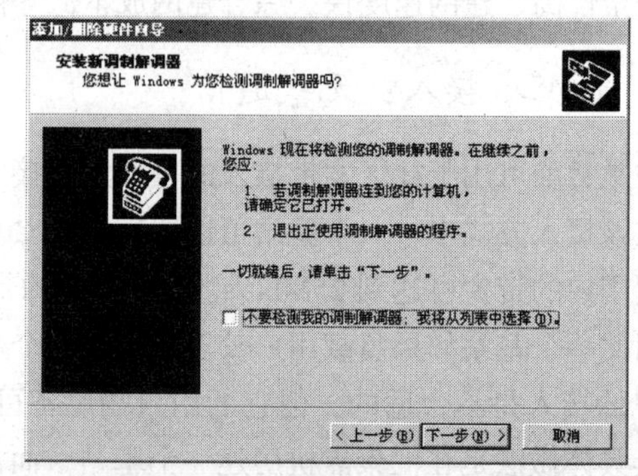

图 7-6 “添加/删除硬件向导”对话框

第 3 步：选定“不要检测我的调制解调器，我将从列表中选择”复选框，这时系统不进行自检搜索，由用户在以后出现的对话框列表中选择要安装的 Modem；若不选此复选框，系统会自动检测已安装的 Modem 的型号，自动配置合适的驱动程序或配置由用户指定的设备中的驱动程序。

第 4 步：在“添加/删除硬件向导”对话框中单击“下一步”按钮，进入 Windows 检测调制解调器向导对话框，系统完成检测后，将列出检测到的新的 Modem 的名称，若不正确，可单击“下一步”按钮，在打开的列表中选择调制解调器的“制造商”和“型号”安装 Modem，再单击“下一

步”按钮，系统还将提示用户选择安装的串行端口（COM1 或 COM2），最后完成 Modem 的安装。

若安装 ADSL Modem 或 Cable-Modem，则应在“控制面板”的“添加/删除硬件”中搜索完成驱动程序的安装。

2. 设置 Windows XP 的拨号网络

安装了 Modem 后，还要设置网络的连接，即用该调制解调器连接到一个 Internet 的代理服务商 ISP，连接 ISP 的服务器后，才能连入 Internet。在 Windows XP 下接入 ISP 的服务器，需要进行两部分的设置：配置 TCP/IP 和建立拨号网络连接。

（1）安装 TCP/IP。

一般安装 Windows XP 时都已装好了 TCP/IP，若要检查该协议是否存在，可用右键单击“网上邻居”，选择“属性”快捷菜单，打开“网络连接”窗口，在窗口中用右键单击“本地连接”图标，选择“属性”命令，进入如图 7-7 所示的“本地连接 属性”对话框，在“此连接使用下列选定的组件”列表框中检查是否有“TCP/IP”项，若该协议被删除，则要重新安装。

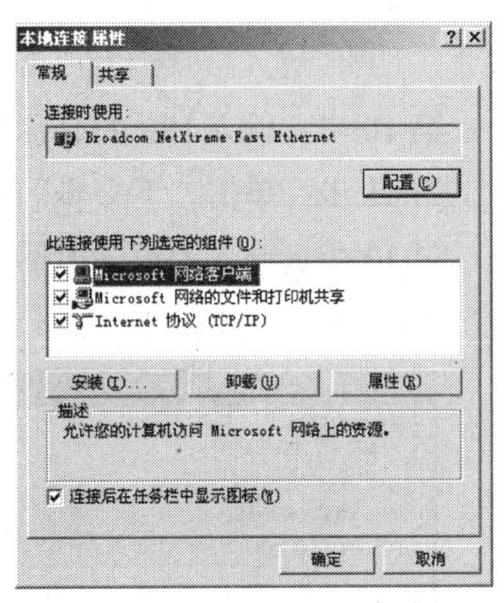

图 7-7　“本地连接属性”对话框

若无 TCP/IP，可以在图 7-7 中单击“安装”按钮安装协议，也可打开“控制面板”中的“添加/删除程序”选项，在打开的窗口中选择“添加/删除 Windows 组件”按钮，打开“Windows 组件向导”对话框，在该对话框中添加 TCP/IP 即可。

（2）建立网络连接。

用 Modem 通过电话线和 Internet 建立连接，或者用其他设备和 Internet 建立连接都还需要与某个 ISP 网络服务商相连接，连接的操作过程如下。

第 1 步：单击“控制面板”中的“网络和 Internet 连接”链接，打开“网络和 Internet 连接”窗口，在该窗口中单击“设置或更改您的 Internet 连接”链接，这时出现“Internet 属性”对话框。

第 2 步：在“Internet 属性”对话框中单击“建立连接”按钮，这时出现“新建连接向导”对话框。

第 3 步：单击“下一步”按钮，这时的“新建连接向导”对话框如图 7-8 所示。

第 4 步：选择“连接到 Internet”单选按钮。

第 5 步：单击“下一步”按钮，这时的“新建连接向导”对话框如图 7-9 所示。

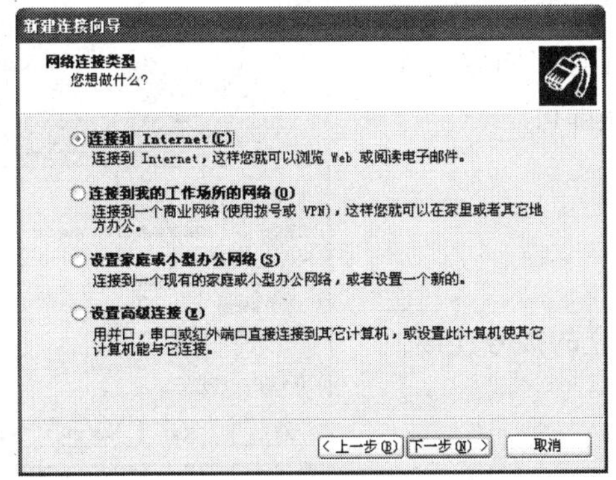

图 7-8　“新建连接向导”对话框（1）

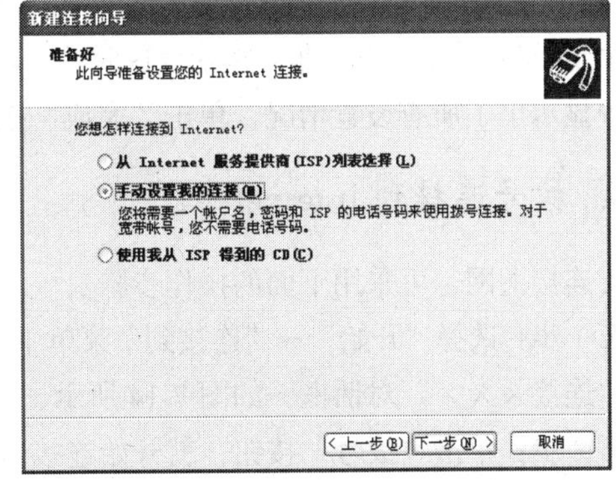

图 7-9　“新建连接向导”对话框（2）

第 6 步：选择“手动设置我的连接”单选按钮。

第 7 步：单击“下一步”按钮，这时的“新建连接向导”对话框如图 7-10 所示。

第 8 步：选择“用拨号调制解调器连接”单选按钮。

第 9 步：单击“下一步”按钮，这时的“新建连接向导”对话框如图 7-11 所示。

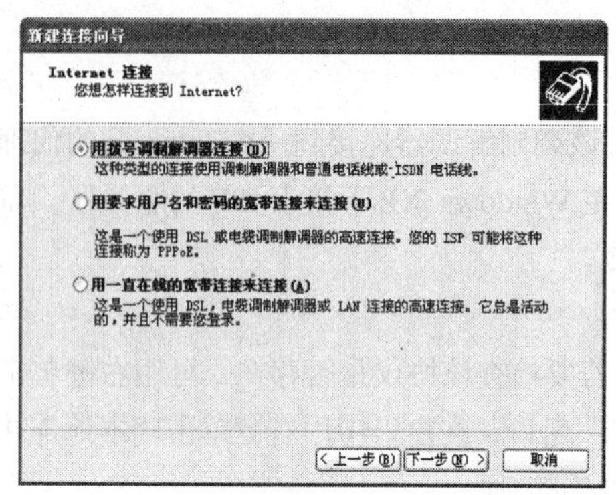

图 7-10 “新建连接向导”对话框（3）

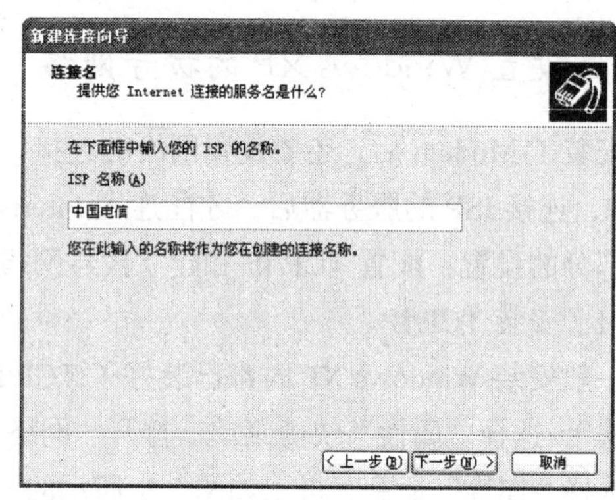

图 7-11 “新建连接向导”对话框（4）

第 10 步：输入 ISP 的名称，如“中国电信”。

第 11 步：单击“下一步”按钮，这时的“新建连接向导”对话框如图 7-12 所示。

第 12 步：输入要拨的电话号码，如“96169”。

第 13 步：单击“下一步”按钮，这时的“新建连接向导”对话框如图 7-13 所示。

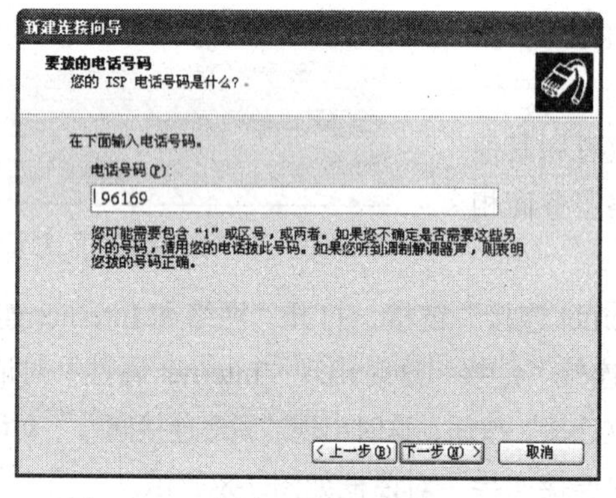

图 7-12 “新建连接向导”对话框（5）

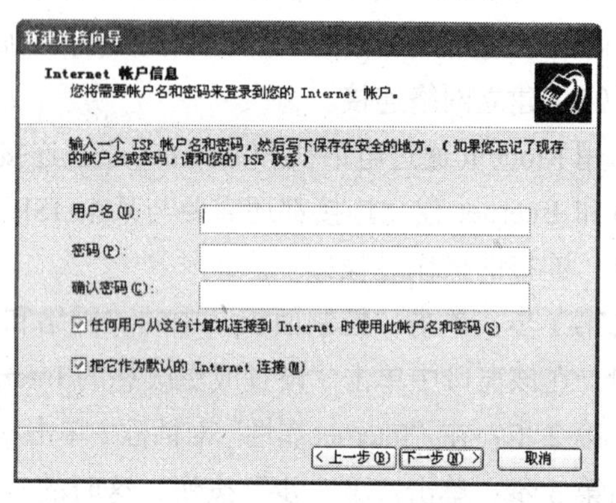

图 7-13 “新建连接向导”对话框（6）

第 14 步：在“用户名”文本框中输入在 ISP 处注册的用户名，在“密码”和“确认密码”文本框中输入 ISP 分配的密码。

第 15 步：单击“下一步”按钮，这时的“新建连接向导”对话框中显示出了所有设置情况，单击“完成”按钮即可。

3. 拨号连接到 Internet

要连接上网，可采用下面的操作步骤。

第 1 步：选择“开始”→“连接到”菜单中建立的拨号连接，弹出“连接×××”对话框，如图 7-14 所示。

第 2 步：单击“拨号”按钮，就开始连接。

第 3 步：连接成功后，在出现的对话框中单击“确定”按钮，关闭该对话框。

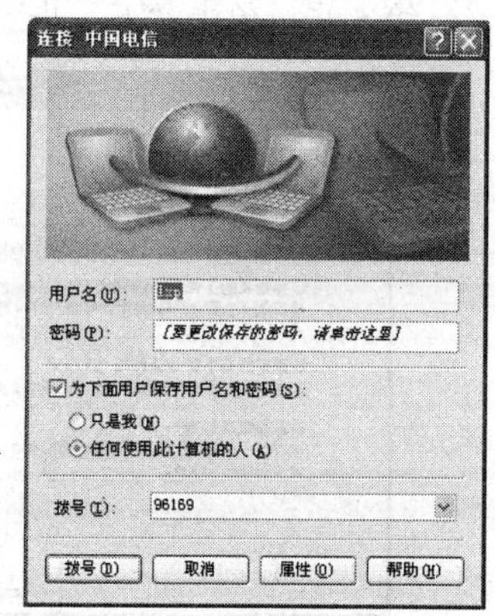

图 7-14 “连接×××”对话框

连接成功后，任务栏的通知栏上会显示连接图标。

若要中断连接，右击任务栏上的连接图标，在弹出的快捷菜单中选择“断开连接”菜单命令，在出现的“中断连接”提示框中单击“是”按钮就可断开连接。

7.3.4　宽带上网

目前宽带上网的方式很多，如 ADSL、有线通、局域网等。

1. 硬件安装

若采用 ADSL 或有线通，要安装 ADSL Modem 或 Cable-Modem 和网卡以及必要的驱动程序、TCP/IP；若采用局域网上网，要安装网卡及驱动程序、TCP/IP。

2. 建立网络连接

与使用 Modem 建立网络连接类似，在第 8 步选择连接方式时，选择“用要求用户名和密码的宽带连接来连接”或“用一直在线的宽带连接来连接”即可。

3. 设置 TCP/IP 属性

设置 TCP/IP 属性采用下面的操作步骤。

第 1 步：在“网络和拨号连接”窗口中右击建立的连接，选择“属性”命令，弹出“本地连接 属性”对话框。

第 2 步：在该对话框的“常规”选项卡的列表框中选择“Internet（TCP/IP）”，然后单击“属性”按钮，弹出“Internet 协议（TCP/IP）属性”对话框，如图 7-15 所示。

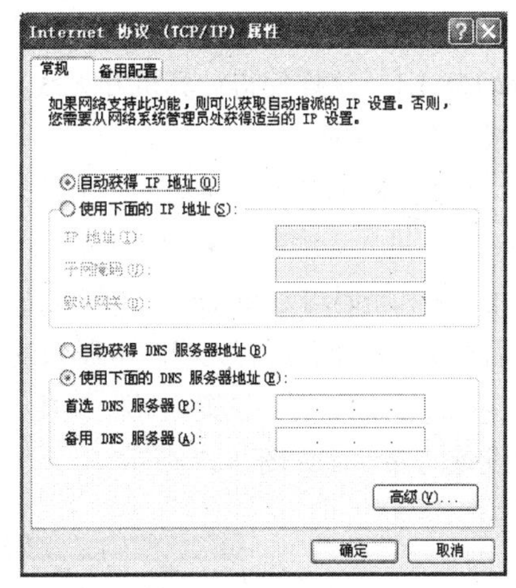

图 7-15　“Internet 协议（TCP/IP）属性”对话框

第 3 步：若 ISP 提供的是固定的 IP 地址，则选定“使用下面的 IP 地址”和“使用下面的 DNS 服务器地址”单选按钮，并输入相应的 IP 地址、子网掩码、默认网关、首选 DNS 服务器和备用 DNS 服务器。

若 ISP 提供的是动态的 IP 地址，则选定“自动获得 IP 地址”和“自动获得 DNS 服务器地址”单选按钮。

若使用的是笔记本电脑，在办公室和家里分别用自动获取 IP 地址和固定 IP 地址两种方式，则选定“自动获得 IP 地址”和“自动获得 DNS 服务器地址”单选按钮，然后选择“备用配置”选项卡，在其中输入相应的 IP 地址、子网掩码、默认网关、首选 DNS 服务器和备用 DNS 服务器。

4. 连接到 Internet

若“用一直在线的宽带连接来连接”方式上网，一开机就会自动连接到 Internet 上，打开 IE，在地址栏中直接输入地址就可以进行浏览了。

若“用要求用户名和密码的宽带连接来连接”方式上网，启动建立好的网络连接就可以连接到 Internet 上了。

7.3.5 无线上网

现在所说的无线上网是一个比较宽的概念，包括了无线局域网上网、GPRS 上网卡上网、CDMA 上网卡上网、蓝牙无线上网和红外无线上网等，而现在最普遍的则是无线局域网上网。在无线局域网上网里面，就有无线 AP（无线接入点）、无线网卡、无线路由器、无线交换机、无线信号放大器等设备，最常用的当然是无线 AP 和无线网卡了。无线路由器的主要作用是提供路由功能，并且大部分的无线路由器都提供 4 个有线的百兆接口。信号放大器主要是在室外进行远距离数据传输的时候才会用到。

下面我们以 TP-LINK 54M 无线宽带路由器（TL-WR340G+）和无线网卡组建无线局域网为例，说明组建无线局域网的方法。

（1）安装及配置无线路由器。

将无线路由器接上外接电源，将其 WAN 端口和局域网上网的端口连接起来，将 LAN 端口和计算机的网卡连接起来。

将网卡的 IP 地址设置为 192.168.1.×××（×××为除 1 以外的数），子网掩码设为 255.255.255.0，默认网关、DNS 服务器设为 192.168.1.1。这样使得计算机和无线路由器组成一个局域网。

打开 IE 浏览器，在地址栏中输入 192.168.1.1，进入无线路由器的设置界面（初始的用户名和密码均为 admin），如图 7-16 所示，然后按下面的步骤进行无线路由器的设置。

第 1 步：单击“设置向导”链接，这时的设置向导界面如图 7-17 所示。

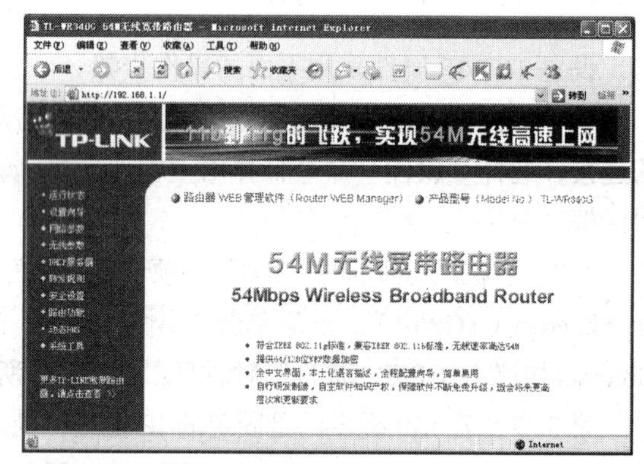

图 7-16　无线路由器界面

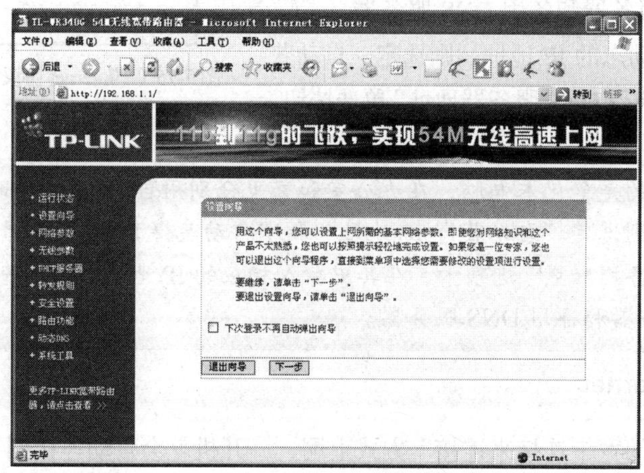

图 7-17　无线路由器设置（1）

第 2 步：单击“下一步”按钮，这时的向导界面如图 7-18 所示。

第 3 步：根据自己的局域网上网方式，如虚拟拨号（ISDN、有线电视网上网就采用这种方式）、自动分配 IP、固定 IP 进行选择。

第 4 步：单击“下一步”按钮，这时根据在第 3 步的选择，执行不同的操作。若选择“ADSL 虚拟拨号（PPPoE）”方式，则要求输入“上网账号”和“上网口令”；若选择“以太网宽带方式，则自动从网络服务商获取 IP 地址（动态 IP）”，无需输入信息，直接进入下一步；若选择“以太网宽带，网络服务商提供的固定 IP 地址（静态 IP）”方式，则要求输入 IP 地址、子网掩码、网关、DNS 服务器和备用 DNS 服务器的地址。

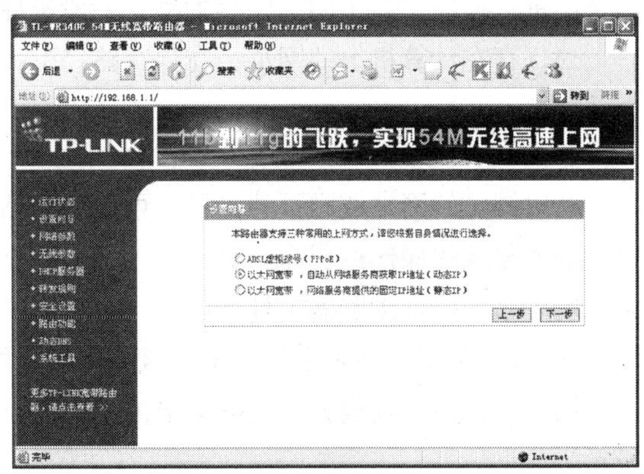

图 7-18　无线路由器设置（2）

第 5 步：单击“下一步”按钮，这时的向导界面如图 7-19 所示。

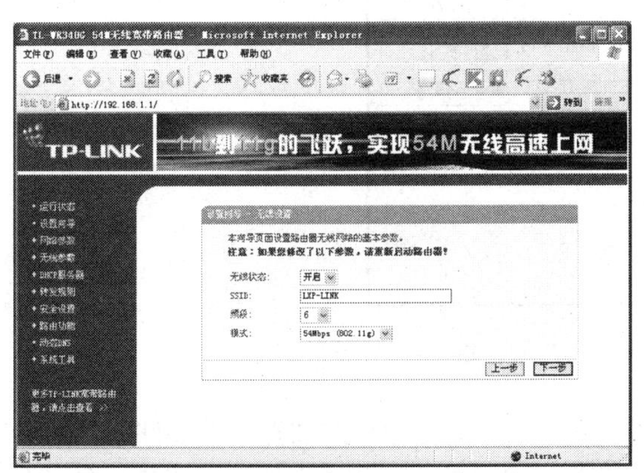

图 7-19　无线路由器设置（3）

第 6 步：这里的设置一般用默认值就可以了。若这里的设置修改了，就要重新启动路由器。

第 7 步：单击“下一步”按钮，就完成了路由器的设置，可以正常上网了。

重新启动路由器的方法为单击设置界面的“系统工具”链接，然后单击“重启路由器”链接就可以重新启动路由器。

（2）连接到 Internet。

路由器设置好后，就可以用网卡（就以目前的连接方式）或无线网卡上网。

对于使用无线网卡上网，只要在计算机上接上无线网卡，安装好无线网卡的驱动程序，对于无线网卡的 IP 地址设置为自动获取 IP 地址或设置为与用户的无线局域网相同的 IP 地址、子网掩码、网关、DNS 服务器地址就可以上网了。

7.4 Internet 的使用

浏览器是万维网（Web）服务的客户端浏览程序。浏览器可向万维网（Web）服务器发送各种请求，并对从服务器发来的超文本信息和各种多媒体数据格式进行解释、显示和播放。

目前常用的浏览器包括微软的 Internet Explorer、Mozilla 的 Firefox、Google Chrome、360 浏览器、世界之窗等。下面以 IE 浏览器为例进行说明。

打开 IE 浏览器，在地址栏中输入地址，按回车键就打开指定的网页。

1. 保存网页

在浏览网页的过程中可以把感兴趣的网页内容保存到计算机中，以便在脱机状态下浏览网页。

保存网页的操作过程为选择浏览器的“文件”→“另存为”菜单命令，在弹出的“保存网页”对话框中进行操作。其中的“保存类型”一般选择默认就可以了。

对保存在计算机上的网页，在保存路径下找到它双击即可打开。

2. 加入收藏

若对浏览的网站或网页感兴趣，可以将网站或网页添加到收藏夹中，以便立即找到并进行浏览。加入收藏的操作过程为。

第 1 步：单击浏览器工具栏上的“收藏夹”按钮，浏览器左边出现“收藏夹”窗格。“收藏夹”窗格列表中列出了收藏的网站或网页，单击它就可以立即访问。

第 2 步：在“收藏夹”窗格中单击“添加”按钮，出现“添加到收藏夹”对话框，如图 7-20 所示。

收藏夹实际上就是文件夹，主要用来保存一些常用站点的地址。

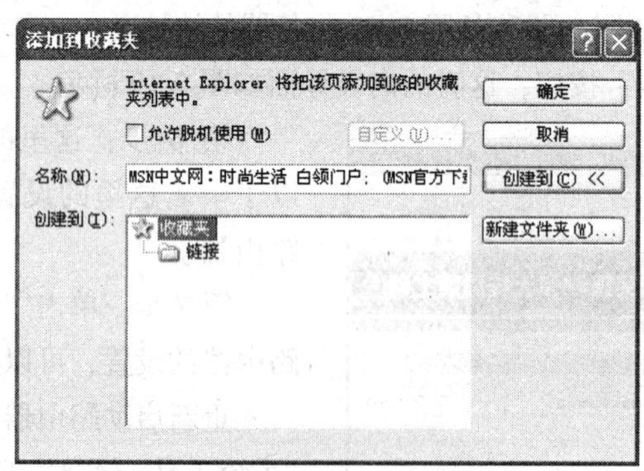

图 7-20　“添加到收藏夹”对话框

第 3 步：在“添加到收藏夹”对话框中输入收藏的名称；确定该收藏要存放的文件夹，默认为“收藏夹”文件夹；若要对收藏的网页地址进行分类，可以单击“新建文件夹”按钮，在“收藏夹”文件夹下建立新的文件夹，将该网页地址存放在该文件夹下。

3. 设立主页

主页就是每次启动 IE 时打开的页面。浏览器工具栏上的按钮就是主页按钮，我们可以修改主页。其修改方法为选择浏览器的“工具”→“Internet 选项”菜单命令，在弹出的“Internet 选项”对话框中的“常规”选项卡的“主页”选项组中进行操作。其中的 3 个按钮的作用分别如下。

- 使用当前页：将当前正在浏览的页面设置为起始主页。
- 使用默认值：将 IE 的默认初始页即 Microsoft 公司的主页作为起始主页。
- 使用空白页：以空白页作为起始页。

4. 查看与删除历史记录

使用 IE 浏览时，若忘记保存浏览过的网页，又没有记住网址，可以在历史记录中找到它。

查看历史记录有两种方式，其一是单击浏览器地址栏的下拉式按钮时，从中选择你输入过的地址进行浏览；另外一种是单击工具栏上的“历史”按钮，在 IE 窗口中出现的“历史记录”

窗格中，根据不同的查看方式找到所需要的浏览过的网页。

若上网后不想留下上网的记录，可以将其删除，删除的方法是选择浏览器的“工具”→“Internet 选项”菜单命令，在弹出的“Internet 选项”对话框中的“常规”选项卡的“历史记录”选项组中进行操作。使用“Internet 临时文件”选项组中的“删除 Cookies”、“删除文件”按钮删除浏览网页时产生的临时文件、Cookies 等，提高以后的网页浏览速度。

5. 刷新页面

若在打开某个网页时出现了意外错误或页面不显示时，按【F5】键或单击工具栏中的“刷新”按钮，重新进入页面即可。

6. 阻止弹出窗口

浏览网页时，不断弹出的广告窗口会对浏览网页造成不便，IE 自带的阻止弹出窗口设置可以解决这个问题，其方法是选择“工具”→“弹出窗口阻止程序” →“启用弹出窗口阻止程序”菜单命令。

7.5 电子邮件

收发电子邮件可以使用网站上提供的免费邮箱，也可以使用 Windows XP 中提供的 Outlook Express。

7.5.1 使用 Outlook Express 收发电子邮件

1. 启动 Outlook Express

单击 IE 浏览器工具栏上的“邮件”按钮，或选择“开始”→“程序”→“Outlook Express”菜单命令就可以启动 Outlook Express。

2. 设置邮件账号

启动 Outlook Express 之后，首先要设置 Outlook Express 邮件账号。目前使用的邮件账号可以分为以下 3 类：从 ISP 处得到的账号、在局域网（LAN）服务器中的账号及在 Web 站点上申请的基于 HTTP 的邮件账号。

设置邮件账号的步骤如下。

第 1 步：选择“工具”→“账号”菜单命令。

第 2 步：在“Internet 账号”对话框中，单击“添加”→“邮件”命令，这时打开“Internet 连接向导”对话框。

第 3 步：在“显示姓名”文本框中输入用户的姓名，然后单击“下一步”按钮，出现电子邮件地址界面，如图 7-21 所示。

第 4 步：在“电子邮件地址”文本框中输入用户的电子邮件地址，然后单击“下一步”按钮，出现电子邮件服务器名界面，如图 7-22 所示。

图 7-21　电子邮件地址界面

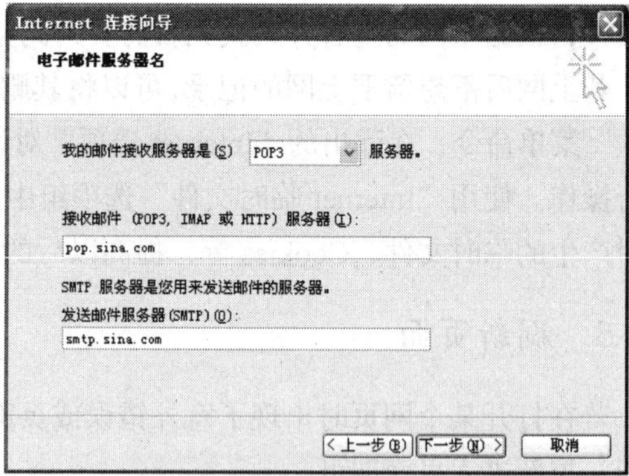

图 7-22　电子邮件服务器名界面

第 5 步：输入接收和发送邮件服务器的名称，选择邮件服务器的类型。

通常发送邮件的服务器使用“简单邮件传输协议（Simple Mail Transfer Protocol，SMTP）”。接收邮件的服务器使用的协议有以下两种：POP3（Post Office Protocol）和 IMAP（Interactive Mail Access Protocol）。这两种协议的主要不同在于：当用户访问 POP3 型服务器时，信件下载到用户的计算机中，服务器中不保留副本，用户在自己的计算机上阅读；当用户访问 IMAP 型服务器时，用户可以决定是否把邮件下载到用户的计算机中、服务器中是否保留副本，用户可以在服务器上阅读邮件。如果用户在固定的计算机中阅读邮件，可采用 POP3，如果用户在多台计算机中阅读邮件（如家中和办公室中），宜采用 IMAP 型服务器。目前我国大多数 ISP 不支持 IMAP。所以，POP3 更常用。

第 6 步：单击“下一步”按钮，在出现的对话框中输入用户的电子邮件账号和密码，然后连续单击“下一步”、“完成”按钮即可。

3. 接收邮件

单击 OutLook Express 工具栏上的“发送/接收”按钮下拉菜单中的“接收全部邮件”菜单命令，或者使用“工具”→“发送和接收”→“接收全部邮件”菜单命令，接收新的邮件。

4. 阅读邮件

在文件夹窗格中，单击“收件箱”按钮，进入收件箱窗口，如图 7-23 所示。

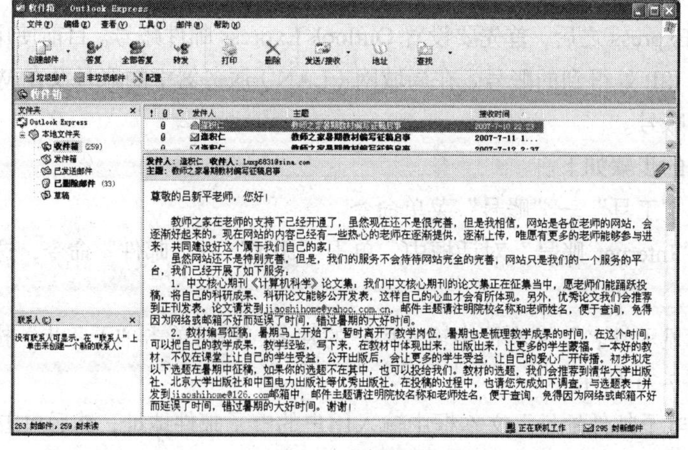

图 7-23　收件箱窗口

该窗口的右边分为上下两个窗格，上半窗格显示的是收到邮件的信息，包括发件人、邮件的主题、收到邮件的时间；下半窗格显示的是邮件的具体内容。在上半窗格选定一个邮件，在下半窗格中就会显示出邮件的具体内容。

在上半窗格的有些邮件左边，或在下半窗格的主题右边有一个图标，表示该邮件有附件文件，单击图标，就会显示出该附件的文件名和文件类型。要看其中某个文件，单击文件名，就可以阅读附件或保存附件。

要保存邮件，可以选择“文件”→“另存为”菜单命令。

要保存附件，可以选择“文件”→“保存附件”菜单命令，然后保存需要的附件文件。

5. 回复邮件

如果我们在阅读完一个邮件后，想马上回复，可以使用回复功能。回复邮件的步骤如下。

第 1 步：在邮件列表中，单击要回复的邮件。

第 2 步：单击工具栏中的“答复”按钮。

第 3 步：在回复邮件窗口中，输入回信内容。一般情况下，不需要回传原文，应该把原文删除。

第 4 步：单击工具栏上的“发送”按钮，就可以将回信发送。

回复邮件时，不用输入收信人地址。

6. 转发邮件

如果觉得自己阅读的邮件有必要让其他人也知道，则可以把此邮件转发给其他人。

转发邮件的步骤如下。

第 1 步：在邮件列表中，单击要转发的邮件。

第 2 步：单击工具栏中的“转发”按钮。

第 3 步：确定收件人。如果收件人名单在通讯簿中，可从中选择；如果没有，可以输入。

第 4 步：如果要加上自己的意见，可以添加内容。

第 5 步：单击工具栏上的“发送”按钮，就可以将信件转发。

7. 撰写邮件

单击“创建邮件”按钮，进入撰写邮件窗口，如图 7-24 所示。

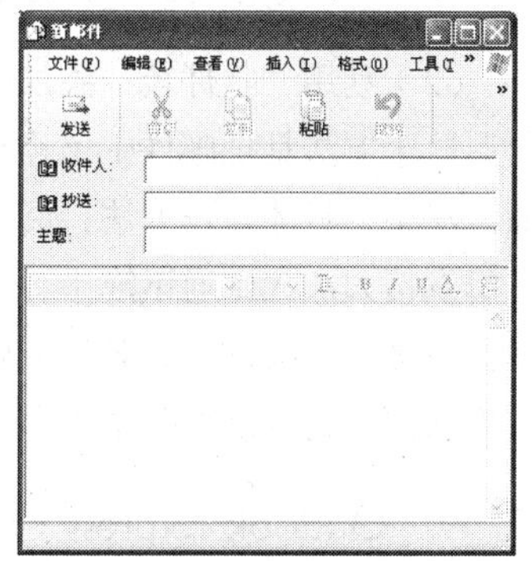

图 7-24　撰写邮件窗口

撰写新邮件的操作步骤如下。

第 1 步：添加收件人的地址。

可以在文本框中直接输入收件人的地址。若建立了通讯簿，可以单击“收件人”按钮，在弹出的“选择收件人”对话框中选择。

对抄送人的处理方式与收件人的处理完全相同。

第 2 步：在撰写邮件窗口的下半部分列表框中撰写邮件的内容。

如果要对文本的格式加以处理（如设置字体、字形、颜色等），可使用“格式”菜单中的菜单命令，或单击正文列表框上的“格式”工具按钮。

第 3 步：若邮件中要包含附件文件，可单击工具栏上的“附件”图标，这时弹出“插入附件”对话框，可以选择要插入的附件文件。

第 4 步：邮件撰写完毕后，单击工具栏上的“发送”按钮，这时邮件被发送到“发件箱”，然后在 Outlook Express 主窗口中单击“发送/接收”按钮，就可以将邮件发送出去。

发送了的邮件可以在“已发送邮件”窗口中看到。

8. 添加联系人

如果用户通过电子邮件联系的对象很多，仅仅靠自己记忆往往力不从心，难免丢三落四。此时，使用通讯簿可以很好地解决这一问题。

添加联系人是一项基础工作，可以采用下面两种方法来实现。

（1）直接输入。

第 1 步：单击工具栏上的“地址”按钮，进入“通讯簿”窗口。

第 2 步：在“通讯簿”窗口的列表框中显示出已建立的通讯录，要把新的联系人加入通讯录，可单击“新建”图标，从弹出的下拉菜单选择“新建联系人”，则出现“属性”对话框，如图 7-25 所示。

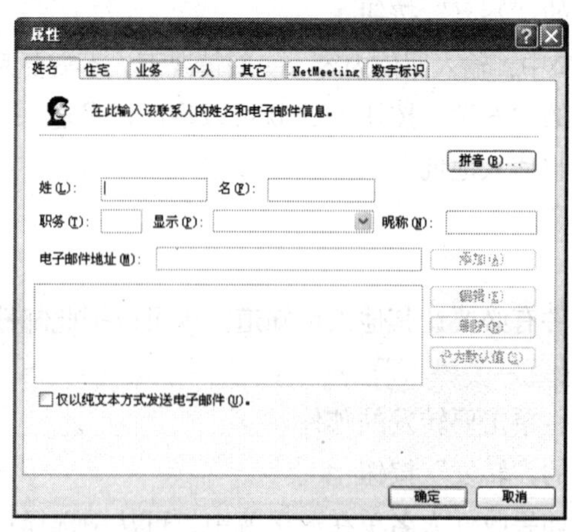

图 7-25 “属性”对话框

第 3 步：在“属性”对话框中输入新的联系人的姓名、电子邮件地址等信息。

第 4 步：单击“确定”按钮退出即可。

（2）利用“收件箱”添加联系人。

这个方法是把邮件中已经存在的邮件地址信息输入到通讯簿中，具体操作方法：阅读一个邮件时，打算把此邮件的发信人加入到通讯簿中，可在右边窗格的上半部分用鼠标右键单击发件人姓名，在弹出的快捷菜单中选择“将发件人添加到通讯簿”菜单命令就可以了。

9. Outlook Express 选项设置

设置 Outlook Express 选项，可选择“工具”→“选项”菜单命令，这时弹出“选项”对话框，如图 7-26 所示，在该对话框中可设置 Outlook Express 的各种选项。

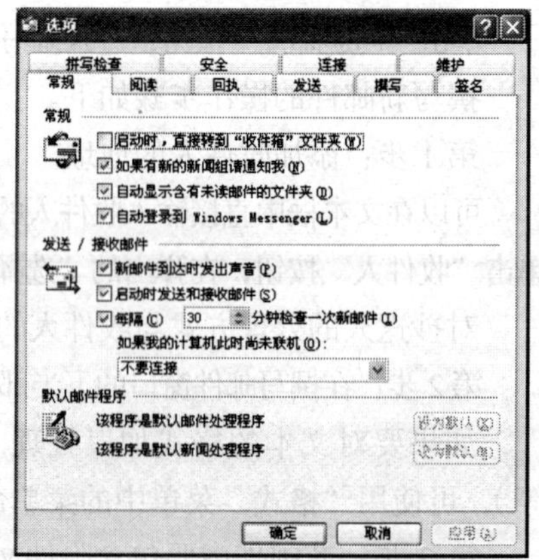

图 7-26 “选项”对话框

该对话框中有许多选项卡，如要设置在启动时接收和发送电子邮件，可在“常规”选项卡中选定“启动时发送和接收邮件”复选框。

7.5.2 免费邮箱

1. 申请免费电子邮箱

免费邮箱是一些网络服务商为用户提供的一种服务，目前常用的免费电子邮箱有网易、搜狐、新浪等。下面以在“网易 126 免费邮”申请免费邮箱为例，说明操作步骤。

第 1 步：启动 IE。

第 2 步：在地址栏输入“www.126.com”，进入网易 126 免费邮箱的主页面。

第 3 步：单击“注册”按钮，进入如图 7-27 所示的申请邮箱界面。

图 7-27 申请邮箱界面

第 4 步：输入想要的邮箱名字，注意一定要输入一个有特征的名字。如果输入的名字已经有人使用了，则必须重新输入另外的名字。

第 5 步：单击“下一步”按钮，在接下来的窗口中按向导的提示输入相应的信息就可以完成注册。

2. 发送和接收电子邮件

用注册的用户名和密码登录 126 电子邮箱，进入 126 网易免费邮箱页面。收件箱显示出你收到的全部电子邮件，对要阅读的电子邮件，单击它即可阅读。

若要发送电子邮件，单击“写信”按钮，在“收件人”文本框中输入收件人的邮箱地址；在“主题”文本框中输入邮件的主题；在“内容”列表框中输入邮件的内容，若要对邮件内容格式化，使用“内容”列表框中提供的格式化按钮；若要发送附件，单击“添加附件”按钮，在弹出的对话框中添加要发送的附件。邮件撰写完成后，单击“发送”按钮完成邮件的发送。

7.6 搜索信息

1. 搜索引擎概述

Internet 中的信息浩如烟海，可以不夸张地说，有适合各类用户的信息。如喜欢菊花的用户，

可以访问关于菊花的站点。问题在于，用户如何知道哪些站点有自己需要的信息呢？总不能一个接一个地试吧？搜索引擎（Search Engine）正是帮助用户解决这一问题的有力工具。

搜索引擎实际上是一个网站，它存储了大量的关于其他网站的信息，并把这些信息分门别类地组织成为一个大型数据库，便于用户查阅。搜索引擎就好比一个网络雷达，专门用来搜索用户所需要的信息。当用户需要查找某种信息时，搜索引擎可以把自己数据库中存储的有这类信息的网站和网页告诉用户，并建立了链接。如果用户想访问其中的某一个，只要用鼠标单击此链接，就可立即访问该网站或网页。

2. 搜索引擎的使用方法

不同搜索引擎的使用方法也不完全相同，但很相似。因此，我们这里介绍“谷歌”的使用方法，读者可以举一反三地使用其他搜索引擎。

在 IE 的地址栏中输入“谷歌”的网址即可进入如图 7-28 所示的“谷歌”主页。

图 7-28 “谷歌”主页

（1）使用关键字搜索。

使用关键字搜索的步骤如下。

第 1 步：在“搜索”文本框中输入要搜索的关键字。例如，输入“黑客”。

第 2 步：单击文本框下的“所有网页”、“中文网页”、“简体中文网页”、“中国的网页”单选按钮，决定检索范围。

第 3 步：单击“Google 搜索”按钮，则“谷歌”开始搜索。

稍后返回如图 7-29 所示的搜索结果，搜索结果一般是链接。

第 4 步：如果结果内容超过一页，可单击该窗口下部的“下一页”按钮来浏览，以寻找自己感兴趣的内容。

第 5 步：寻找到自己感兴趣的内容后，单击链接就可进入感兴趣的站点或网页了。

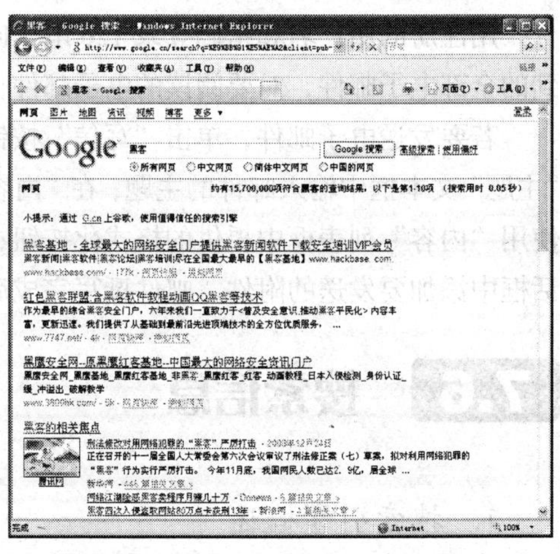

图 7-29 按关键词“黑客”搜索的结果

"谷歌"按照下面的优先顺序返回结果（前面的更优先）："谷歌"数据库中符合搜索关键词的分类目录；"谷歌"数据库中符合搜索关键词的网站；"谷歌"数据库中符合搜索关键词的网页；"谷歌"数据库中符合搜索关键词的新闻。

"谷歌"除支持一般的关键词检索外，还支持组合逻辑条件检索，其组合方式主要有以下几种。

""（双引号）用来搜寻完全匹配关键字串的网站，例如，"热处理技术"。

+（加号）用来限定该关键字必须出现在检索结果中。

-（减号）用来限定该关键字不能出现在检索结果中。

恰当地使用组合逻辑检索，可以有效地缩小检索范围，大大提高检索的命中率。

（2）按类别搜索。

在"谷歌"主页中，单击"更多"下拉菜单中的"更多"菜单命令，这时出现的"谷歌"窗口如图 7-30 所示。

图 7-30　"谷歌"类别搜索

在这里包含了大量的类别，如"博客"、"大学"、"地图"、"生活"、"图书"、"学术"等，可以根据自己需要的类别进行搜索。其使用方法与一般网页的浏览方法是相同的。

7.7　下载资源

Internet 上有大量的免费软件、共享软件、技术报告等信息资料，十分有用。例如，某个软件在使用中发现问题，厂家往往开发一些"补丁"程序，供用户免费下载。又如，杀毒软件在发现一种新的病毒后，立即更新病毒数据库文件，用户免费下载后就实现了升级。因此，下载文件非常有用。

供下载的文件通常存放在遵循 FTP 协议的服务器上，也可简称为"FTP 服务器"。

下载文件的方法依据所使用的工具可以分为两大类：用浏览器下载文件和使用专门工具下载文件。

1. 使用 IE 下载文件

（1）使用 IE 直接下载文件。

使用 IE 直接下载文件的具体步骤如下。

第 1 步：启动 IE。

第 2 步：在 IE 的地址栏中输入要访问的 FTP 服务器地址，如古城热线的 FTP 服务器地址 ftp:// ftp. xaonline.com。此时，屏幕上会显示该服务器的总目录，如图 7-31 所示。

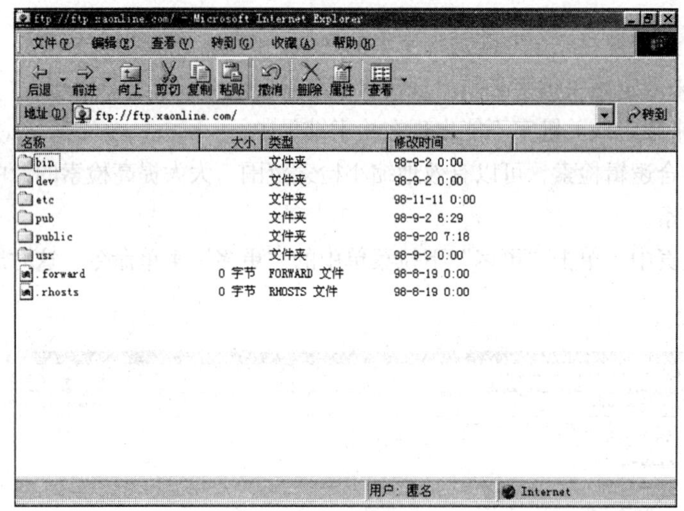

图 7-31　服务器的总目录

第 3 步：逐级选择目录，直到出现所要的文件，这里选择 pub/chat 目录。

第 4 步：单击所要的文件，这里选择 englong.zip，则 IE 会弹出“文件下载”对话框，如图 7-32 所示。

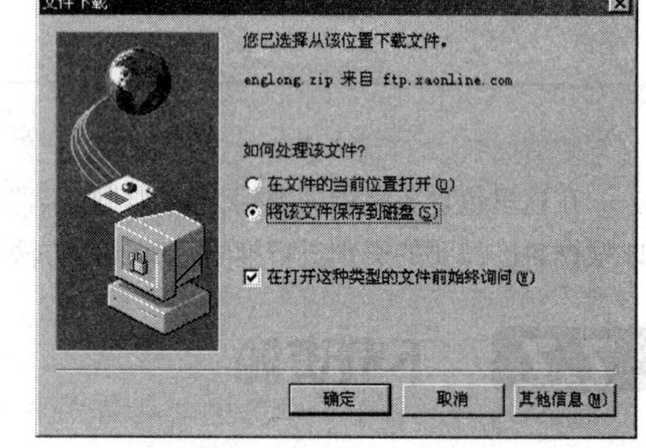

图 7-32　“文件下载”对话框

其中询问用户如何处理此文件，这时用户有两种选择。如果只打算大概看看文件，可选择“在文件的当前位置打开”；如果要下载，则选择“将该文件保存到磁盘”。

第 5 步：如选择保存，单击“确定”按钮后，在出现的“另存为”对话框中输入存放文件的位置和名字。一般情况下，存放文件的位置是硬盘上的一个目录，文件名不必改。

第 6 步：单击“保存”按钮，则开始下载。

（2）通过链接下载。

有时，用户所浏览的网页中有下载文件的链接，单击这些链接项，IE 就会提示用户保存文件。

实际上，有些网站的主要特色就是提供软件的合法下载。在这些网站的网页上，还有关于软件的简要说明。用户可以阅读说明后，决定是否下载。

这些网站有新浪、中关村在线、华军软件园等。

2. 使用专门的下载工具软件

以上讲述的通过浏览器下载文件的方法简单易用，但在实际应用中，有一个致命的缺陷，就

是不支持断点续传。也就是说，如果下载文件已经完成了 99%，但由于通信线路故障，被迫中断，则前功尽弃，下次还要从头开始（下次也可能还发生这样的问题）。因此，只能用浏览器下载小软件。大软件包必须用支持断点续传的工具。

目前常用的下载工具有：迅雷、网际快车、电驴等。

下面简单说明 FlashGet 的使用方法。

平常从网络上下载文件，最常见的操作就是直接从浏览器中单击相应的链接进行下载，或者对浏览器中的下载目标右击，然后选择“使用快车（FlashGet）下载”。FlashGet 最大的便利之处在于它可以监视浏览器中的每个单击动作，一旦它判断出用户的单击符合下载要求，便会“自作主张”拦截住该链接，并自动添加至下载任务列表中，如图 7-33 所示。

在该对话框中选择好下载要保存的路径后，单击“确定”按钮，FalshGet 就开始文件的下载。

下载完成后，在任务栏右侧的提示区会弹出如图 7-34 所示的提示，用户可以在该提示区打开文件或目录，也可以到文件的下载目录去操作。

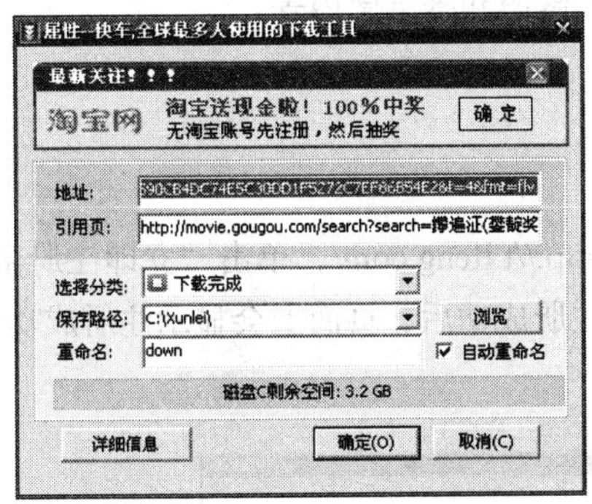

图 7-33　添加新的下载任务

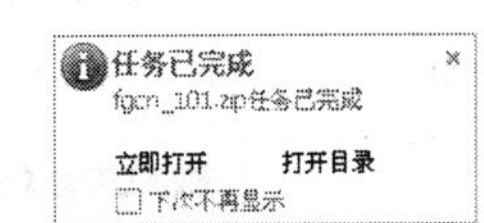

图 7-34　下载任务完成提示框

7.8　使用网络信息传播平台

随着网络在人们生活中的普及，以互联网为代表的新兴信息传播平台异军突起，使人们接收和发布信息的方式发生了翻天覆地的变化。网络信息已经成为人们获取信息的主要方式。网络传播具有人际传播的交互性、受众性，可以直接迅速发表意见、反馈信息。现在生活中常用的网络信息传播平台有 QQ、MSN、博客、微博等。

1. 博客

博客，又译为网络日志、部落格或部落阁等，是一种通常由个人管理、不定期张贴新的文章的网站。博客上的文章通常根据张贴时间，以倒序方式由新到旧排列。许多博客专注在特定的课题上提供评论或新闻，其他则被作为个人的日记。一个典型的博客结合了文字、图像、其他博客或网站的链接及其他与主题相关的媒体。能够让读者以互动的方式留下意见，是许多博客的重要要素。大部分的博客内容以文字为主，仍有一些博客专注在艺术、摄影、视频、音乐、播客等各种主题。

目前网络上常用的博客网站有：新浪播客、搜狐博客和博客网等。

2. 微博

微博是一个基于用户关系的信息分享、传播以及获取平台，用户可以通过 Web、WAP 以及各种客户端组建个人社区，以 140 字左右的文字更新信息，并实现即时分享。

相比传统博客那种需要考虑文题、组织语言修辞来叙述的长篇大论，以“短、灵、快”为特点的“微博”几乎不需要很高成本，无论你是用电脑还是手机，只需三言两语，就可记录下自己某刻的心情、某一瞬的感悟，或者某条可供分享和收藏的信息，这样的即时表述显然更加迎合我们快节奏的生活。

微博可分为两大市场，一类是定位于个人用户的微博，另外一类是定位于企业客户的微博。

微博的代表性网站是美国的 Twitter，是最早也是最著名的微博，这个词甚至已经成为了微博的代名词。 三言两语，现场记录，发发感慨，晒晒心情，Twitter 网站打通了移动通信网与互联网的界限。相比传统博客中的长篇大论，微博的字数限制恰恰使用户更易于成为一个多产的博客发布者。

目前网络上常用的微博网站有新浪微博、搜狐微博和腾讯微博等。

下面就凤凰网微博的使用进行简单的说明。

3. 注册凤凰网微博

在浏览器地址栏中输入凤凰网微博的地址：http://t.ifeng.com/，单击“立即注册微博”，在打开的注册界面（如图 7-35 所示）中注册新用户。注册成功后，页面上会显示注册成功信息，进入微博登录界面。

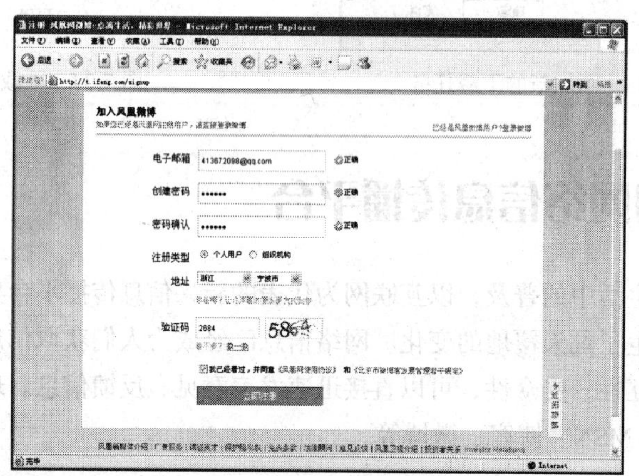

图 7-35 注册凤凰网微博

4. 发布微博

登录成功后，其界面如图 7-36 所示。在“正在发生的事情”文本框内输入不多于 140 个字，点击“发布”按钮即可发布微博。

若要发布图片或视频信息，单击“插入图片”或“插入视频”，选择要发布的图片或视频文件即可。

你发布的任意一条微博都会发布到你的“首页”、“我的微博”以及你的“粉丝”的“首页”中。

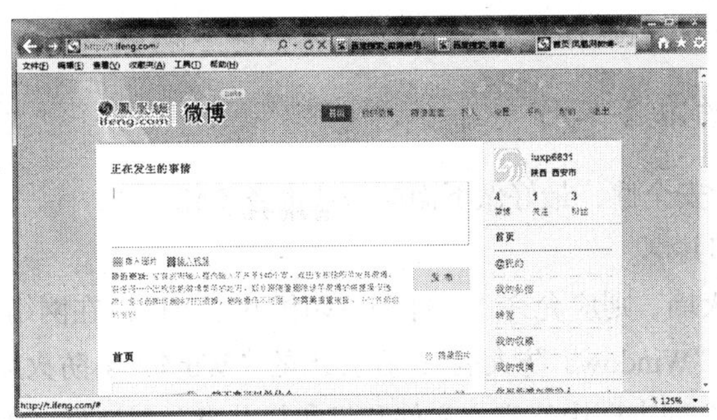

图 7-36 发布微博

5. 转发微博

在每一条微博右下角都有“转发”按钮，点击它即可将需要分享给粉丝的微博进行转发，这样你的粉丝们都可以看到这条微博。

当对转发的微博产生了新的想法，不想转发了，这样就需要找到你页面上转发的那条微博，单击“已转发（取消）”按钮即可。

6. 加关注

加关注，就是关注对方，成为他的粉丝，以后对方更新微博就会在你的主页显示，若不想看到好友的信息，你可以取消关注。只要你的人气魅力足够好，你可以有很多的粉丝。

7. 微博@功能

发微博时，用@字符，在后面加上某用户的昵称，你说的内容对方就会知道，比如@刘德华（名字后面记得加一空格，免得内容和名字混淆），到时你的信息他就会知道，相当于打招呼。

8. 如何获得人气粉丝

不可否认，微博这个交际圈里，有不同风格类型的网友，怎么获得大家的继续支持关注，首先需要用点技巧去经营你的微博，你的微博会代表你的个人形象，你的一言一行大家都会看到，所以要发好的、有质量的信息，这很关键，如果你的微博尽是发牢骚的，只求数量，估计没几个人会理你。分享你的感受、你的理解，最重要的是学会和他人的沟通交流。获得人气粉丝有很多方式，如：多关注别人、多转发、多回复、多发微博、在热门话题里发微博与人互动等方式。

7.9 设置局域网共享

1. 文件共享设置的前提

共享文件的计算机必须在相同的工作组中。

若要修改计算机的工作组，在“我的电脑”的快捷菜单中选择“属性”菜单命令，在弹出的“系统属性”对话框中选择“计算机名”选项卡，在该对话框中单击“更改”按钮，在弹出的“计

算机名称更改”对话框中进行操作。

2. 文件共享前的准备工作

为了保证共享文件的安全性，最好做下面的一些准备工作。

（1）允许文件和打印共享。

若启用 Windows 防火墙，则应允许“文件和打印机共享”可以在网络中使用，其设置方法为，在“控制面板”中打开“Windows 防火墙”，在弹出的“Windows 防火墙”对话框中的“例外”选项卡的“程序和服务”列表框中选定“文件和打印机共享”复选框，如图 7-37 所示。

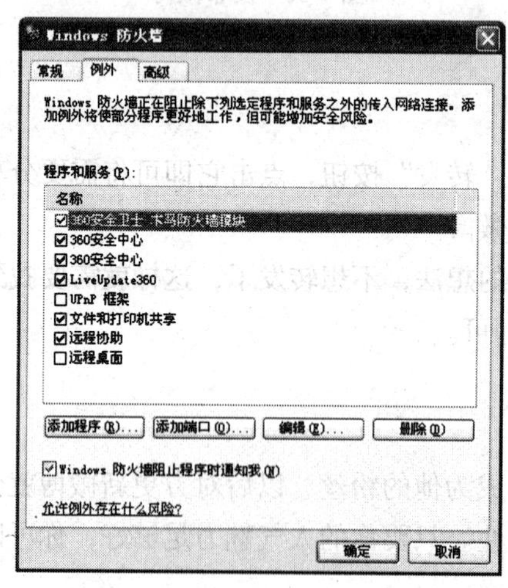

图 7-37　设置文件和打印机共享

该对话框的“常规”选项卡可用来开启和关闭 Windows 防火墙。若关闭了 Windows 防火墙，就不需要文件和打印机的共享设置了。

（2）设置本地安全策略。

在“运行”中输入“secpol.msc”，回车，进入“本地安全设置”窗口，在“本地策略”选择“安全选项”，在右边的窗格中，将“网络访问：不允许 SAM 账户的匿名枚举”停用；将“账户：使用空白密码的本地账户只允许进行控制台登录”停用。

（3）不使用简单的文件共享。

打开“我的电脑”，选择“工具”→“文件夹选项”菜单命令，在打开的“文件夹选项”对话框中选择“查看”选项卡，不选定“使用简单的文件夹共享”前面的复选框。

3. 设置共享文件夹

假定我们设置文件夹“C:\JMSoft”为共享，下面为操作的过程。

打开“我的电脑”中的 C 盘，在“JMSoft”文件夹上有单击，选择“属性”快捷菜单，在弹出“JMSoft 属性”对话框的“共享”选项卡中设置共享该文件夹，在“安全”选项卡中设置访问共享文件的用户及其权限。

4. 访问共享文件夹

在同一工作组的一台电脑上访问共享文件夹的方法是，打开“网上邻居”，在左边的窗格中单

击“查看工作组”连接，在右边的窗格中就会显示出共享的计算机，打开它就可以访问其中共享的文件夹了。

7.10 网页制作

当启动浏览器时打开的就是网页（Homepage），它包含文本、图像、图片、声音、动画等各种多媒体信息。

网页是用 HTML（超文本置标语言）语言编写的文本文件，保存在 WWW 服务器中。当用户在浏览器中输入需要网页的 URL 时，就可以将该文件下载到计算机中，并在浏览器中打开，也就是显示出该网页的内容。

其他网页制作软件，如 FrontPage、Dreamweaver、Flash、Fireworks 等保存的文件都是 HTML 格式，因此，本节对 HTML 语言进行简单地介绍。

1. HTML 语言

与所有的编程语言一样，HTML 也有自己的符号和语法约定，但与一般的编程语言不同的是它是由浏览器加以解释的。

下面的代码是一个简单的 Homepage，可以使用一种文本编辑器，如记事本或 Word，输入下列 Homepage 的文本内容：

```
<html>
<head>
<title>欢迎光临人民邮电出版社</title>
</head>
<body>
<h2>高等职业技术教育学校计算机与信息管理类教材</h2>
<h1>《C 语言程序设计与等级考试指导教程》</h1>
<br>
<h3>张强华 吕新平 编著</h3>
<br>
</body>
<u><h4>人民邮电出版社</h4></u>
</body>
</html>
```

输入完成后，将其保存在一个标准的 ASCII 文本文件中，扩展名为.htm 或.html。然后在资源管理器或“我的电脑”窗口中打开该文件，在浏览器中的显示如图 7-38 所示。

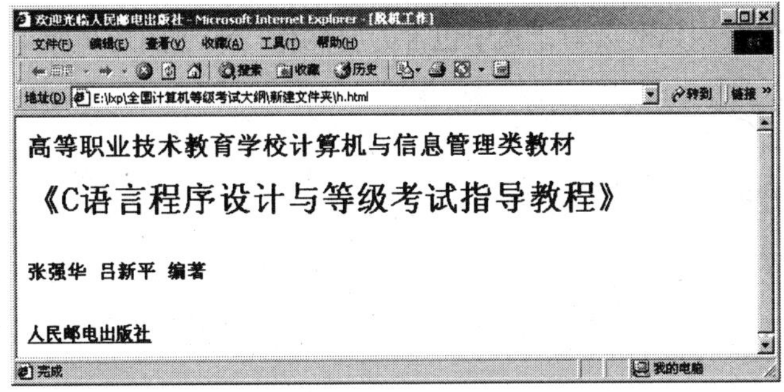

图 7-38　主页窗口

2. HTML 的标记

Homepage 中包含了大量的符号，这些符号大致由两部分构成，一部分是标记，又称控制码，另一部分是内容。

标记用“< >”表示，其中包含有标记名、标记的属性等。许多标记都是成对出现的，一个标记开始，另一个标记结束。这里我们介绍一些基本的 HTML 标记，了解它们的基本结构和作用。

（1）创建一个 HTML 文档。

格式：<html>……</html>

作用：表示超文本文档的开始及结束。

（2）设置文档标题及其他不在 Web 网页上显示的信息。

格式：<head>……</head>

作用：一些有关文档的定义、说明和描述等标记（如 title 标记）必须包含在其中。

（3）将文档的题目放在标题栏中。

格式：<title>……</title>

作用：其中包含的内容出现在浏览器窗口的标题栏上，作为该主页的标题。

（4）设置文档的可见部分。

格式：<body>……</body>

作用：其中包含网页正文的信息。

（5）创建标题。

格式：<h*n*>……</h*n*>

作用：创建标题文字，*n* 的取值为 1～6，表示标题由大到小。

（6）插入回车换行符。

格式：

作用：在 HTML 文本中所有的回车符和空格都将被忽略，因此在需要换行的地方必须使用该标记。

（7）设置字体。

格式：<font>……</font>

作用：设置字体的大小（用 size 属性）和字型（用 face 属性）。

（8）添加图像。

格式：<img>

作用：将图像文件嵌入到网页中，其中包含的属性有：src（图像来源）、width（图像宽度）和 height（图像高度）。

（9）创建黑体字。

格式：<b>……</b>

作用：加粗文本。

（10）创建斜体字。

格式：<i>……</i>

作用：倾斜文本。

（11）居中对齐。

格式：<center>……</center>

作用：将文本的内容居中。

（12）加下划线。

格式：<u>……</u>

作用：对文本加下划线。

参考文献

[1] 夏玮，李朝晖. Access 数据库应用教程与实训. 北京：科学出版社，2005.

[2] 王玲玲，等. Access 2003 基础培训百例. 北京：机械工业出版社，2006.

[3] 张泽虹，等. 数据库原理及应用——Access 2003. 北京：电子工业出版社，2005.

[4] 关正美. 中文版 Access 2003 应用教程. 北京：中国宇航出版社，2004.

[5] 李振辉，鞠光明，鞠仪静. 数据库应用技术. 北京：冶金工业出版社，2005.

[6] 叶旻，叶宝龙. 中文版 Access 2003 标准教程. 北京：中国劳动社会保障出版社，2004.

[7] 张平，等. 数据库应用基础——Access 2003. 北京：人民邮电出版社，2007.

[8] 张平，等. 数据技术——Access 2003. 北京：电子工业出版社，2008.